高等职业教育系列教材

变频器及其控制技术

第2版

张　文　肖朋生　姜　明　崔玉祥　徐连孝　编著
刘家勋　审

机械工业出版社

本书简要介绍了变频器的工作原理和基本结构。以施耐德 ATV31 变频器为例，详细介绍了其主要功能、参数设置方法、变频器的多种适用电路和成套变频调速电气控制柜的设计方法。

本书所涉及的电路均为生产一线的实用电路，理论知识介绍较少，突出适用性，既介绍了用低压电器的控制方法，也介绍了用 PLC 和触摸屏的控制方法，还介绍了一些在实验室模拟生产工艺的试验方法。

本书可以作为高职高专院校和中等职业技术学校的教学用书，也可供其他工程技术人员参考。

本书配套授课电子课件，需要的教师可登录 www.cmpedu.com 免费注册、审核通过后下载，或联系编辑索取（QQ：1239258369，电话：010-88379739）。

图书在版编目（CIP）数据

变频器及其控制技术/张文等编著. —2 版. —北京：机械工业出版社，2015.4（2022.7 重印）
高等职业教育系列教材
ISBN 978-7-111-50918-9

Ⅰ.①变… Ⅱ.①张… Ⅲ.①变频器—电气控制—高等职业教育—教材 Ⅳ.①TN773

中国版本图书馆 CIP 数据核字（2015）第 164948 号

机械工业出版社（北京市百万庄大街 22 号　邮政编码 100037）
策划编辑：王　颖　责任编辑：李文轶
版式设计：赵颖喆　责任校对：陈　越
责任印制：李　昂
北京捷迅佳彩印刷有限公司印刷
2022 年 7 月第 2 版第 5 次印刷
184mm×260mm · 15.5 印张 · 382 千字
标准书号：ISBN 978-7-111-50918-9
定价：49.90 元

电话服务	网络服务
客服电话：010-88361066	机　工　官　网：www.cmpbook.com
010-88379833	机　工　官　博：weibo.com/cmp1952
010-68326294	金　　书　　网：www.golden-book.com
封底无防伪标均为盗版	机工教育服务网：www.cmpedu.com

前　言

《变频器及其控制技术》自出版以来，得到了众多高职及中职院校的支持，已多次重印。但通过教学实践，也发现了一些问题：有的 PLC 程序虽然能正常执行，但是不太符合 PLC 编程规则，需要修改；随着变频器的不断改进，第 1 版第 4 章的很多内容已经陈旧，一些抗干扰措施已经不需要外围电路考虑，因此将整章删掉。由于触摸屏应用越来越广，新增用触摸屏控制变频器的运行作为第 4 章；随着电子技术的发展，变频调速已在交通运输、石油化工、家用电器、造纸、纺织、印染和军事等领域得到了广泛的应用，第 1 版第 5 章介绍的内容不够详细，改为多电动机同步调速系统的设计。

《变频器及其控制技术 第 2 版》是机械工业出版社组织出版的“高等职业教育系列教材”之一，共分为 6 章：第 1 章简要介绍了变频器的工作原理和基本结构；第 2 章以施耐德 ATV31 变频器为例，详细介绍了其主要功能和参数设置方法；第 3 章介绍了变频器的各种控制电路，并介绍了在实验台进行模拟试验的方法，对于学生实践动手能力的培养非常有利。本章的所有 PLC 程序都按照 PLC 的编程规则进行了优化；第 4 章详细介绍了用威纶通触摸屏控制变频器运行的方法；第 5 章通过实例详细介绍了变频器在同步调速系统的应用；第 6 章详细介绍了变频调速成套设备电气图样的设计。通过第 5、6 章的学习，学生可以了解设计成套设备电气图样必须考虑的各种细节问题，从而会对设备的设计、生产及设备的安装、使用和维修有很大帮助。

本书所有电路图都是参照工厂实际使用的原理图画出，并标有线号，使学生走向工作岗位后能看懂实际图样，尽快适应工作岗位。本书没有高深的理论，特别适合在实验室边讲边练，对于使用济南星科电气智能实验平台的单位尤为适用。

本书各章节的内容相对独立，可以根据教学要求删减课时数。

由于编者经验和水平所限，再加上变频技术和 PLC 技术发展很快，本书难免存在疏漏和错误之处，殷切希望读者批评指正。

编　者

目　录

第 1 章　通用变频器的基本工作原理

变频器的功能就是将频率、电压都固定的交流电源变成频率、电压都连续可调的三相交流电源。按照变换有无直流环节，变频器可以分为交－交变频器和交－直－交变频器。

1.1　交－直－交变频器的基本工作原理

交－直－交变频器就是先把频率、电压都固定的交流电整流成直流电，再把直流电逆变成频率、电压都连续可调的三相交流电源。由于把直流电逆变成交流电的环节比较容易控制，并且在电动机变频后的特性方面比其他方法具有明显的优势，所以通用变频器一般采用交－直－交变频器。

1.1.1　交－直－交变频器的主电路

交－直－交变频器的主电路示意图如图 1-1 所示，可以分为以下几部分。

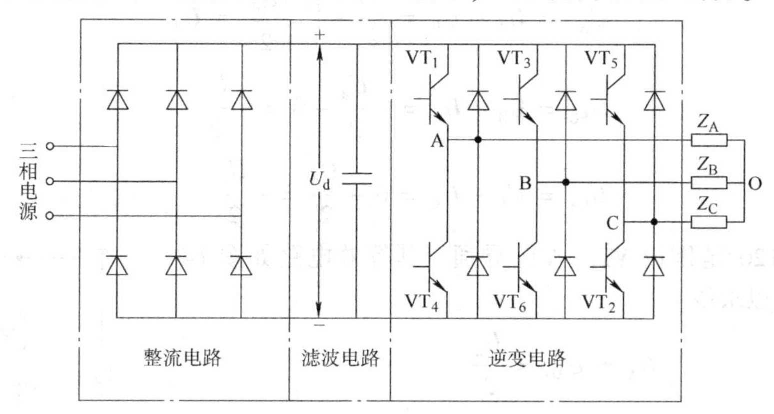

图 1-1　交－直－交变频器的主电路

1. 整流电路——交－直部分

整流电路通常由二极管或晶闸管构成的桥式电路组成。根据输入电源的不同，分为单相桥式整流电路和三相桥式整流电路。我国常用的小功率变频器多数为单相 220V 输入，较大功率的变频器多数为三相 380V（线电压）输入。

由二极管构成的桥式整流电路的输出电压的平均值 U_d 不变，而由晶闸管构成的桥式整流电路的输出电压的平均值 U_d 连续可调。

2. 中间环节——滤波电路

根据储能元件不同，滤波电路可分为电容滤波和电感滤波两种。由于电容两端的电压不能突变，流过电感的电流不能突变，所以用电容滤波就构成电压源型变频器，用电感滤波就构成电流源型变频器。

3. 逆变电路——直－交部分

逆变电路是交－直－交变频器的核心部分，其中6个晶体管按其导通顺序分别用VT_1～VT_6表示，与晶体管反向并联的二极管起续流作用。

按每个晶体管的导通电角度又分为120°导通型和180°导通型两种类型。

（1）120°导通型

若把负载Z接成Y（见图1-1），给6个晶体管的基极加上合适的控制电压，使其按图1-4的要求导通，设三相负载完全对称，即$Z_A=Z_B=Z_C=Z$，并设逆变器的换相在瞬间完成，忽略功率器件的管压降。

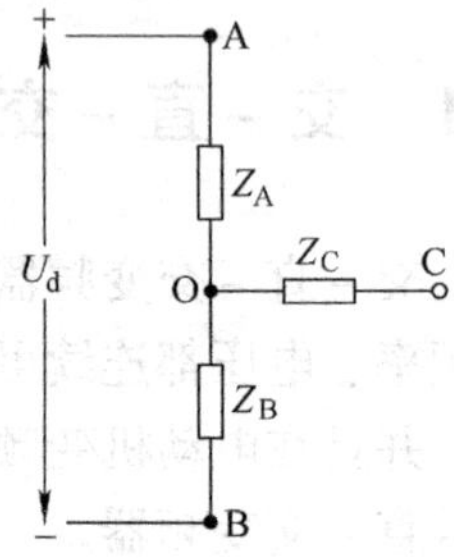

在0°～60°范围内VT_1、VT_6导通，其等效电路如图1-2所示。由图可以求得

$$U_A=U_{AO}=\frac{U_d}{2}$$

$$U_B=U_{BO}=-\frac{U_d}{2}$$

$$U_C=U_{CO}=0$$

图1-2　0°～60°等效电路

根据U_A、U_B、U_C可以求得各线电压

$$U_{AB}=U_A-U_B=\frac{U_d}{2}-\left(-\frac{U_d}{2}\right)=U_d$$

$$U_{BC}=U_B-U_C=-\frac{U_d}{2}-0=-\frac{U_d}{2}$$

$$U_{CA}=U_C-U_A=0-\frac{U_d}{2}=-\frac{U_d}{2}$$

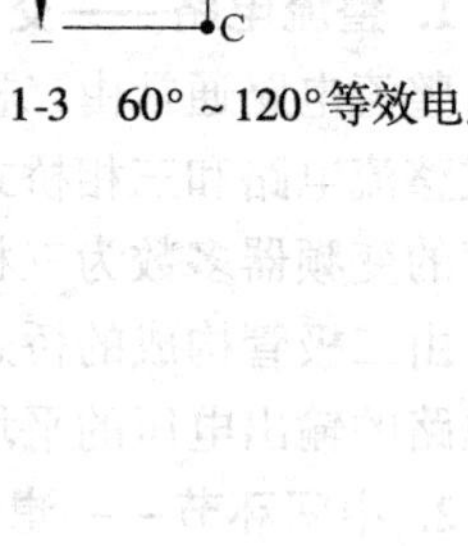

在60°～120°范围内VT_1、VT_2导通，其等效电路如图1-3所示。由图可以求得

$$U_A=U_{AO}=\frac{U_d}{2}$$

$$U_B=U_{BO}=0$$

$$U_C=U_{CO}=-\frac{U_d}{2}$$

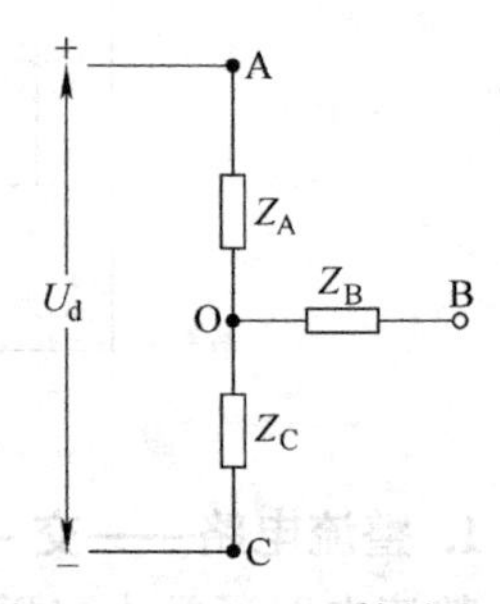

图1-3　60°～120°等效电路

根据U_A、U_B、U_C可以求得各线电压

$$U_{AB}=U_A-U_B=\frac{U_d}{2}-0=\frac{U_d}{2}$$

$$U_{BC}=U_B-U_C=0-\left(-\frac{U_d}{2}\right)=\frac{U_d}{2}$$

$$U_{CA}=U_C-U_A=-\frac{U_d}{2}-\frac{U_d}{2}=-U_d$$

同理，可以求得其他各范围的相电压和线电压，根据这些电压可以画出相电压和线电压的波形图如图1-4所示。

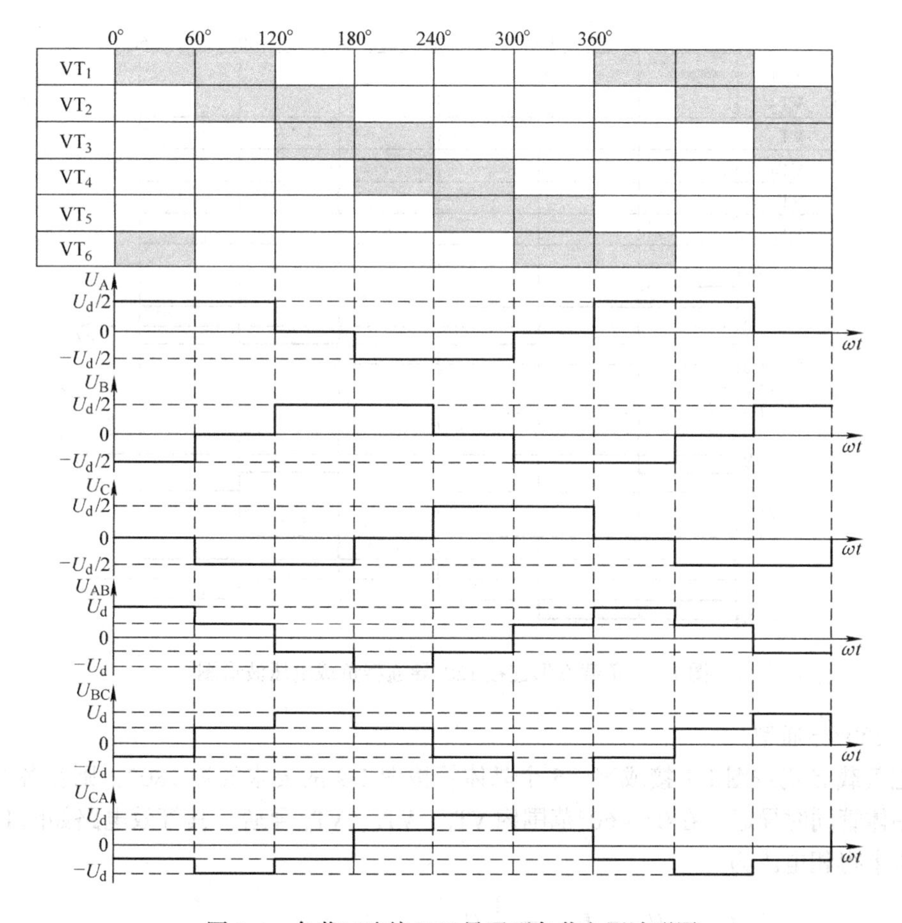

图 1-4　负载Y连接 120°导通型负载电压波形图

若把负载 Z 按图 1-5 接成△，6 个晶体管仍按上述要求导通，在 0°～60°范围内 VT_1、VT_6 导通，其等效电路如图 1-6 所示。由图可以求得线电压为

$$U_{AB} = U_d$$

$$U_{BC} = U_{CA} = -\frac{U_d}{2}$$

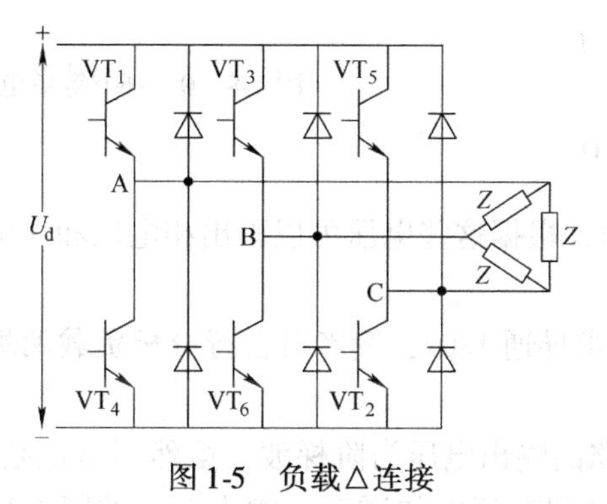

图 1-5　负载△连接

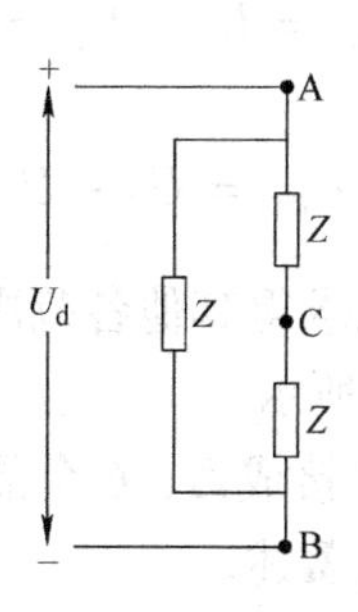

图 1-6　0°～60°等效电路

同理，可以求得其他各范围的线电压，画出线电压的波形如图 1-7 所示。

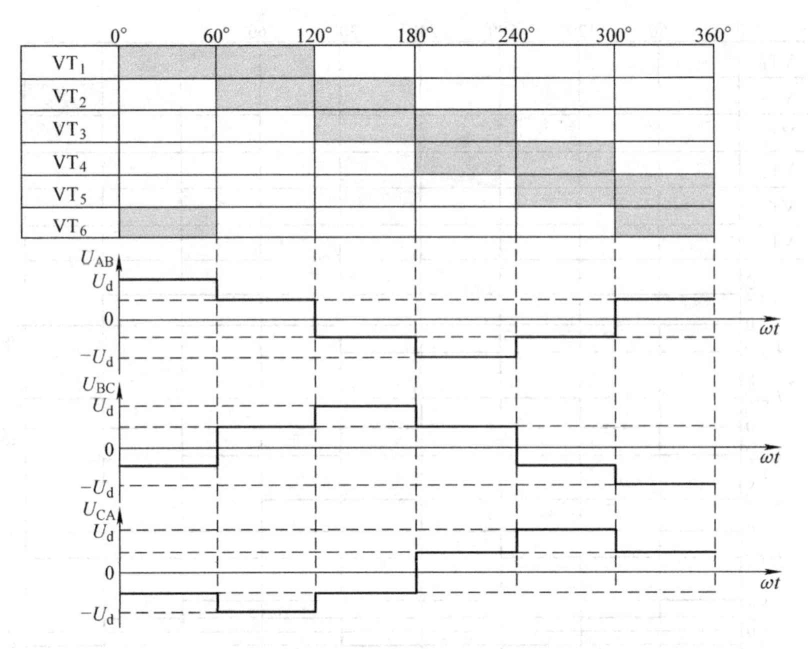

图 1-7　负载△形连接 120°导通型负载电压波形图

（2）180°导通型

若把负载 Z 仍按图 1-1 接成Y，6 个晶体管按图 1-9 的要求导通 180°，则在各范围内都有 3 个晶体管同时导通。在0° ~60°范围内 VT_1、VT_5、VT_6 导通，其等效电路如图 1-8 所示。由图可以求得相电压为

$$U_A = U_C = U_{AO} = \frac{1}{3}U_d$$

$$U_B = U_{BO} = -\frac{2}{3}U_d$$

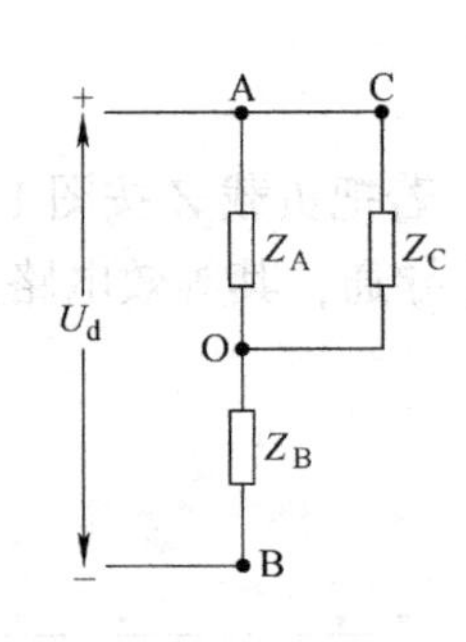

图 1-8　0° ~60°等效电路

根据 U_A、U_B、U_C 可以求得各线电压

$$U_{AB} = U_A - U_B = \frac{1}{3}U_d - \left(-\frac{2}{3}U_d\right) = U_d$$

$$U_{BC} = U_B - U_C = -\frac{2}{3}U_d - \frac{1}{3}U_d = -U_d$$

$$U_{CA} = U_C - U_A = \frac{1}{3}U_d - \frac{1}{3}U_d = 0$$

同理，可以求得其他各范围的相电压和线电压，根据这些电压可以画出相电压和线电压的波形如图 1-9 所示。

若把负载 Z 接成△，6 个晶体管按图 1-9 的要求导通 180°，读者可自行分析负载两端的电压波形，不再赘述。

由图 1-4、图 1-7 和图 1-9 可以看到，逆变电路的输出电压为阶梯波，虽然不是正弦波，却是彼此相差 120°的交流电压，即实现了从直流电到交流电的逆变。输出电压的频率取决于逆变器开关器件的切换频率，达到了变频的目的。

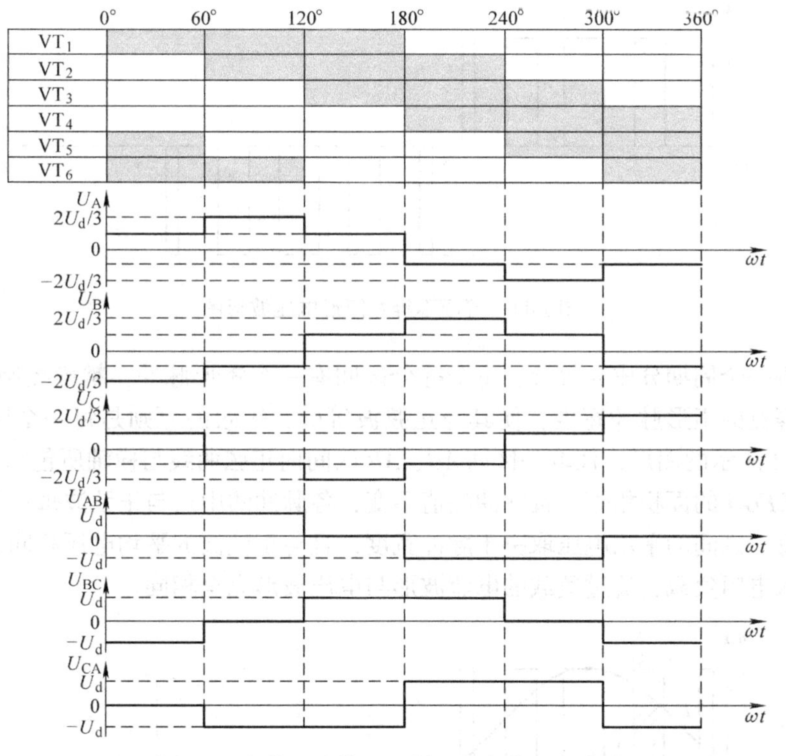

图 1-9 负载Y连接 180°导通型负载电压波形

实际逆变电路除了基本元器件晶体管和续流二极管外，还有保护半导体元器件的缓冲电路，晶体管也可以用门极可关断晶闸管代替。目前，几乎所有变频器都采用绝缘栅双极型晶体管 IGBT 做为大功率输出元器件。

1.1.2 SPWM 控制技术原理

我们期望通用变频器的输出电压波形是纯粹的正弦波形，但就目前技术而言，还不能制造功率大、体积小、输出波形如同正弦波发生器那样标准的可变频、变压的逆变器。

然而，根据上节所述，正弦交流电可以转变成图 1-4 或图 1-7 所示的交流电。实际上，只要准确控制各晶体管的导通与关断时间，逆变器也可以输出图 1-10 所示的等幅、等宽的矩形脉冲波形，还可以输出图 1-11 所示的等幅、不等宽的矩形脉冲波形，这是另一种特殊形式的交流电压波形。

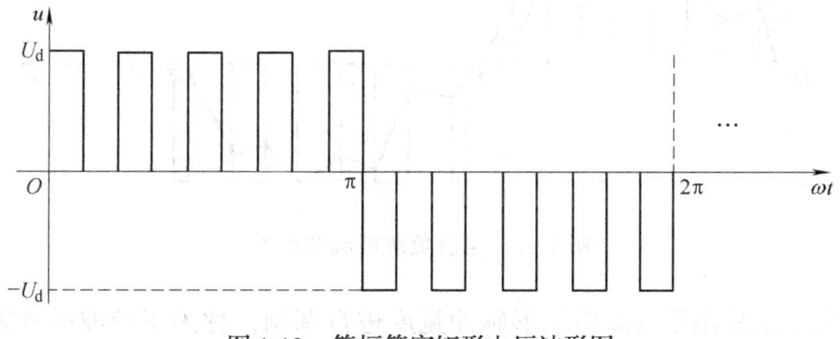

图 1-10 等幅等宽矩形电压波形图

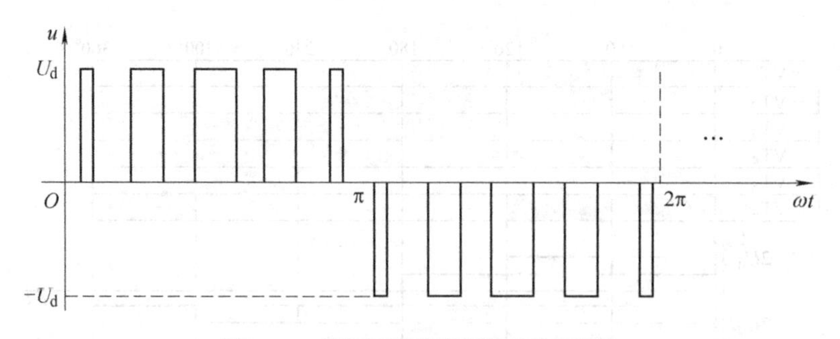

图 1-11　等幅不等宽矩形电压波形图

若我们将一个周期分成 n 等分，每个等分区间有一个矩形脉冲，精确控制图 1-11 所示的等幅、不等宽的矩形脉冲宽度，使其与正弦波等效，等效的原则是每一个区间的面积相等。如图 1-12 所示的图形，任取一区间 *AB*，*AB* 区间内正弦曲线与横轴所包围 *ABCD* 的面积与矩形脉冲 *EFGH* 的面积相等，且脉冲幅值不变，各脉冲的中点与正弦波每一等份的中点重合。这样，每一区间的平均电压取决于脉冲宽度，且与正弦波的平均电压相同。如果将逆变器的输出接入电阻负载，流过负载的电流波形与电压波形完全相同。

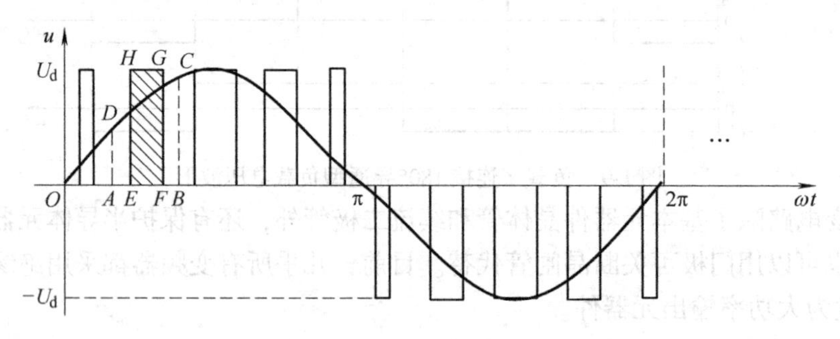

图 1-12　等幅不等宽矩形脉冲与正弦波等效图

如果将逆变器的输出接入电感性负载（如电动机），由于电感元件的储能作用和逆变器续流管的续流作用，流过负载的电流大致波形如图 1-13 所示，虽然还不是正弦波，但已经接近正弦波的形状。当矩形脉冲频率达到几千赫兹（常用 3kHz 左右）时，电流波形已经近似于正弦波形了。

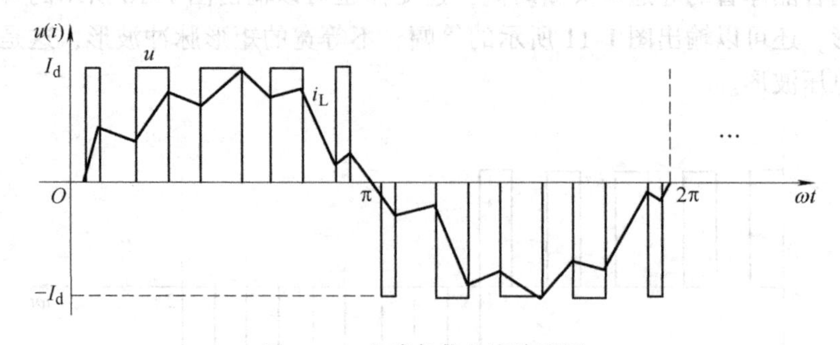

图 1-13　电感负载电流波形图

上述方法实际上是用正弦波对矩形脉冲宽度进行调制，称为正弦波脉冲宽度调制（Sinusoidal Pulse Width Modulation，SPWM）波形。这种正、负半周分别用正、负半周等效的

SPWM 波形称为单极式 SPWM 波形。

综上所述，可以归纳为：

1）在变频器的输入端输入单相或三相交流市电，在变频器的输出端可以输出图 1-13 所示（只画了一相）的三相交流电压，该电压不是正弦波，而是一系列等幅、不等宽的矩形脉冲波形（SPWM 波）。

2）变频器接入电感性负载电动机后，负载电流近似于正弦波。因此变频器的输出只能接电动机。

3）变频器输出频率可以任意调节。

1.1.3 通用变频器电压与频率的关系

为了充分利用电动机铁心，发挥电动机转矩的最佳性能，适合各种不同种类的负载，通用变频器电压与频率之间的关系如图 1-14 所示。

1. 基频以下调速

在基频（额定频率）以下调速，电压和频率同时变化，但变化的曲线不同，需要在使用变频器时，根据负载的性质设定。

（1）曲线 n

对于曲线 n，$\frac{U}{f}$ = 常数，属于恒压频比控制方式，适合于恒转矩负载。

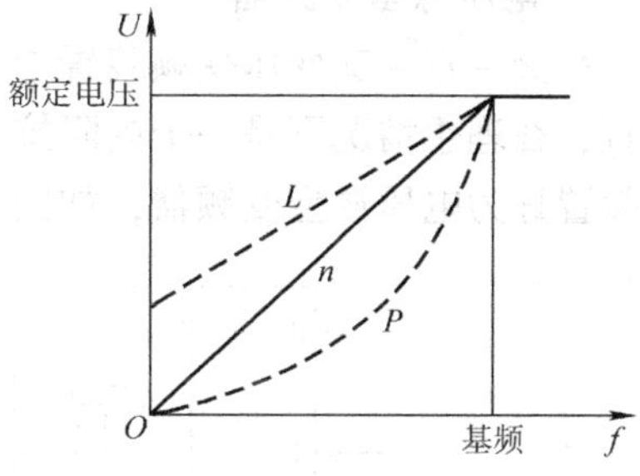

图 1-14 通用变频器电压与频率之间的关系

（2）曲线 L

曲线 L 也适合于恒转矩负载，但频率为零时，电压不为零，在电动机并联使用或某些特殊电动机选用曲线 L。

（3）曲线 P

曲线 P 适合于可变转矩负载，主要用于泵类负载和风机负载。

2. 基频以上调速

在基频以上调速时，频率可以从基频往上增高，但电压 U 却始终保持为额定电压，输出功率基本保持不变。所以，在基频以上变频调速属于恒功率调速。

由此可见，通用变频器属于变压变频（VVVF）装置，其中 VVVF 是英文 Variable Voltage Variable Frequency 的缩写。这是通用变频器工作的最基本方式，也是设计变频器时所满足的最基本要求。

1.2 变频器的分类

变频器的种类繁多，应用非常广泛，分类方式也多种多样。

1.2.1 按变换的环节有无直流分类

1. 交－交变频器

交－交变频器直接将电网频率和电压都固定的交流电源变换成频率和电压都连续可调的

交流电源。主要优点是没有中间环节，变换效率高。缺点是连续可调的频率范围比较窄，且只能在电网的固定频率以下变化。一般为电网固定频率的1/3～1/2，主要用于电力牵引等容量较大的低速拖动系统中。

2. 交－直－交变频器

交－直－交变频器先把频率固定的交流电整流成直流电，再把直流电逆变成频率连续可调的三相交流电。交－直－交变频器频率调节范围宽，变换的环节容易实现，目前广泛采用。通用变频器一般都采用交－直－交方式。在这类装置中，一般用不可控整流，则输入功率因数不变；用PWM逆变，则输出谐波可以减小。PWM逆变器需要全控式电力电子器件，其输出谐波减小的程度取决于PWM的开关频率，而开关频率则受器件开关时间的限制。

1.2.2　按直流环节的储能方式分类

1. 电压源型变频器

在交－直－交变压变频装置中，当中间直流环节采用大电容滤波时，直流电压波形比较平直，在理想情况下是一个内阻抗为零的恒压源，输出交流电压是矩形波或阶梯波，这类变频装置称为电压源型变频器，如图1-15a所示。

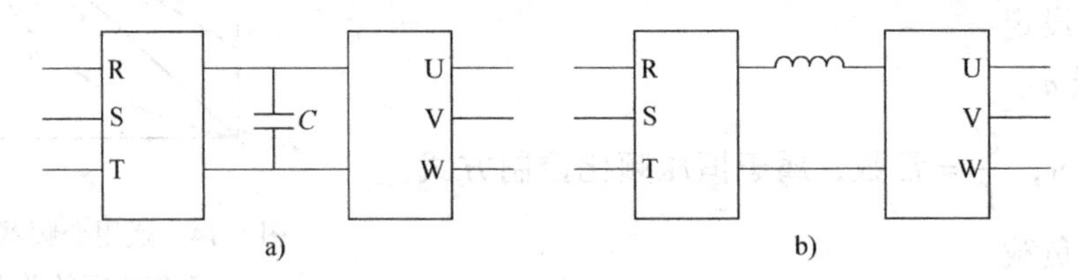

图1-15　电压源型变频器与电流源型变频器

a）电压源型变频器　b）电流源型变频器

2. 电流源型变频器

当交－直－交变压变频装置的中间直流环节采用大电感滤波时，直流电流波形比较平直，因而电源内阻抗很大，对负载来说基本上是一个电流源，输出交流电流是矩形波或阶梯波，这类变频装置称为电流源型变频器，如图1-15b所示。

有的交－交变压变频装置用电抗器将输出电流强制变成矩形波或阶梯波，具有电流源的性质，它也是电流源型变频器。

注意：从主电路上看，电压源型变频器和电流源型变频器的区别仅在于中间直流环节滤波器的形式不同，但是这样一来，却造成两类变频器在性能上相当大的差异，主要表现如下。

（1）无功能量的缓冲

对于变压变频调速系统来说，变频器的负载是异步电动机，属于感性负载，在中间直流环节与电动机之间，除了有功功率的传送外，还存在无功功率的交换。逆变器中的电力电子开关器件无法储能，无功能量只能靠直流环节中作为滤波器的储能元件来缓冲，使它不致影响到交流电网。因此也可以说，两类变频器的主要区别在于用什么储能元件（电容器或电抗器）来缓冲无功能量。

（2）回馈制动

如果把不可控整流器改为可控整流器，虽然电力电子器件具有单向导电性，电流不能反向，而可控整流器的输出电压是可以迅速反向的，因此电流源型变压变频调速系统容易实现回馈制动，从而便于四象限运行，适用于需要制动和经常正、反转的机械。与此相反，采用电压源型变频器的调速系统要实现回调制动和四象限运行却比较困难，因为其中间直流环节有大电容钳制着电压，使之不能迅速反向，而电流也不能反向，所以在原装置上无法实现回馈制动。必须制动时，只好采用在直流环节中并联电阻的能耗制动，或与可控整流器反并联设置另一组反向整流器，工作在有源逆变状态，以通过反向的制动电流，而维持电压极性不变，实现回馈制动。这样做，设备就复杂多了。

（3）调速时的动态响应

由于交－直－交电流源型变压变频装置的直流电压可以迅速改变，所以由它供电的调速系统动态响应比较快，而电压源型变压变频调速系统的动态响应就慢得多。

（4）适用范围

由于滤波电容上的电压不能发生突变，所以电压源型变频器的电压控制响应慢，适用于作为多台电动机同步运行时的供电电源但不要求快速加减速的场合。

电流源型变频器则相反，由于滤波电感上的电流不能发生突变，所以电流源型变频器对负载变化的反应迟缓，不适用于多台电动机传动，而更适合于一台变频器给一台电动机供电的单台电动机传动，但可以满足快速起动、制动和可逆运行的要求。

1.2.3 按控制方式分类

1. *U/f* 控制变频器

U/f 控制变频器的方法是在改变频率的同时控制变频器的输出电压，通过使 *U/f*（电压和频率的比）保持一定或按一定的规律变化而得到所需要的转矩特性。采用 *U/f* 控制的变频器结构简单、成本低，多用于要求精度不是太高的通用变频器。

2. 转差频率控制变频器

转差频率控制方式是对 *U/f* 控制的一种改进。这种控制需要由安装在电动机上的速度传感器检测出电动机的转速，构成速度闭环。速度调节器的输出为转差频率，而变频器的输出频率则有电动机的实际转速与所需转差频率之和决定。由于通过控制转差频率来控制转矩和电流，与 *U/f* 控制相比，其加减速特性和限制过电流的能力得到提高。

3. 矢量控制变频器

矢量控制是一种高性能异步电动机控制方式，它的基本思路是将电动机的定子电流分为产生磁场的电流分量（励磁电流）和与其垂直的产生转矩的电流分量（转矩电流），并分别加以控制。由于在这种控制方式中必须同时控制异步电动机定子电流的幅值和相位，即定子电流的矢量，因此这种控制方式被称为矢量控制方式。

4. 直接转矩控制变频器

直接转矩控制与矢量控制不同，它不是通过控制电流、磁链等量来间接控制转矩，而是把转矩直接作为被控矢量来控制。其特点为转矩控制是控制定子磁链，并能实现无传感器测速。

1.2.4 按功能分类

1. 恒转矩变频器

变频器的控制对象具有恒转矩特性，在转速精度及动态性能方面要求一般不高。当用变频器进行恒转矩调速时，必须加大电动机和变频器的容量，以提高低速转矩。主要用于挤压机、搅拌机、传送带和提升机等。

2. 平方转矩变频器

变频器的控制对象在过载能力方面要求不高，由于负载转矩与转速的平方成正比（$T_L \propto n^2$），所以低速运行时负载较轻，并具有节能的效果。主要用于风机和泵类负载。

1.2.5 按用途分类

1. 通用变频器

通用变频器是指能与普通的异步电动机配套使用，能适合于各种不同性质的负载，并具有多种可供选择功能的变频器。

一般用途多数使用通用变频器，但在使用之前必须根据负载性质、工艺要求等因素对变频器进行详细的设置。

2. 高性能专用变频器

高性能专用变频器主要用于对电动机的控制要求较高的系统。与通用变频器相比，高性能专用变频器大多数采用矢量控制方式，驱动对象通常是变频器生产厂家指定的专用电动机。

3. 高频变频器

在超精度加工和高性能机械中，通常要用到高速电动机。为了满足这些高速电动机的驱动要求，出现了 PAM（脉冲幅值调制）控制方式的高频变频器，其输出频率可达几万赫兹。

1.3 通用变频器的面板结构

尽管生产变频器的厂家不同，型号各异，但其面板结构大致相同。图 1-16 是施耐德 Altivar31变频器的面板结构。下面介绍主要部分的作用。

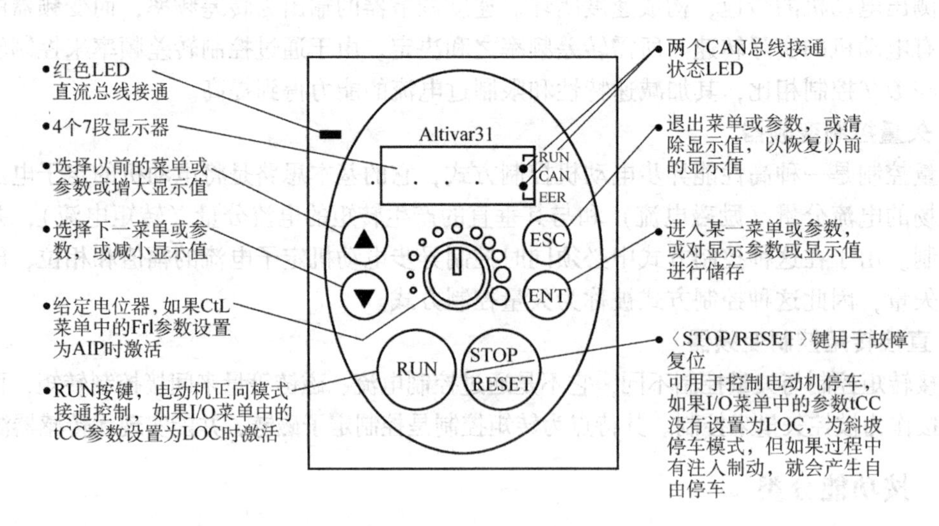

图 1-16 施耐德 Altivar31 变频器的面板结构

1. 〈▲〉键

在选择菜单或参数时，选择上一菜单或参数；调整参数时，增大显示值。

2. 〈▼〉键

在选择菜单或参数时，选择下一菜单或参数；调整参数时，减小显示值。

3. 给定电位器

给定电位器可以用来升降速，但必须通过 CtL 菜单中的 Fr1 参数或 Fr2 参数设置为 AIP 激活此功能。目前多数变频器没有该电位器，而是通过〈▲〉、〈▼〉键升降速。

4.〈ESC〉键

退出菜单或参数，或清除显示值，以恢复以前的显示值。在设置参数时，如果不希望对新设置的参数进行储存，而保留以前的数值，按此键返回即可。

5. 〈ENT〉键

在设置菜单或参数时，按〈ENT〉键进入某一菜单或参数；设置完毕，对显示参数或显示值进行储存，此时要按住〈ENT〉键直至显示参数或数值闪烁为止，有些参数或数值可以立即储存，而有些参数或数值需要按住〈ENT〉键 2s 以上才能储存。

6. 〈RUN〉键

如果设置为本机控制（I/O 菜单中的 tCC 参数设置为 LOC），按一下〈RUN〉键，电动机正向模式运行；如果设置为 2 线或 3 线控制该键不起作用。

7. 〈STOP/RESET〉键

如果设置为本机控制，在变频器运行状态，用该键停车；如果设置为 2 线或 3 线控制，当 CtL 菜单中的 PSt 参数设置为 yES 时，该键具有优先停车权，PSt 参数设置为 nO 时该键不起作用；在变频器非运行状态，出现故障且已修复时，用该键复位。

8. 液晶显示器

Altivar31 变频器有 4 个 7 段显示器，可显示的内容主要有：

① 在参数设置时，显示菜单或参数。共有 8 个一级菜单，分别为设置菜单 SEt—、电动机菜单 drC—、输入输出菜单 I-O—、控制菜单 CtL—、功能菜单 FUn—、故障菜单 FLt—、通信菜单 COM—和显示菜单 SUP—。有些菜单下面还有二级菜单。菜单下面是参数。菜单后面带“—”，参数不带“—”。如“CtL—”是菜单，而“ACC”是参数。在本书以后的内容中，“FUn—PSS—SP2”表示“FUn”是一级菜单，“PSS”是一级菜单“FUn”下的二级菜单，“SP2”是二级菜单“PSS”下的参数；“FUn—PSS—SP2 = 10Hz”表示参数“SP2”设置为 10Hz。

② 变频器运行时，显示运行状态，可显示电动机频率、电动机电流、电动机功率、线电压和变频器热态等，具体显示内容根据需要设置。

③ 变频器停止时，显示停机状态。

④ 出现故障时，显示故障代码。

由于只有 7 段，显示符号与实际字母或数字有一定差别，对照关系见表 1-1。

从表 1-1 可以看出，显示符号 | 、5 、□既代表数字，也代表字母，需要根据菜单或参数确定是字母还是数字。即使确定错了，也不会引起差错，因为不管是字母还是数字，都是一个相同的菜单或参数。如只有“PSS—”子菜单，不存在“PS5—”子菜单；只有“SP5”参数，不存在“SPS”参数。

表 1-1　显示符号与实际字母或数字对照

显示符号	实际字母或数字	显示符号	实际字母或数字	显示符号	实际字母或数字
A	A	L	L	y	y
b	b	M	M	2	2
C	C	n	n	3	3
d	d	O	O 或数字 0	4	4
E	E	P	P	6	6
F	F	q	q	7	7
G	G	S	S 或数字 5	8	8
H	H	r	r	9	9
I	I 或数字 1	t	t		
J	J	U	U		

1.4　通用变频器的接线端子

变频器能把电压、频率固定的交流电变换成电压、频率连续可调的交流电。变频器与外界的联系靠接线端子相连，接线端子又分为主端子和控制端子。

1.4.1　变频器主端子

变频器的输入端分为三相输入和单相输入两种，而输出端均为三相输出。三相输入的主端子如图 1-17 所示，单相输入的主端子如图 1-18 所示。变频器的主端子的功能见表 1-2。

⏚	⏚	R/L1	S/L2	T/L3		
PO	PA/+	PB	PC/−	U/T1	V/T2	W/T3

图 1-17　三相输入变频器主端子

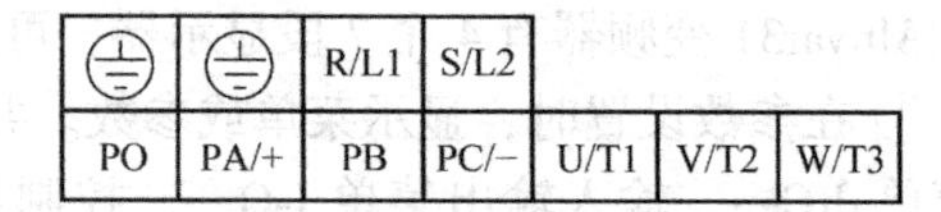

图 1-18　单相输入变频器主端子

表 1-2　变频器的主端子功能

端　子	功　能	备　注
⏚	接地端子	接地线，不能与电源零线相接
R/L1、S/L2	单相电源	对于单相输入变频器
R/L1、S/L2、T/L3	三相电源	对于三相输入变频器，不分相序
PO	直流母线“+”极性，接外部电抗器	出厂时已与 PA/ + 短接
PA/ +	接制动电阻、电抗器	
PB	接制动电阻	
PC/ −	直流母线“−”极性	
U/T1、V/T2 、W/T3	接三相异步电动机	有相序之分

变频器在出厂时，已将“PO”和“PA/ +”两个端子用短路片接在一起，通常不能断开，但在使用外接电抗器时，可以拆下短路片接电抗器。“PB”和“PA/ +”接内部制动电阻，需要使用外接制动电阻时，应先拆下内部接线，再将这两个端子接制动电阻。一般情况下，“PO”“PA/ +”“PB”“PC/ −”4 个端子不需要接线，且出厂时的接线也不要拆。

不同品牌的变频器的主电路端子基本相同。变频器主电路的接线包括接工频电网的输入端（三相 R/L1、S/L2、T/L3，单相 R/L1、S/L2）和接电动机的电压、频率连续可调的输出端（U/T1、V/T2、W/T3）。在济南星科的实验台中，变频器单相输入、三相输出，QS 就是操纵台上的变频器开关，输入端已接好。变频器的输出端和电动机接线端均引出在实验台的右上角，用跨接线接通即可，如图 1-19 所示。

实际上，最常用的接线图如图 1-20 所示，其中图 1-20a 为三相输入，图 1-20b 为单相输入，QS 为空气开关。

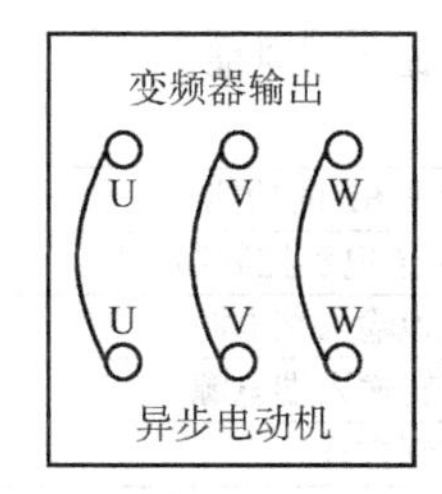

图 1-19　实验台变频器的输出端与电动机接线端的连接

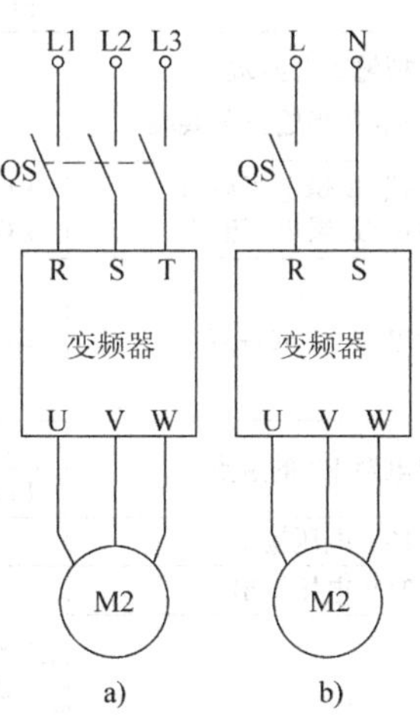

图 1-20　变频器主电路的连接
a）三相输入　b）单相输入

特别注意：变频器的输出端只能接电动机，若把三相交流电源直接接在变频器上，会损坏变频器！

1.4.2　变频器控制端子

施耐德 Altivar31 变频器的控制端子及功能见表 1-3。在实验台中各控制端子均已引出到实验台的面板上。此外在变频器的下方还有 6 个按钮开关，供 6 个逻辑输入端使用。这些按钮带自锁功能，只接了 1 个触点，按下接通，弹起断开。

控制端子的接线示意图如图 1-21 所示。图中逻辑输入端的触点可以是按钮，但用得更多的是中间继电器、交流接触器的触点或其他低压电器的触点，也可以是 PLC 输出触点。

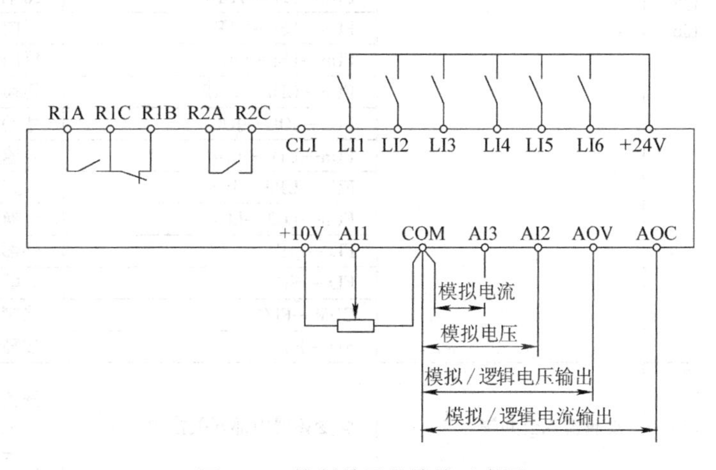

图 1-21　控制端子的接线示意图

表 1-3　施耐德 Altivar31 变频器的控制端子及功能

端子	功　能	设　置　菜　单	作　用
AI1 AI2 AI3	模拟电压输入 模拟电压输入 模拟电流输入	CtL—Fr1	配置给定 1
		CtL—Fr2	配置给定 2
		FUn—P1—PIF	PI 调节器反馈
		FUn—SA1—SA2	求和输入 2
		FUn—SA1—SA3	求和输入 3
		COM—PLOC	在强制本机模式选择给定与控制通道
		SUP—AIA	显示模拟输入功能
COM	模拟输入公共端 模拟/逻辑输出公共端		
AOV AOC	模拟/逻辑电压输出 模拟/逻辑电流输出	I-O—AOIt I-O—dO	模拟/逻辑输出 AOC/AOV 只能有一个端子输出
R1A R1B R1C	继电器 R1 的触点	I-O—r1	设置 R1 的功能
R2A R2C	继电器 R2 的触点	I-O—r2	设置 R2 的功能
		FUn—bLC—bLC 设置为 r2	R2 继电器控制制动器
10V	+10V 电压输出		模拟输入端电源
24V	+24V 电压输出		逻辑输入端电源
LI1 LI2 LI3 LI4 LI5 LI6	逻辑输入端	I-O—tCC	控制方式
		I-O—rrS	逻辑输入反向运行
		CtL—rFC	给定切换
		CtL—CCS	控制通道切换
		FUn—rPC—rPS	斜坡切换
		FUn—StC—FSt	通过逻辑输入进行快速停车
		FUn—StC—dCI	通过逻辑输入进行直流注入
		FUn—StC—nSt	通过逻辑输入进行自由停车
		FUn—PI—Pr2	两个 PI 预置给定值
		FUn—PI—Pr4	4 个 PI 预置给定值
		FUn—PSS—PS2	两种预置速度
		FUn—PSS—PS4	4 种预置速度
		FUn—PSS—PS8	8 种预置速度
		FUn—PSS—PS16	16 种预置速度
		FUn—LSt—LAF	正向限位
		FUn—LSt—LAr	反向限位
		FUn—CHP—CHP	切换电动机 2
		FUn—JOG—JOG	寸动操作
		FUn—UPd—USP	+速度
		FUn—UPd—dSP	-速度
		FUn—LC2—LC2	切换第 2 个电流限幅
		FLt—EtF	外部故障
		FLt—rSF	故障复位
		COM—FLO	强制本机模式
		FLt—InH	故障禁止
CLI	逻辑输入公共端	受变频器内部开关控制	开关在上：CLI 与 COM 相接（出厂配置） 开关在中：CLI 独立 开关在下：CLI 与 +24 相接

施耐德 Altivar31 变频器的模拟输入、模拟/逻辑输出的公共端都是 COM，逻辑输入的公共端 CLI 出厂时已经与 COM 接在一起。而许多其他品牌的变频器各部分的公共端子不相同，使用时应特别注意。

在图 1-22 中，各逻辑输入端子经触点与 +24V 相接，这实际上是把变频器内部逻辑输入开关打在 SINK 位置，逻辑输入的公共端 CLI 与公共地线 COM 相接，这是变频器出厂时的默认接法，如图 1-22a 所示。也可以把逻辑输入端子经触点与地短接，这时只需将变频器内部逻辑输入开关打在 SOURCE 位置即可，此时 CLI 与 +24V 相接，如图 1-22c 所示。逻辑输入开关也可以打在中间 CLI 位置，如图 1-22b 所示，此时变频器的 CLI 端子必须接线。

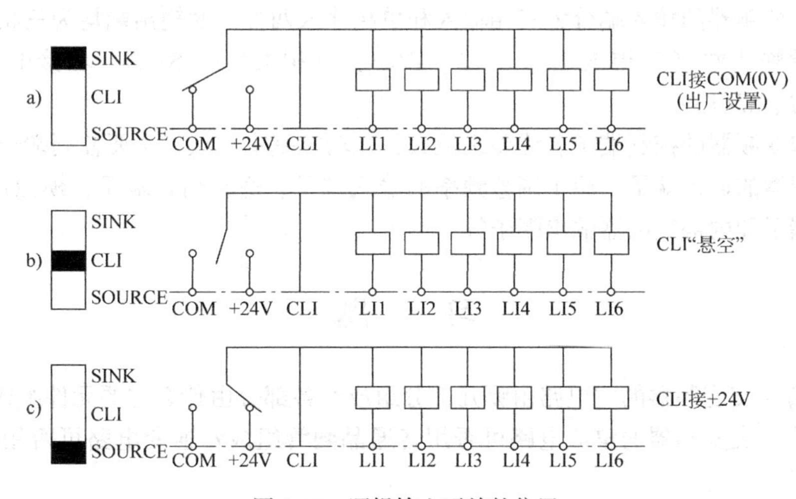

图 1-22 逻辑输入开关的位置

本书所介绍的内容都使用了变频器的出厂设置，即 CLI 与公共地线 COM 相接，LIX 接 +24V。

除了 Altivar31 变频器外，其他型号的变频器多数是逻辑输入端子经触点与地短接。

本 章 小 结

本章简单介绍了交 - 直 - 交变频器的工作原理、变频器的分类、通用变频器的面板结构和接线端子。

交 - 直 - 交变频器的主电路可以分为整流电路、滤波电路和逆变电路 3 部分，逆变电路是交 - 直 - 交变频器的核心部分，由 6 个晶体管或门极可关断晶闸管（目前多数采用绝缘栅双极型晶体管 IGBT）加相应的辅助电路组成，可分为 120°导通型和 180°导通型两种类型，只要在晶体管的基极或门极可关断晶闸管的门极上加合适的电压，就很容易实现从直流电到阶梯波交流电或矩形波交流电的转变。

要使矩形波交流电能够控制电动机的运行，必须用正弦波对矩形波的宽度进行调制。这样的波形称为 SPWM 波形。交 - 直 - 交通用变频器的输出电压波形都是 SPWM 波，当接上电动机负载后，其电流波形就是比较好的正弦波了。

通用变频器基频以下调速时电压与频率同时变化。但在基频以上调速时，频率可以从基频往上增加，但电压 U 却始终保持为额定电压。

变频器的种类繁多，应用非常广泛，分类方式有以下几种：按变换的环节分为交－交变频器和交－直－交变频器；按直流环节的储能方式分为电压源型变频器和电流源型变频器；按控制方式分为 U/f 控制变频器、转差频率控制变频器、矢量控制变频器和直接转矩控制变频器；按功能分为恒转矩变频器和平方转矩变频器；按用途分为通用变频器、高性能专用变频器和高频变频器。

不同品牌变频器的面板结构大致相同，主要有〈▲〉键、〈▼〉键、〈ESC〉键、〈ENT〉键、〈RUN〉键和〈STOP/RESET〉键，虽然部分键的名称可能有所不同，但功能基本一样。

不同品牌变频器的输入端分为三相输入和单相输入两种，而输出端均为三相输出。主端子主要有电源输入端（三相 R/L1、S/L2、T/L3，单相 R/L1、S/L2）和接电动机输出端（U/T1、V/T2、W/T3）。

不同品牌变频器的控制端子名称差别较大，而功能基本一致。主要控制端子都有用于起动和停止变频器的输入端子、用于调整频率的输入端子、逻辑输入端子、模拟量输出端子、逻辑量输出端子和内部继电器输出端子等。

习　题

1. 交－直－交变频器的主电路由哪几部分组成？各部分由什么主要元件组成？

2. 交－直－交变频器的整流电路可否用普通晶闸管组成？逆变电路可否用普通晶闸管组成？

3. 120°导通型的逆变电路同时有几个功率器件导通？180°导通型逆变电路同时有几个功率器件导通？

4. 在 180°导通型逆变电路中，若把负载 Z 接成△，画出负载电压波形图。

5. 交－直－交变频器的输出频率能否高于输入电源频率？

6. 电流源型变频器和电压源型变频器的主要区别在哪里？在性能上有什么差异？

第 2 章　通用变频器的参数设置及功能选择

通用变频器的功能很多，适合于多种类型负载。要使变频器正常运行且充分发挥变频器的性能，就必须对变频器的参数及功能进行设置（以 Altivar31 变频器为例）。

2.1　通用变频器的参数设置

2.1.1　变频器参数设置方法

变频器的设置菜单分为一级菜单、二级菜单等，菜单后面是参数。Altivar31 变频器一级菜单的访问如图 2-1 所示，参数的设置如图 2-2 所示。图 2-2 是待机（准备运行）状态开始，

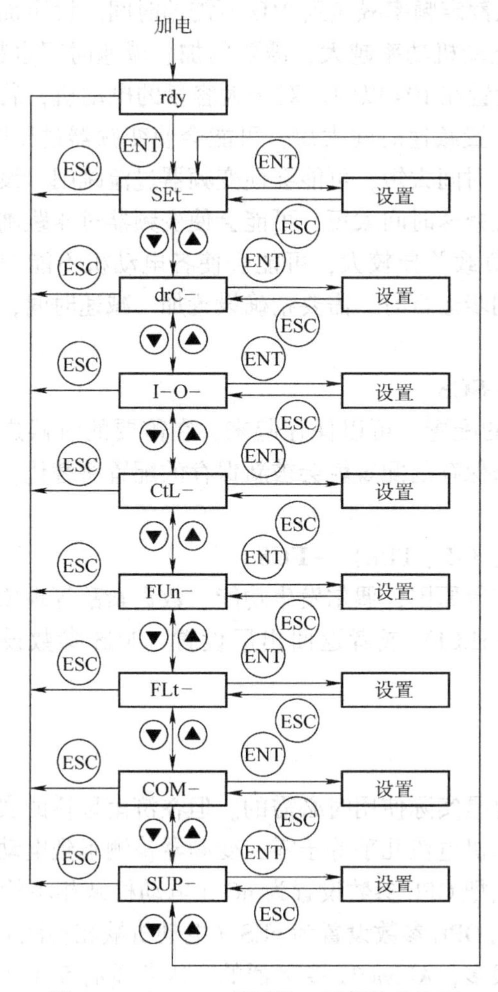

图 2-1　Altivar31 变频器一级菜单的访问

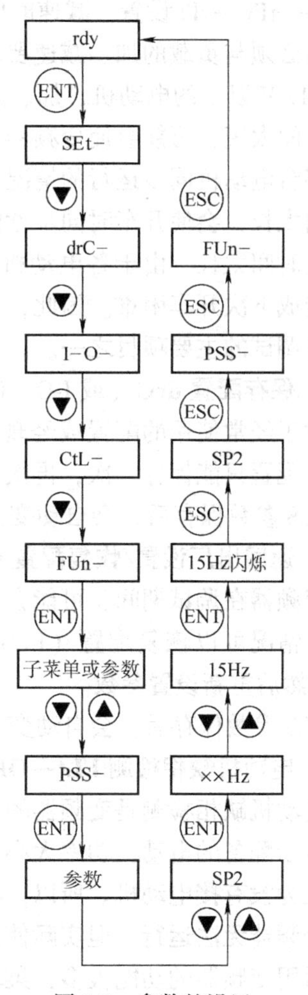

图 2-2　参数的设置

将 FUn—PSS—SP2 参数设定为 15Hz，然后又返回到待机状态的操作过程。在实际设置时，可能从中间某一步开始。若还有其他的参数需要设置，不需要返回到待机状态，只要返回到相应的一级继续设置即可。全部参数设置完毕后，需要返回到待机状态准备开车。有些参数还可以在变频器运行过程中进行设置。

错误的设置可能损坏变频器！没有弄清楚的参数不要随意设置！

2.1.2 常用参数及其设置

常用参数是经常使用的一些参数，主要包括以下内容（以 Altivar31 变频器为例）。

1. 上限频率（高速）**SEt—HSP 与下限频率**（低速）**SEt—LSP**

上限频率是最大给定所对应的频率，下限频率是最小给定所对应的频率。上下限频率的设定是为了限制电动机的转速，从而满足设备运行控制的要求。

2. 加速时间（加速斜坡时间）**SEt—ACC 与减速时间**（减速斜坡时间）**SEt—dEC**

加速时间是变频器从 0Hz 加速到额定频率（通常为 50Hz）所需的时间，加速斜坡类型由 FUn—rPC—rPt 设置。减速时间是变频器从额定频率减速到 0Hz 所需的时间。设定加、减速时间必须与负载的加、减速要求相匹配。电动机功率越大，需要的加、减速时间也越长。一般 11kW 以下的电动机，加、减速时间可设置在 10s 以内。对于大容量的电动机，若设置加速时间太短，可能会使变频器过流跳闸；设置减速时间太短，可能会使变频器过压跳闸。对于多台电动机同步运行的情况，若设置加速时间太短，可能会使变频器过流跳闸，设置加速时间太长，会使开车时同步性能变坏；设置减速时间太短，可能会使变频器过压跳闸，设置减速时间太长，由于各电动机功率不同，负载差异较大，可能会使各电动机不能同时停转，造成下次开车困难。因此，多台电动机同步运行时，需要精确设置加、减速时间，这也是设备调试的主要项目之一。

3. 保存配置 drC（或 I-O、CtL、FUn）**—SCS**

对于经常使用的配置或经现场调试可行的配置，可以保存起来，在需要的时候进行恢复。但配置只能保存一次，再次保存时，原来保存的配置就会被新保存的配置所替代。

SCS 参数保存后，会自动变为 nO。

4. 返回出厂设置/恢复配置 drC（或 I-O、CtL、FUn）**—FCS**

变频器在调试期间，可能会由于操作不当等原因，偶尔发生功能、数据紊乱等现象，遇到这种情况可以恢复配置（FCS 参数设置为 rECI）或者返回出厂设置（FCS 参数设置为 InI），然后重新设置参数。

FCS 参数保存后，会自动变为 nO。

5. 电动机缺相检测 FLt—OPL

电动机缺相检测是变频器的基本功能，也是实际使用时必需的。但在济南星科的实验台中，由于配备的电动机功率太小且空载，电动机电流几乎等于零，变频器检测不到电动机电流，认为没有接电动机。所以，在实验室必须把 OPL 参数设置为 nO（电动机缺相不检测），否则变频器无法运行。但实际使用时一定要把 OPL 参数设置为 yES（电动机缺相检测）。

通用变频器的功能很多，菜单及参数也很多，Altivar31 变频器的一级菜单有 8 个，分别是设置菜单 SEt—、电动机控制菜单 drC—、I-O 菜单 I-O—、控制菜单 CtL—、应用功能菜单 FUn—、故障菜单 FLt—、通信菜单 COM—和显示菜单 SUP 。各菜单及相应的二级菜单和参数见附录 A，参数代码索引见附录 B。不同类型的变频器，菜单和参数代码不同，但功能大致相同。

2.2 变频器的运行与给定方式

变频器正常工作要解决的问题首先是如何起动和停止变频器，其次是如何升速和降速。

2.2.1 变频器的操作运行

变频器运行与停止的控制方式分为本机控制和外部端子控制，Altivar31 变频器的外部端子控制又分为 2 线控制和 3 线控制。而多数变频器的外部端子控制有确定的控制端子，不需要设置。如富士 FRN 系列变频器的正转端子为 FWD，反转端子为 REV；三菱 FR—A 系列变频器的正转端子为 STF，反转端子为 STR。下面以 Altivar31 变频器为例进行介绍。

1. 本机控制

本机控制是通过变频器操作面板上的〈RUN〉键和〈STOP〉键控制变频器的运行与停止，通过 I-O 菜单 tCC 参数设置为 LOC 激活此功能，即 I-O—tCC = LOC。如果功能访问等级 CTL—LAC 设置为 L3 高级功能，本机控制功能不可用，即 I-O—tCC 不出现 LOC。

如果控制柜安装在操作现场，并且变频器的操作面板露在控制柜的操作面板上，可采用本机控制。通常情况下，本机控制很少采用。

本机控制的默认设置是 FUn—PSS—PS2 = LI3，FUn—PSS—PS4 = LI4，所以要使用 LI3 和 LI4 端子，FUn—PSS—PS2 和 FUn—PSS—PS4 参数必须设置为 nO。

2. 外部端子控制

（1）2 线控制

2 线控制是通过变频器端子 LI1 和 LIX（X 为 2 ~ 6）控制变频器的运行与停止，通过 I-O 菜单 tCC 参数设置为 2C 激活此功能。

2 线控制的接线图如图 2-3 所示。在 2 线控制方式中，LI1 为正转控制端子，接入 24V，变频器正转运行，断开 24V 变频器停止，不需要设置；LIX 为反转控制端子，接入 24V，变频器反转运行，断开 24V 变频器停止，通过 I-O 菜单 rrS 参数设置具体端子，变频器的默认设置为 LI2，一般使用默认设置。

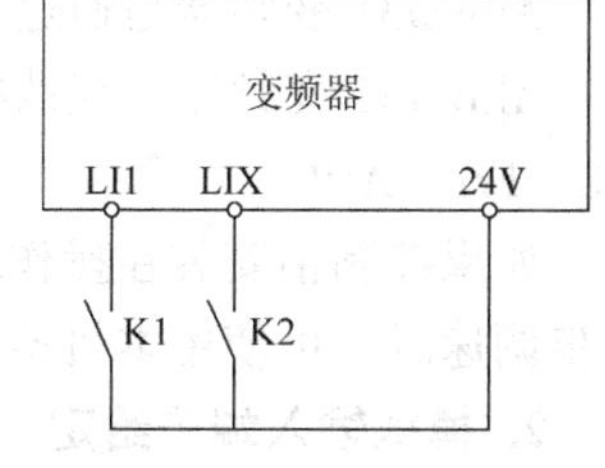

图 2-3 2 线控制的接线图

若只需要电动机正转运行，反转控制端不接线，即不用开关 K2 就可以了，但该端子不能用做其他用途，除非 I-O 菜单 rrS 参数设置为 nO。

2 线控制的另一个默认设置是把 LI3 和 LI4 端子分配给 2 段和 4 段速度控制，即 FUn—PSS—PS2 = LI3，FUn—PSS—PS4 = LI4，所以要使用 LI3 和 LI4 端子，FUn—PSS—PS2 和 FUn—PSS—PS4 参数必须设置为 nO。

2 线控制是用得最多的一种控制方式，一般的控制电路都采用 2 线控制。

（2）3 线控制

3 线控制是通过变频器端子 LI1、LI2 和 LIX（X 为 3 ~ 6）控制变频器的运行与停止，通过 I-O 菜单 tCC 参数设置为 3C 激活此功能。

3 线控制的接线图如图2-4 所示。在3 线控制方式中，LI1 为停止端子，接入24V，为变频器运行做准备；断开24V，已运行的变频器停止，没运行的变频器不能起动，LI1 端子的功能不需要设置。LI1 接常闭触点，如图 2-4 中的 K1。

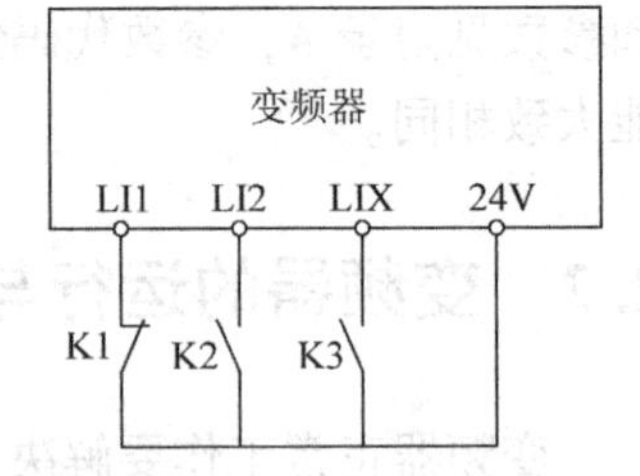

图2-4　3 线控制的接线图

LI2 为正转控制端子，接入 24V，变频器运行，变频器运行后，无论该信号是否存在，变频器都将继续运行，此端子的功能不需要设置，LI2 接常开触点，如图 2-4 中的 K2。

LIX 为反转控制端子，接入 24V，变频器运行，变频器运行后，无论该信号是否存在，变频器都将继续运行，此端子通过 I-O 菜单 rrS 参数设置，变频器的默认设置为 LI3，接常开触点，如图 2-4 中的 K3。若只需要电动机正转运行，反转控制端不接线，即不用开关 K3 就可以了，但该端子不能用作其他用途，除非 I-O 菜单 rrS 参数设置为 nO。

3 线控制的另一个默认设置是把 LI4 端子分配给寸动功能，即 FUn—JOG—JOG 参数设置为 LI4，所以在不需要寸动功能的情况下，要使用 LI4 端子，FUn—JOG—JOG 参数必须设置为 nO。

2.2.2　变频器的给定方式

变频器的给定方式也就是如何使变频器升速和降速。Altivar31 变频器有两个给定配置，给定配置 1 为 CtL—Fr1，给定配置 2 为 CtL—Fr2。Fr1 和 Fr2 通过 CtL—rFC 进行选择或切换。常用给定方式有以下几种。

1. 本机给定

本机给定就是通过变频器的操作面板升降速。施耐德 Altivar31 变频器是通过操作面板上的电位器升降速，以前的变频器多数采用这种方式，现在的变频器多数是通过操作面板上的〈▲〉〈▼〉键升降速，面板上没有升降速电位器。

Altivar31 变频器是通过 CtL 菜单 Fr1 或 Fr2 参数设置为 AIP 激活此功能。

Altivar31 变频器的默认给定通道为 Fr1，默认给定方式为本机给定，即 CtL—rFC = Fr1，CtL—Fr1 = AIP。

如果控制柜安装在操作现场，变频器的操作面板露在控制柜的操作面板上，并且不需要同步调速时，可使用本机给定。通常情况下，本机给定很少采用。

2. 模拟输入端子给定

Altivar31 变频器有 3 个模拟输入端子，分别是 AI1、AI2、AI3，公共端为 COM。

（1）AI1 端子给定

AI1 端子给定就是通过变频器的控制端子 AI1 给定，给定信号为 0 ~ 10V 电压信号，0V 对应低速（SEt—LSP 参数），10V 对应高速（SEt—HSP 参数），通过 CtL 菜单 Fr1 参数设置为 AI1 激活此功能。若 CtL—rFC = Fr2 或需要两个给定通道切换时，通过 CtL 菜单 Fr2 参数设置为 AI1 激活此功能。

（2）AI2 端子给定

AI2 端子给定就是通过变频器控制端子 AI2 给定，给定信号为 0 ~ ±10V 电压信号，“ + ”电压时电动机正转，“ - ”电压时电动机反转，通过 CtL 菜单 Fr1 参数设置为 AI2 激活此功能。若 CtL—rFC = Fr2 或需要两个给定通道切换时，通过 CtL 菜单 Fr2 参数设置为 AI2 激活此功能。

（3）AI3 端子给定

AI3 端子给定就是通过变频器控制端子 AI3 给定，给定信号为 X ~ YmA 电流信号，通过 CtL 菜单 Fr1 参数设置为 AI3 激活此功能。若需要两个给定通道切换时，通过 CtL 菜单 Fr2 参数设置为 AI3 激活此功能。

X 对应下限频率（低速），通过 I-O 菜单 CrL3 参数进行设置，设置范围为 0 ~ 20mA，通常设置为 4mA。

Y 对应上限频率（高速），通过 I-O 菜单 CrH3 参数进行设置，设置范围为 4 ~ 20mA，通常设置为 20mA。

如果 Y 小于 X，则电流越大，频率越低。

3. 逻辑输入端子给定

逻辑输入端子给定也就是通过按钮升降速。它是 Altivar31 变频器的高级功能，必须将功能访问等级 CtL—LAC 设置为 L2 或 L3，才能进行设置。

通过按钮升降速就是在逻辑输入端子上接入升速按钮和降速按钮，如图 2-5 所示。按下升速按钮 SB1 开始升速，松开 SB1 停止升速；按下降速按钮 SB2 开始降速，松开 SB2 停止降速。

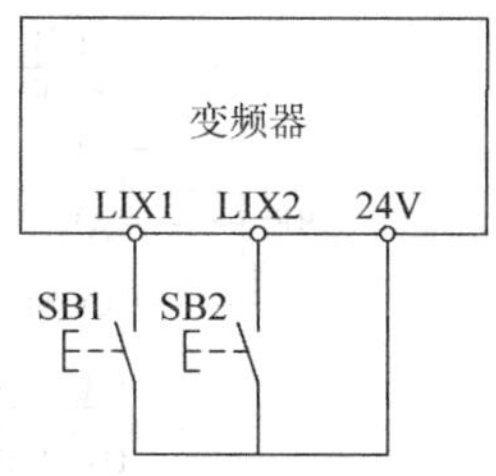

图 2-5　通过按钮升降速接线图

逻辑输入端子 LIX1 和 LIX2 由下列参数设置，但必须保证 LIX1 和 LIX2 是其他功能没用过的端子，包括变频器的默认设置。

CtL—LAC = L2 或 L3——设置功能访问等级；

CtL—Fr2 = UPdt——设置给定方式；

CtL—rFC = Fr2——选择给定通道；

FUn—UPd—USP = LIX1——设置升速逻辑输入端子位置；

FUn—UPd—dSP = LIX2——设置降速逻辑输入端子位置。

4. 其他给定

① 通过键盘上的〈▲〉和〈▼〉键给定。

② 通信给定。

③ 通过远程终端给定。

这些给定方式在一般用途中使用不是很多，不再详细介绍。读者在使用时可以查阅产品使用说明书。

2.2.3 实训与练习

【实训 1】 本机控制，模拟电压信号（电源取自变频器 +10V 端，使用电位器调节）经 AI1 端子给定，操作步骤如下。

1）按原理图 2-6 接线。方框内部的编号是变频器的端子号，外边标出了回路标号，虽然对于简单的线路可以不标回路标号，但为使读者掌握正规图纸的准确画法，以下接线图均以正规原理图方式画出。

2）打开电源开关 QS，给变频器通电，完成参数设置。

① drC—（或 I-O—、CtL—、FUn—，下同）FCS = InI——恢复出厂设置。

② FLt—OPL = nO——电动机缺相不检测（仅对济南星科实验台，下同）。

③ I-O—tCC = LOC——设置控制方式。

④ CtL—Fr1 = AI1——设置给定方式。

其他没有要求，使用变频器的默认设置。

3）按下变频器操作面板上的〈RUN〉键，变频器运行，电动机旋转，变频器显示运行频率。调节电位器 RP，变频器的输出频率相应变化，变化范围为 0 ~ 50Hz，按下变频器操作面板上的〈STOP〉键，变频器停止运行，电动机停转，操作结束。

【实训 2】 2 线控制，正反转运行，模拟电压信号（电源取自变频器 +10V 端，使用电位器调节）经 AI1 端子给定，最高速为 40Hz，最低速为 10Hz，升速时间为 10s，降速时间为 5s。操作步骤如下。

1）按原理图 2-7 接线，且 SA1 和 SA2 都处于断开位置（弹起状态）。

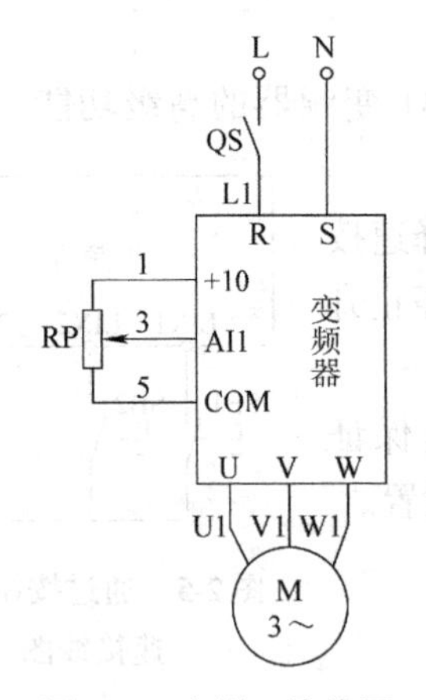

图 2-6 实训 1 接线图

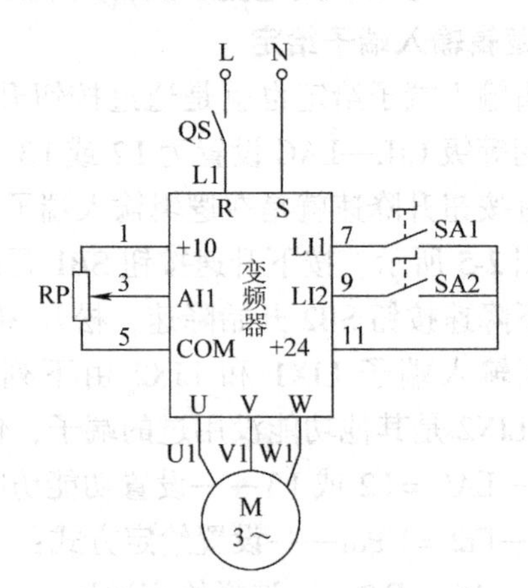

图 2-7 实训 2 接线图

2）打开电源开关 QS，给变频器通电，完成参数设置。

① drC—FCS = InI——恢复出厂设置。

② FLt—OPL = nO——电动机缺相不检测。

③ I-O—tCC = 2C——设置控制方式。

④ I-O—rrS = LI2——设置反转控制端子（变频器默认，可以不设置）。

⑤ CtL—Fr1 = AI1——设置给定方式。

⑥ SEt—HSP = 40——设置最高速为 40Hz。

⑦ SEt—LSP = 10——设置最低速为 10Hz。

⑧ SEt—ACC = 10——设置升速时间为 10s。

⑨ SEt—dEC = 5——降速时间为 5s。

其他没有要求，使用变频器的默认设置。

3）按下按钮 SA1，电动机正转，变频器显示运行频率。调节电位器 RP，变频器的输出频率相应变化，变化范围为 10 ~ 40Hz，弹起按钮 SA1，电动机停转；按下按钮 SA2，电动机反转，变频器用负值显示运行频率。调节电位器 RP，变频器的输出频率相应变化，变化范围为 −10 ~ −40Hz，弹起按钮 SA2，电动机停转。

在按下 SA1 电动机正转时，再按下 SA2，对于 Altivar31 变频器而言，电动机继续正转，

SA2 不起作用。而有些型号的变频器，正反转按钮同时按下时，变频器不运行。

SA1 和 SA2 为带自锁的按钮，按下为闭合状态，弹起为断开状态。本章中凡是文字符号用 SA 表示的按钮，均为带自锁的按钮；凡是文字符号用 SB 表示的按钮，均为不带自锁的按钮，按下改变触点状态，松开复位。两种按钮的图形符号不同。

【实训 3】 3 线控制，正反转运行，模拟电压信号（取自实验台）经 AI1 端子给定，最高速为 40Hz，最低速为 10Hz。操作步骤如下。

1）按原理图 2-8 接线，且 SA1 处于闭合位置（按下状态），SA2 和 SA3 处于断开位置（弹起状态）。

2）打开电源开关 QS，给变频器通电，完成参数设置。

① drC—FCS = InI——恢复出厂设置。

② FLt—OPL = nO——电动机缺相不检测。

③ I-O—tCC = 3C——设置控制方式。

④ I-O—rrS = LI3——设置反转控制端子（变频器默认，可以不设置）。

⑤ CtL—Fr1 = AI1——设置给定方式。

⑥ SEt—HSP = 40——设置最高速为 40Hz。

⑦ SEt—LSP = 10——设置最低速为 10Hz。

其他没有要求，使用变频器的默认设置。

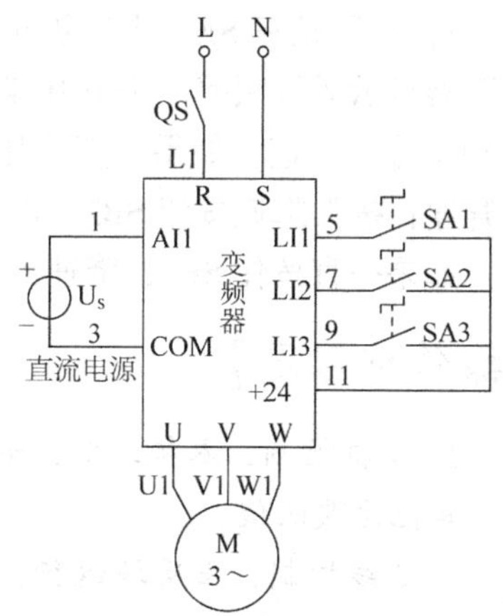

图 2-8 实训 3 接线图

3）按下按钮 SA2，电动机正转，变频器显示运行频率。调节直流电源的输出电压，变频器的输出频率相应变化，变化范围为 10～40Hz（由于实验台直流电源的最低输出电压不是 0V，最低频率大于 10Hz）。变频器运行后，无论 SA2 处于什么位置，变频器都将继续运行。弹起按钮 SA1，电动机停转；电动机停转后，要使 SA1 处于闭合位置（按下状态），SA2 和 SA3 处于断开位置，为下次运行做准备；按下按钮 SA3，电动机反转，变频器用负值显示运行频率。调节直流电源的输出电压，变频器的输出频率相应变化，变频器运行后，无论 SA3 处于什么位置，变频器都将继续运行。弹起按钮 SA1，电动机停转。

【实训 4】 2 线控制，正转运行，用按钮升降速，升降速时间各为 10s，最低速为 10Hz。操作步骤如下。

1）按原理图 2-9 接线，且 SA 用自锁按钮，SB1 和 SB2 用不自锁按钮。在 2 线控制中，变频器的默认设置 LI2 为反转端子，LI3 为 2 段速度控制端子，LI4 为 4 段速度控制端子，故升降速使用了 LI5 和 LI6 端子。如果要使用 LI2～LI4 端子升降速，需要设置 I-O—rrS = nO，FUn—PSS—PS2 = nO，FUn—PSS—PS4 = nO。

2）打开电源开关 QS，给变频器通电，完成参数设置。

① drC—FCS = InI——恢复出厂设置。

② FLt—OPL = nO——电动机缺相不检测。

③ I-O—tCC = 2C——设置控制方式。

④ CtL—LAC = L2 或 L3 功能访问等级。

⑤ CtL—Fr2 = UPdt——设置给定方式。

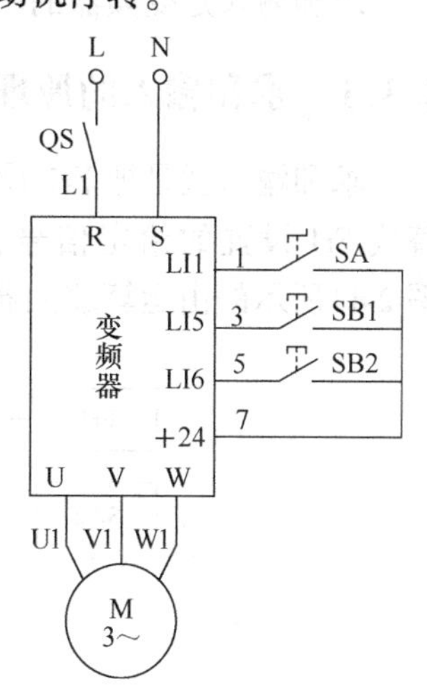

图 2-9 实训 4 接线图

⑥ CtL—rFC = Fr2——选择给定通道。

⑦ FUn—UPd—USP = LI5——设置升速端子。

⑧ FUn—UPd—dSP = LI6——设置降速端子。

⑨ SEt—ACC = 10——设置升速时间为10s。

⑩ SEt—dEC = 10——设置降速时间为10s。

⑪ SEt—LSP = 10——设置最低速为10Hz。

其他没有要求，使用变频器的默认设置。

3）按下按钮SA，电动机正转运行，并以设定的加速斜坡时间升速到最低速为10Hz，变频器显示运行频率。按下升速按钮SB1，电动机以设定的加速斜坡时间升速，松开升速按钮SB1停止升速，如果一直按住SB1，升速到最高速50Hz（没设置，变频器的默认值）停止升速；按下降速按钮SB2，电动机以设定的降速斜坡时间降速，松开降速按钮SB2停止降速，如果一直按住SB2，降速到最低速10Hz停止降速；弹起按钮SA，电动机停转。

【操作练习题】

1. 本机控制，本机给定，最高速为45Hz，最低速为15Hz，升速时间为5s，降速时间为5s，其他为默认值。

2. 2线控制，正反转运行，模拟电压信号（电源取自变频器+10V端，使用电位器调节）经AI1端子给定，最低速为10Hz，升速时间为5s，其他为默认值。

3. 3线控制，正反转运行，模拟电压信号（取自实验台）经AI2端子给定。

4. 2线控制，正反转运行，模拟4～20mA电流信号给定。

5. 2线控制，正转运行，用按钮升降速，升降速时间各为10s，最低速为10Hz，最高速为40Hz，升速按钮接在LI3。降速按钮接在LI4。

2.3 变频器的求和输入

求和输入是变频器的一个重要功能，特别是在多台电动机同步调速系统中经常使用。

2.3.1 求和输入的原理

求和输入就是把Fr1设置的给定信号与另外一个或两个输入信号进行求和，总输出信号替代Fr1设置的给定信号，原理框图如图2-10所示。对于3信号求和电路可以理解为图2-11所示的由运算放大器组成的求和电路，所以总给定 = Fr1 + SA2 + SA3。

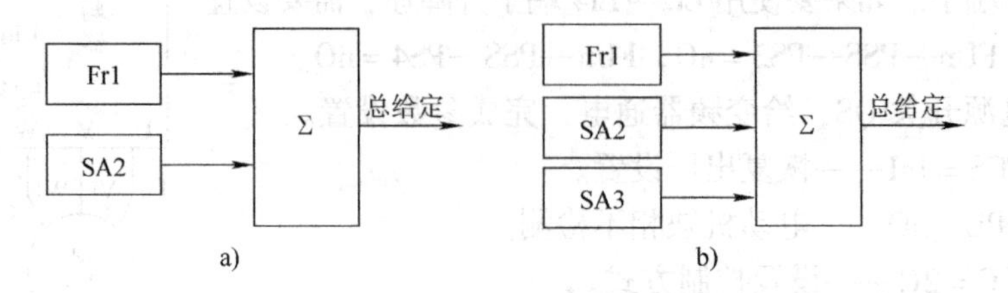

图2-10 求和输入原理框图

a）2信号求和 b）3信号求和

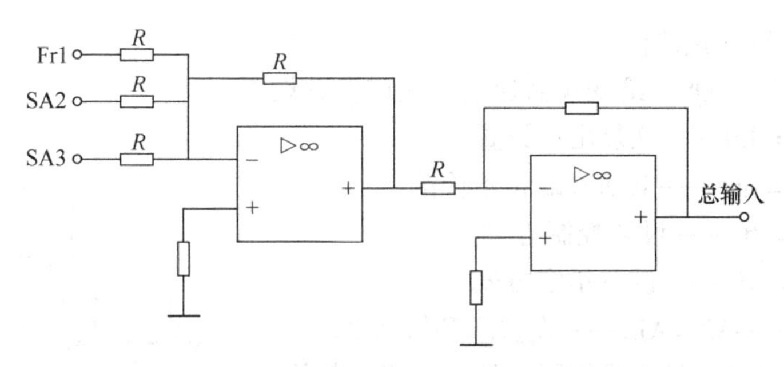

图 2-11　由运算放大器组成的求和电路

2.3.2　求和输入的设置菜单

Fr1 为给定设置 1 设置的给定信号，SA2 的设置菜单为 FUn—SA1—SA2，SA3 的设置菜单为 FUn—SA1—SA3。3 个求和信号一般不要重复使用端子。

SA2 的默认输入端子为 AI2，SA3 的默认值为 nO。

由于 AI2 为正负模拟电压输入端，当输入负电压时，总输入信号减小，变频器的输出频率降低，实际进行的是减法运算。

2.3.3　实训与练习

【实训 1】　本机控制，3 信号求和输入，其中，Fr1 为本机给定，模拟电压信号（电源取自变频器 +10V 端，使用电位器调节）经 AI1 端子给定，负模拟电压信号（取自实验台）经 AI2 端子给定。操作步骤如下。

1）按原理图 2-12 接线。

2）打开电源开关 QS，给变频器通电，完成参数设置。

① drC—FCS = InI——恢复出厂设置。

② FLt—OPL = nO——电动机缺相不检测。

③ I-O—tCC = LOC——设置控制方式。

④ CtL—Fr1 = AIP——设置给定方式。

⑤ FUn—SA1—SA2 = AI1——设置求和输入 2。

⑥ FUn—SA1—SA3 = AI2——设置求和输入 3。

其他没有要求，使用变频器的默认设置。

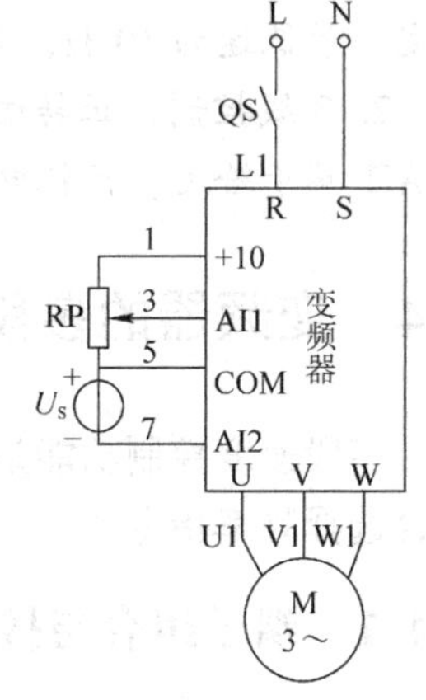

图 2-12　实训 1 接线图

3）打开信号源开关和模拟电压输出开关，将输出的模拟电压调整到最小值。按下变频器操作面板上的〈RUN〉键，电动机正转运行，变频器显示运行频率。旋动变频器操作面板上的电位器，变频器的输出频率发生变化；旋动电位器 RP，变频器的输出频率也发生变化；改变直流电源 U_s 的大小，也能改变变频器的频率，但电压越高，变频器的输出频率越低。按下变频器操作面板上的〈STOP〉键，电动机停转。

改变 U_s 的极性，重新进行上述操作，看调整 U_s 时，变频器的输出频率如何变化。

【实训 2】　2 线控制，正反转运行，2 信号求和输入，其中，模拟电压信号（电源取自变频器 +10V 端，使用电位器调节）经 AI1 端子给定，模拟电压信号（取自实验台）经 AI2 端子给定。操作步骤如下。

1）按原理图 2-13 接线。

2）打开电源开关 QS，给变频器通电，完成参数设置。

① drC—FCS = InI——恢复出厂设置。

② FLt—OPL = nO——电动机缺相不检测。

③ I-O—tCC = 2C——设置控制方式。

④ CtL—Fr1 = AI1——设置给定方式。

⑤ FUn—SA1—SA2 = AI2——设置求和输入 2。

反转按钮接在 LI2，是 2 线控制的默认设置。其他没有要求，使用变频器的默认设置。

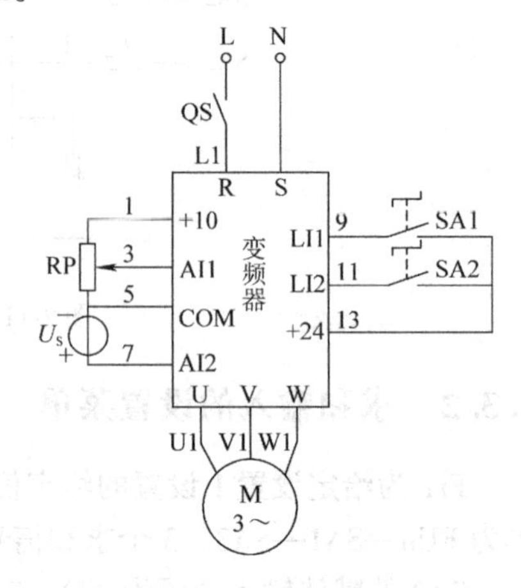

图 2-13　实训 2 接线图

3）打开信号源开关和模拟电压输出开关，将输出的模拟电压调整到最小值。按下按钮 SA1，电动机正转，变频器显示运行频率。调节电位器 RP，变频器的输出频率相应变化，改变直流电源 U_s 的大小，也能改变变频器的频率，且电压越高，变频器的输出频率越高。弹起按钮 SA1，电动机停转；按下按钮 SA2，电动机反转，变频器用负值显示运行频率，频率调节方法同正转，弹起按钮 SA1，电动机停转。

【操作练习题】

1. 2 线控制，正转运行，模拟电压信号（电源取自变频器 +10V 端，使用电位器调节）经 AI1 端子给定，模拟电压信号（取自实验台）经 AI2 端子给定，模拟电流信号经 AI3 端子给定。最低速为 10Hz，升速时间为 5s。

2. 3 线控制，正转运行，模拟电压信号（电源取自变频器 +10V 端，使用电位器调节）经 AI1 端子给定，模拟电流信号经 AI3 端子给定。

2.4　变频器的多段速度控制

多段速度控制功能是为了使电动机能够以预定速度按一定程序运行，可通过对多个端子组合选择频率指令。

2.4.1　端子组合与接线

用 1 个逻辑输入端子可以设置 2 段速度控制，两个端子可以设置 4 段速度控制，3 个端子可以设置 8 段速度控制，4 个端子可以设置 16 段速度控制。各段速度控制的端子组合见表 2-1，16 段速度控制的接线如图 2-14 所示。

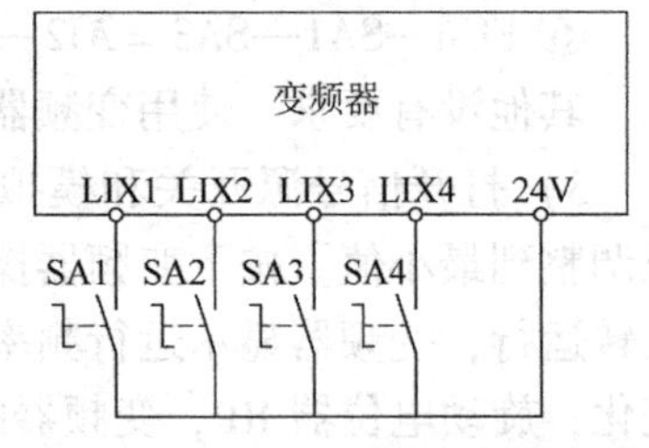

图 2-14　16 段速度控制的接线图

2.4.2　参数设置

表 2-1 中，SP1 是第 1 段速度，该速度就是 Fr1 或 Fr2 的设置给定值，该给定值可以通过给定信号进行调整。SP2 ~ SP16 通过 SEt—菜单或 FUn—PSS—菜单设置，设置好后不能调整，但在设置这些参数之前，必须先设置 FUn—PSS—菜单中的 PS2、PS4、PS8、PS16 参

数，即先给多段速度控制分配端子，否则 SP 参数不出现，无法进行设置。但在给多段速度控制分配端子时，不能使用其他功能已经使用的端子。

多段速度控制的端子组合如表 2-1 所示。

表 2-1　多段速度控制的端子组合

16 段速度控制	8 段速度控制	4 段速度控制	2 段速度控制	速度给定值
0	0	0	0	SP1（给定值）
0	0	0	1	SP2
0	0	1	0	SP3
0	0	1	1	SP4
0	1	0	0	SP5
0	1	0	1	SP6
0	1	1	0	SP7
0	1	1	1	SP8
1	0	0	0	SP9
1	0	0	1	SP10
1	0	1	0	SP11
1	0	1	1	SP12
1	1	0	0	SP13
1	1	0	1	SP14
1	1	1	0	SP15
1	1	1	1	SP16

对于 Altivar31 变频器来说，若控制方式设置为本机控制，6 个逻辑输入端子都可以使用。但变频器默认 LI3 为两段速度控制，LI4 为 4 段速度控制，可以使用默认设置，也可以更改。

若控制方式设置为 2 线控制，LI1 和 LI2（默认）用于正反转，剩余 4 个端子都可以使用，可组成 16 段速度控制，变频器默认 LI3 为 2 段速度控制，LI4 为 4 段速度控制，可以使用默认设置，也可以更改。

若控制方式设置为 3 线控制，LI1 用于停车，LI2 和 LI3（默认）用于正反转，LI4 用于寸动（默认），只剩余 LI5 和 LI6 两个端子，可组成 4 段速度控制。如果不需要寸动功能，可以撤销寸动默认设置，即 FUn—JOG—JOG 设置为 nO，加上 LI4 可组成 8 段速度控制。如果不需要反转运行，可以撤销反转默认设置，即 I-O—rrS 设置为 nO，则 LI3 也可使用，能构成 16 段速度控制。

2.4.3　实训与练习

【实训 1】 2 线控制，正转运行，能输出 10Hz、20Hz、30Hz、40Hz 的多段速度控制。操作步骤如下。

1）目标分析。要求输出 4 个固定速度，但用 4 段速度控制不能完成，必须使用 8 段速度控制，因为 SP1 不是固定速度。由于不需要 SP1，故给定方式不用设置，给定端子也不用接线。

只要求正转，反转端子不用接线，由于端子够用，可保存默认设置。

2）按原理图 2-15 接线。

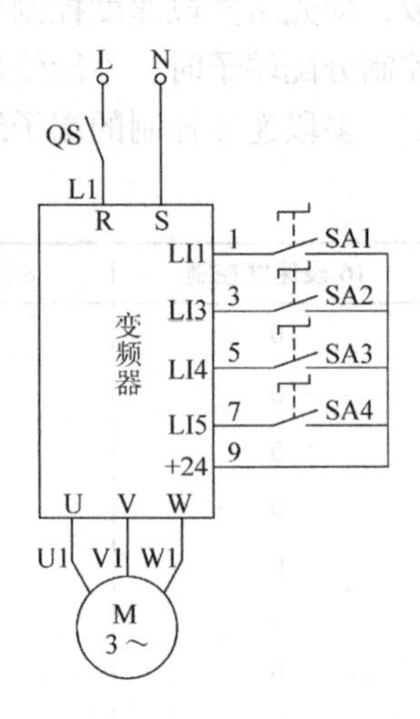

图 2-15　实训 1 接线图

3）打开电源开关 QS，给变频器通电，完成参数设置。

① drC—FCS = InI——恢复出厂设置。

② FLt—OPL = nO——电动机缺相不检测。

③ I-O—tCC = 2C——设置控制方式。

④ FUn—PSS—PS2 = LI3——给 2 段速度控制分配端子（系统默认，可以不设置）。

⑤ FUn—PSS—PS4 = LI4——给 4 段速度控制分配端子（系统默认，可以不设置）。

⑥ FUn—PSS—PS8 = LI5——给 8 段速度控制分配端子。

⑦ FUn—PSS—SP2 = 10——设置第 2 段速度为 10Hz。

⑧ FUn—PSS—SP3 = 20——设置第 3 段速度为 20Hz。

⑨ FUn—PSS—SP4 = 30——设置第 4 段速度为 30Hz。

⑩ FUn—PSS—SP5 = 40——设置第 5 段速度为 40Hz。

其他没有要求，使用变频器的默认设置。

4）按下按钮 SA1，电动机以 SP1 速度正转运行，由于这个速度不是我们需要的，应迅速按表 2-2 按下（或在按下按钮 SA1 之前就按下）SA2 ~ SA4 的不同组合，电动机就以预先设置的速度旋转。弹起按钮 SA1，电动机停转。

4 个速度控制的端子组合如表 2-2 所示。

表 2-2　4 个速度控制的端子组合

8 段速度控制 LI5（SA4）	4 段速度控制 LI4（SA3）	2 段速度控制 LI3（SA2）	速度给定值
0	0	1	SP2 = 10Hz
0	1	0	SP3 = 20Hz
0	1	1	SP4 = 30Hz
1	0	0	SP5 = 40Hz

【实训 2】 3 线控制，正反转运行，第一个速度由 AI1 给定，其他速度为 10Hz、20Hz、30Hz、40Hz、50Hz。操作步骤如下。

1）目标分析。要求输出 1 个可调速度，5 个固定速度，必须使用 8 段速度控制，需要 3 个逻辑端子。

2）按原理图 2-16 接线。

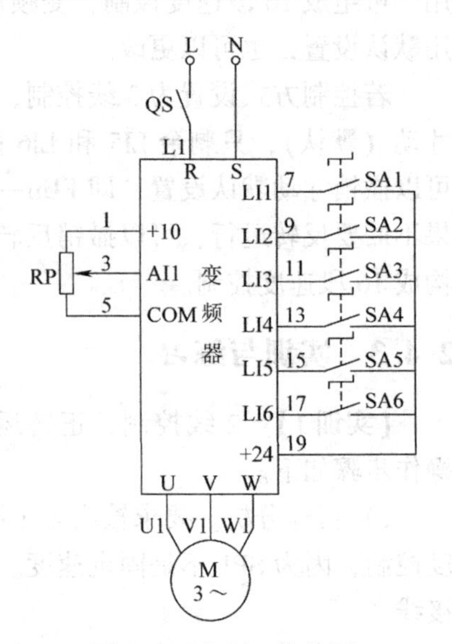

图 2-16　实训 2 接线图

3）打开电源开关 QS，给变频器通电，完成参数设置。

① drC—FCS = InI——恢复出厂设置。

② FLt—OPL = nO——电动机缺相不检测。

③ I-O—tCC = 3C——设置控制方式。

④ CtL—Fr1 = AI1——设置给定方式。

⑤ FUn—JOG—JOG = nO——撤销寸动设置。

⑥ FUn—PSS—PS2 = LI4——给 2 段速度控制分配端子。

⑦ FUn—PSS—PS4 = LI5——给 4 段速度控制分配端子。

⑧ FUn—PSS—PS8 = LI6——给 8 段速度控制分配端子。

⑨ FUn—PSS—SP2 = 10——设置第 2 段速度为 10Hz。

⑩ FUn—PSS—SP3 = 20——设置第 3 段速度为 20Hz。

⑪ FUn—PSS—SP4 = 30——设置第 4 段速度为 30Hz。

⑫ FUn—PSS—SP5 = 40——设置第 5 段速度为 40Hz。

⑬ FUn—PSS—SP6 = 50——设置第 6 段速度为 50Hz。

其他没有要求，使用变频器的默认设置。

4）按下按钮 SA1，为变频器运行做准备；按下正转按钮 SA2，电动机以 SP1 速度正转运行，调节电位器 RP，电动机的转速相应改变，变化的频率为 0 ~ 50Hz（高速和低速为默认值）；按表 2-3 按下 SA4 ~ SA6 的不同组合，电动机就以预先设置的速度旋转。弹起按钮 SA1，电动机停转。

按下按钮 SA1，为变频器运行做准备；按下反转按钮 SA3，电动机以 SP1 速度反转运行，重复上述过程。

6 个速度控制的端子组合如表 2-3 所示。

表 2-3 6 个速度控制的端子组合

8 段速度控制 LI6（SA6）	4 段速度控制 LI5（SA5）	2 段速度控制 LI4（SA4）	速度给定值
0	0	0	SP1（给定值）
0	0	1	SP2 = 10Hz
0	1	0	SP3 = 20Hz
0	1	1	SP4 = 30Hz
1	0	0	SP5 = 40Hz
1	0	1	SP6 = 50Hz

【操作练习题】

1. 2 线控制，正反转运行，第 1 个速度为模拟电压信号（电源取自变频器 +10V 端，使用电位器调节）经 AI1 端子给定，其他速度为 20Hz、30Hz、40Hz。升降速时间各为 5s。

2. 3 线控制，正转运行，第 1 个速度模拟电压信号（电源取自变频器 +10V 端，使用电位器调节）经 AI1 端子给定，其他速度为 10Hz、15Hz、20Hz、25Hz、30Hz、35Hz、40Hz、45Hz。

2.5 变频器的 PI 调节功能

PI 调节器是自动控制系统常用的调节器，在需要稳定转速特别是多台电动机同步调速系统中广泛使用，通用变频器本身就具有 PI 调节功能。

2.5.1 PI 调节器的工作原理

采用运算放大器的 PI 调节器线路如图 2-17 所示。根据运算放大器的特性可知 U_o 和 U_i

的关系为 $|U_o| = \frac{R_f}{R}U_i + \frac{1}{RC}\int U_i dt$，当 U_i 为阶跃信号时，输出 U_o 的波形图如图 2-18 所示。

由此可见，PI 调节器的输出电压 U_o 由比例和积分两个部分相加而成。比例积分作用的物理意义如下：突加输入电压 U_i 时，电容 C 相当于瞬时短接，反馈回路只有电阻 R_f，这时如同一个比例调节器，其放大倍数为$\frac{R_f}{R}$，输出端得到立即响应的电压$\frac{R_f}{R}U_i$，加快了系统的调节过程，发挥了比例调节器的长处；随着电容 C 的充电，输出电压按积分规律逐渐上升至最大值 U_{omax}，又具有积分调节器的性质；当输入电压 $U_i=0$，达到稳态时，电容 C 停止充电，相当于开路，C 两端的电压即为 PI 调节器的输出电压，R_f 便不起作用，调节器处于开环状态，放大倍数为无穷大，此时输出电压为大于 0 而小于 U_{omax} 的某一数值。

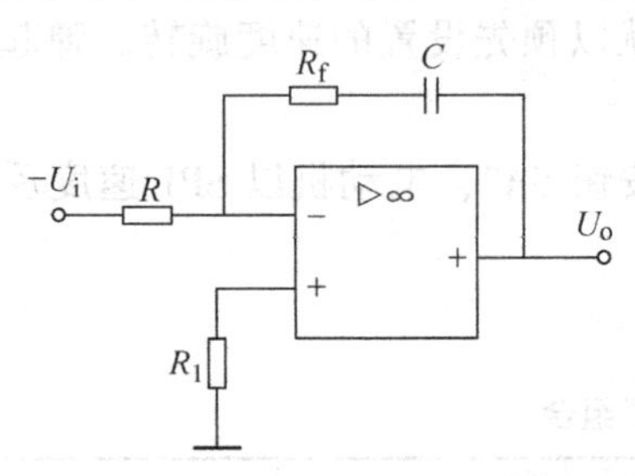

图 2-17 采用运算放大器的 PI 调节器线路图　　图 2-18 PI 调节器对阶跃信号输出 U_o 的波形图

实用的 PI 调节器如图 2-19 所示。U_o 通常是变频器的给定信号，在直流电动机双闭环调速系统中 U_o 是晶闸管触发电路的给定信号，一般 U_o 为 0～+10V，对应最低速到最高速。输入信号 $-U_{i1}$（U_{i1} 为正值）从运算放大器的反相端输入，U_{i2}（正值）为反馈信号，根据需要可以取电动机的转速信号（恒转速调速）或系统的张力信号（恒张力调速）。稳定时，若 $U_{i1}>U_{i2}$，有效输入信号小于 0，U_o 为最大值 U_{omax}；若 $U_{i1}<U_{i2}$，有效输入信号大于 0，U_o 为最小值 0（嵌位电路没画出）；若 $U_{i1}=U_{i2}$，有效输入信号等于 0，U_o 为大于 0 而小于 U_{omax} 的某一数值。该数值就是系统的给定值，对应电动机的某一转速。

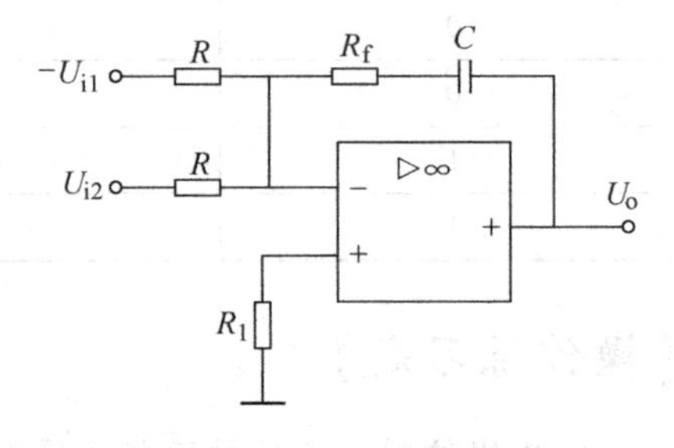

图 2-19 实用的 PI 调节器

在恒转速调速系统，稳态时，对于确定的 U_{i1}，对应确定的 U_{i2}，电动机有确定的转速，如果由于某种原因使电动机转速上升，则反馈信号 U_{i2} 增大，使 $U_{i2}>U_{i1}$，PI 调节器的作用就会使 U_o 减小，电动机转速下降；如果由于某种原因使电动机转速下降，则反馈信号 U_{i2} 减小，使 $U_{i2}<U_{i1}$，PI 调节器的作用会使 U_o 增大，电动机转速上升。这样，就使电动机以相对稳定的速度旋转，达到动态平衡。

2.5.2 变频器的 PI 调节功能

不管变频器 PI 调节器的内部电路如何，都可以把变频器正向校正方式（电动机转速越高，反馈信号 PIF 越大）的 PI 调节器理解为图 2-20 所示的电路。图中 Fr1 为给定配置 1 所设置的给定值，PIF 为反馈信号，由 FUn—PI—PIF 设置的端子输入。Fr1 和 PIF 经 PI 调节器调节后得到总给定信号 U_G，该信号的大小决定了变频器的输出频率。

系统稳定后，Fr1 固定不变，PIF 根据系统的负载大小、电压高低和其他因素动态变化。如果电动机转速越高，反馈信号 PIF 越大，若 PIF > Fr1，U_G 减小，变频器的输出频率降低，电动机转速变慢，使 PIF 变小，达到 PIF≈Fr1；若 PIF < Fr1，U_G 增大，变频器的输出频率提高，电动机转速变快，使 PIF 变大，达到 PIF≈Fr1。最后 PIF 在 Fr1 附近上下波动，电动机以相对稳定的速度旋转，达到动态平衡。

如果电动机转速越高，反馈信号 PIF 越小，则应采用反向校正 PI 调节器，这可以通过 FUn—PI—PIC 参数设置为 yEs 来完成，并将变频器的 PI 调节器理解为图 2-21 所示的电路。若 PIF > Fr1，总给定信号 U_G 增大，变频器的输出频率提高，电动机转速变快，使 PIF 变小，达到 PIF≈Fr1；若 PIF < Fr1，U_G 减小，变频器的输出频率降低，电动机转速变慢，使 PIF 变大，达到 PIF≈Fr1。最后 PIF 在 Fr1 附近上下波动，电动机以相对稳定的速度旋转，达到动态平衡。

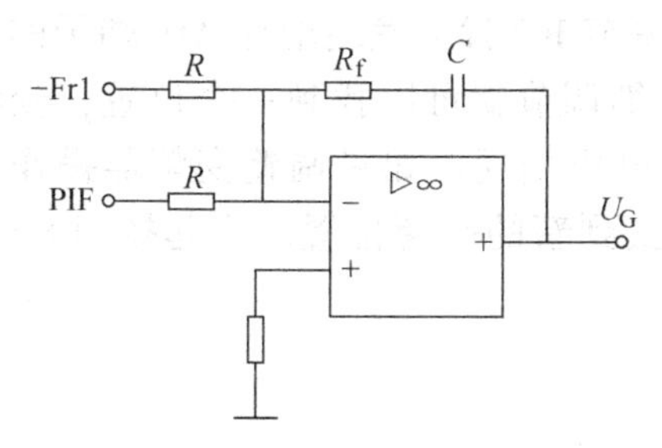

图 2-20　变频器正向校正 PI 调节器

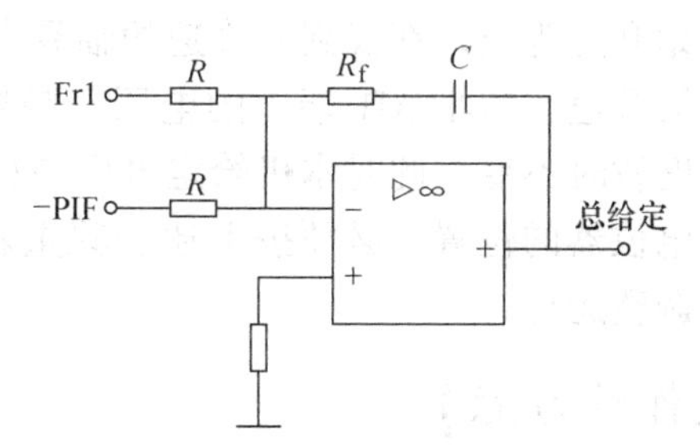

图 2-21　变频器反向校正 PI 调节器

2.5.3　PI 调节功能的设置

Altivar31 变频器的 PI 调节功能与功能访问等级（CtL—LAC）无关，通过 FUn—PI—PIF 分配反馈信号输入端激活 PI 调节功能。

Altivar31 变频器的 PI 调节功能与求和功能、多段速度控制功能和限位开关功能不兼容。所以必须撤销求和功能的默认设置，将 FUn—SA1—SA2 参数设置为 nO；如果采用本机控制或 2 线控制方式，还需要撤销多段速度控制的默认设置，将 FUn—PSS—PS2 参数设置为 nO，FUn—PSS—PS4 参数设置为 nO。

FUn—PI—PIC 设置 PI 校正反向，参数 nO 为正向校正，参数 yEs 为反向校正。

2.5.4　实训与练习

【实训】 2 线控制，正向运行，本机给定，PI 调节，用电位器模拟反馈信号经 AI1 端子输入，进行模拟操作。操作步骤如下。

1）按原理图 2-22 接线。

2）打开电源开关 QS，给变频器通电，完成参数设置。

① drC—FCS = InI——恢复出厂设置。

② FLt—OPL = nO——电动机缺相不检测。

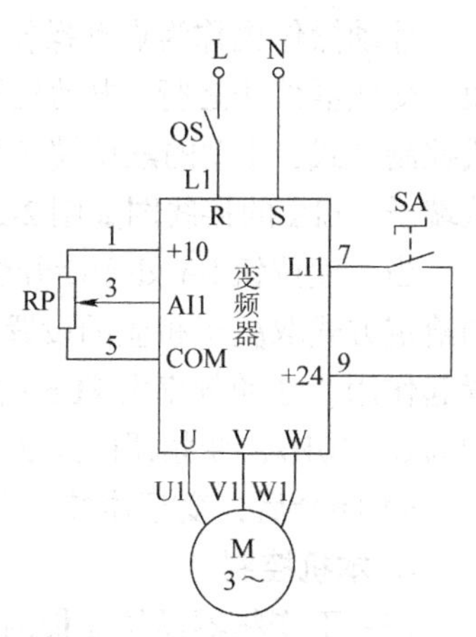

图 2-22　实训接线图

③ I-O—tCC = 2C——设置控制方式。

④ CtL—Fr1 = AIP——设置给定方式。

⑤ FUn—SA1—SA2 = nO——撤销求和默认设置。

⑥ FUn—PSS—PS2 = nO——撤销 2 段速度控制默认设置。

⑦ FUn—PSS—PS4 = nO——撤销 4 段速度控制默认设置。

⑧ FUn—PI—PIF = AI1——分配反馈信号输入端子。

其他没有要求，使用变频器的默认设置。

3）按下按钮 SA，变频器正转运行，变频器显示运行频率，若 AI1 端子的电压大于本机给定电压，运行频率应为0Hz（默认低速）；若 AI1 端子的电压小于本机给定电压，运行频率应缓慢升速到 50Hz（默认高速）。旋动变频器操作面板上的电位器到某一位置，若变频器的运行频率为 50Hz，则顺时针旋动电位器 RP（减小 AI1 端子的电压）到变频器开始降速为止；若变频器的运行频率为 0Hz，则逆时针旋动电位器 RP（增加 AI1 端子的电压）到变频器开始升速为止。在找到升降速的临界点后，轻微调节 RP 就会发现增加 AI1 端子的电压变频器升速，减小 AI1 端子的电压变频器降速。仔细调节就可以找到一个位置，变频器的速度暂时不变，此时本机给定电压与模拟的反馈电压相同。如果调整变频器操作面板上的电位器的位置，必须按上述步骤重新调节 RP 找到新的平衡位置。弹起按钮 SA，变频器调整运行。

【操作练习题】

3 线控制，正向运行，模拟电压信号（电源取自变频器 +10V 端，使用电位器调节）经 AI1 端子给定，PI 调节，用实验台的直流电压信号模拟反馈信号经 AI2 端子输入，进行模拟操作。

2.6 其他常用功能

2.6.1 变频器的寸动操作

寸动操作也称为点动操作，就是按下运行按钮，变频器以设定的寸动频率运行，松开按钮，变频器停止运行，电动机停转。通过 FUn—JOG—JOG 参数设置为 LIX 激活此功能。在 3 线控制方式，寸动的默认端子为 LI4，在其他控制方式，没有寸动默认端子。LIX 的接线图如图 2-23 所示。

当自锁按钮 SA 处于断开位置时，寸动设置不起作用，控制方式和给定方式取决于相应的设置；当按钮 SA 处于闭合位置时，寸动设置起作用。寸动频率由 FUn—JOG—JGF 或者 SEt—JGF 设置，设置范围为 0 ~ 10Hz，变频器的默认值为 10Hz。

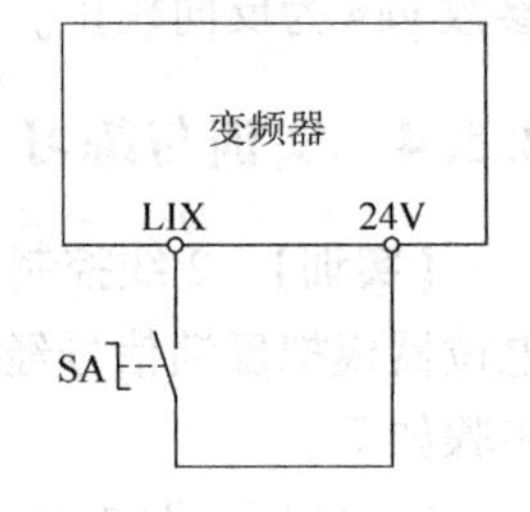

图 2-23 LIX 的接线图

SA 闭合后，变频器按下列方式运行。

1. 本机控制

按一下变频器操作面板的〈RUN〉键，变频器以寸动频率正转运行，给定信号不起作用，按一下变频器操作面板的〈STOP〉键，变频器停止运行。

2. 2 线控制

按下正转按钮，变频器以寸动频率正转运行，给定信号不起作用，松开正转按钮，变频器停止运行；按下反转按钮，变频器以寸动频率反转运行，给定信号不起作用，松开反转按钮，变频器停止运行。

3. 3 线控制

闭合停车按钮，为变频器运行做准备；按下正转按钮，变频器以寸动频率正转运行，给定信号不起作用，松开正转按钮，变频器停止运行；按下反转按钮，变频器以寸动频率反转运行，给定信号不起作用，松开反转按钮，变频器停止运行。

2.6.2 变频器的模拟/逻辑输出

Altivar31 变频器的电流输出端子是 AOC，电压输出端子是 AOV，公共端是 COM。AOC 和 AOV 的作用是便于远程监控，通常接直流电流表和电压表，接线图如图 2-24 所示。也可以用该信号控制小型继电器或其他电子线路，用于监控或保护。

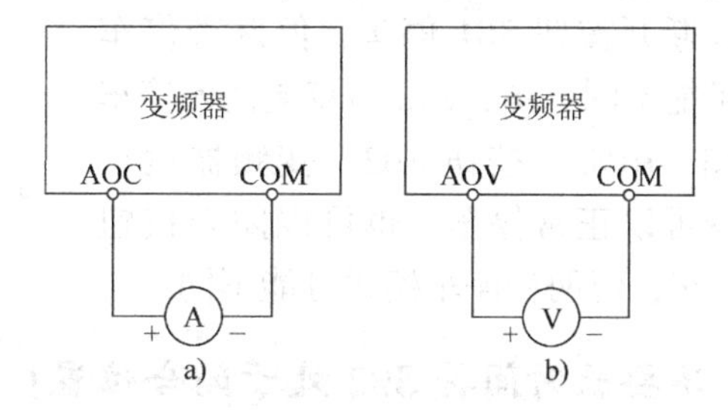

图 2-24 变频器的模拟/逻辑输出接线图

a）电流输出 b）电压输出

AOC 和 AOV 只能有一个端子输出，既可以输出模拟信号，也可以输出逻辑信号。I-O—AOIt 参数设置哪个端子输出，有以下选项。

① 0A：AOC 端子输出 0 ~ +20mA 模拟电流信号或者 +20mA 逻辑电流信号。

② 4A：AOC 端子输出 4 ~ +20mA 模拟电流信号或者 +20mA 逻辑电流信号。

③ 10U：AOV 端子输出 0 ~ +10V 模拟电压信号或者 +10V 逻辑电压信号。

AOC 和 AOV 究竟是模拟信号还是逻辑信号以及这些参数与变频器或电动机的哪个参数对应由 I-O—dO 参数设置。电动机电流、电动机频率、电动机转矩和变频器的功率等输出模拟信号；变频器运行、达到频率阈值（SEt—Ftd 设置）、达到高速（SEt—HSP 设置）、达到电流阈值（SEt—Ctd 设置）、达到频率给定值、达到电动机热态阈值（SEt—ttd 设置）和 4 ~ 20mA 电流信号损失等输出逻辑信号。

2.6.3 变频器的停车模式

停车模式分为正常停车模式和通过逻辑输入停车两大类。

1. 正常停车模式

正常停车模式是指本机控制方式通过变频器操作面板上的〈STOP〉键停车，2 线控制通过接在 LI1（正转）或 LI2（反转）上的按钮停车，3 线控制通过接在 LI1 上的按钮停车。正常停车模式通过 FUn—Stc—Stt 设置，共有 4 个选项。

① rMP：斜坡停车，其斜坡时间由 SEt—dEC 设置。

② FSt：快速停车。

③ nSt：自由停车。

④ dCI：直流注入停车。直流注入电流的大小由 SEt—IdC 设置，电流的大小决定了停车

的快慢。

2. 通过逻辑输入停车

通过逻辑输入停车又分为以下几种。

① 通过逻辑输入快速停车，逻辑输入端子由 FUn—Stc—FSt 分配。

② 通过逻辑输入自由停车，逻辑输入端子由 FUn—Stc—nSt 分配。

③ 通过逻辑输入直流注入停车，逻辑输入端子由 FUn—Stc—dCI 分配。

通过逻辑输入停车接线图如图 2-25 所示。停车按钮一般不用自锁按钮，图 2-25a为快速停车或自由停车接线图，用常闭按钮 SB1，按钮 SB1 闭合为变频器运行做准备，若 SB1 断开变频器不能运行。变频器运行后，既可以正常停车，也可以断开按钮 SB1 停车，但两种停车模式可能不同；图 2-25b 为直流注入停车接线图，用常开按钮 SB2，变频器运行后，既可以正常停车，也可以闭合按钮 SB2 停车，但两种停车模式可能不同。

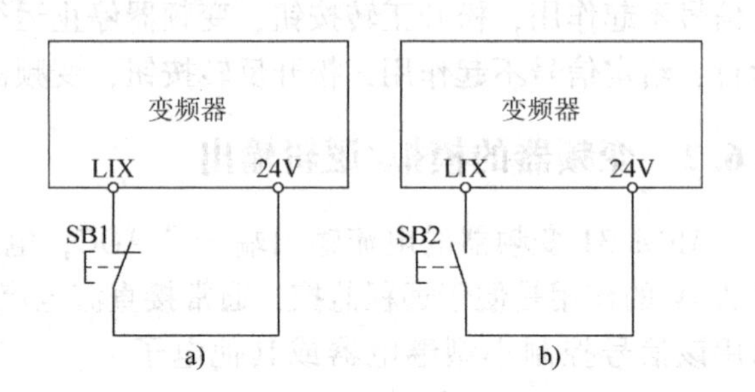

图 2-25　通过逻辑输入停车接线图
a）快速停车或自由停车接线图　b）直流注入停车接线图

不要长时间将 SB2 处于闭合位置！

用于逻辑输入停车的端子必须是其他功能没用的端子，包括变频器的默认设置。

在实际的工业控制中，若正常停车模式和通过逻辑输入停车的停车模式相同，则没有必要使用通过逻辑输入停车功能，只要将两个停车按钮串联（常开触点）或并联（常闭触点）即可。

2.6.4　限位开关功能

限位开关是自动控制系统常用的电器元件，安装在机械装置的某一位置，在工作过程中，当某一部件碰到限位开关时，限位开关的触点动作，使电动机停转或反向，也可以用来控制其他装置。变频器的限位开关功能是给限位开关分配了逻辑输入端子用于停车，通过 FUn—LSt—LAF 和 FUn—LSt—LAr 激活该功能。

限位开关的接线如图 2-26 所示。在济南星科实验台中可以用按钮模拟限位开关进行实验，接线图如图 2-27 所示，其中 SA1 和 SA2 处于按下位置（闭合状态）。

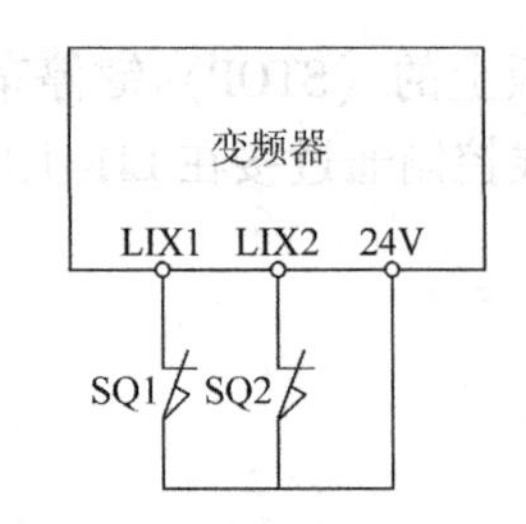

图2-26　限位开关的接线图

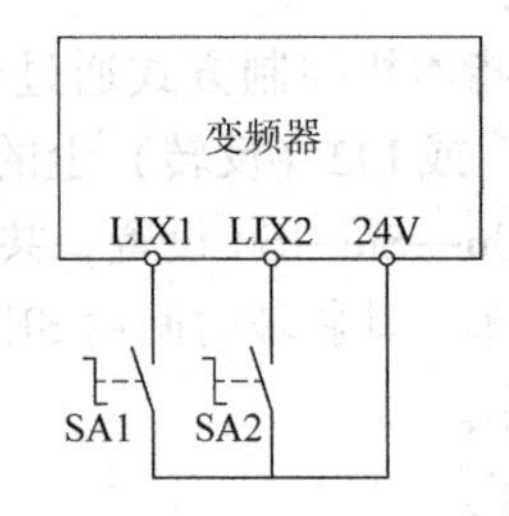

图 2-27　用按钮模拟限位开关的接线图

FUn—LSt—LAF 设置正向限位的输入端子 LIX1，FUn—LSt—LAr 设置反向限位的输入端子 LIX2。正向限位仅对变频器的正向运行起作用，对反向运行不起作用；反向限位仅对变频器的反向运行起作用，对正向运行不起作用。两个限位开关可以同时使用，也可以只用其中一个。

限位开关使用常闭触点，触点打开时停车。若已设置了限位开关功能，且限位开关处于打开位置，变频器不能运行。但如果只设置正向限位，限位开关处于打开位置时，只影响变频器的正向运行，反向开停正常进行，反之亦然。

限位开关是 ATV31 变频器的高级功能，仅在 CtL—LAC = L2 或 L3 时才可以使用，且不能与 PI 功能同时使用。

限位开关的停车模式由 FUn—LSt—LAS 设置。

在实际的工业控制中，若正常停车模式和限位开关的停车模式相同，则可以不使用变频器的限位开关功能，而将限位开关与正常停车按钮串联（常闭触点）或并联（常开触点）使用。若用 PLC 控制变频器，直接将限位开关接到 PLC 的输入端即可，不需要使用限位开关功能。

2.6.5 变频器的内部继电器

ATV31 变频器的内部继电器有 R1 和 R2 两个，其中 R1 有一对常开、常闭联动触点，R2 有一对常开触点。变频器的内部继电器的线圈不外接，触点的动作依据参数设置，I-O—r1 设置继电器 R1 的功能，I-O—r2 设置继电器 R2 的功能。

变频器的内部继电器通常用作显示或保护。

2.6.6 故障菜单的主要设置

1. 外部故障

系统出现外部故障时用于停车，FLt—EtF 参数分配逻辑输入端子，故障停车为高电平有效，即用常开触点。触点打开时，不影响正常开停，触点闭合时（加入高电平）停车。

有的变频器故障停车也可以设置为低电平有效，即用常闭触点。触点闭合（加入高电平）时，不影响正常开停，触点打开时（加入低电平）停车。

2. 故障复位

当变频器出现外部或其他故障停车，故障排除后，需要复位变频器才能重新运行。在本机控制方式，通过变频器操作面板上的〈STOP〉/〈RESET〉键复位；在 2 线或 3 线控制方式，通过在变频器的逻辑输入端子上接复位按钮复位，逻辑输入端子由 FLt—rSF 设置。

故障复位为高电平有效，即用常开触点，触点闭合时（加入高电平）复位。

在 2 线或 3 线控制方式，若没有设置故障复位按钮，必须关闭变频器电源，重新开机复位，否则变频器无法运行。

3. 出现故障时的停车模式

由 FLt—菜单的 EPI、OHL、OLL、SLL、COL、tnL、LFL 等参数设置，各参数的含义见附录 A。

4. 输入线路缺相检测

输入线路缺相是否检测由 FLt—IPL 设置，单相输入变频器没有输入线路缺相检测功能。

5. 电动机缺相检测

电动机缺相检测就是检测变频器与电动机的连接线是否完好，是否检测由 FLt—OPL 设置，默认为缺相检测（FLt—OPL = yES），实际也使用缺相检测，但济南星科的实验台所配电动机功率太小，又是基本空载，变频器检测不到电动机电流，认为没接电动机，变频器无法运行。故对于济南星科的实验台必须设置电动机缺相不检测，即 FLt—OPL 参数设置为 nO。

6. 禁止故障

通过 FLt—InH 分配逻辑输入端子激活此功能，在该端子上接常开触点，进行故障检测，在该端子上接常闭触点，不进行故障检测。

禁止故障后，在变频器出现故障后仍继续运行，除非故障已经使变频器无法继续运行。

禁止故障会使变频器损坏到无法修理的程度！

2.6.7 显示菜单

变频器运行时，可以显示加到电动机上的频率、电动机电流、电动机功率、电动机热态、线电压、电动机转矩、变频器热态和工作时间等参数。具体显示内容在 SUP—菜单中设置，默认显示加到电动机上的频率。显示内容也可在变频器运行过程中设置。

变频器出现故障停车后，变频器显示最后故障代码，故障代码在 SUP—FLt 中标明，可以查看，但不能设置。

6 个逻辑输入端子的功能分配情况可以在 SUP—LIA—菜单中查询，模拟输入端子的功能分配情况可以在 SUP—AIA—菜单中查询。

2.6.8 其他常用参数

1. 电动机最大热电流 SEt—ItH

设置最大热电流，用于电动机热保护，设置范围为 0.2 ~ 1.5 倍变频器的额定电流，不同型号的变频器范围有差别。超过最大热电流自动停车，停车模式由 FLt—OLL 设置。

2. 跳转频率 SEt—JPF

防止在 JPF 附近的 ±1Hz 范围内长时间工作。此功能防止出现可导致共振的速度。设置为 0，此功能不起作用。SEt—JF2 为第 2 个跳转频率，防止在 JF2 附近的 ±1Hz 范围内长时间工作。

3. 电动机频率阈值 SEt—Ftd

大于此阈值，继电器触点动作（I-O—r1 或 r2 设置为 FtA）或 AOV 端子输出 10V（I-O—AOIt 设置为 10U，I-O—dO 设置为 FtA）。

4. 电动机热态阈值 SEt—ttd

大于此阈值，继电器触点动作（I-O—r1 或 r2 设置为 tSA）或 AOV 端子输出 10V（I-O—dO 设置为 tSA）。

5. 电动机电流阈值 SEt—Ctd

大于此阈值，继电器触点动作（I-O—r1 或 r2 设置为 CtA）或 AOV 端子输出 10V（I-O—AOIt 设置为 10U，I-O—dO 设置为 CtA）。

6. 开关频率 SEt—SFr（或 drC—SFr）

当电动机噪声较大时，可调整开关频率以减少电动机产生的噪声。

7. 电压/频率额定值类型的选择 drC—UFt

根据负载性质选择。

8. 停车权优先 CtL—PSt

在2 线控制方式或 3 线控制方式，若 CtL—PSt 设置为 yES，使变频器操作面板上的〈STOP〉键具有优先权，也就是说，既可以通过逻辑输入端子正常停车，也可以通过变频器操作面板上的〈STOP〉键停车；若 CtL—PSt 设置为 nO，变频器操作面板上的〈STOP〉键不能停车。在多电动机控制系统，特别是多电动机同步调速控制系统，CtL—PSt 一般设置为 nO。

2.6.9 实训与练习

【实训 1】 2 线控制，变频器以 8Hz 寸动运行。操作步骤如下。

1）按原理图 2-28 接线，SB1、SB2 为一般按钮，不带自锁功能，SA 为自锁按钮。由于仅要求寸动操作，给定端子不用接线，给定方式也不用设置。

2）打开电源开关 QS，给变频器通电，完成参数设置。

① drC—FCS = InI——恢复出厂设置。

② FLt—OPL = nO——电动机缺相不检测。

③ I-O—tCC = 2C——设置控制方式。

④ FUn—JOG—JOG = LI5——分配寸动端子。

⑤ FUn—JOG—JGF = 8（或 SEt—JGF = 8）——设置寸动频率为 8Hz。

其他没有要求，使用变频器的默认设置。

3）按下按钮 SA，为寸动运行做准备；按下按钮 SB1，变频器以寸动频率运行，电动机正转，松开按钮 SB1，电动机停转；按下按钮 SB2，变频器以寸动频率运行，电动机反转，松开按钮 SB2，电动机停转。

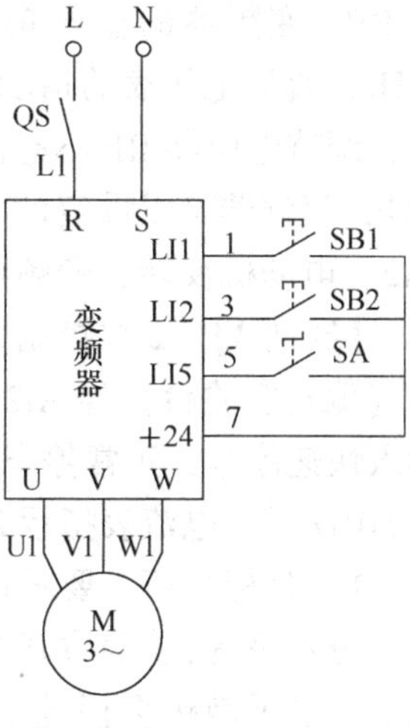

图 2-28 实训 1 接线图

在 3 线控制方式如何接线寸动操作，读者自己考虑。

【实训 2】 2 线控制，正反转运行，模拟电压信号（电源取自变频器 +10V 端，使用电位器调节）经 AI1 端子给定，最低速为 10Hz，最高速 45Hz，升降速时间各为 5s；可以进行寸动操作，寸动频率为 5Hz；用模拟电压指示电动机频率。操作步骤如下。

1）目标分析。要求正反转运行，使用 LI1 端子正转，使用 LI2 端子反转（2 线控制默认，可不设置），寸动使用 LI5 端子（由于端子够用，可不考虑多段速度控制的默认设置，LI3 和 LI4 不接线即可）。

2）按原理图 2-29 接线。

3）打开电源开关 QS，给变频器通电，完成参数设置。

① drC—FCS = InI——恢复出厂设置。

② FLt—OPL = nO——电动机缺相不检测。

③ I-O—tCC = 2C——设置控制方式。

④ CtL—Fr1 = AI1——设置给定方式。

⑤ SEt—ACC = 5——设置升速时间为 5s。

⑥ SEt—dEC = 5——设置降速时间为 5s。

⑦ SEt—LSP = 10——设置最低速为 10Hz。

⑧ SEt—HSP = 45——设置最高速为 45Hz。

⑨ FUn—JOG—JOG = LI5——分配寸动端子。

⑩ SEt—JGF = 5（或 FUn—JOG—JGF = 5）——设置寸动频率为 5Hz。

⑪ I-O—AOIt = 10U——设置模拟/逻辑电压输出。

⑫ I-O—dO = OFr——设置模拟电压对应电动机频率。

其他没有要求，使用变频器的默认设置。

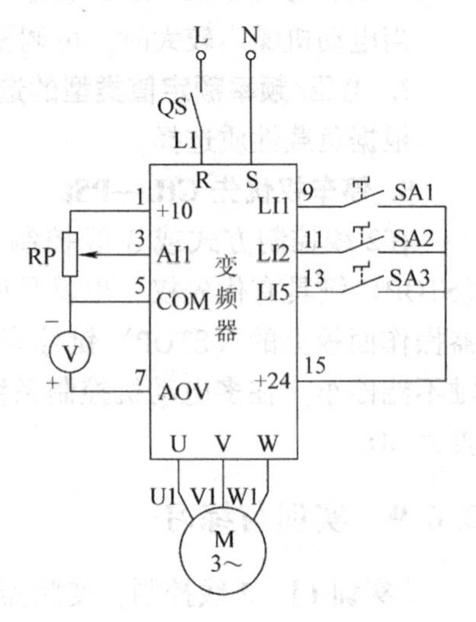

图 2-29　实训 2 接线图

4）在 SA3 处于弹起位置时，按下按钮 SA1，变频器正转运行，电动机正转，并以设定的加速斜坡时间升速，变频器显示运行频率，直流电压表有电压指示。调节电位器 RP，变频器的输出频率相应变化，变化范围为 10 ~ 45Hz，直流电压表的指示值随频率变化。按下按钮 SA3，变频器以设定的寸动频率 5Hz 运行，调节电位器 RP 不起作用。弹起按钮 SA1，变频器停止运行，电动机停转；再按下按钮 SA1，变频器又以设定的寸动频率 5Hz 运行，弹起按钮 SA1，变频器停止运行；按下按钮 SA2，电动机反转，变频器用负值显示运行频率，重复上述过程。

【实训 3】 2 线控制，正反转运行，不允许变频器面板上的 STOP 键停车，模拟电压信号（取自实验台）经 AI2 端子给定；有正反向限位开关，限位时自由停车，可以通过逻辑输入快速停车，正常停车为斜坡停车；变频器的频率低于 50Hz 时，电流表不指示，达到频率 50Hz 时，电流表指示 20mA。操作步骤如下。

1）目标分析。要求正反转运行，使用 LI1 端子正转，使用 LI2 端子反转（2 线控制默认，可不设置），限位开关使用两个端子，通过逻辑输入快速停车使用 1 个端子，共用 5 个端子。必须撤销多段速度控制的默认设置，否则端子不够用。限位开关可以用按钮进行模拟。

2）按原理图 2-30 接线。

3）打开电源开关 QS，给变频器通电，完成参数设置。

① drC—FCS = InI——恢复出厂设置。

② FLt—OPL = nO——电动机缺相不检测。

③ CtL—LAC = L2——设置访问功能等级（限位开关功能要求）。

④ I-O—tCC = 2C——设置控制方式。

⑤ CtL—Fr1 = AI2——设置给定方式。

⑥ CtL—PSt = nO——设置〈STOP〉键不停车。

⑦ FUn—PSS—PS2 = nO——撤销 PS2 默认设置，使 LI3 端子另作他用。

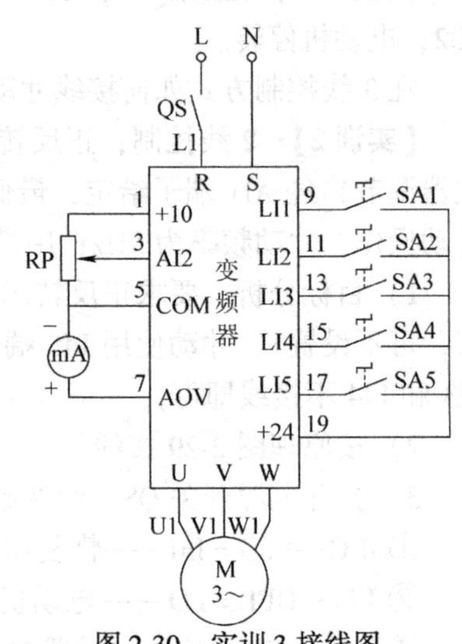

图 2-30　实训 3 接线图

⑧ FUn—PSS—PS4 = nO——撤销 PS4 默认设置，使 LI4 端子另作他用。

⑨ FUn—LSt—LAF = LI3——分配正向限位端子。

⑩ FUn—LSt—LAr = LI4——分配反向限位端子。

⑪ FUn—LSt—LAS = nSt——设置限位开关停车模式。

⑫ FUn—StC—Stt = rMP——设置正常停车模式（默认，可以不设置）。

⑬ FUn—StC—FSt = LI5——分配快速停车端子。

⑭ I-O—AOIt = 0A——设置模拟/逻辑电流输出。

⑮ I-O—dO = FLA——设置变频器达到高速时逻辑电流输出。

其他没有要求，使用变频器的默认设置。

4）按下 SA3 和 SA5，为运行做准备，SA4 是反向限位按钮，对正转不起作用，断开与闭合均可。按下按钮 SA1，变频器正转运行，电动机正转，并以默认的加速斜坡时间升速，变频器显示运行频率，直流电流表没有指示。调节电位器 RP，变频器的输出频率相应变化，变化范围为 0～50Hz（默认值），当频率达到 50Hz 时，直流电流表指示 20mA。按一下变频器面板上的〈STOP〉键，变频器没有反应。弹起按钮 SA1，变频器以斜坡停车模式停车；重新起动后弹起按钮 SA3（相当于限位），变频器以自由停车模式停车；重新起动后弹起按钮 SA5，变频器以快速停车模式停车。

按下 SA4 和 SA5，为运行做准备，SA3 是正向限位按钮，对反转不起作用，断开与闭合均可。按下按钮 SA2，变频器反转运行，重复上述过程。

【实训 4】 3 线控制，正转运行，不允许变频器面板上的〈STOP〉键停车，本机给定；外部出现故障时快速停车；有故障复位按钮；用模拟电压指示电动机频率；有一个运行信号灯 HL1，频率达到 25Hz 以上时，信号灯 HL2 亮，信号灯的电压为 AC24V。操作步骤如下。

1）按原理图 2-31 接线。

2）打开电源开关 QS，给变频器通电，完成参数设置。

① drC—FCS = InI——恢复出厂设置。

② FLt—OPL = nO——电动机缺相不检测。

③ I-O—tCC = 3C——设置控制方式。

④ CtL—Fr1 = AIP——设置给定方式。

⑤ CtL—PSt = nO——〈STOP〉键不停车。

⑥ FLt—EtF = LI5——分配故障停车端子。

⑦ FLt—EPL = FSt——设置故障停车模式。

⑧ FLt—rSF = LI6——设置故障复位端子。

⑨ I-O—r1 = rUn——设置 R1 功能。

⑩ I-O—r2 = FtA——设置 R2 功能。

⑪ SEt—Ftd = 25——设置频率阈值为 25Hz。

⑫ I-O—AOIt = 10U——设置模拟/逻辑电压输出。

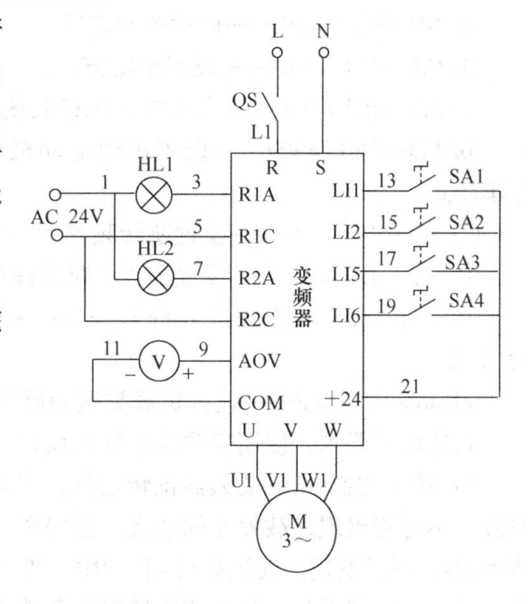

图 2-31　实训 4 接线图

⑬ I-O—dO = OFr——设置模拟电压对应电动机频率。

其他没有要求，使用变频器的默认设置。

3）打开信号源开关和 AC24V 电源开关，按钮 SA3 和 SA4 处于弹起位置（断开状态），按下按钮 SA1，为变频器运行做准备。按下按钮 SA2，变频器正转运行，电动机正转，并以默认的加速斜坡时间升速，变频器显示运行频率，信号灯 HL1 亮，直流电压表有指示。调节电位器 RP，变频器的输出频率相应变化，变化范围为 0~50Hz（默认值），直流电压表指示的大小与频率高低相对应，当频率超过 25Hz 时，信号灯 HL2 亮。按一下变频器面板上的 STOP 键，变频器没有反应。按下按钮 SA3（相当于出现外部故障），以快速停车模式停车，变频器显示故障代码 EPF。弹起按钮 SA3（相当于外部故障修复），变频器仍显示故障代码 EPF，不能正常起动，需要按下按钮 SA4 复位，复位后可重新起动。在变频器正常运行时，弹起按钮 SA1，变频器以默认的斜坡停车模式停车。

【实训 5】 2 线控制，正转运行，模拟电压信号（电源取自变频器 +10V 端，使用电位器调节）经 AI1 端子给定；电动机电流超过 0.8 倍变频器的额定电流时快速停车；系统不允许在 20Hz 和 40Hz 附近长时间工作；开关频率为 3kHz；负载为风机。操作步骤如下。

1）按原理图 2-32 接线。

2）打开电源开关 QS，给变频器通电，完成参数设置。

① drC—FCS = InI——恢复出厂设置。

② FLt—OPL = nO——电动机缺相不检测。

③ I-O—tCC = 2C——设置控制方式。

④ CtL—Fr1 = AI1——设置给定方式。

⑤ SEt—ItH = 0.8——设置电动机最大热电流。

⑥ FLt—OLL = FSt——设置出现电动机最大热电流时的停车模式。

⑦ SEt—JPF = 20——设置跳转频率为 20Hz。

⑧ SEt—JF2 = 40——设置第 2 个跳转频率为 40Hz。

⑨ SEt—SFr（或 drC—SFr）= 3——设置开关频率为 3kHz。

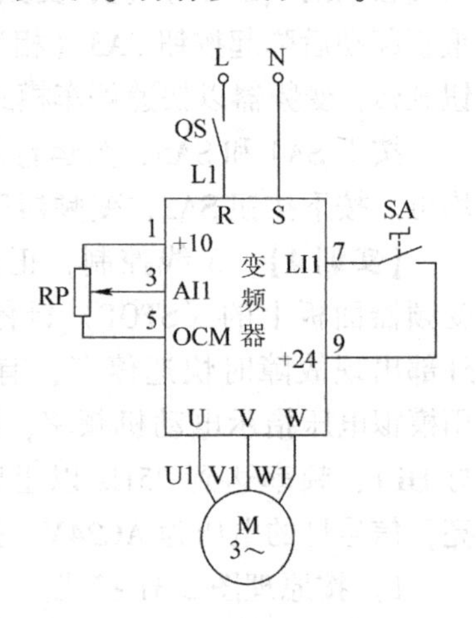

图 2-32　实训 5 接线图

⑩ drC—UFt = P——设置负载类型为风机或泵类负载。

其他没有要求，使用变频器的默认设置。

3）按下按钮 SA，变频器正转运行，变频器显示运行频率，由于变频器所带负载基本为空载，不可能出现过载停车的情况，缓慢调节电位器 RP，尽量使变频器的频率指示为 20Hz 或 40Hz，可以发现，无论如何调节 RP，变频器都不可能在 20Hz 或 40Hz 附近长期工作。由于空载，无法观看开关频率变化情况及负载类型变化情况。弹起按钮 SA，变频器停止运行，电动机停转。

【操作练习题】

1. 3 线控制，正反转运行，模拟电压信号（电源取自变频器 +10V 端，使用电位器调节）经 AI2 端子给定，可以进行寸动操作，寸动频率为 8Hz；频率达到 20Hz 以上时，信号灯 HL1 亮，频率达到 50Hz 以上时，信号灯 HL2 亮，信号灯的电压为 DC24V。用模拟电压指示电动机频率。

2. 2 线控制，正反转运行，不允许变频器面板上的〈STOP〉键停车，模拟电压信号（取自实验台）经 AI1 端子给定；有正反向限位开关，限位时斜坡停车，可以通过逻辑输入快速停车，正常停车为自由停车；有故障复位按钮。

3. 2 线控制，正转运行，模拟电压信号（电源取自变频器 +10V 端，使用电位器调节）经 AI1 端子给定，0 ~ +10V 对应 5 ~ 45Hz；外部出现故障时快速停车；有故障复位按钮；频率达到 5Hz 时，信号灯 HL1 亮，频率达到 45Hz 时，信号灯 HL2 亮，信号灯的电压为 AC24V。

4. 3 线控制，正转运行，本机给定；最低速为 0Hz，最高速 40Hz，升降速时间各为 10s；电动机电流超过 0.5 倍变频器的额定电流时自由停车；系统不允许在 30Hz 附近长时间工作；开关频率为 3kHz；负载为风机；有限位开关，并可以通过逻辑输入快速停车。

本章小结

本章详细介绍了 Altivar31 变频器参数设置方法及主要参数和功能。

Altivar31 变频器的一级菜单有 8 个，分别是设置菜单 SEt—、电动机控制菜单 drC—、I-O 菜单 I-O—、控制菜单 CtL—、应用功能菜单 FUn—、故障菜单 FLt—、通信菜单 COM—和显示菜单 SUP—。常用的主要参数有上限频率（高速）、下限频率（低速）、加速时间、减速时间、保存配置、返回出厂设置/恢复配置以及电动机缺相检测等。

Altivar31 变频器运行的控制方式分为本机控制和外部端子控制，而外部端子控制又分为 2 线控制和 3 线控制。

变频器的给定方式分为本机给定、模拟输入端子给定、逻辑输入端子给定、通信给定和远程终端给定。

求和输入、PI 调节功能是变频器的重要功能，特别是在多台电动机同步调速系统中经常使用。

多段速度控制功能是为了使电动机能够以预定速度按一定程序运行，可通过对多个端子组合选择频率指令。通常都是通过低压电器或 PLC 来完成变频器的多段速度控制。

AOC 和 AOV 是 Altivar31 变频器的模拟/逻辑输出端子，用于远程监控或保护。

停车模式分为正常停车模式和通过逻辑输入停车两大类。正常停车模式有斜坡停车、快速停车、自由停车、直流注入停车 4 种。通过逻辑输入停车有快速停车、自由停车、直流注入停车 3 种。

变频器的限位开关功能是给限位开关分配了逻辑输入端子用于停车，分正向限位和反向限位。

Altivar31 变频器的内部继电器有 R1 和 R2 两个，用作显示或保护。

变频器故障菜单有多种设置，应合理使用。

变频器运行时，可以显示加到电动机上的频率、电动机电流、电动机功率、电动机热态、线电压、电动机转矩、变频器热态和工作时间等参数。变频器出现故障停车后，变频器显示最后故障代码。

6 个逻辑输入端子的功能分配情况可以在 SUP—LIA—菜单中查询，模拟输入端子的功能分配情况可以在 SUP—AIA—菜单中查询。

Altivar31 变频器其他常用参数有电动机最大热电流、跳转频率、电动机频率阈值、电动机热态阈值、电动机电流阈值、开关频率、电压/频率额定值类型和停车权优先等。

习　题

1. 如何区分 Altivar31 变频器的菜单和参数？

2. Altivar31 变频器的菜单有哪几个一级菜单？

3. Altivar31 变频器运行的控制方式有哪几种？设置菜单是什么？如何接线？本机控制时能否使电动机反转？

4. Altivar31 变频器常用的给定方式有哪几种？设置菜单是什么？如何接线？

5. 若把 Altivar31 变频器的给定方式设置为 AI1 端子给定，可以发现给定电压为 +10V 时对应变频器的上限频率。若把给定方式设置为 AI2 端子给定，可能出现给定电压为 +5V 时变频器就达到上限频率。为什么？在 AI2 端子给定时怎样才能保证给定电压为 +10V 时达到变频器的上限频率？

6. 要设置 Altivar31 变频器的 PI 调节功能，经常出现所要设置的参数不出现。为什么？

7. Altivar31 变频器的模拟电压输出或者模拟电流输出可以与变频器的哪些参数对应？如何设置？

8. Altivar31 变频器的逻辑电压输出或者逻辑电流输出可以与变频器的哪些参数对应？如何设置？

9. Altivar31 变频器的内部继电器可以在什么情况下动作？内部继电器有什么作用？

10. Altivar31 变频器在 2 线控制时，若设置 FUn—JOG—JOG = LI3，按下接在 LI3 上的按钮，起动变频器后，可能出现变频器的运行频率不是所设置的寸动频率。为什么？

11. Altivar31 变频器在 3 线控制时，若把 LI4 分配给通过逻辑输入停车，按下接在 LI4 上的按钮，变频器起动后不能调速，只能以 10Hz 频率运行。为什么？

12. Altivar31 变频器在 2 线控制或 3 线控制时，若希望通过变频器面板上的〈STOP〉键停车应如何设置？若不允许通过变频器面板上的〈STOP〉键停车应如何设置？

13. 什么是变频器的开关频率？在什么情况下可以改变变频器的开关频率？

14. 我们在济南星科的电气智能化实验平台进行变频器实验时，必须设置电动机缺相不检测。为什么？

15. 变频器的停车模式有哪几种？

16. 为什么有时要设置跳转频率？

17. 怎样才能使变频器具有过载保护功能？

第3章 变频调速控制电路的设计

3.1 变频调速控制电路的控制方式及设计方法

2线控制是变频器最常用的控制方式。施耐德 Altivar31 变频器的端子控制方式分2线控制和3线控制，控制方式预先设定，反转端子也需要设定。而很多变频器正反转端子固定不变，不需要设定，一般是把逻辑输入端子经触点接公共端。下面所有电路均采用2线控制，不再重复。

3.1.1 变频调速控制电路的控制方式

第2章中介绍的变频器的控制电路都是在逻辑输入端子上接按钮开关进行控制的，并且主要使用带自锁的按钮。这种控制方式有很多局限性，首先按钮不能自动复位，在系统突然停电重新送电后，有的变频器会重新起动，很不安全。另一方面不能组成较复杂的自动控制线路。所以，大多数的变频调速控制电路不用按钮控制变频器，而是用以下方式控制。

1. 用低压电器控制

在逻辑输入端子上接中间继电器的触点或交流接触器的触点，也可以接其他低压电器的触点。比较简单的控制电路常用这种方法。

2. 直接用 PLC 控制

把 PLC 的输出端子直接接在变频器的逻辑输入端子上。这种方法电路简单，控制方便，但占用 PLC 较多的输出端子。变频器数量较少，且 PLC 输出点数够用时，可以采用这种方法。

直接用 PLC 控制变频器时，PLC 的逻辑输出端子除了接变频器的输入端子外，还可能接信号灯及其他电器，它们的额定电压可能各不相同，由于 PLC 的多个输出有一个公用端，特别注意不能造成电源短路或者电源错接。

3. PLC 加低压电器控制

这种方法是用 PLC 控制中间继电器或交流接触器的线圈，再用中间继电器或交流接触器的触点控制变频器。多数控制线路采用这种控制方式。

3.1.2 控制电路的设计方法

控制电路的常用设计方法有两种，一是功能添加法，二是步进逻辑公式法。较简单的控制电路一般采用功能添加法，如本章的第2节～第7节的电路，都可以用功能添加法设计。多个工作过程自动循环的复杂电路，常采用步进逻辑公式法，如本章的第8节，并且用步进逻辑公式对 PLC 编程非常方便。

下面举一个使用功能添加法设计控制电路的实例来说明设计方法和步骤。设计要求如下：有两台电动机，正转运行，要求第一台电动机必须先开后停，正常停车为斜坡停车。如果任何一台电动机过载时，两台电动机同时快速停车。设计步骤如下。

1）设计两个能独立开停的控制电路，即基本电路，如图3-1所示。

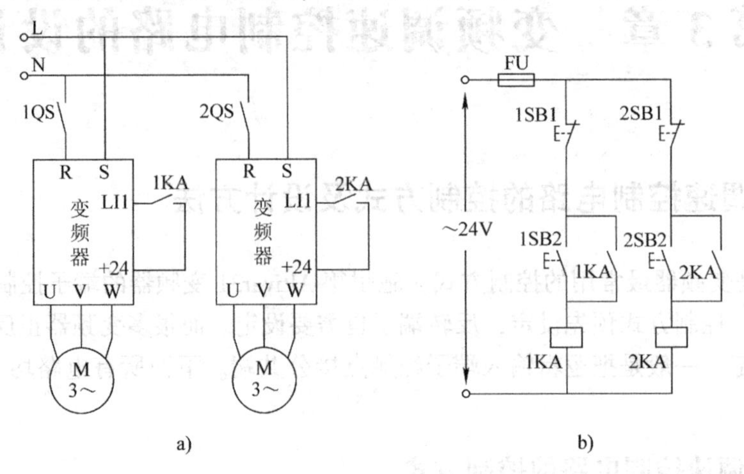

图3-1　基本电路图

a）主电路　b）控制电路

2）第一次添加功能——第一台电动机必须先开。将1KA的常开触点串接在2KA的线圈回路，主电路不变，控制电路如图3-2所示。

3）第二次添加功能——第一台电动机不能先停。将2KA的常开触点与停车按钮1SB1并联，控制电路如图3-3所示。

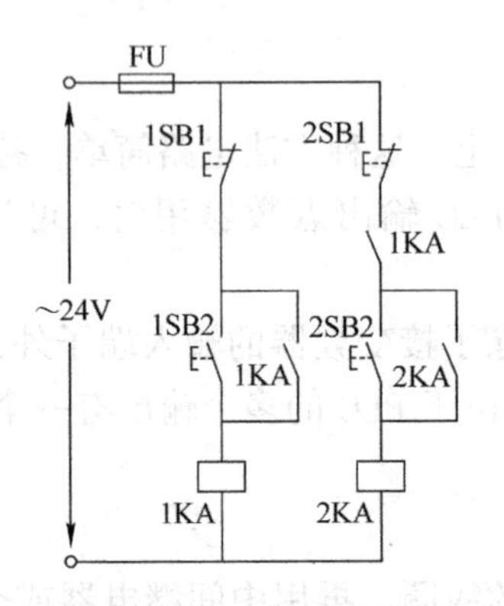

图3-2　第一次添加控制电路图

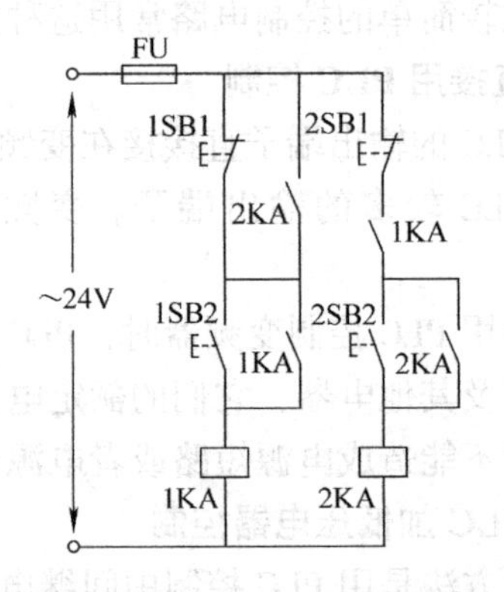

图3-3　第二次添加控制电路图

4）第三次添加功能——加过载同时停车。

过载保护可以在Set—ttd参数设置电动机热态阈值，然后用变频器的内部继电器R1（或R2）停车，即设置R1参数为I-O—r1 = tSA（达到热态阈值）。由于正常停车与过载停车停车模式与停车时间均不相同，所以过载时应通过逻辑输入快速停车，设置Fun—StC—FSt = LI5，即分配变频器的输入端子LI5为过载停车端子，功能添加后主电路如图3-4a所示，控制电路如图3-4b所示。

5）第四次添加功能——过载停车后，1KA、2KA线圈自动失电。

第三次添加功能后，虽然过载后两台电动机能快速停车，但停车后1KA、2KA线圈仍

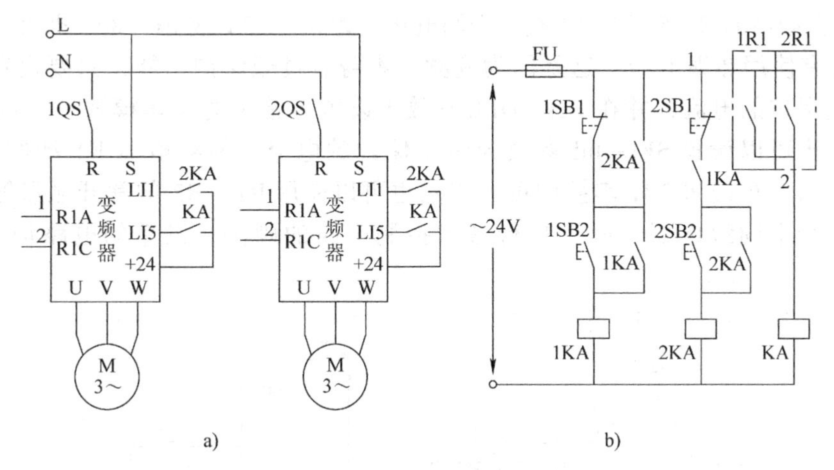

图 3-4　第三次添加控制电路图

a）主电路　b）控制电路

处于吸合状态，无法重新起动，除非先按下按钮 2SB1 和 1SB1，使 1KA、2KA 线圈失电，很不方便。我们可以用 KA 的触点使 1KA、2KA 线圈自动失电，主电路不变，控制电路如图 3-5所示。

6）第五次添加功能——加运行指示灯。主电路不变，控制电路如图 3-6 所示。

根据需要，还可以添加过载显示或过载报警电路，读者自行完成，不再赘述。

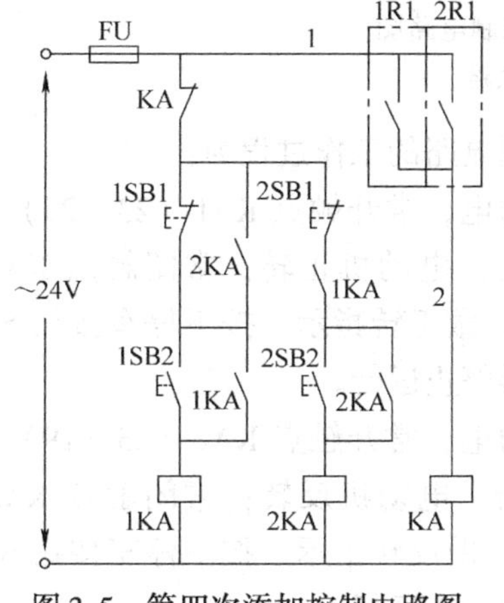

图 3-5　第四次添加控制电路图

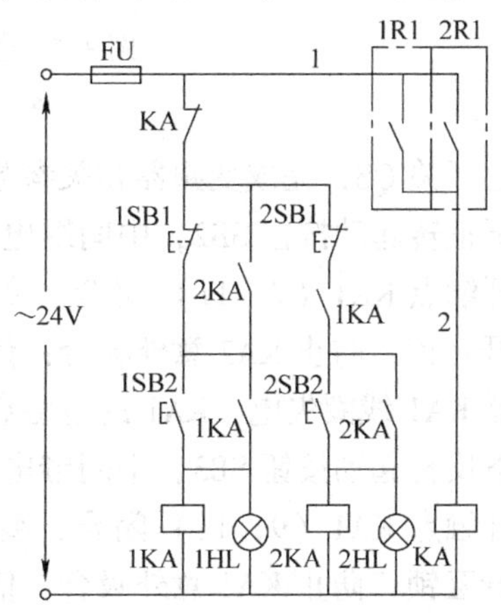

图 3-6　第五次添加控制电路图

3.2　变频器正反转控制电路

3.2.1　用低压电器控制

用低压电器控制的正反转原理图如图 3-7 所示。济南星科实验台用的变频器是单相输入，中间继电器、交流接触器为 AC 24V，信号灯可接 AC 24V，也可接 DC 24V。以下所有电路变频器均画成单相输入，控制电路的电源均是 AC 24V，便于在实验台实验。但在实际使用中，变频器的输入一般为三相输入，控制电路为 AC 220V 或 AC 380V，这只需使用三极开关接在变频器的 R、S、T 输入端，控制电路改为 AC 220V 或 AC 380V 即可。

电路没有使用热继电器，这是因为变频器本身有过载保护功能，只要设置 SEt—ItH 参数为希望保护的电流，并在 FLt—OLL 参数中设置为希望的停车模式即可起到过载保护的功能。也可以设置 SEt—ttd 参数为希望保护的电流，使继电器 R1 动作，并将 R1 的常闭触点与停车按钮 SB1 串接即可。当然也可以使用 R1、R2 的常开触点停车，但电路应增加一个中间继电器，读者自行考虑控制电路的画法。以后的电路均与此相仿，不再赘述。

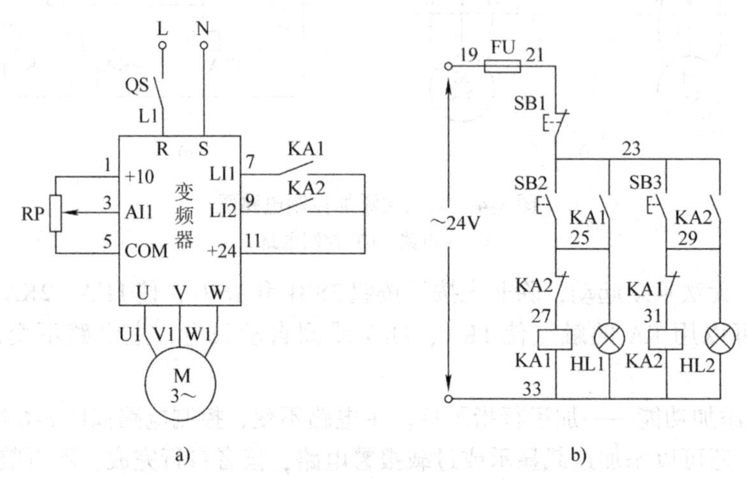

图 3-7 变频器的正反转控制电路图
a）变频器 b）控制线路

合上开关 QS，完成变频器相关参数的设置。控制电路的工作过程为：

按下正转起动按钮 SB2，中间继电器 KA1 线圈通电，常开触点 KA1（23，25）闭合自锁；常开触点 KA1（7，11）闭合，变频器正转运行，电动机正转；常闭触点 KA1（29，31）断开互锁，防止 KA2 意外吸合；信号灯 HL1 亮，做正转指示。按下停车按钮 SB1，中间继电器 KA1 线圈失电，KA1 的各触点复位，变频器停止运行。

按下反转起动按钮 SB3，中间继电器 KA2 线圈通电，常开触点 KA2（23，29）闭合自锁；常开触点 KA1（9，11）闭合，变频器反转运行，电动机反转；常闭触点 KA2（25，27）断开互锁，防止 KA1 意外吸合；信号灯 HL2 亮，做反转指示。按下停车按钮 SB1，中间继电器 KA2 线圈失电，KA2 的各触点复位，变频器停止运行。

3.2.2 直接用 PLC 控制

直接用 PLC 控制的正反转控制 PLC 的原理图如图 3-8 所示，参考梯形图如图 3-9 所示。工作过程为：

合上开关 QS，完成变频器相关参数的设置。按下按钮 SB2，变频器正转运行，电动机正转；信号灯 HL1 亮，做正转指示。按下按钮 SB1，变频器停止运行。

按下按钮 SB3，变频器反转运行，电动机反转；信号灯 HL2 亮，做反转指示。按下按钮 SB1，变频器停止运行。

PLC 的型号为施耐德 TWDLCAA40DRF，以下所有梯形图均以该型号的 PLC 为准。

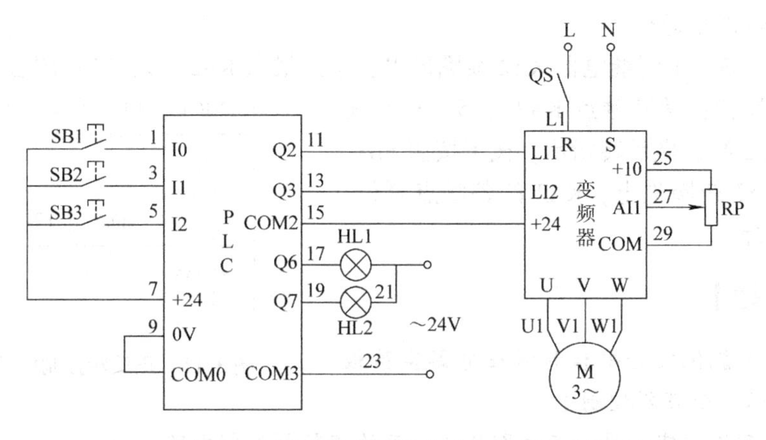

图 3-8　用 PLC 直接控制变频器的正反转控制电路原理图

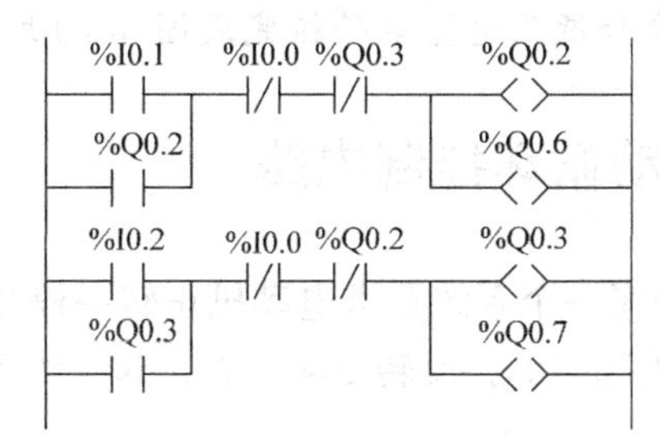

图 3-9　正反转控制电路梯形图

3.2.3　PLC 加低压电器控制

用 PLC 加低压电器控制的正反转控制原理图如图 3-10 所示，PLC 的参考梯形图如图 3-11所示。工作过程为：

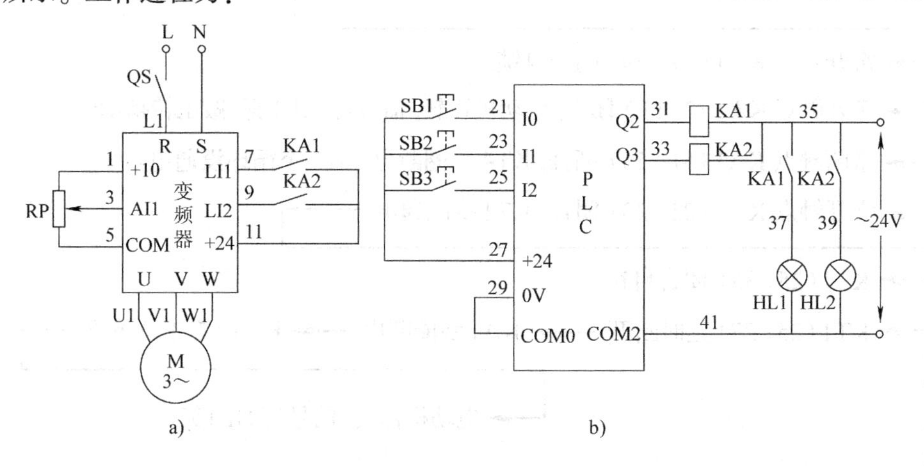

图 3-10　用 PLC 加低压电器控制变频器的正反转控制电路原理图

a）变频器　b）PLC

合上开关 QS，完成变频器相关参数的设置。按下按钮 SB2，中间继电器 KA1 线圈通电，常开触点 KA1（7，11）闭合，变频器正转运行，电动机正转；常开触点 KA1（35，37）闭合，信号灯 HL1 亮，做正转指示。按下按钮 SB1，中间继电器 KA1 线圈失电，KA1 的各触点复位，变频器停止运行。

按下按钮 SB3，中间继电器 KA2 线圈通电；常开触点 KA2（9，11）闭合，变频器反转运行，电动机反转；常开触点 KA2（35，39）闭合，信号灯 HL2 亮，做反转指示。按下按钮 SB1，中间继电器 KA2 线圈失电，KA2 的各触点复位，变频器停止运行。

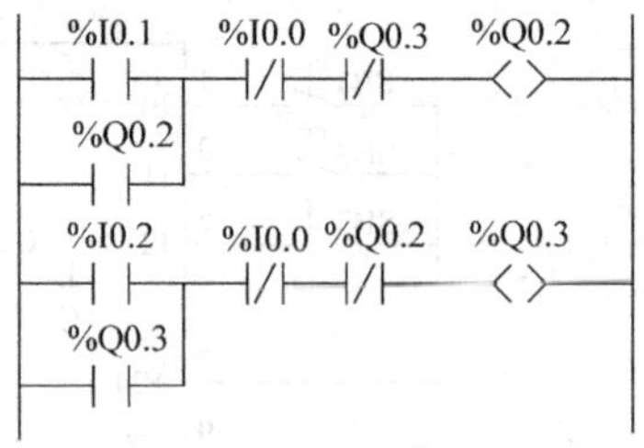

图 3-11　正反转控制电路梯形图

【操作练习题】

1. 用电气智能化实验平台和低压电器实验板完成图 3-7 所示的变频器控制电路。

2. 用电气智能化实验平台完成图 3-8 所示的变频器控制电路。

3. 用电气智能化实验平台和低压电器实验板完成图 3-10 所示的变频器控制电路。

3.3　变频器正反转自动循环控制电路

变频器正反转自动循环是指一个系统要求电动机正转→停止→反转→停止→正转自动循环运行，例如要求正转 30s，停止 10s，反转 20s，停止 5s，然后从正转开始重新循环。

3.3.1　用低压电器控制

变频器的主电路如图 3-10a 所示，控制电路如图 3-12 所示。工作过程为：

合上开关 QS，完成变频器相关参数的设置。

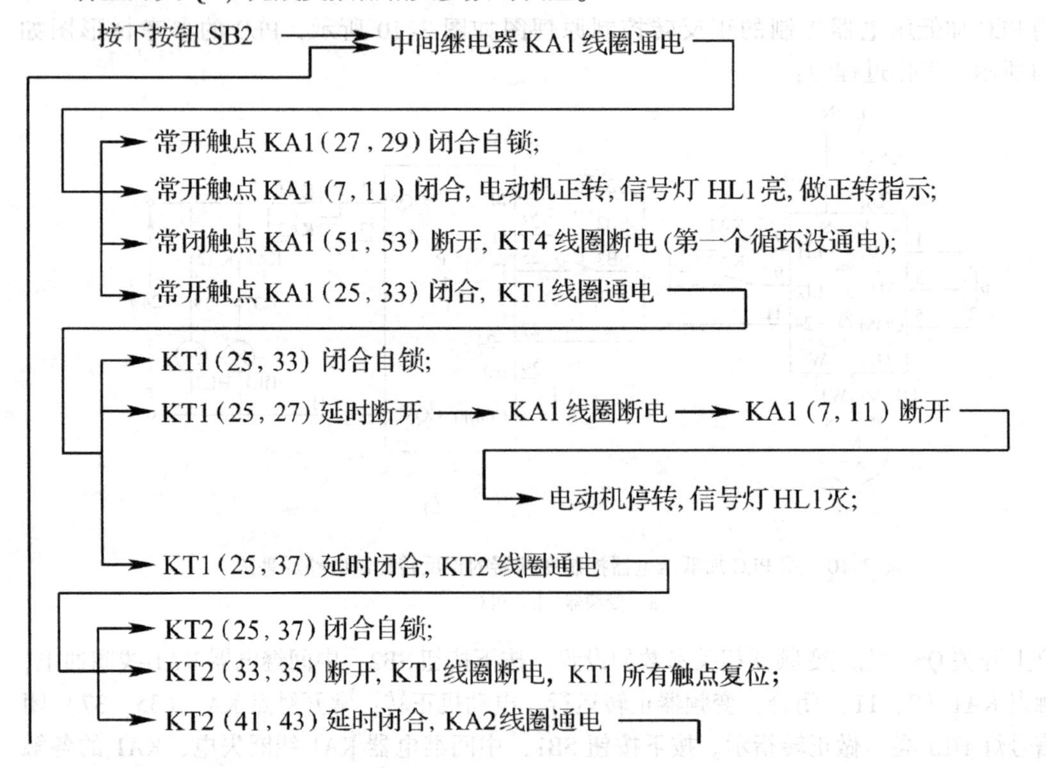

按下按钮 SB2
中间继电器 KA1 线圈通电
常开触点 KA1（27，29）闭合自锁；
常开触点 KA1（7，11）闭合，电动机正转，信号灯 HL1 亮，做正转指示；
常闭触点 KA1（51，53）断开，KT4 线圈断电（第一个循环没通电）；
常开触点 KA1（25，33）闭合，KT1 线圈通电
KT1（25，33）闭合自锁；
KT1（25，27）延时断开
KA1 线圈断电
KA1（7，11）断开
电动机停转，信号灯 HL1 灭；
KT1（25，37）延时闭合，KT2 线圈通电
KT2（25，37）闭合自锁；
KT2（33，35）断开，KT1 线圈断电，KT1 所有触点复位；
KT2（41，43）延时闭合，KA2 线圈通电

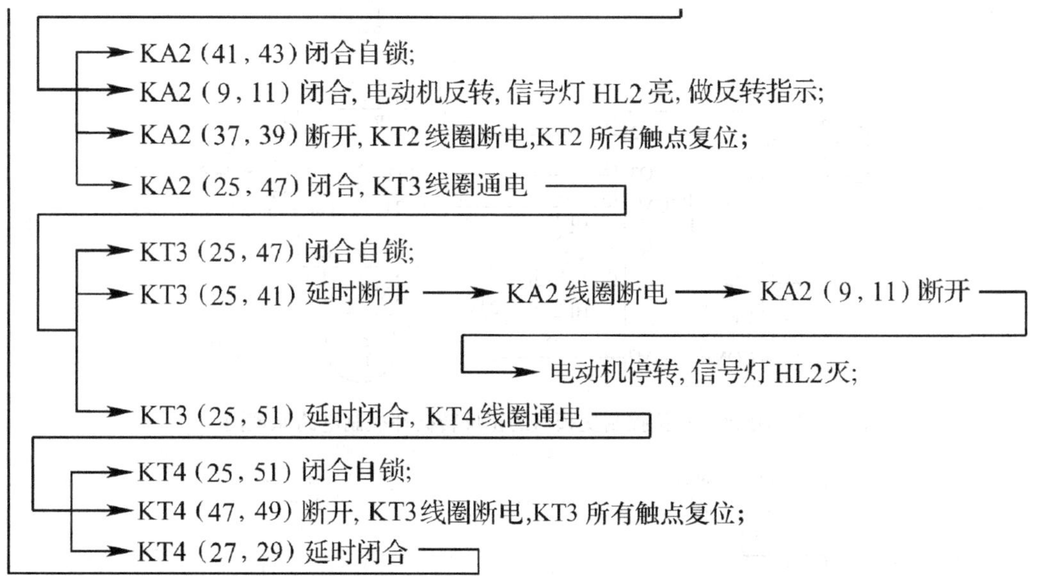

KA2（41，43）闭合自锁;
KA2（9，11）闭合，电动机反转，信号灯 HL2 亮，做反转指示;
KA2（37，39）断开，KT2 线圈断电，KT2 所有触点复位;
KA2（25，47）闭合，KT3线圈通电
KT3（25，47）闭合自锁;
KT3（25，41）延时断开
KA2线圈断电
KA2（9，11）断开
电动机停转，信号灯HL2灭;
KT3（25，51）延时闭合，KT4线圈通电
KT4（25，51）闭合自锁;
KT4（47，49）断开，KT3线圈断电，KT3 所有触点复位;
KT4（27，29）延时闭合

按下按钮 SB1，各中间继电器、时间继电器线圈失电，触点复位，变频器停止运行，电动机停转。

图 3-12 中 KT1 ~ KT4 均为通电延时型时间继电器，延时时间分别调节为 30s、10s、20s 和 5s，并且使用含有瞬动触点的时间继电器。用瞬动触点增加了控制电路的动作可靠性。如果时间继电器没有瞬动触点，可以加中间继电器。读者可以自行考虑线路如何改动。

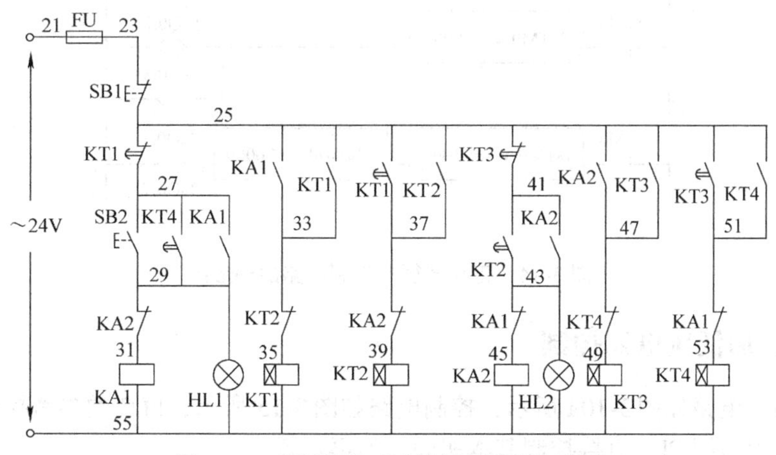

图 3-12　变频器的正反转循环控制电路图

3.3.2　直接用 PLC 控制

直接用 PLC 控制的正反转循环控制电路原理图如图 3-13 所示，图中没有画出 PLC 的输入电源（下同）。PLC 的参考梯形图如图 3-14 所示。

控制电路的工作过程为：

合上开关 QS，完成变频器相关参数的设置。按下按钮 SB2，PLC 的内部定时器开始计时，每个计时周期为 65s，达到 65s 后定时器自动复位从 0 重新计时。使用比较器编程，在 0 ~ 30s 电动机正转，在 40 ~ 60s 电动机反转。

按下按钮 SB1，变频器停止运行。

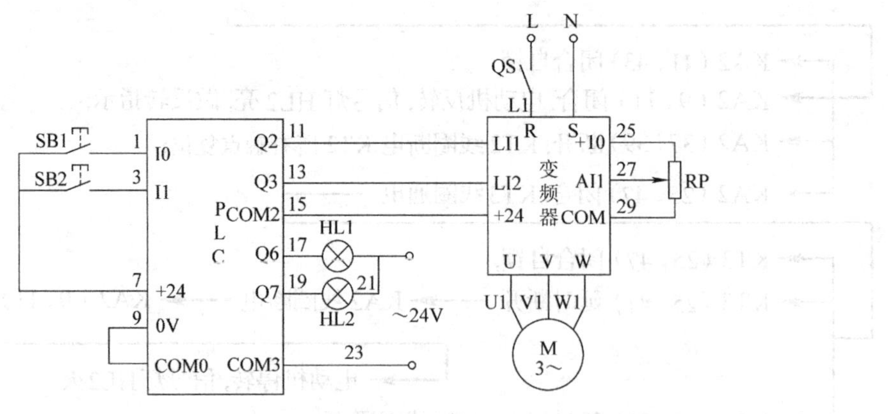

图 3-13　用 PLC 直接控制变频器的正反转循环控制电路原理图

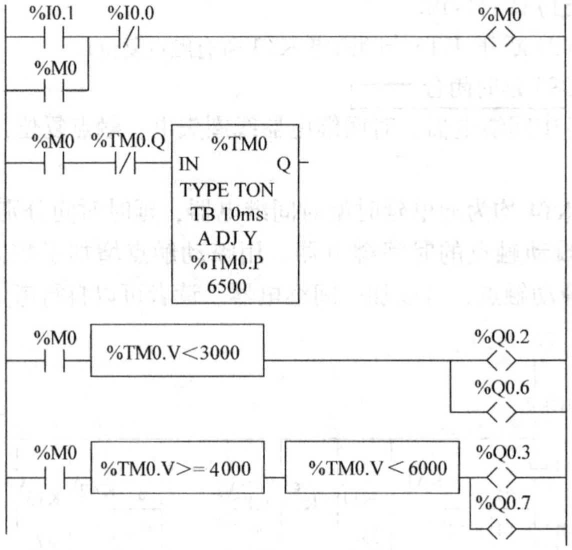

%I0.1
%I0.0
%M0
%M0
%M0
%TM0.Q
%TM0
IN
Q
TYPE TON
TB 10ms
A DJ Y
%TM0.P
6500
%M0
%TM0.V<3000
%Q0.2
%Q0.6
%M0
%TM0.V>= 4000
%TM0.V < 6000
%Q0.3
%Q0.7

图 3-14　正反转循环控制电路的梯形图

3.3.3　PLC 加低压电器控制

变频器的主电路如图 3-10a 所示，控制电路如图 3-15 所示，PLC 的参考梯形图如图3-16 所示。动作过程与用 PLC 直接控制基本相同，不再重复。

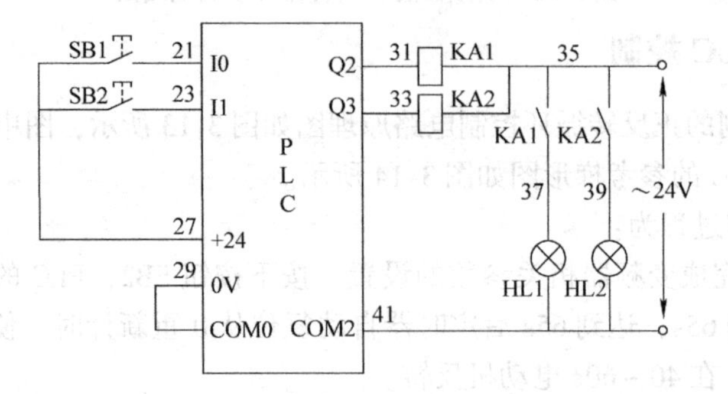

图 3-15　用 PLC 加低压电器控制变频器的正反转循环控制电路图

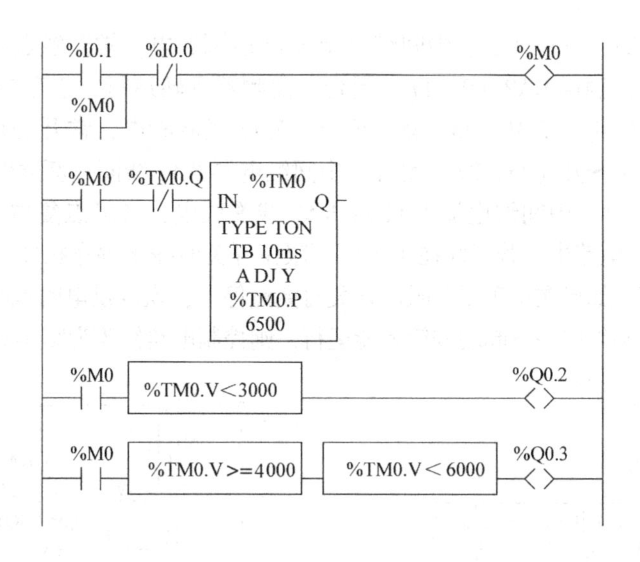

图 3-16　正反转循环控制电路的梯形图

【操作练习题】

1. 如果一个系统要求电动机正转 30s，反转 20s，然后循环。分别用低压电器控制和 PLC 直接控制，试设计控制电路，并用电气智能化实验平台和低压电器实验板进行实验。

2. 如果一个系统要求电动机正转 20s，停 5s，反转 20s，停 5s，正转 30s，停 10s，反转 30s，停 10s，然后循环。用 PLC 直接控制，试设计控制电路和 PLC 的控制程序，并用电气智能化实验平台进行实验。

3.4　小车自动往返控制电路

小车自动往返的示意图如图 3-17 所示。小车的工作要求为按下起动按钮 SB2，电动机正转，小车右行，碰到限位开关 SQ2 时，小车停止；电动机自动改为反转，小车左行，碰到限位开关 SQ1 时，小车停止；电动机自动改为正转，依次循环。按下停车按钮，不管小车处在什么位置，都立即停止运行。

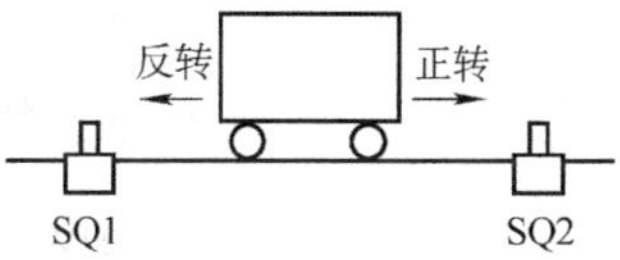

反转　正转

SQ1　SQ2

图 3-17　小车自动往返的示意图

Altivar31 变频器有限位开关功能，但变频器的限位开关功能只能用于停车，不能完成反转。

3.4.1　用低压电器控制

用低压电器控制的小车自动往返控制电路主电路如图 3-10a 所示，其控制电路如图 3-18 所示。线路的工作过程为：

合上开关 QS，完成变频器相关参数的设置。

按下起动按钮 SB2，中间继电器 KA1 线圈通电，常开触点 KA1（25，27）闭合自锁，图 3-10a 中的常开触点 KA1（7，11）闭合，变频器正转运行，小车向右移动；当小车移动到压下限位开关 SQ2 时，SQ2（27，29）断开，KA1 线圈断电，常开触点 KA1（7，11）断开，变频器停止运行；SQ2（25，33）闭合，中间继电器 KA2 线圈通电，常开触点KA2(25，33)闭合自锁，图 3-10a 中的常开触点 KA2（9，11）闭合，变频器反转运行，小车向左移动；当小车移动到压下限位开关 SQ1 时，SQ1（33，35）断开，KA2 线圈断电，常开触点 KA2（9，11）断开，变频器停止运行；SQ1（25，27）闭合，中间继电器 KA1 线圈重新通电，重复上述过程。

按下停车按钮 SB1，中间继电器 KA1 或 KA2 线圈失电，各触点复位，变频器停止运行。

在图 3-18 所示的电路中，若正好在小车压下限位开关时按下停车按钮，则松开停车按钮后小车会自动重新运行。如果在小车压下限位开关时突然停电，恢复供电时也会自动重新运行。如果不需要自动运行，必须按一下起动按钮才能运行，则控制电路修改为图 3-19 所示的电路。

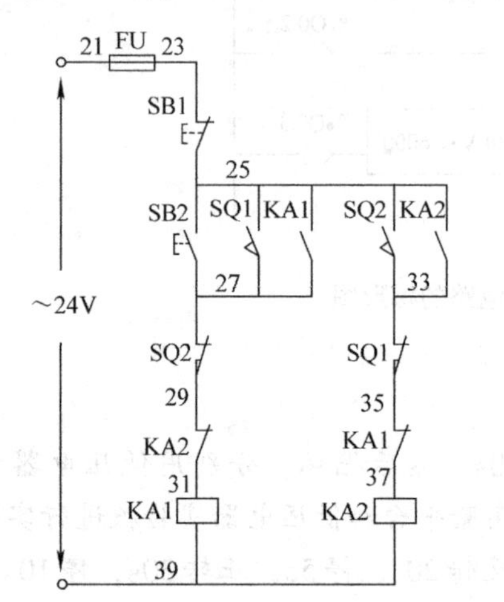

图 3-18　用低压电器控制的小车自动往返控制电路图

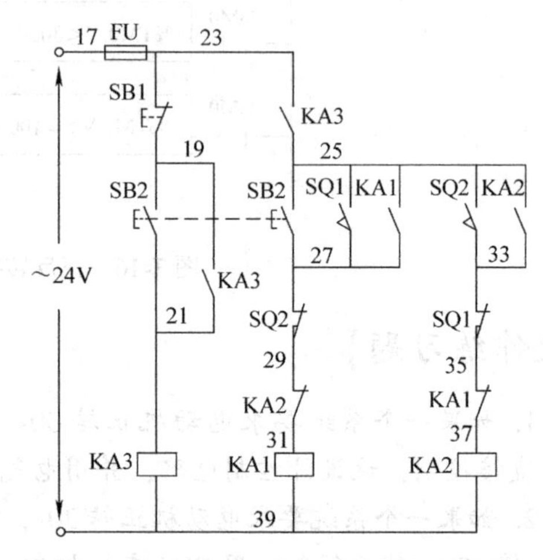

图 3-19　修改后的小车自动往返控制电路图

如果要求在小车压下限位开关后必须经过一段时间才能反向运行，则应在控制电路中增加时间继电器 KT1 和 KT2，如图 3-20 所示。

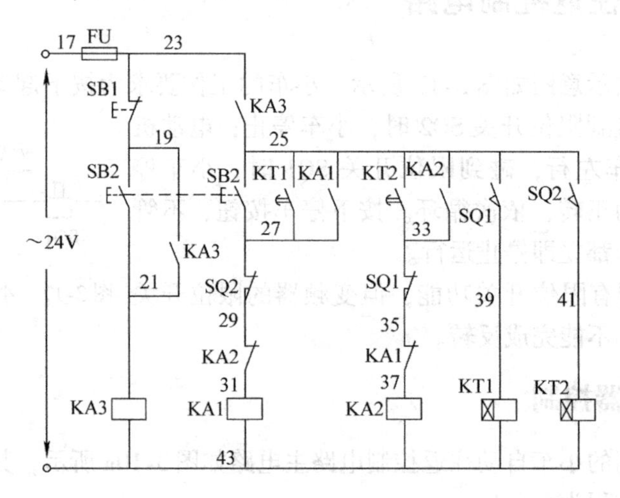

图 3-20　增加时间继电器的小车自动往返控制电路图

如果要求按下停车按钮，不管小车处在什么位置，都必须在小车回到压下 SQ1 时再停车，主电路不变，图 3-19 所示的控制电路修改为图 3-21 所示电路。按下停车按钮 SB1，中间继电器KA4线圈通电，常开触点KA4（25，39）闭合自锁，常开触点KA4（25，41）闭合，为中间继电器KA5线圈通电做准备；当小车移动到压下限位开关SQ1时，SQ1（41，43)闭合，KA5线圈通电，常闭触点KA5（19，21）断开，控制电路所有线圈断电，触点复位，变频器停止运行。

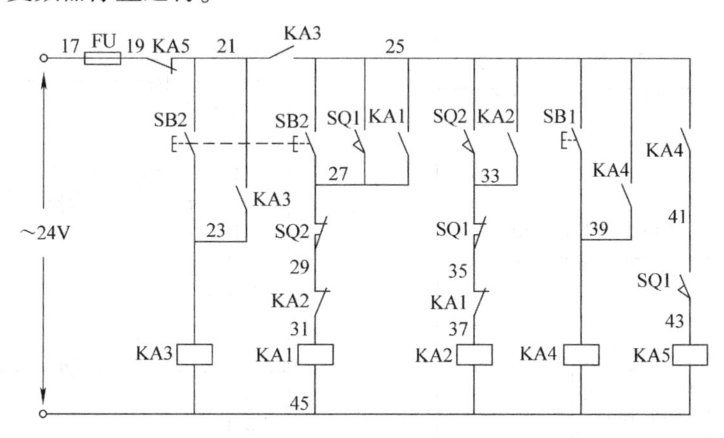

图3-21　小车自动往返控制电路的修改图

3.4.2　用PLC直接控制

用PLC直接控制的接线图如图3-22所示，图中没画出变频器的主电路，也没画出给定方式。在实验室中，限位开关可以用按钮开关进行模拟实验。

PLC的输入输出分配表见表3-1，参考梯形图如图3-23所示。

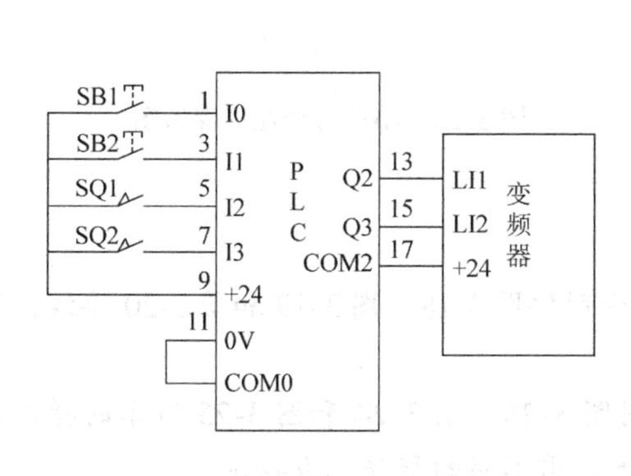

图3-22　用PLC直接控制的小车自动往返接线图

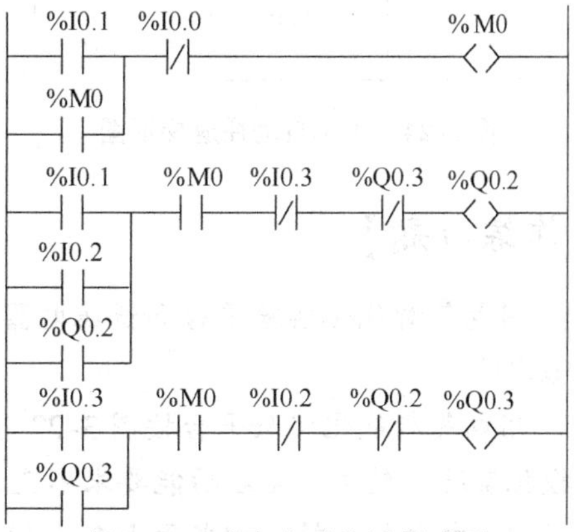

图3-23　小车自动往返梯形图

表3-1　PLC的输入输出分配表

输入端子名称	外接器件	作　用	输出端子名称	外接器件	作　用
I0	按钮SB1	停车	Q2	变频器的LI1端子	正转
I1	按钮SB2	起动	Q3	变频器的LI2端子	反转
I2	限位开关SQ1	反转限位			
I3	限位开关SQ2	正转限位			

如果要求碰到限位开关时停5s再反转，主电路和控制电路的接线图不变，其参考梯形图如图3-24所示。

如果要求按下停车按钮，不管小车处在什么位置，都必须在小车回到压下 SQ1 时再停车。主电路和控制电路仍不变，其参考梯形图如图 3-25 所示。

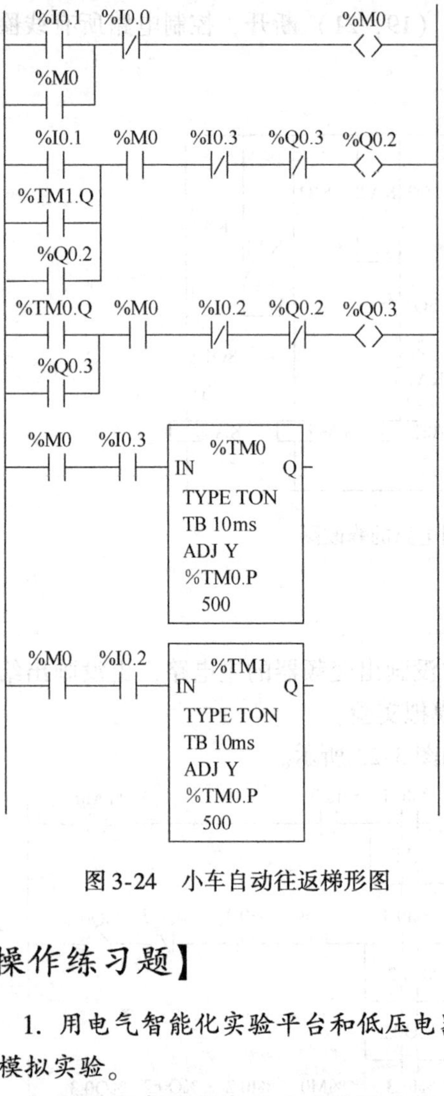

图 3-24　小车自动往返梯形图

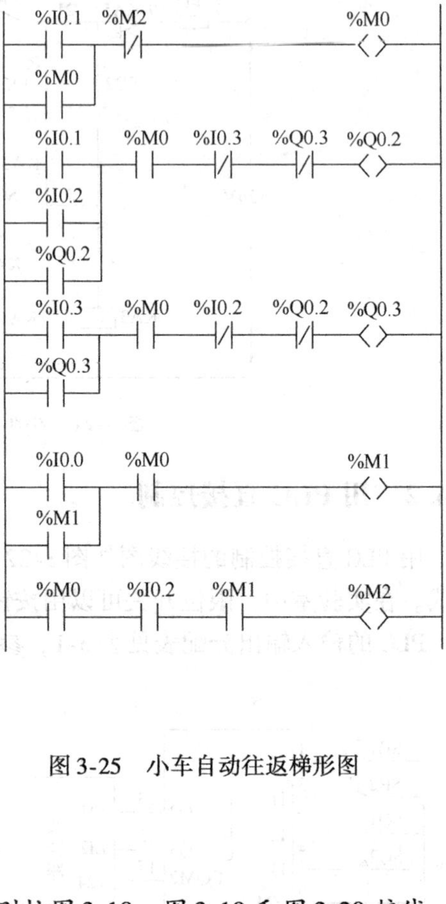

图 3-25　小车自动往返梯形图

【操作练习题】

1. 用电气智能化实验平台和低压电器实验板分别按图 3-18、图 3-19 和图 3-20 接线，进行模拟实验。

2. 用电气智能化实验平台按图 3-22 接线，用图 3-23、图 3-24 和图 3-25 所示的梯形图进行模拟实验，鼓励学生在功能要求不变的情况下，用不同的程序完成控制。

说明：电动机正转，相当于小车右行，可以用一个信号灯 HL1 做右行指示；电动机反转，相当于小车左行，可以用一个信号灯 HL2 做左行指示。限位开关用按钮模拟，手动压下相当于小车碰到限位开关。有时间继电器延时时，应按住按钮不松开，一直到电动机反方向旋转时再松开。这是因为小车压下限位开关时，电动机停转，限位开关一直处于压下状态，延时结束，小车反方向运行，限位开关自动复位。

3.5　变频器的多段速度控制电路

在第 2 章已经讲了多段速度控制，但要输出一个速度需要多个按钮的组合，很不方便。

如果使用中间继电器或者 PLC 就很容易完成这一功能。例如，用按钮 SB1、SB2 和 SB3 分别对应 10Hz、20Hz 和 30Hz 频率，用按钮 SB4 停车，控制线路有如下几种。

3.5.1 用低压电器控制

变频器的主电路和控制电路如图 3-26 所示。工作过程为：

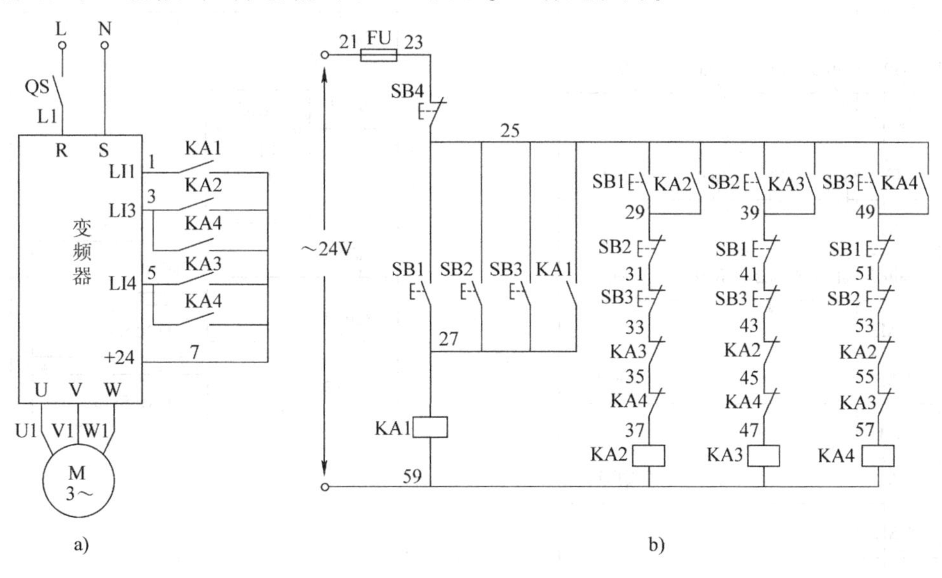

图 3-26 变频器的主电路和控制电路图

a）变频器电路 b）控制电路

合上开关 QS，完成变频器相关参数的设置。任意按下按钮 SB1、SB2 和 SB3，变频器输出的频率分别为 10Hz、20Hz 和 30Hz。按下按钮 SB4，变频器停止运行，电动机停转。

3.5.2 直接用 PLC 控制

直接用 PLC 控制变频器的 3 段速度控制电路如图 3-27 所示，PLC 的输入输出端子功能分配表如表 3-2 所示。PLC 的参考梯形图如图 3-28 所示。

表 3-2 PLC 的输入输出端子功能分配表

输入端子名称	外接器件	作　用
I0	按钮 SB4	停车
I1	按钮 SB1	10Hz 运行
I2	按钮 SB2	20Hz 运行
I3	按钮 SB3	30Hz 运行
输出端子名称	外接器件	作　用
Q2	变频器的 LI1 端子	正转
Q3	变频器的 LI3 端子	2 段速度控制
Q4	变频器的 LI4 端子	4 段速度控制

图 3-27 用 PLC 直接控制变频器的 3 段速度控制电路图

完成同一功能可以用不同的梯形图完成，使用鼓形控制器的参考梯形图如图 3-29 所示，鼓形控制器的设置如图 3-30 所示。

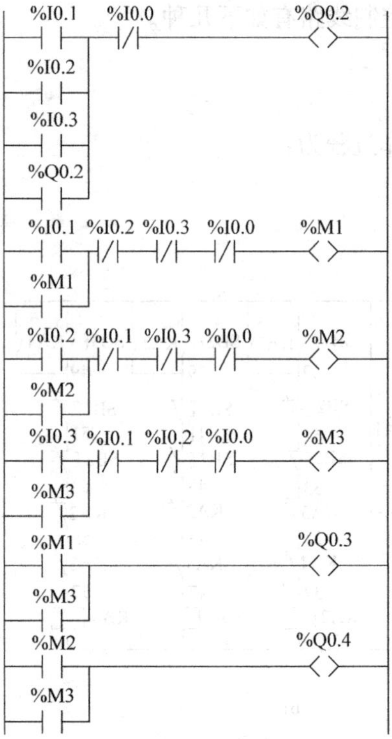

图 3-28　3 段速度控制梯形图

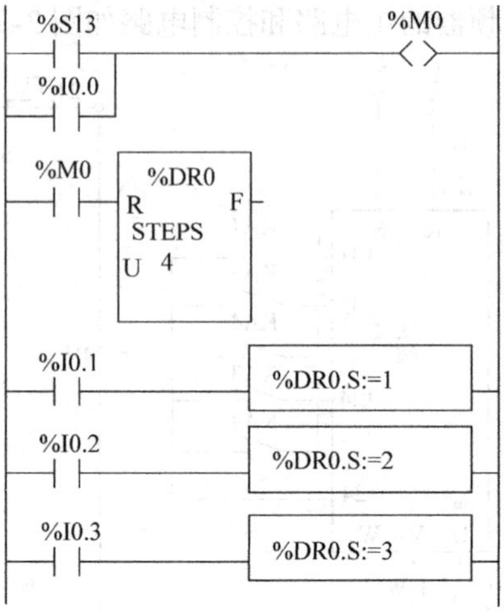

图 3-29　3 段速度控制梯形图

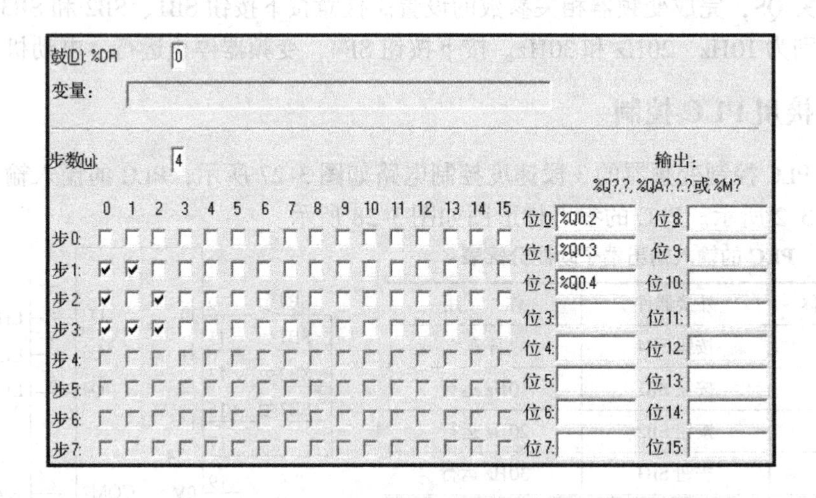

图 3-30　鼓形控制器的设置图

3.5.3　PLC 加低压电器控制

PLC 加低压电器控制的变频器 3 段速度控制电路如图 3-31 所示，PLC 的输入输出端子功能分配表如表 3-3 所示。参考梯形图与图 3-28 或图 3-29、图 3-30 完全相同。

表 3-3　PLC 的输入输出端子功能分配表

输入端子名称	外接器件	作　　用	输出端子名称	外接器件	作　　用
I0	按钮 SB4	停车	Q2	中间继电器 KA1	变频器正转
I1	按钮 SB1	10Hz 运行	Q3	中间继电器 KA2	2 段速度控制
I2	按钮 SB2	20Hz 运行	Q4	中间继电器 KA3	4 段速度控制
I3	按钮 SB3	30Hz 运行			

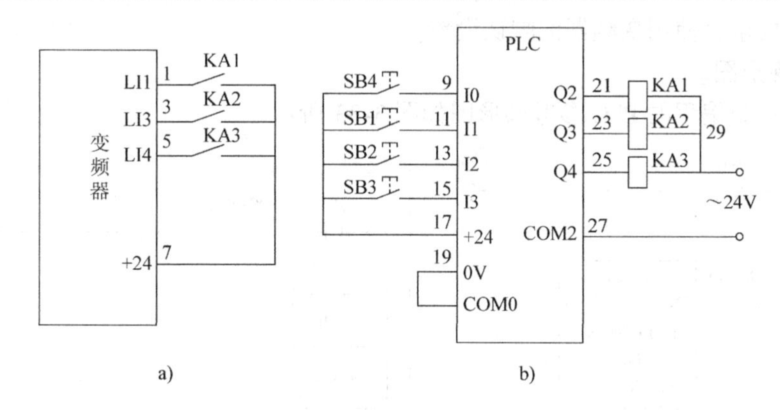

图 3-31　用 PLC 加低压电器控制的变频器 3 段速度控制电路图
a）变频器　b）PLC

3.5.4　实训与练习

【实训】　按下起动按钮 SB2，变频器依次按 10Hz、20Hz、25Hz、30Hz、35Hz、40Hz、45Hz 和 50Hz 各运行 10s，然后重新循环。按下停车按钮 SB1，变频器停止运行。

使用 PLC 直接控制，操作步骤如下。

1）按图 3-32 接线。

2）打开电源开关 QS，给变频器通电，完成参数设置。

① drC—FCS = InI——恢复出厂设置。

② FLt—OPL = nO——电动机缺相不检测。

③ I-O—tCC = 2C——设置控制方式。

④ FUn—PSS—PS2 = LI3——给 2 段速度控制分配端子。

⑤ FUn—PSS—PS4 = LI4——给 4 段速度控制分配端子。

⑥ FUn—PSS—PS8 = LI5——给 8 段速度控制分配端子。

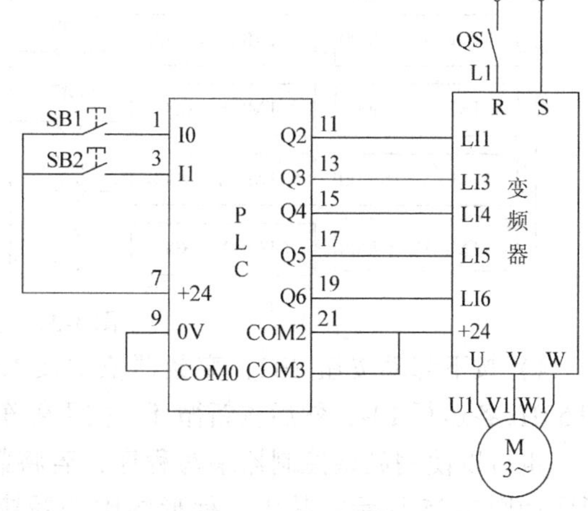

图 3-32　实训接线图

⑦ FUn—PSS—PS16 = LI6——给 16 段速度控制分配端子。

⑧ FUn—PSS—SP2 = 10——设置第 2 个预置速度为 10Hz。

⑨ FUn—PSS—SP3 = 20——设置第 3 个预置速度为 20Hz。

⑩ FUn—PSS—SP4 = 25——设置第 4 个预置速度为 25Hz。

⑪ FUn—PSS—SP5 = 30——设置第 5 个预置速度为 30Hz。

⑫ FUn—PSS—SP6 = 35——设置第 6 个预置速度为 35Hz。

⑬ FUn—PSS—SP7 = 40——设置第 7 个预置速度为 40Hz。

⑭ FUn—PSS—SP8 = 45——设置第 8 个预置速度为 45Hz。

⑮ FUn—PSS—SP9 = 50——设置第 9 个预置速度为 50Hz。

其他没有要求，使用变频器的默认设置。

3）编写梯形图。

使用比较指令编程的 PLC 参考梯形图如图 3-33 所示。

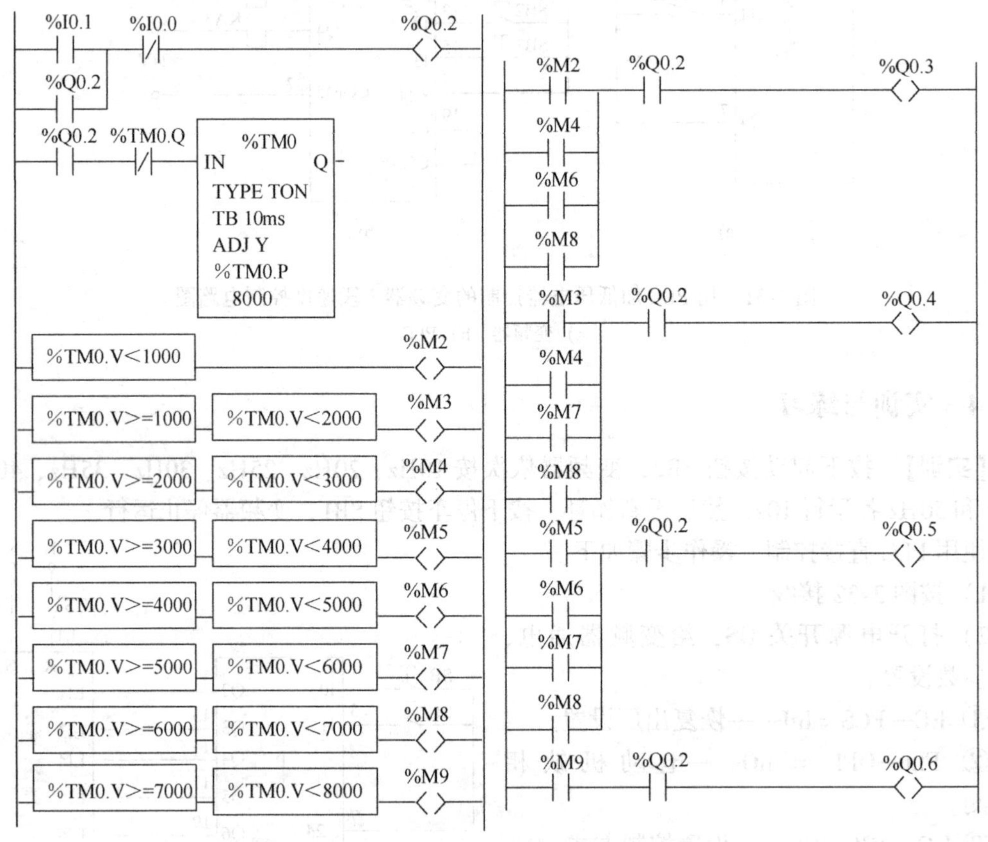

图 3-33　实训梯形图

4）按下起动按钮 SB2，变频器依次按 10Hz、20Hz、25Hz、30Hz、35Hz、40Hz、45Hz 和 50Hz 各运行 10s，然后重新循环。按下停车按钮，变频器停止运行。符合要求。

也可以使用鼓型控制器编写程序，若将鼓型控制器按图 3-34 设置，则 PLC 的参考梯形图如图 3-35 所示。其中，梯形图中的系统位% S13 用于突然停电后，重新恢复供电时复位。

还可以使用其他方式编程，例如定时器和计数器配合使用，就可以编制 PLC 的控制程序，读者可自行考虑。

由于该控制程序较长，在编写完梯形图后，必须上机进行调试。

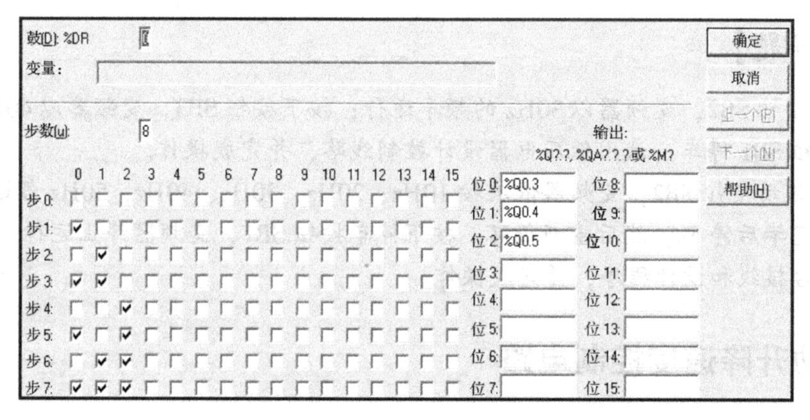

图 3-34　鼓型控制器设置

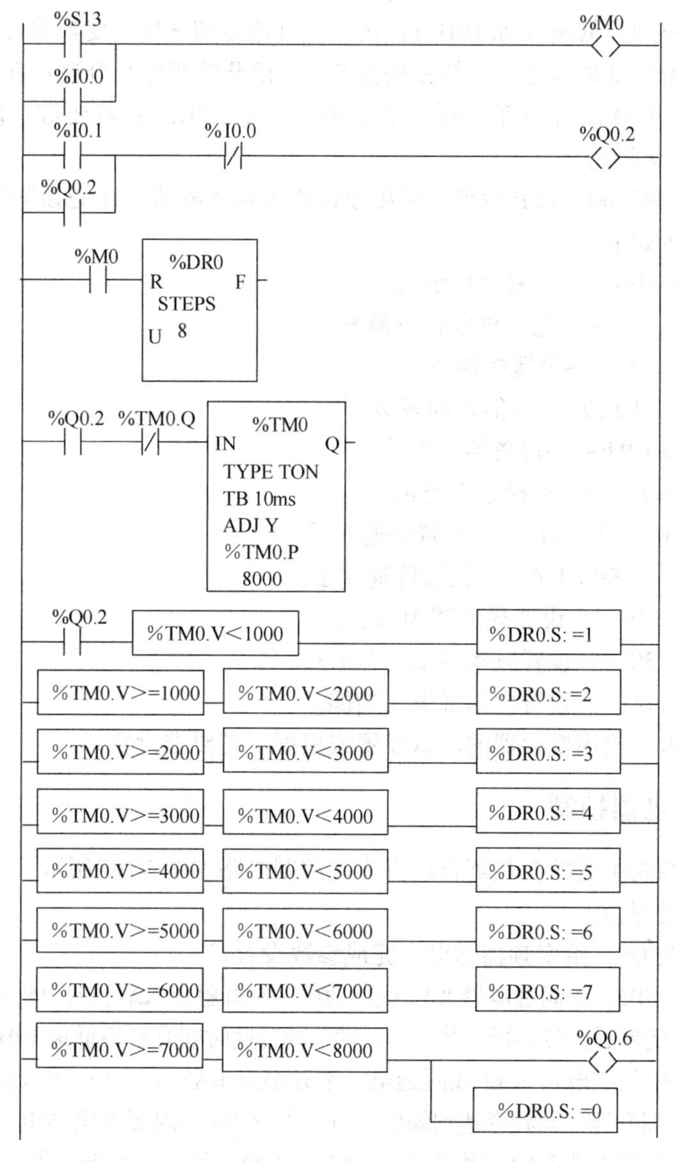

图 3-35　由鼓型控制器组成的梯形图

【操作练习题】

1. 按下按钮SB2，变频器以30Hz的频率运行；按下按钮SB3，变频器以40Hz的频率运行；按下按钮SB1停车。试用低压电器设计控制线路，并完成操作。

2. 按下起动按钮SB2，变频器依次按10Hz、20Hz、30Hz、40Hz、50Hz各运行10s，每个频率运行完毕后停5s，然后重新循环。按下停车按钮SB1，变频器停止运行。试用电气智能化实验平台接线和设计程序，并完成操作。

3.6 自动升降速度控制电路

在某些工业控制系统中，经常需要自动升降速运行。例如，按一下起动按钮SB2，变频器运行并自动升速到最低速（如10Hz）；按一下升速按钮SB3，变频器自动升速到一个常用速（如30Hz）；若要继续升速，应按住按钮SB3，松开按钮停止升速；在常用速以上，按一下降速按钮SB4，变频器自动降速到一个常用速（如30Hz）；若要继续降速，应按住按钮SB4，松开按钮停止降速。

最低速用变频器SEt—LSP设置，常用速设置为频率阈值，让变频器的内部继电器动作。变频器的参数设置如下：

① drC—FCS = InI——恢复出厂设置。

② FLt—OPL = nO——电动机缺相不检测。

③ I-O—tCC = 2C——设置控制方式。

④ CtL—LAC = L2 或 L3 功能访问等级。

⑤ CtL—Fr2 = UPdt——设置给定方式。

⑥ CtL—rFC = Fr2——选择给定通道。

⑦ FUn—UPd—USP = LI5——设置升速端子。

⑧ FUn—UPd—dSP = LI6——设置降速端子。

⑨ SEt—LSP = 10——设置最低速为10Hz。

⑩ SEt—Ftd = 30——设置频率阈值为30Hz。

⑪ I-O—r1 = FtA——设置内部继电器功能。

其他没有要求，使用变频器的默认设置或根据工艺要求设置。

3.6.1 用低压电器控制

用低压电器控制组成的变频器自动升降速控制电路如图3-36所示。

线路的工作过程为：

打开电源开关QS，给变频器通电，完成参数设置。

按下起动按钮SB2，中间继电器KA1线圈通电，常开触点KA1(13，15)闭合自锁；常开触点KA1(1，7)闭合，变频器正转运行，并自动以默认的升速时间升到最低速10Hz，电动机正转。按下升速按钮SB3，中间继电器KA2线圈通电，常开触点KA2(17，19)闭合自锁；常开触点KA2(3，7)闭合，变频器升速；当频率达到阈值30Hz时，变频器内部继电器R1动作，常闭触点R1(13，17)断开，中间继电器KA2线圈失电，KA2的各触点复位，变频器停止升速。此后由于R1

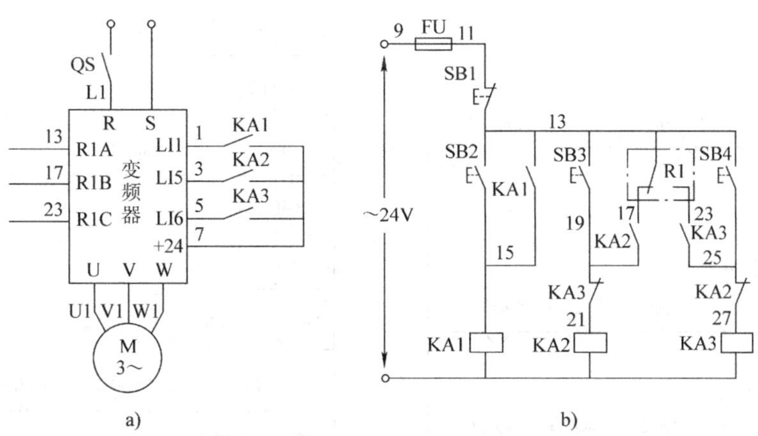

图 3-36　用低压电器控制组成的变频器自动升降速控制电路图
a）变频器电路　b）控制线路

(13，17)断开，自锁触点 KA2(17，19)失去作用，按下升速按钮 SB3 为点动升速。

在常用速以上，变频器内部继电器 R1 的常开触点 R1(13，23)闭合，按下降速按钮 SB4，中间继电器 KA3 线圈通电，常开触点 KA3(23，25)闭合自锁；常开触点 KA3(5，7)闭合，变频器开始降速，当降到频率阈值 30Hz 以下时，变频器内部继电器 R1 动作，触点 R1(13，23)断开，中间继电器 KA3 线圈失电，KA3 的各触点复位，变频器停止降速。此后由于 R1(13，23)已断开，自锁触点 KA3(23，25)失去作用，按下降速按钮 SB4 为点动降速。

按下停车按钮 SB1，变频器停止运行。

3.6.2　用 PLC 直接控制

用 PLC 直接控制变频器的自动升降速电路如图 3-37 所示。PLC 输入、输出端子分配表见表 3-4。PLC 的梯形图如图 3-38 所示。

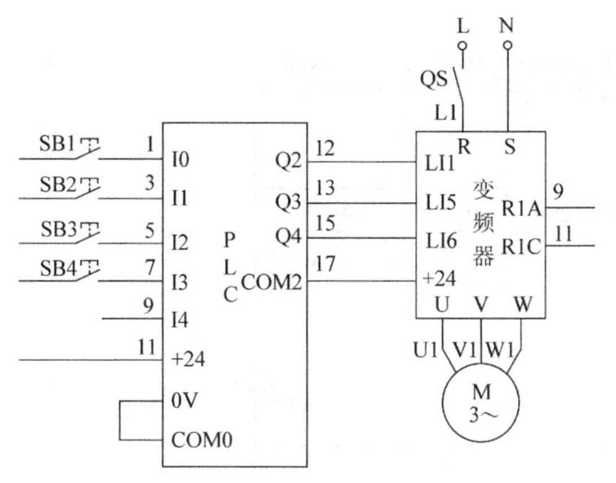

图 3-37　用 PLC 直接控制变频器的自动升降速电路图

表 3-4　PLC 输入、输出端子分配表

输入端子名称	外接器件	作　用
I0	按钮 SB1	停车
I1	按钮 SB2	起动
I2	按钮 SB3	升速
I3	按钮 SB4	降速
I4	变频器的 R1 常开触点	达到频率阈值动作
输出端子名称	外接器件	作　用
Q2	变频器的 LI1 端子	电动机正转
Q3	变频器的 LI5 端子	升速
Q4	变频器的 LI6 端子	降速

如果要求按下起动按钮后自动升到常用速，其他要求同上，则线路图仍和图 3-37 相同，而参考梯形图如图 3-39 所示。

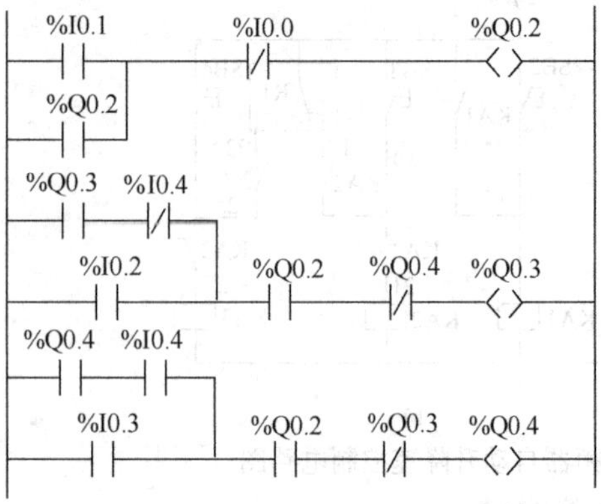

图 3-38　自动升降速控制电路梯形图

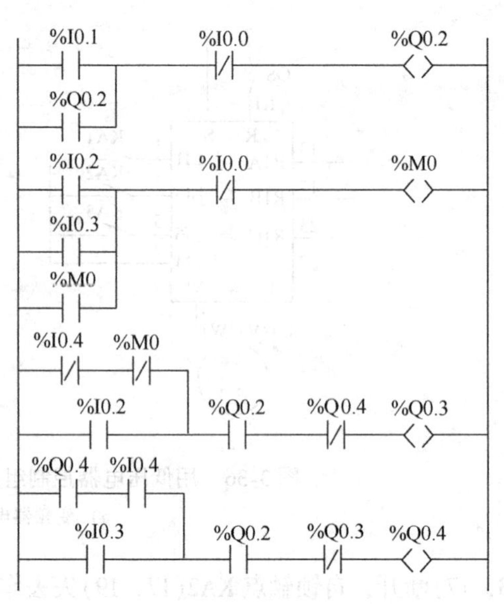

图 3-39　自动升降速控制电路梯形图

3.7　其他控制电路

3.7.1　多地点控制

如果要求多地点控制变频器的开停，只需停车按钮串联，起动按钮并联，如图 3-40 所示。图中变频器正向运行，没有画出变频器的给定方式。1SB1～1SBn 为停车按钮，2SB1～2SBn 为起动按钮，停车按钮与起动按钮既可以成对出现，也可以不成对出现，实际使用中，多地点停车用得较多，多地点起动用得较少。

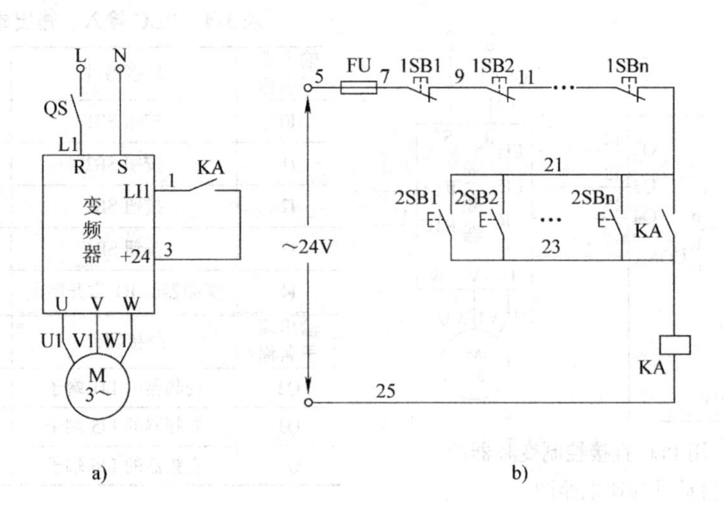

图 3-40　变频器的多地点控制电路图

a）变频器　b）控制电路

3.7.2 顺序控制

有些工艺要求变频器必须按照一定的顺序要求开停，否则不能起动或停止。例如有两台变频器，工艺要求1#变频器必须先开后停，即1#变频器没运行时，2#变频器不能起动；2#变频器起动后，必须先停止2#变频器，否则1#变频器不能停止。

两台变频器都没有要求反转运行，我们用中间继电器1KA的常开触点控制1#变频器的开停，用中间继电器2KA的常开触点控制2#变频器的开停，两个中间继电器线圈的控制电路如图3-41所示。

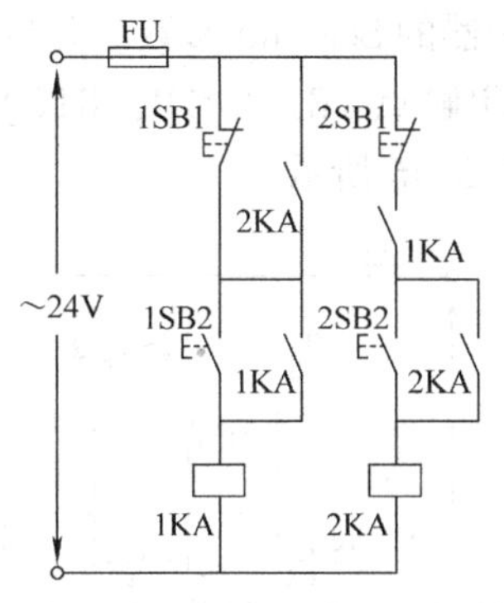

图3-41 两个中间继电器线圈的控制电路图

3.7.3 延时控制

在工艺要求变频器需要延时起动或停止的时候，可以使用时间继电器。例如有两台变频器，工艺要求1#变频器起动后，2#变频器延时自动运行，同时停止。我们用中间继电器1KA的常开触点控制1#变频器的开停，用中间继电器2KA的常开触点控制2#变频器的开停，继电器线圈的控制电路如图3-42所示。

若要求两台变频器同时起动，但按下停车按钮时1#变频器先停，2#变频器延时自动停止，控制电路如图3-43所示。

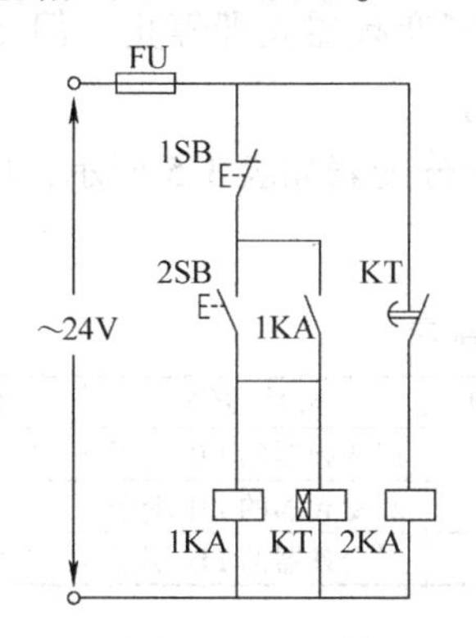

图3-42 变频器的延时控制电路1

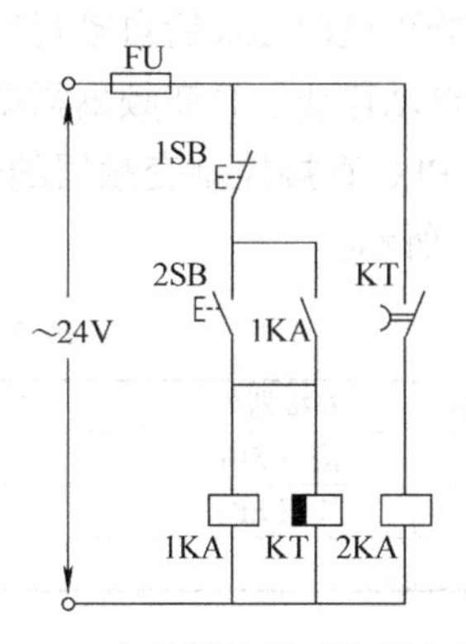

图3-43 变频器的延时控制电路2

若要求1#变频器运行后，2#变频器延时自动运行；按下停车按钮后，2#变频器立即停止，但1#变频器延时自动停止。其控制电路如图3-44所示。

图3-40~图3-44都没有考虑变频器的过载保护。如果在变频器过载后，工艺允许各变频器单独停止，则可以直接设置变频器过载停车，如施耐德Altivar31变频器在Set—ItH设置最大热电流，在FLt—OLL设置停车模式；也可以利用变频器的内部继电器R1的功能，Altivar31变频器在Set—ttd设置电动机热态阈值，在I-O—r1设置为tSA，将内部继电器R1的常闭

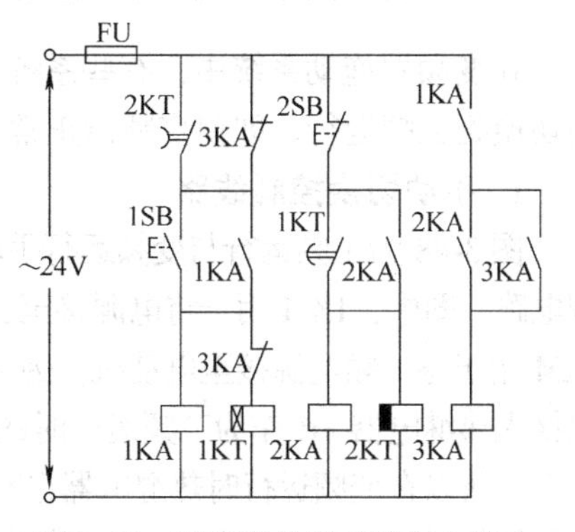

图3-44 变频器的延时控制电路3

触点 R1（R1B，R1C）串接在中间继电器的线圈回路即可。例如，图 3-41 所示的电路可以修改成图 3-45 所示的电路。

在通常情况下，变频器过载后，工艺不允许各变频器单独停止，必须将有关的变频器同时停止运行，这就必须使用变频器的内部继电器。例如，图 3-44 所示的电路可以分别设置两台变频器的 Set—ttd 参数，并将两台变频器的 I-O—r1 参数都设置为 tSA，将内部继电器 R1 的常闭触点 1R1（R1B，R1C）和 2R1（R1B，R1C）串联后串接在控制电路的公共部分，如图 3-46 所示。

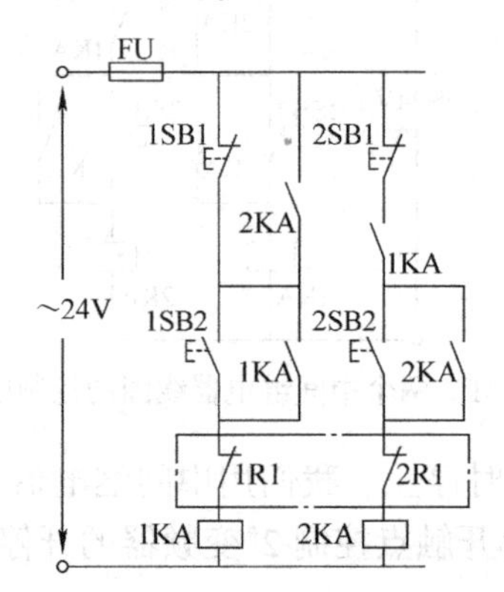

图 3-45　变频器的顺序控制电路 1

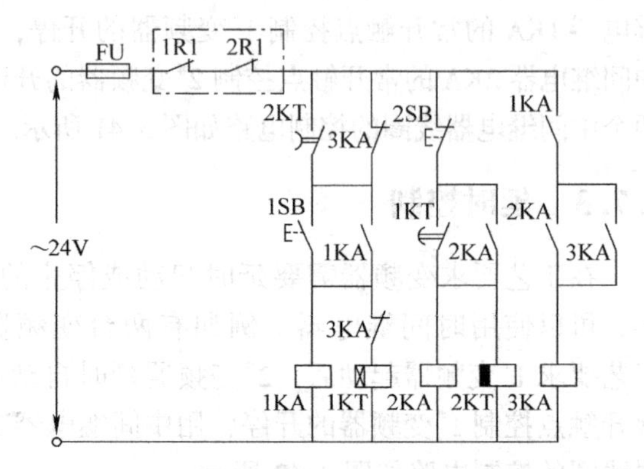

图 3-46　变频器的顺序控制电路 2

又如，有 3 台变频器，按下起动按钮 $1^{\#}$变频器立即运行，$2^{\#}$变频器延时 10s 后自动运行，$3^{\#}$变频器再延时 20s 后自动运行；按下停车按钮后，$3^{\#}$变频器立即停止，但 $2^{\#}$变频器需要延时 20s 自动停止，$1^{\#}$变频器需要再延时 10s 自动停止。

我们用 PLC 直接控制变频器的运行，其输入输出端子分配表如表 3-5 所示，PLC 的梯形图如图 3-47 所示。

表 3-5　PLC 输入输出端子分配表

输入端子名称	外接器件	作　　用	输出端子名称	外接器件	作　　用
I0	按钮 SB1	停车	Q2	$1^{\#}$变频器的 LI1 端子	$1^{\#}$电动机正转
I1	按钮 SB2	起动	Q14	$2^{\#}$变频器的 LI1 端子	$2^{\#}$电动机正转
			Q15	$3^{\#}$变频器的 LI1 端子	$3^{\#}$电动机正转

3.7.4　工频与变频的转换电路

在变频器拖动系统中，有些系统要求不能停止运行，一旦出现变频器故障，就要手动或自动切换到工频运行。即使变频器正常工作，有些系统也要求工频运行与变频运行相互切换。

1. 手动切换控制线路

图 3-48 为工频运行与变频运行手动切换控制电路。其中，图 3-48a 为主电路，图 3-48b 为控制电路。图中，1KM 用于将电源接至变频器的输入端；2KM 用于将变频器的输出端接至电动机，3KM 用于将工频电源接至电动机。因为在工频运行时，变频器不可能对电动机进行过载保护，所以接入热继电器 FR 作为工频运行时的过载保护，我们把 FR 的常闭触点接在了变频与工频的公共端，所以在变频运行时热继电器也有过载保护功能。由于变频器的输出端子是绝对不允许与电源相接的，因此，2KM 与 3KM 是绝对禁止同时导通的，相互之间加了可靠的互锁。

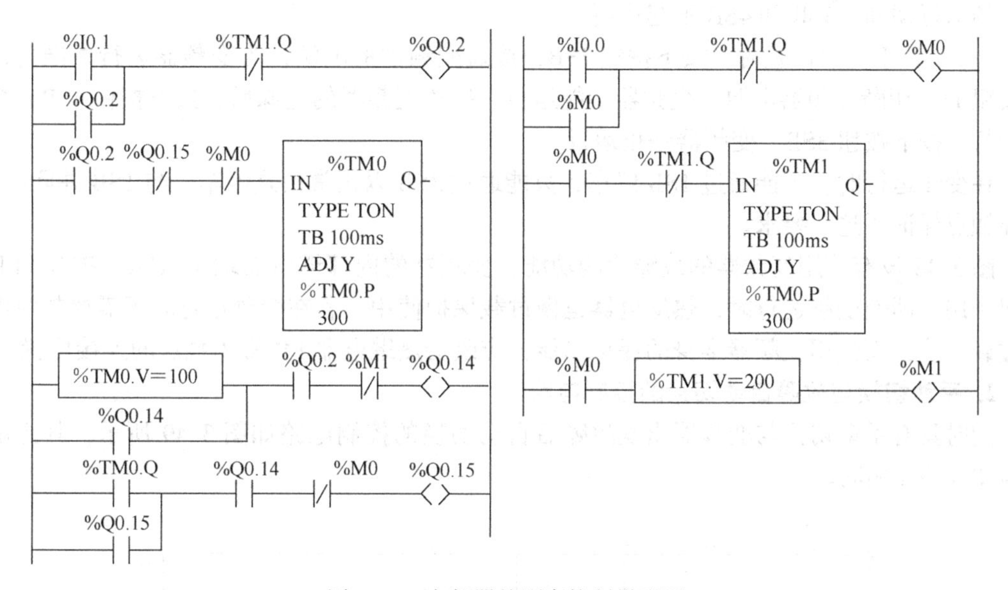

图 3-47　变频器的顺序控制梯形图

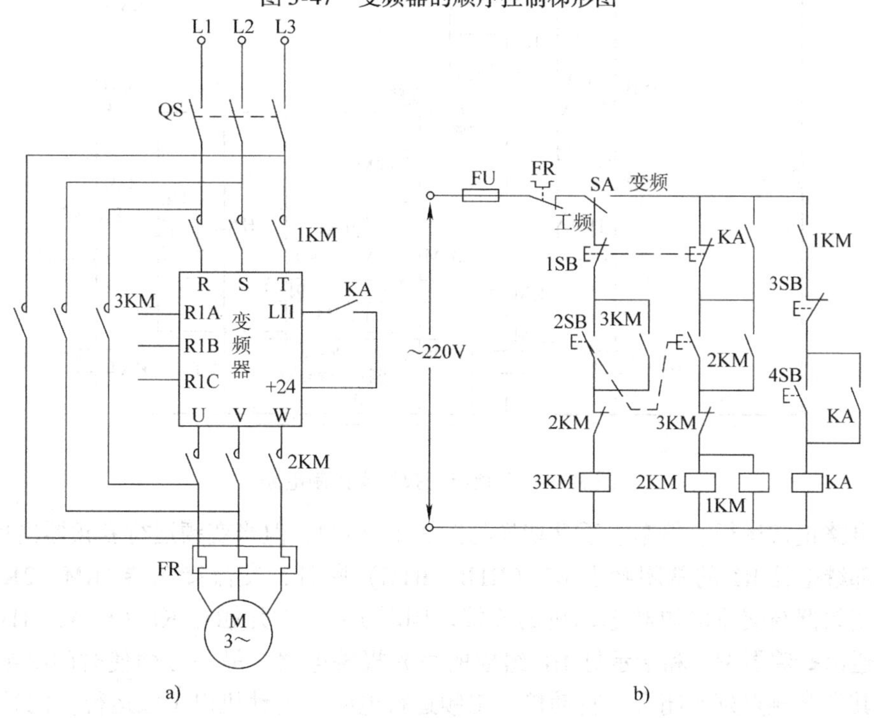

图 3-48　工频与变频切换控制电路

a）主电路　b）控制电路

SA 为变频运行与工频运行的切换开关。2SB 既是工频运行的起动按钮，也是变频运行的电源接入按钮。1SB 既是工频运行的停止按钮，也是变频运行的电源切断按钮，与 1SB 并联的 KA 的常开触点保证了变频器正在运行期间，不能切断变频器的电源。4SB 为变频运行的起动按钮，3SB 为变频运行的停止按钮。

当 SA 处于工频位置时，按下按钮 2SB，电动机以工频运行，按下按钮 1SB 电动机停转。

在工频运行期间，3SB 和 4SB 不起作用。

当 SA 处于变频位置时，按下按钮 2SB，接通变频器的电源，为变频器运行做准备，按下按钮 1SB 切断变频器电源，变频器不能运行。接通变频器的电源后，按下按钮 4SB，变频器运行，按下按钮 3SB，变频器停止运行。

在变频运行时，不能通过 1SB 停车，只能通过 3SB 以正常模式停车，与 1SB 并联的 KA 常开触点保证了这一要求。

图 3-48 没有使用变频器的故障检测功能，变频器的内部继电器端子 R1A、R1B 和 R1C 不起作用。即使变频运行时，热继电器也做过载保护使用。若在变频运行时不需要热继电器做过载保护，而使用变频器本身的保护功能，应改变热继电器 FR 常闭触点的连接位置。

2. 手动切换与故障自动切换的控制电路

同时具有手动切换与变频器出现故障后自动切换的控制电路如图 3-49 所示，其主电路仍与图 3-48a 相同。

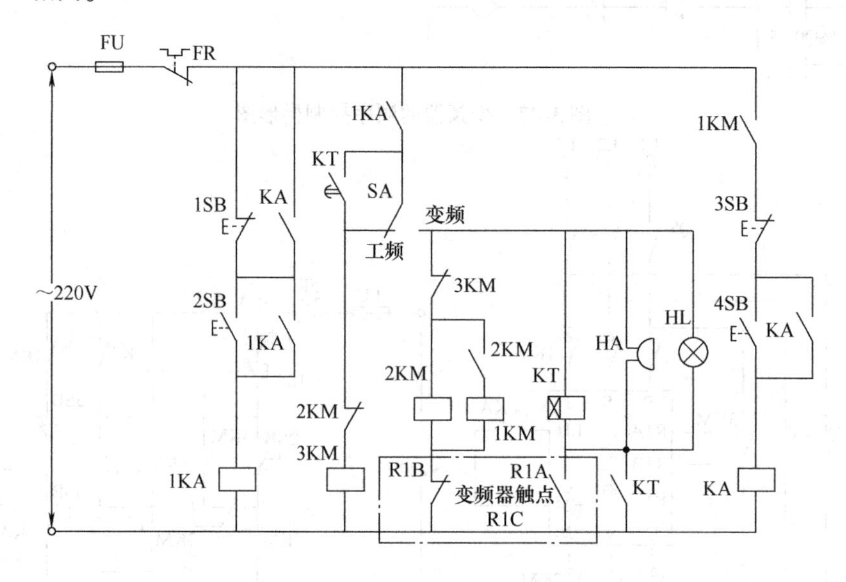

图 3-49　工频与变频切换控制电路

控制电路正常运行、停车、手动切换与图 3-48 相同，但当变频运行变频器出现故障时，变频器内部继电器 R1 的常闭触点 R1（R1B，R1C）断开，交流接触器 1KM、2KM 线圈断电，切断变频器与交流电源和电动机的连接。同时 R1 的常开触点 R1（R1A，R1C）闭合，一方面接通由蜂鸣器 HA 和指示灯 HL 组成的声光报警电路，另一方面使时间继电器 KT 线圈通电，其常开触点延时闭合，自动接通工频运行电路，电动机以工频运行。此时操作人员应及时将 SA 拨到工频运行位置，声光报警结束，及时检修变频器。

在变频运行时，不能通过 1SB 停车，只能通过 3SB 以正常模式停车，与 1SB 并联的 KA 常开触点保证了这一要求。

3. 用 PLC 切换控制电路

用 PLC 切换工频与变频的变频器部分接线图与图 3-48a 相同，PLC 的接线图如图 3-50 所示。参考梯形图如图 3-51 所示。

各按钮和开关的作用与图 3-49 基本相同，PLC 的梯形图读者自行分析。

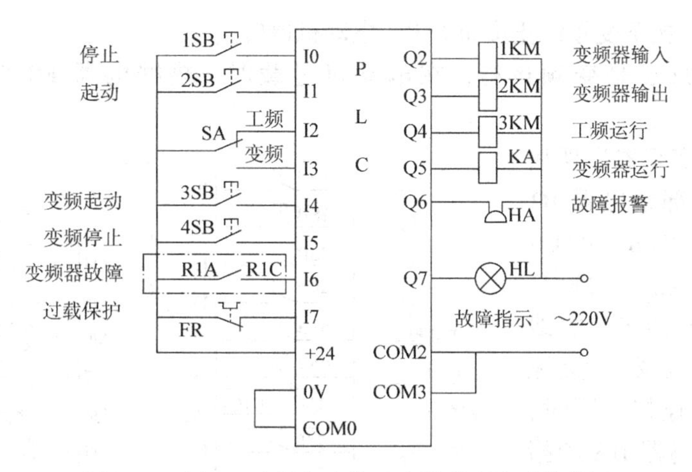

图 3-50　用 PLC 切换工频与变频的控制电路接线图

我们还可以接入工频运行指示灯和变频运行指示灯，指示灯可以用 3KM 和 KA 的常开触点控制，也可以直接接在 PLC 的输出端子上。前者梯形图不需要更改，后者梯形图相应改变，读者自己完成。

图 3-51 在变频器出现故障时虽然能自动由变频运行切换为工频运行，但切换后还需要手动将工频、变频转换开关 SA 由变频位置拨至工频位置。

另一种工频、变频自动切换的控制电路如图 3-52 所示，其主电路与图 3-48a相同，PLC 的梯形图如图 3-53 所示。线路的过载过程为：

按下工频运行选择按钮 1SB，工频选择信号灯 1HL 亮；按下起动按钮 4SB，交流接触器 3KM 线圈通电，其主触点闭合，电动机工频运行，同时工频运行信号灯 3HL 亮；此时按下变频选择按钮 2SB 不起作用；按下停止按钮 3SB，电动机停转。

按下变频运行选择按钮 2SB，变频选择信号灯 2HL 亮；按下起动按钮 4SB，交流接触器 1KM、2KM 线圈通电，其主触点闭合，接通变频器输入电源，并将变频器的输出连接到电动机，变频电源信号灯 4HL 亮，但电动机不转；按下变频起动按钮 5SB，中间继电器 KA 线圈通电，常开触点闭合，变频器运行，电动机旋转，变频运行信号灯 5HL 亮；此时工频选择按

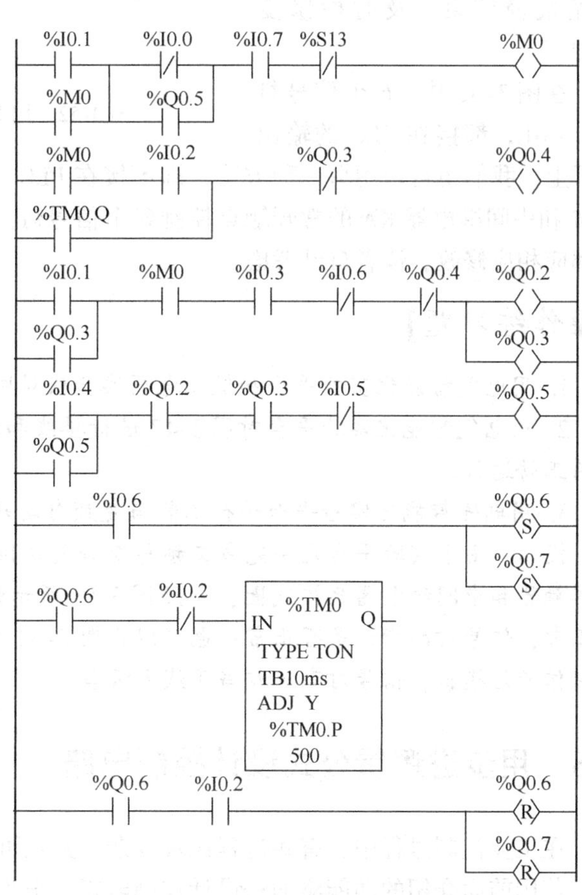

图 3-51　用 PLC 切换工频与变频的控制电路梯形图

钮 1SB 不起作用；按下变频停止按钮 6SB，电动机停转。

不管工频运行还是变频运行，在电动机过载时，热继电器 FR 触点动作，电动机停转。

当变频运行变频器出现故障时，变频器内部继电器 R1 的常开触点 R1（R1A，R1C）闭合，交流接触器 1KM、2KM 和中间继电器 KA 的线圈断电，切断变频器与交流电源和电动机的连接。同时，一方面接通由蜂鸣器 HA 和指示灯 6HL 组成的声光报警电路，另一方面使 PLC 的定时器 TM0 工作，延时自动接通工频运行电路，电动机以工频运行。按下复位按钮 7SB，声光报警结束，及时检修变频器。

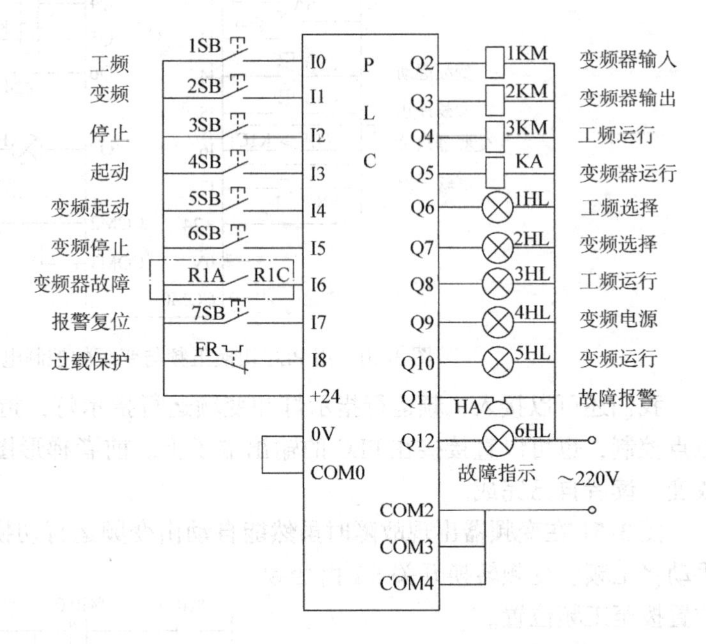

图 3-52　用 PLC 工频与变频自动切换控制电路

在图 3-52 中，6 个信号灯 1HL ~ 6HL 都接在 PLC 的输出端子上。我们也可以用另一种方法，即不接在 PLC 的输出端子上，而用交流接触器 1KM ~ 3KM 和中间继电器 KA 的常开触点控制各个信号灯。这样控制电路的接线图和 PLC 的梯形图都应相应修改，读者自己考虑。

【操作练习题】

1. 用电气智能化实验平台和低压电器实验板对图 3-41 和图 3-42 进行实验。

2. 用电气智能化实验平台对图 3-47 进行接线和编程实验。用 3 个信号灯模拟 3 台变频器的正转运行。

3. 用电气智能化实验平台进行工频与变频自动转换的模拟实验。

提示：由于实验平台无法完成工频与变频的实际转换，可以完全按照图 3-52 接线，交流接触器和中间继电器只接线圈，参照图 3-53 所示的梯形图实验，观察线圈的动作情况是否正常，信号灯的指示是否正常；也可以将图 3-52 中的交流接触器和中间继电器的线圈全部用信号灯模拟，信号灯亮就相当于线圈吸合。

3.8　用步进逻辑公式设计控制电路

在工业控制过程中，有些过程比较复杂，并且可以分为若干子过程，这些子过程依次循环。若用前面介绍的功能添加法设计控制电路，很难设计出准确的电路，因此需要用步进逻辑公式法进行设计。

3.8.1 基本规定

控制电路可以用逻辑代数式表示，已知逻辑代数式也可以画出控制电路。

基本规定：逻辑代数式的左端是电气控制线路电路的线圈符号，逻辑代数式的右端是电气控制电路的触点符号，中间用等号连接；每个线圈写出一个逻辑代数式。并且规定：常开触点用原文字符号表示，常闭触点用原文字符号的非表示；触点并联用逻辑或（+）表示，触点串联用逻辑与（·）表示。例如，图 3-44 所示的电路可表示成以下的逻辑代数式方程组：

$$1KA = (2KT + \overline{3KA}) \cdot (1SB + 1KA)$$

$$1KT = (2KT + \overline{3KA}) \cdot (1SB + 1KA) \cdot \overline{3KA}$$

$$2KA = \overline{2SB} \cdot (1KT + 2KA)$$

$$2KT = \overline{2SB} \cdot (1KT + 2KA)$$

$$3KA = 1KA \cdot (2KA + 3KA)$$

根据逻辑代数的性质和电气控制电路逻辑代数式的习惯写法，上述方程组可以修改为：

$$1KA = (1SB + 1KA) \cdot (2KT + \overline{3KA})$$

$$1KT = (1SB + 1KA) \cdot (2KT + \overline{3KA}) \cdot \overline{3KA}$$

$$2KA = (1KT + 2KA) \cdot \overline{2SB}$$

$$2KT = (1KT + 2KA) \cdot \overline{2SB}$$

$$3KA = 1KA \cdot (2KA + 3KA)$$

又如，若电气控制电路的逻辑代数式为：

$$KA1 = (SB2 + KA1) \cdot \overline{KA2} \cdot \overline{SB1}$$

$$KA2 = (SB3 + KA2) \cdot \overline{KA1} \cdot \overline{SB1}$$

可以根据逻辑代数式画出电气控制电路如图 3-54 所示。

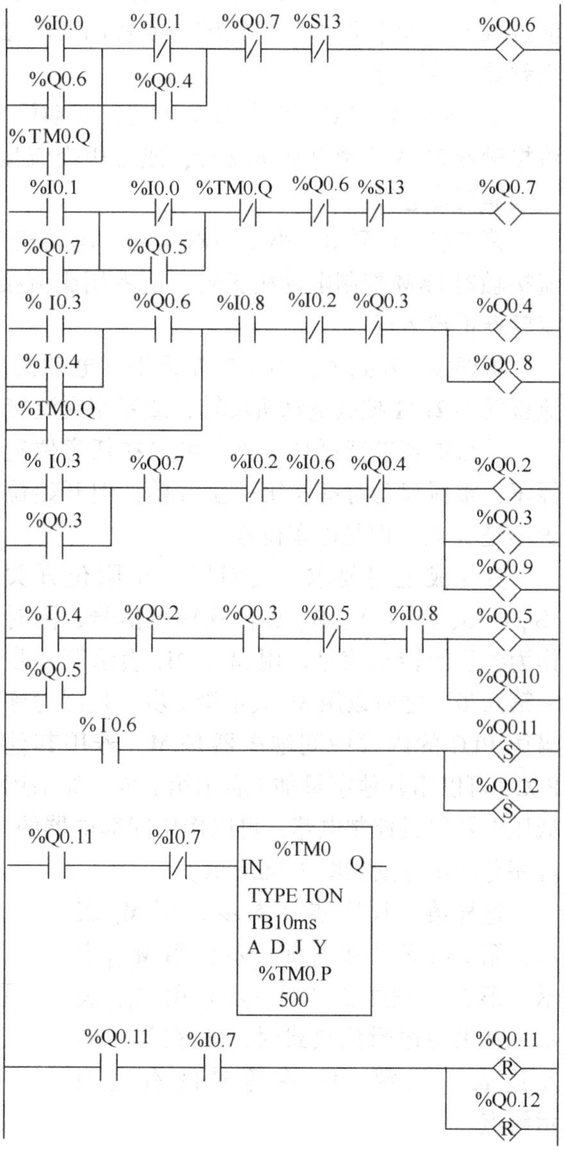

图 3-53 用 PLC 工频与变频自动切换控制电路梯形图

3.8.2 程序步

全部输出状态保持不变的一段时间区域称为一个程序步，也就是一段子程序。只要一个输出状态发生变化，就转入下一个程序步，也就是转入下一段子程序。

在小车自动往返运动中，若工艺要求小车按图3-55所示的轨迹运动（图中，水平线段有箭头，表示小车按箭头所指的方向水平运动；垂直线段没有箭头，表示小车没有做垂直运动），则小车的运动分为4个程序步。

第一步：A到B，小车向右运动，电动机正转。我们用交流接触器1KM控制电动机正转，或者用交流接触器1KM控制变频器正转运行。

第二步：B到C，小车向左运动，电动机反转。我们用交流接触器2KM控制电动机反转，或者用交流接触器2KM控制变频器反转运行。

第三步：C到B，小车向右运动，电动机正转。我们用交流接触器1KM控制电动机正转，或者用交流接触器1KM控制变频器正转运行。

第四步：B到A，小车向左运动，电动机反转。我们用交流接触器2KM控制电动机反转，或者用交流接触器2KM控制变频器反转运行。

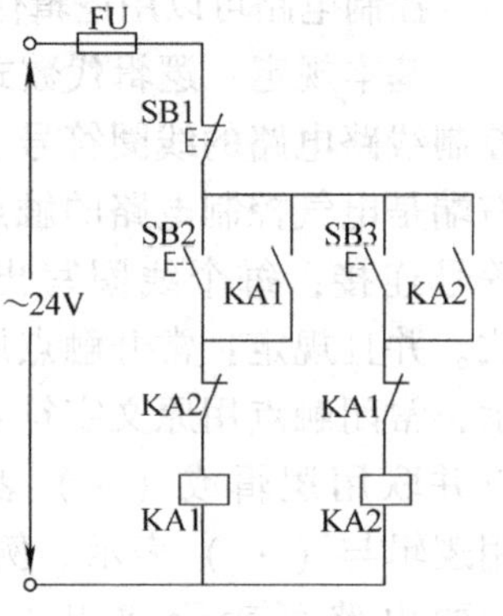

图3-54　电气控制电路图

然后重新进行循环。小车可以在任意位置停车，重新起动时都从第一步开始，但开始位置不是A点，而是停车位置。

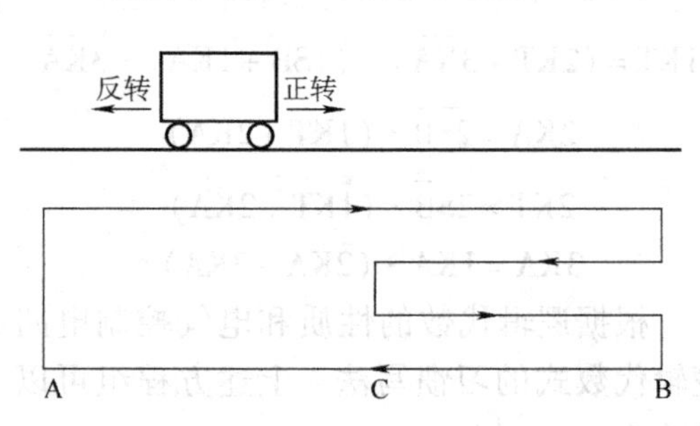

图3-55　工艺要求小车自动往返示意图

为完成上述要求，我们用3个限位开关1SQ～3SQ作为A、B、C位置检测信号，同时作为各步的转步信号。用M_1～M_4表示第一步～第四步。之所以用M_i表示第i步，是因为施耐德PLC的内部中间继电器是M，若用其他PLC，可以用其他字母加i表示第i步。如果用低压电器组成控制电路，可以用中间继电器的文字符号KA_i来表示第i步。加入限位开关的程序分步示意图如图3-56所示。

这样第i程序步（本步）用M_i表示，第$i-1$程序步（前一步）用M_{i-1}表示，第$i+1$程序步（后一步）用M_{i+1}表示。在书写逻辑代数式时，M_i在等号的左边表示线圈，M_i在等号的右边表示触点。

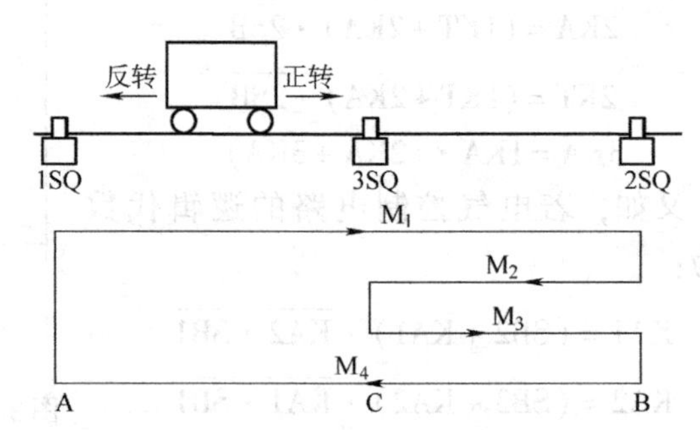

图3-56　加入限位开关的程序分步示意图

3.8.3　步进逻辑公式

第i程序步M_i的书写过程为：

M_i的产生是由前一步出现转步信号产生，在小车自动往返控制电路中，转步信号就是压动限位开关iSQ：

$$M_i = i\mathrm{SQ} \cdot M_{i-1} \tag{3-1}$$

程序步产生后，应有一段时间区域保持不变，所以应该加自锁：

$$M_i = i\mathrm{SQ} \cdot M_{i-1} + M_i$$

每一步的消失都是因为后一步的出现而消失：

$$M_i = (i\mathrm{SQ} \cdot M_{i-1} + M_i) \cdot \overline{M_{i+1}} \tag{3-2}$$

式 3-2 就是以后经常使用的步进逻辑公式。

3.8.4 步进逻辑公式的使用方法

步进逻辑公式表示方法简单，使用方便。其使用方法是先把控制过程分为若干步并定义转步信号，然后套用步进逻辑公式（式 3-2）写出控制电路的逻辑代数方程式，并绘制电气控制原理图。

例如，按图 3-55 所示的工艺要求设计电气控制原理图。

根据程序步的定义将小车的运动轨迹分为 $M_1 \sim M_4$ 四个程序步，各步的转步信号分别是 1SQ、2SQ、3SQ 和 2SQ，如图 3-56 所示。

根据步进逻辑公式可得如下方程组：

$$M_1 = (1\mathrm{SQ} \cdot M_4 + M_1) \cdot \overline{M_2} \tag{3-3}$$

$$M_2 = (2\mathrm{SQ} \cdot M_1 + M_2) \cdot \overline{M_3}$$

$$M_3 = (3\mathrm{SQ} \cdot M_2 + M_3) \cdot \overline{M_4}$$

$$M_4 = (2\mathrm{SQ} \cdot M_3 + M_4) \cdot \overline{M_1}$$

为了起动这组循环，必须增加起动按钮 QSB，式 3-3 改为：

$$M_1 = (1\mathrm{SQ} \cdot M_4 + \mathrm{QSB} + M_1) \cdot \overline{M_2}$$

为了停止这组循环，必须增加停车按钮 TSB，方程组改为：

$$M_1 = (1\mathrm{SQ} \cdot M_4 + \mathrm{QSB} + M_1) \cdot \overline{M_2} \cdot \overline{\mathrm{TSB}} \tag{3-4}$$

$$M_2 = (2\mathrm{SQ} \cdot M_1 + M_2) \cdot \overline{M_3} \cdot \overline{\mathrm{TSB}} \tag{3-5}$$

$$M_3 = (3\mathrm{SQ} \cdot M_2 + M_3) \cdot \overline{M_4} \cdot \overline{\mathrm{TSB}} \tag{3-6}$$

$$M_4 = (2\mathrm{SQ} \cdot M_3 + M_4) \cdot \overline{M_1} \cdot \overline{\mathrm{TSB}} \tag{3-7}$$

因为 1KM 得电，小车向右运行，2KM 得电，小车向左运行，再考虑到 1KM 和 2KM 不能同时得电，所以程序步与 1KM 和 2KM 之间的关系是：

$$1\mathrm{KM} = (M_1 + M_3) \cdot \overline{2\mathrm{KM}} \cdot \overline{\mathrm{TSB}}$$

$$2\mathrm{KM} = (M_2 + M_4) \cdot \overline{1\mathrm{KM}} \cdot \overline{\mathrm{TSB}}$$

考虑到在小车碰到限位开关时，转换动作不应立即进行，否则电动机电流太大，所以 M1、M3 和 M2、M4 不应直接使 1KM 和 2KM 得电，而应该经过 1KT 和 2KT 延时，故应有如下改进：

$$1\mathrm{KT} = (M_1 + M_3) \cdot \overline{\mathrm{TSB}} \tag{3-8}$$

$$2\mathrm{KT} = (M_2 + M_4) \cdot \overline{\mathrm{TSB}} \tag{3-9}$$

$$1\mathrm{KM} = 1\mathrm{KT} \cdot \overline{2\mathrm{KM}} \cdot \overline{\mathrm{TSB}} \tag{3-10}$$

$$2\mathrm{KM} = 2\mathrm{KT} \cdot \overline{1\mathrm{KM}} \cdot \overline{\mathrm{TSB}} \tag{3-11}$$

在使用低压电器进行控制时，根据式 3-4 ~ 式 3-11，并将 M_1 ~ M_4 改为中间继电器 KA1 ~ KA4，可以画出电气控制电路如图 3-57 所示。图中没有画出变频器的主电路或由交流接触器的主触点构成的主电路，也没有画出用于热保护的热继电器的常闭触点或变频器内部继电器的常闭触点。在变频器的电路中，交流接触器 1KM 的一个常开触点控制变频器的正转运行，交流接触器 2KM 的一个常开触点控制变频器的反转运行，由于控制电流很小，交流接触器可以用中间继电器代替。也可以不用变频器，用交流接触器的主触点直接控制电动机的正反转运行。

若有热继电器的常闭触点或变频器内部继电器的常闭触点，则在图 3-57 中，将该触点与 TSB 串联；在式 3-4 ~ 式 3-11 中，都“与”上该触点即可。

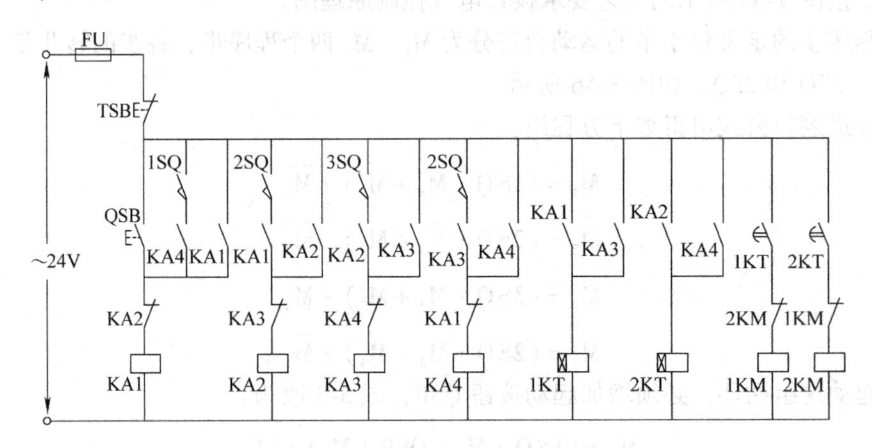

图 3-57　小车自动往返控制电路图

用逻辑代数描述控制电路的最大优点是用 PLC 控制时，可以直接根据逻辑表达式写出程序或画出梯形图。在小车自动往返控制电路中，PLC 的输入、输出端子分配表见表 3-6，用 PLC 配合中间继电器组成的控制电路如图 3-58 所示。也可以不用中间继电器，而直接用 PLC 控制变频器的运行，如图 3-59 所示。

表 3-6　PLC 的输入、输出端子分配表

输入端子名称	外接器件	作　用	输出端子名称	外接器件	作　用
I0	按钮 TSB	停车	Q2	中间继电器 1KA 或交流接触器 1KM 或变频器的 LI1 端子	电动机正转
I1	按钮 QSB	起动			
I2	限位开关 1SQ	位置 A 转步信号			
I3	限位开关 2SQ	位置 B 转步信号	Q3	中间继电器 2KA 或交流接触器 2KM 或变频器的 LI2 端子	电动机反转
I4	限位开关 3SQ	位置 C 转步信号			

将逻辑代数方程组式 3-4 ~ 式 3-11 中的器件文字符号按表 3-6 替换成 PLC 输入输出端子名称，就可以直接写出 PLC 的控制程序如下：

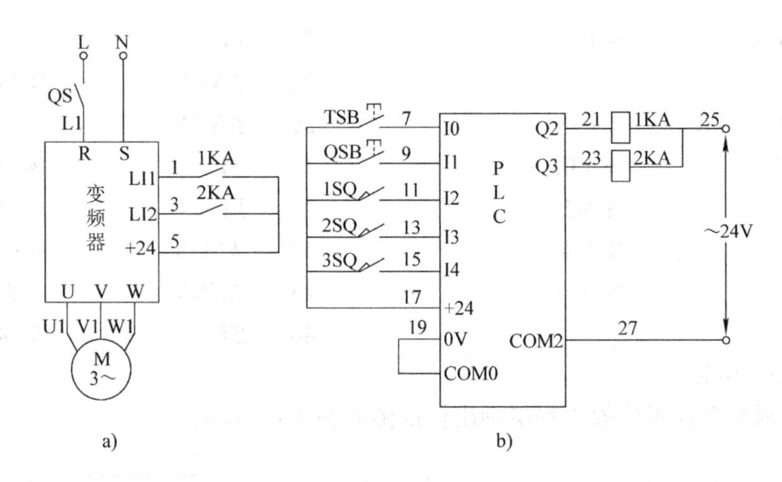

图 3-58　用 PLC 配合中间继电器组成的控制电路图

a）变频器　b）PLC

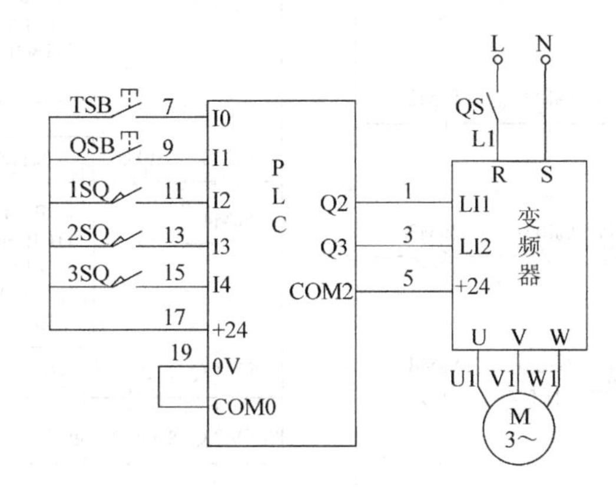

图3-59　用 PLC 直接控制小车自动往返控制电路图

0	LD	%I0.2	14	AND	%M2
1	AND	%M4	15	OR	%M3
2	OR	%I0.1	16	ANDN	%M4
3	OR	%M1	17	ANDN	%I0.0
4	ANDN	%M2	18	ST	%M3
5	ANDN	%I0.0	19	LD	%I0.3
6	ST	%M1	20	AND	%M3
7	LD	%I0.3	21	OR	%M4
8	AND	%M1	22	ANDN	%M1
9	OR	%M2	23	ANDN	%I0.0
10	ANDN	%M3	24	ST	%M4
11	ANDN	%I0.0	25	BLK	%TM1
12	ST	%M2	26	LD	%M1
13	LD	%I0.4	27	OR	%M3

28	ANDN	%I0.0	37	LD	%TM1.Q
29	IN		38	ANDN	%Q0.3
30	END_ BLK		39	ANDN	%I0.0
31	BLK	%TM2	40	ST	%Q0.2
32	LD	%M2	41	LD	%TM2.Q
33	OR	%M4	42	ANDN	%Q0.2
34	ANDN	%I0.0	43	ANDN	%I0.0
35	IN		44	ST	%Q0.3
36	END_ BLK				

也可以根据这个逻辑代数方程组画出梯形图如图3-60所示。

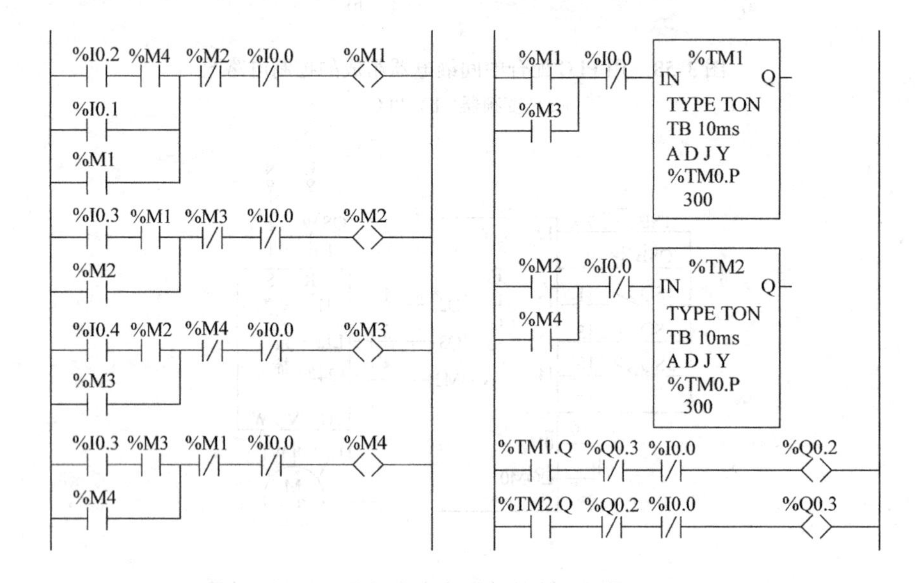

图3-60 小车自动往返梯形图

梯形图设置的延时时间为3s，实际中应根据需要设置延时时间。

图3-57和图3-60虽然能正常工作，但按下起动按钮QSB后，电动机需要经TM1延时后才能运转。且不管电动机停在何位置都从M1开始起动。我们希望起动按钮QSB后电动机能立即旋转，并且能根据停车位置自动选择起步程序。经修改后的梯形图如图3-61所示，相应的程序如下：

0	LD	%I0.1	8	OR	%M10
1	ANDN	%I0.3	9	ANDN	%M1
2	OR	%M0	10	ANDN	%I0.0
3	ANDN	%M2	11	ST	%M10
4	ANDN	%I0.0	12	LD	%M4
5	ST	%M0	13	OR	%M10
6	LD	%I0.1	14	AND	%I0.2
7	AND	%I0.3	15	OR	%M1

```
16    ANDN    %M2
17    ANDN    %I0.0
18    ST      %M1
19    LD      %M1
20    OR      %M0
21    AND     %I0.3
22    OR      %M2
23    ANDN    %M3
24    ANDN    %I0.0
25    ST      %M2
26    LD      %I0.4
27    AND     %M2
28    OR      %M3
29    ANDN    %M4
30    ANDN    %I0.0
31    ST      %M3
32    LD      %I0.3
33    AND     %M3
34    OR      %M4
35    ANDN    %M1
36    ANDN    %I0.0
37    ST      %M4
38    BLK     %TM1
39    LD      %M1
40    OR      %M3
41    ANDN    %I0.0
42    IN
43    END_BLK
44    BLK     %TM2
45    LD      %M2
46    OR      %M4
47    ANDN    %I0.0
48    IN
49    END_BLK
50    LD      %TM1.Q
51    OR      %M0
52    ANDN    %Q0.3
53    ANDN    %I0.0
54    ST      %Q0.2
55    LD      %TM2.Q
56    OR      %M10
57    ANDN    %Q0.2
58    ANDN    %I0.0
59    ST      %Q0.3
```

按照以上程序，若小车正好停在 B 点，限位开关 2SQ 压下，按下起动按钮 QSB 后，电动机立即旋转，并执行 M4 程序步；若小车停在其他位置（包括 A 点和 B 点），按下起动按钮 QSB 后，电动机立即旋转，并执行 M1 程序步。

在电气智能化实验台我们可以进行模拟实验，用 3 个不自锁的按钮模拟限位开关 1SQ ~ 3SQ，操作步骤如下：

按图 3-59 接线，按图 3-61 编写梯形图；

接通变频器和 PLC 电源，完成变频器的相关参数设置，将程序上传到 PLC；

按下起动按钮 QSB，变频器正转运行，电动机旋转，相当于执行 M1 程序步。按下模拟 3SQ 的按钮，电动机继续旋转，相当于小车碰到 3SQ 后继续运动，没有停车，与 M1 程序步的要求一致；按下模拟 2SQ 的按钮并保持按下状态，相当于小车碰到 2SQ，电动机停转，经延时后电动机反转，此时松开按钮，相当于小车脱离 2SQ，开始执行 M2 程序步；按下模拟 3SQ 的按钮并保持按下状态，相当于小车碰到 3SQ，电动机停转，经延时后电动机正转，此时松开按钮，相当于小车脱离 3SQ，开始执行 M3 程序步；按下模拟 2SQ 的按钮并保持按下状态，相当于小车碰到 2SQ，电动机停转，经延时后电动机反转，此时松开按钮，相当于小车脱离 2SQ，开始执行 M4 程序步。按下模拟 3SQ 的按钮，电动机继续旋转，相当于小车碰到 3SQ 后继续运动，没有停车，与 M4 程序步的要求一致；按下模拟 1SQ 的按钮并保持按下状态，相当于小车碰到 1SQ，电动机停转，经延时后电动机正转，此时松开按钮，相当于小车脱离 1SQ，重新开始执行 M1 程序步；然后重新循环。

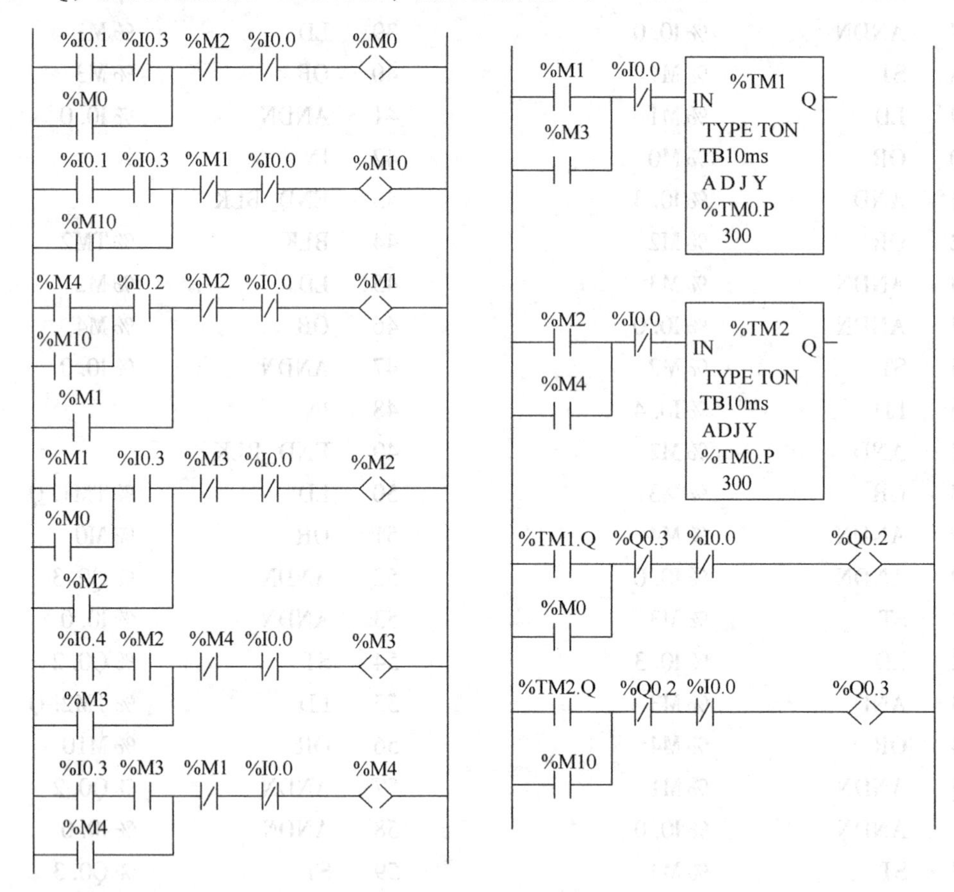

图 3-61　小车自动往返梯形图

3.8.5　设计举例

某氧化—染色自动流水线的生产工艺流程如图 3-62 所示。

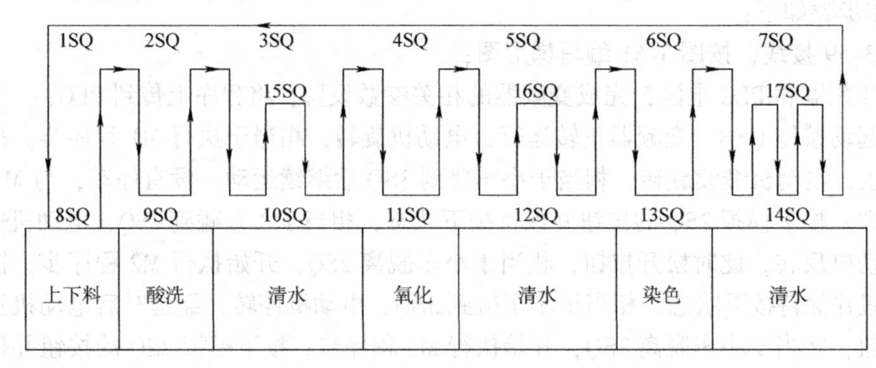

图 3-62　氧化—染色自动流水线的生产工艺流程图

图 3-62 中所示的运动轨迹为挂具的运动轨迹示意图。其中没有箭头的线段表示挂具没有作位移运动。右箭头表示挂具向右作位移运动，左箭头表示挂具向左作位移运动。上箭头表示挂具向上作位移运动，下箭头表示挂具向下作位移运动。

挂具用两个交流异步电动机1M和2M拖动，1M拖动挂具垂直运动，2M拖动挂具水平运动。1SQ～7SQ为挂具到达各槽口时的位置检测限位开关，8SQ～14SQ为挂具到达各槽底时的位置检测限位开关，15SQ～17SQ为挂具在各槽内涮水运动时的上限位检测限位开关。

当装上料之后，按动起动按钮，挂具就能自动按照生产工艺流程图3-62所规定的运动轨迹运动，并在酸洗、氧化和染色槽内分别延时 t_1、t_2 和 t_3 时间，该时间由PLC的内部定时器TM1、TM2和TM3设置。移动结束后，挂具压动限位开关8SQ停止下降，流程结束。

根据生产工艺流程图3-62，可以把整个生产过程分为29步，如图3-63所示。

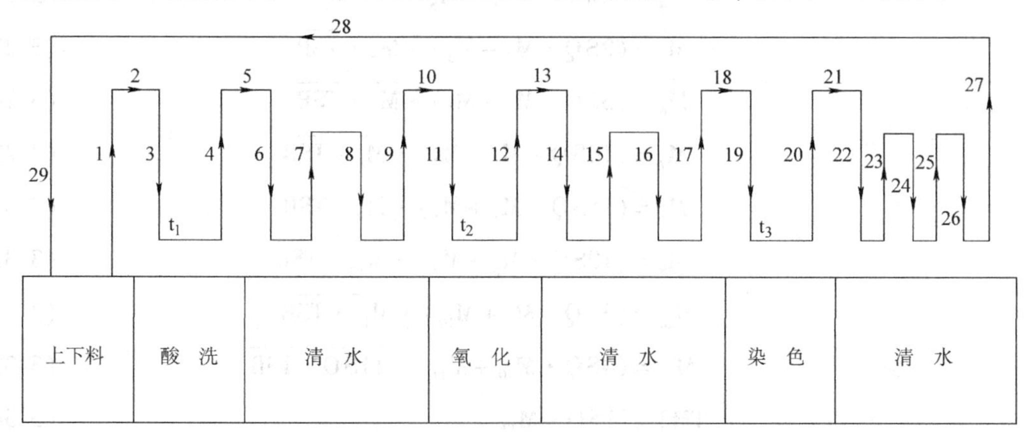

图3-63 氧化—染色自动流水线的生产工艺分步图

对于比较复杂的控制系统，在分完程序步后，应首先写出输出逻辑表达式，然后写出中间逻辑表达式。

设两个交流异步电动机1M和2M都用变频器驱动。用中间继电器1KA控制1M正转，挂具上升；用中间继电器2KA控制1M反转，挂具下降；用中间继电器3KA控制2M正转，挂具水平右移；用中间继电器4KA控制2M反转，挂具水平左移。那么，该自动流水线的输出逻辑表达式为：

$$1KA=(M_1+M_4+M_7+M_9+M_{12}+M_{15}+M_{17}+M_{20}+M_{23}+M_{25}+M_{27})\cdot\overline{2KA} \quad (3\text{-}12)$$

$$2KA=(M_3+M_6+M_8+M_{11}+M_{14}+M_{16}+M_{19}+M_{22}+M_{24}+M_{26}+M_{29})\cdot\overline{1KA} \quad (3\text{-}13)$$

$$3KA=(M_2+M_5+M_{10}+M_{13}+M_{18}+M_{21})\cdot\overline{4KA} \quad (3\text{-}14)$$

$$4KA=M_{28}\cdot\overline{3KA} \quad (3\text{-}15)$$

考虑到施耐德PLC最多只允许7个触点并联，式3-12和式3-13中各有11个触点并联，需要增加继电器M100～M103，修改后的逻辑表达式为式3-16～式3-21：

$$1KA=(M_{100}+M_{101})\cdot\overline{2KA} \quad (3\text{-}16)$$

$$2KA=(M_{102}+M_{103})\cdot\overline{1KA} \quad (3\text{-}17)$$

$$M_{100}=M_1+M_4+M_7+M_9+M_{12}+M_{15} \quad (3\text{-}18)$$

$$M_{101}=M_{17}+M_{20}+M_{23}+M_{25}+M_{27} \quad (3\text{-}19)$$

$$M_{102}=M_3+M_6+M_8+M_{11}+M_{14}+M_{16} \quad (3\text{-}20)$$

$$M_{103}=M_{19}+M_{22}+M_{24}+M_{26}+M_{29} \quad (3\text{-}21)$$

设起动按钮为 QSB，停车按钮为 TSB，则中间逻辑表达式为：

$$M_1 = (QSB + M_1) \cdot \overline{M_2} \cdot \overline{TSB} \tag{3-22}$$

$$M_2 = (1SQ \cdot M_1 + M_2) \cdot \overline{M_3} \cdot \overline{TSB} \tag{3-23}$$

$$M_3 = (2SQ \cdot M_2 + M_3) \cdot \overline{9SQ} \cdot \overline{TSB} \tag{3-24}$$

$$TM1 = 9SQ \cdot \overline{M_4} \tag{3-25}$$

$$M_4 = (TM1 + M_4) \cdot \overline{M_5} \cdot \overline{TSB} \tag{3-26}$$

$$M_5 = (2SQ \cdot M_4 + M_5) \cdot \overline{M_6} \cdot \overline{TSB} \tag{3-27}$$

$$M_6 = (3SQ \cdot M_5 + M_6) \cdot \overline{M_7} \cdot \overline{TSB} \tag{3-28}$$

$$M_7 = (10SQ \cdot M_6 + M_7) \cdot \overline{M_8} \cdot \overline{TSB} \tag{3-29}$$

$$M_8 = (15SQ \cdot M_7 + M_8) \cdot \overline{M_9} \cdot \overline{TSB} \tag{3-30}$$

$$M_9 = (10SQ \cdot M_8 + M_9) \cdot \overline{M_{10}} \cdot \overline{TSB} \tag{3-31}$$

$$M_{10} = (3SQ \cdot M_9 + M_{10}) \cdot \overline{M_{11}} \cdot \overline{TSB} \tag{3-32}$$

$$M_{11} = (4SQ \cdot M_{10} + M_{11}) \cdot \overline{11SQ} \cdot \overline{TSB} \tag{3-33}$$

$$TM2 = 11SQ \cdot \overline{M_{12}} \tag{3-34}$$

$$M_{12} = (TM2 + M_{12}) \cdot \overline{M_{13}} \cdot \overline{TSB} \tag{3-35}$$

$$M_{13} = (4SQ \cdot M_{12} + M_{13}) \cdot \overline{M_{14}} \cdot \overline{TSB} \tag{3-36}$$

$$M_{14} = (5SQ \cdot M_{13} + M_{14}) \cdot \overline{M_{15}} \cdot \overline{TSB} \tag{3-37}$$

$$M_{15} = (12SQ \cdot M_{14} + M_{15}) \cdot \overline{M_{16}} \cdot \overline{TSB} \tag{3-38}$$

$$M_{16} = (16SQ \cdot M_{15} + M_{16}) \cdot \overline{M_{17}} \cdot \overline{TSB} \tag{3-39}$$

$$M_{17} = (12SQ \cdot M_{16} + M_{17}) \cdot \overline{M_{18}} \cdot \overline{TSB} \tag{3-40}$$

$$M_{18} = (5SQ \cdot M_{17} + M_{18}) \cdot \overline{M_{19}} \cdot \overline{TSB} \tag{3-41}$$

$$M_{19} = (6SQ \cdot M_{18} + M_{19}) \cdot \overline{13SQ} \cdot \overline{TSB} \tag{3-42}$$

$$TM3 = 13SQ \cdot \overline{M_{20}} \tag{3-43}$$

$$M_{20} = (TM3 + M_{20}) \cdot \overline{M_{21}} \cdot \overline{TSB} \tag{3-44}$$

$$M_{21} = (6SQ \cdot M_{20} + M_{21}) \cdot \overline{M_{22}} \cdot \overline{TSB} \tag{3-45}$$

$$M_{22} = (7SQ \cdot M_{21} + M_{22}) \cdot \overline{M_{23}} \cdot \overline{TSB} \tag{3-46}$$

$$M_{23} = (14SQ \cdot M_{22} + M_{23}) \cdot \overline{M_{24}} \cdot \overline{TSB} \tag{3-47}$$

$$M_{24} = (17SQ \cdot M_{23} + M_{24}) \cdot \overline{M_{25}} \cdot \overline{TSB} \tag{3-48}$$

$$M_{25} = (14SQ \cdot M_{24} + M_{25}) \cdot \overline{M_{26}} \cdot \overline{TSB} \tag{3-49}$$

$$M_{26} = (17SQ \cdot M_{25} + M_{26}) \cdot \overline{M_{27}} \cdot \overline{TSB} \tag{3-50}$$

$$M_{27} = (14SQ \cdot M_{26} + M_{27}) \cdot \overline{M_{28}} \cdot \overline{TSB} \tag{3-51}$$

$$M_{28} = (7SQ \cdot M_{27} + M_{28}) \cdot \overline{M_{29}} \cdot \overline{TSB} \tag{3-52}$$

$$M_{29} = (1SQ \cdot M_{28} + M_{29}) \cdot \overline{8SQ} \cdot \overline{TSB} \tag{3-53}$$

将逻辑代数方程组 3-14 ~3-53 中的器件文字符号按表 3-7 替换成 PLC 输入、输出端子名称，就可以直接写出 PLC 的控制程序如下：

表 3-7 PLC 输入、输出端子分配表

输入端子名称	外接器件	作 用	输出端子名称	外接器件	作 用
I0	按钮 TSB	停车	Q2	中间继电器 1KA 或交流接触器 1KM 或 1#变频器的 LI1 端子	电动机 1M 正转挂具上升
I1	限位开关 1SQ	转步信号			
I2	限位开关 2SQ	转步信号			
I3	限位开关 3SQ	转步信号	Q3	中间继电器 2KA 或交流接触器 2KM 或 1#变频器的 LI2 端子	电动机 1M 反转挂具下降
I4	限位开关 4SQ	转步信号			
I5	限位开关 5SQ	转步信号			
I6	限位开关 6SQ	转步信号	Q4	中间继电器 3KA 或交流接触器 3KM 或 2#变频器的 LI1 端子	电动机 2M 正转挂具右移
I7	限位开关 7SQ	转步信号			
I8	限位开关 8SQ	转步信号			
I9	限位开关 9SQ	转步信号	Q5	中间继电器 4KA 或交流接触器 4KM 或 2#变频器的 LI2 端子	电动机 2M 反转挂具左移
I10	限位开关 10SQ	转步信号			
I11	限位开关 11SQ	转步信号			
I12	限位开关 12SQ	转步信号			
I13	限位开关 13SQ	转步信号			
I14	限位开关 14SQ	转步信号			
I15	限位开关 15SQ	转步信号			
I16	限位开关 16SQ	转步信号			
I17	限位开关 17SQ	转步信号			
I18	按钮 QSB	起动			

```
0   LD     %M100
1   OR     %M101
2   ANDN   %Q0.3
3   ST     %Q0.2
4   LD     %M102
5   OR     %M103
6   ANDN   %Q0.2
7   ST     %Q0.3
8   LD     %M1
9   OR     %M4
10  OR     %M7
11  OR     %M9
12  OR     %M12
13  OR     %M15
14  ST     %M100
15  LD     %M17
16  OR     %M20
17  OR     %M23
18  OR     %M25
19  OR     %M27
20  ST     %M101
21  LD     %M3
22  OR     %M6
23  OR     %M8
24  OR     %M11
25  OR     %M14
26  OR     %M16
27  ST     %M102
28  LD     %M19
29  OR     %M22
30  OR     %M24
31  OR     %M26
32  OR     %M29
33  ST     %M103
```

```
34  LD        %M2         73   AND    %M4
35  OR        %M5         74   OR     %M5
36  OR        %M10        75   ANDN   %M6
37  OR        %M13        76   ANDN   %I0.0
38  OR        %M18        77   ST     %M5
39  OR        %M21        78   LD     %I0.3
40  ANDN      %Q0.5       79   AND    %M5
41  ST        %Q0.4       80   OR     %M6
42  LD        %M28        81   ANDN   %M7
43  ANDN      %Q0.4       82   ANDN   %I0.0
44  ST        %Q0.5       83   ST     %M6
45  LD        %I0.18      84   LD     %I0.10
46  OR        %M1         85   AND    %M6
47  ANDN      %M2         86   OR     %M7
48  ANDN      %I0.0       87   ANDN   %M8
49  ST        %M1         88   ANDN   %I0.0
50  LD        %I0.1       89   ST     %M7
51  AND       %M1         90   LD     %I0.15
52  OR        %M2         91   AND    %M7
53  ANDN      %M3         92   OR     %M8
54  ANDN      %I0.0       93   ANDN   %M9
55  ST        %M2         94   ANDN   %I0.0
56  LD        %I0.2       95   ST     %M8
57  AND       %M2         96   LD     %I0.10
58  OR        %M3         97   AND    %M8
59  ANDN      %I0.9       98   OR     %M9
60  ANDN      %I0.0       99   ANDN   %M10
61  ST        %M3         100  ANDN   %I0.0
62  BLK       %TM1        101  ST     %M9
63  LD        %I0.9       102  LD     %I0.3
64  ANDN      %M4         103  AND    %M9
65  IN                    104  OR     %M10
66  END_BLK               105  ANDN   %M11
67  LD        %TM1.Q      106  ANDN   %I0.0
68  OR        %M4         107  ST     %M10
69  ANDN      %M5         108  LD     %I0.4
70  ANDN      %I0.0       109  AND    %M10
71  ST        %M4         110  OR     %M11
72  LD        %I0.2       111  ANDN   %I0.11
```

```
112   ANDN      %I0.0
113   ST        %M11
114   BLK       %TM2
115   LD        %I0.11
116   ANDN      %M12
117   IN
118   END_BLK
119   LD        %TM2.Q
120   OR        %M12
121   ANDN      %M13
122   ANDN      %I0.0
123   ST        %M12
124   LD        %I0.4
125   AND       %M12
126   OR        %M13
127   ANDN      %M14
128   ANDN      %I0.0
129   ST        %M13
130   LD        %I0.5
131   AND       %M13
132   OR        %M14
133   ANDN      %M15
134   ANDN      %I0.0
135   ST        %M14
136   LD        %I0.12
137   AND       %M14
138   OR        %M15
139   ANDN      %M16
140   ANDN      %I0.0
141   ST        %M15
142   LD        %I0.16
143   AND       %M15
144   OR        %M16
145   ANDN      %M17
146   ANDN      %I0.0
147   ST        %M16
148   LD        %I0.12
149   AND       %M16
150   OR        %M17
151   ANDN      %M18
152   ANDN      %I0.0
153   ST        %M17
154   LD        %I0.5
155   AND       %M17
156   OR        %M18
157   ANDN      %M19
158   ANDN      %I0.0
159   ST        %M18
160   LD        %I0.6
161   AND       %M18
162   OR        %M19
163   ANDN      %I0.13
164   ANDN      %I0.0
165   ST        %M19
166   BLK       %TM3
167   LD        %I0.13
168   ANDN      %M20
169   IN
170   END_BLK
171   LD        %TM3.Q
172   OR        %M20
173   ANDN      %M21
174   ANDN      %I0.0
175   ST        %M20
176   LD        %I0.6
177   AND       %M20
178   OR        %M21
179   ANDN      %M22
180   ANDN      %I0.0
181   ST        %M21
182   LD        %I0.7
183   AND       %M21
184   OR        %M22
185   ANDN      %M23
186   ANDN      %I0.0
187   ST        %M22
188   LD        %I0.14
189   AND       %M22
```

190	OR	%M23	210	ANDN	%I0.0
191	ANDN	%M24	211	ST	%M26
192	ANDN	%I0.0	212	LD	%I0.14
193	ST	%M23	213	AND	%M26
194	LD	%I0.17	214	OR	%M27
195	AND	%M23	215	ANDN	%M28
196	OR	%M24	216	ANDN	%I0.0
197	ANDN	%M25	217	ST	%M27
198	ANDN	%I0.0	218	LD	%I0.7
199	ST	%M24	219	AND	%M27
200	LD	%I0.14	220	OR	%M28
201	AND	%M24	221	ANDN	%M29
202	OR	%M25	222	ANDN	%I0.0
203	ANDN	%M26	223	ST	%M28
204	ANDN	%I0.0	224	LD	%I0.1
205	ST	%M25	225	AND	%M28
206	LD	%I0.17	226	OR	%M29
207	AND	%M25	227	ANDN	%I0.8
208	OR	%M26	228	ANDN	%I0.0
209	ANDN	%M27	229	ST	%M29

以上程序相应的梯形图如图3-64所示，图中3个定时器的时间都设置为3s，实际上要根据工艺要求设置。

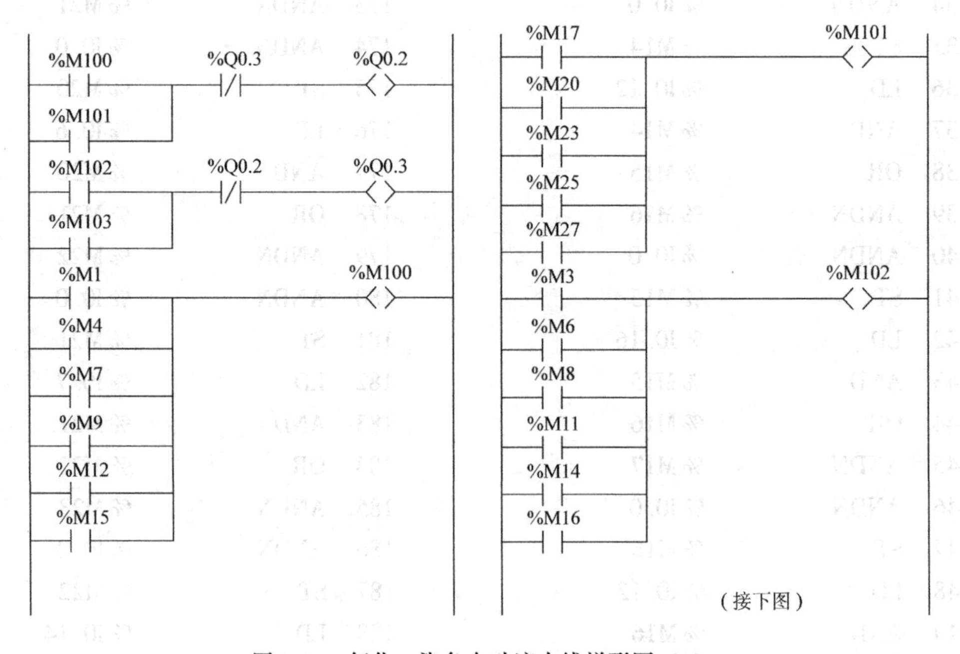

图3-64　氧化—染色自动流水线梯形图（1）

（续上图）

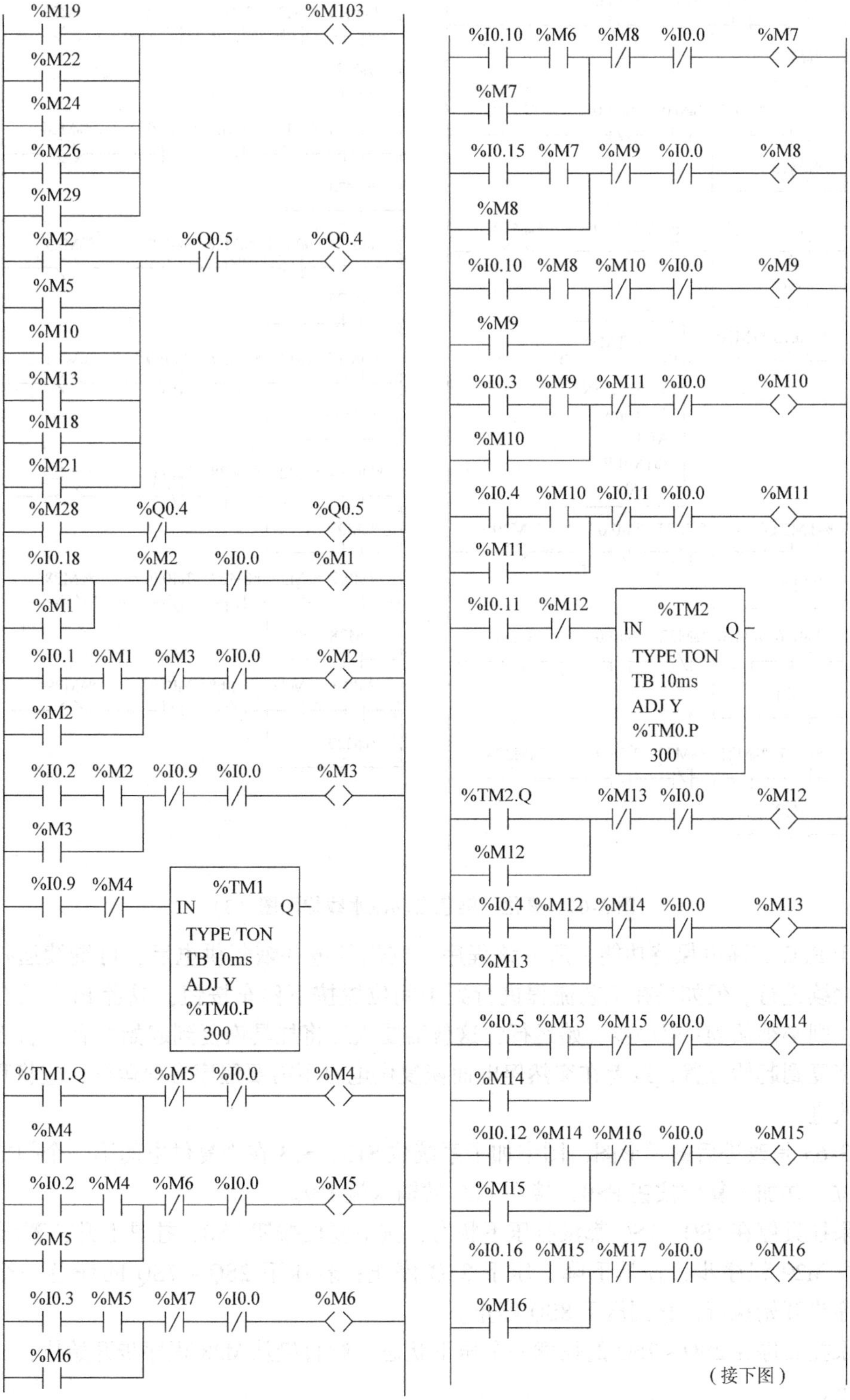

%M19 %M22 %M24 %M26 %M29 %M103

%M2 %M5 %M10 %M13 %M18 %M21 %Q0.5 %Q0.4

%M28 %Q0.4 %Q0.5

%I0.18 %M1 %M2 %I0.0 %M1

%I0.1 %M1 %M3 %I0.0 %M2 %M2

%I0.2 %M2 %I0.9 %I0.0 %M3 %M3

%I0.9 %M4 %TM1 IN Q TYPE TON TB 10ms ADJ Y %TM0.P 300

%TM1.Q %M5 %I0.0 %M4 %M4

%I0.2 %M4 %M6 %I0.0 %M5 %M5

%I0.3 %M5 %M7 %I0.0 %M6 %M6

%I0.10 %M6 %M8 %I0.0 %M7 %M7

%I0.15 %M7 %M9 %I0.0 %M8 %M8

%I0.10 %M8 %M10 %I0.0 %M9 %M9

%I0.3 %M9 %M11 %I0.0 %M10 %M10

%I0.4 %M10 %I0.11 %I0.0 %M11 %M11

%I0.11 %M12 %TM2 IN Q TYPE TON TB 10ms ADJ Y %TM0.P 300

%TM2.Q %M13 %I0.0 %M12 %M12

%I0.4 %M12 %M14 %I0.0 %M13 %M13

%I0.5 %M13 %M15 %I0.0 %M14 %M14

%I0.12 %M14 %M16 %I0.0 %M15 %M15

%I0.16 %M15 %M17 %I0.0 %M16 %M16

（接下图）

图 3-64　氧化—染色自动流水线梯形图（2）

（续上图）

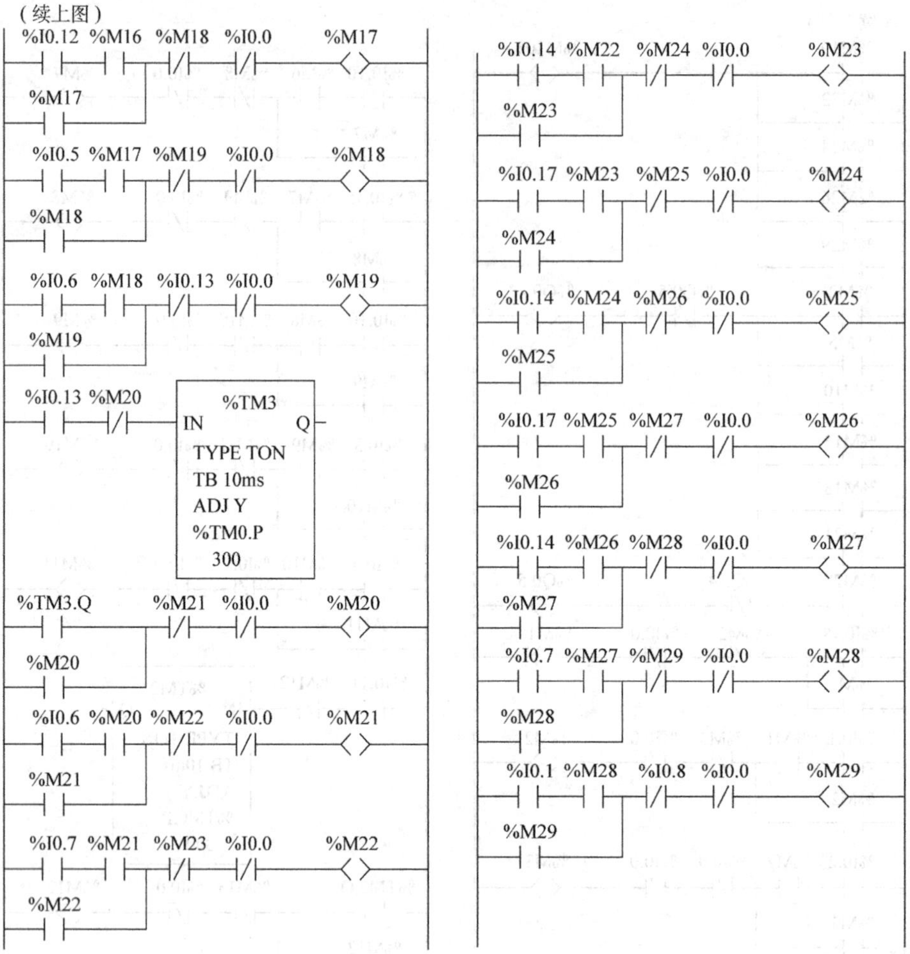

%I0.12 %M16 %M18 %I0.0 %M17
%M17
%I0.5 %M17 %M19 %I0.0 %M18
%M18
%I0.6 %M18 %I0.13 %I0.0 %M19
%M19
%I0.13 %M20 %TM3 IN Q TYPE TON TB 10ms ADJ Y %TM0.P 300
%TM3.Q %M21 %I0.0 %M20
%M20
%I0.6 %M20 %M22 %I0.0 %M21
%M21
%I0.7 %M21 %M23 %I0.0 %M22
%M22
%I0.14 %M22 %M24 %I0.0 %M23
%M23
%I0.17 %M23 %M25 %I0.0 %M24
%M24
%I0.14 %M24 %M26 %I0.0 %M25
%M25
%I0.17 %M25 %M27 %I0.0 %M26
%M26
%I0.14 %M26 %M28 %I0.0 %M27
%M27
%I0.7 %M27 %M29 %I0.0 %M28
%M28
%I0.1 %M28 %I0.8 %I0.0 %M29
%M29

图 3-64 氧化—染色自动流水线梯形图（3）

由于 PLC 有断电保持功能，所以该程序在突然停电并恢复供电后，可继续运行，工艺流程也继续进行。但如果在工艺流程进行到中间位置按下停车按钮，或者 PLC 没有断电保持功能，则必须从 M1 程序步开始运行，这就需要人工将挂具恢复到起始位置。若人工不能将挂具恢复到起始位置，或者在突然停电而恢复供电时不需要程序自动运行，应将程序进行适当的改进。

图 3-65 是改进后的梯形图，图中加了系统位 S13，S13 在恢复供电的第一个扫描周期为程序复位，并加了复位按钮 FSB，接在 PLC 的输入端 I19。

如果挂具停在 1SQ～7SQ 都没有压下状态，按下复位按钮 FSB，挂具上升，若压下 1SQ，直接执行 M29 程序步，挂具下降，压下 8SQ 停止；若压下 2SQ～7SQ 的任意一个，则从 M28 程序步开始执行，直到压下 8SQ 停止。

如果挂具停在 2SQ～7SQ 的任意一个压下状态，则直接从 M28 程序步开始执行，到压下 8SQ 停止。

如果挂具停在 1SQ 压下状态，则直接执行 M29 程序步，挂具下降，压下 8SQ 停止。

如果挂具停在 M1 或 M29 程序步的某一位置，若工艺允许从 M1 程序步开始运行，则可以不用复位，直接按起动按钮起动。若工艺要求必须起始位置运行，则按下复位按钮复位。

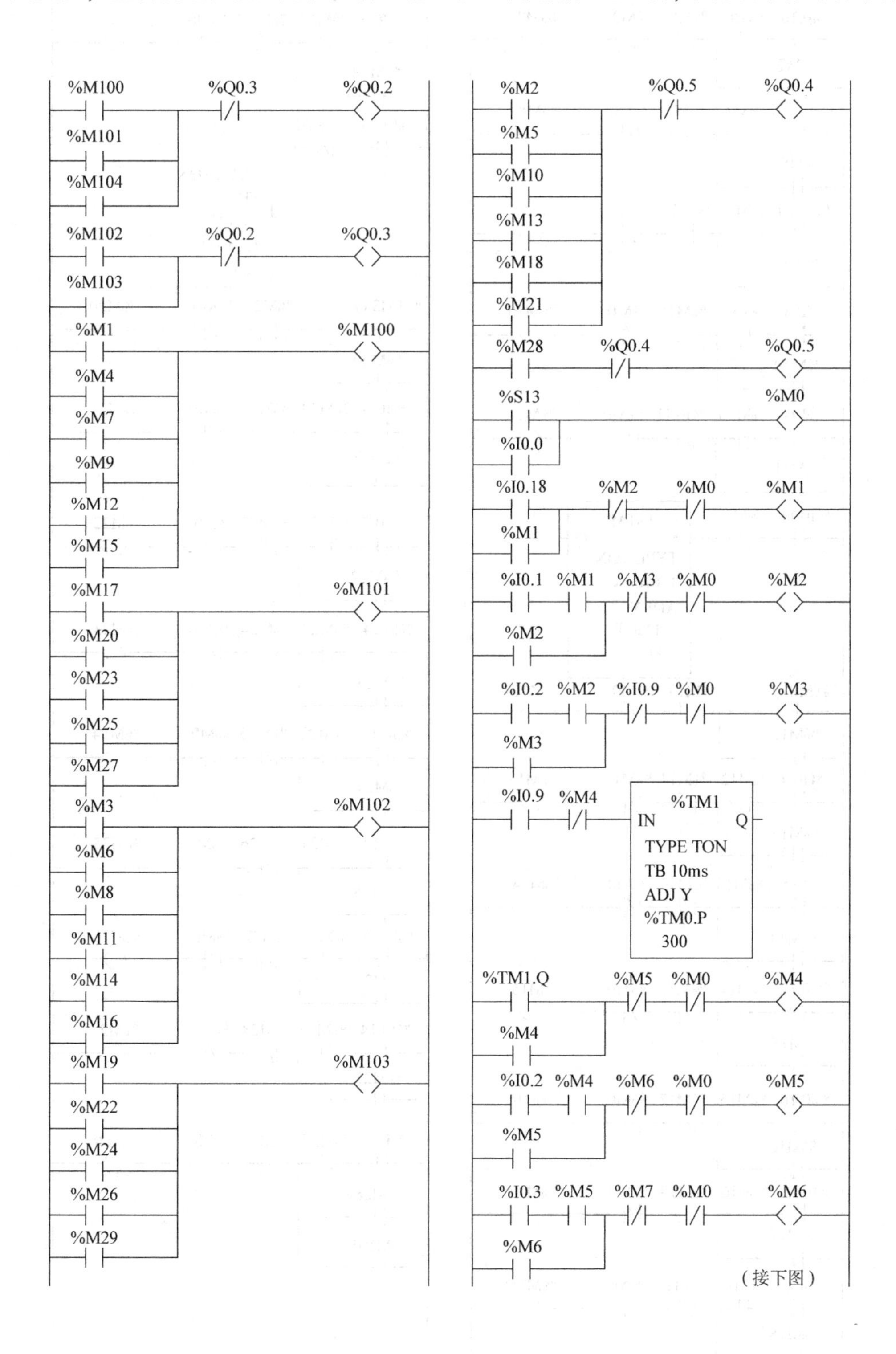

（接下图）

图 3-65　改进后的氧化—染色自动流水线梯形图（1）

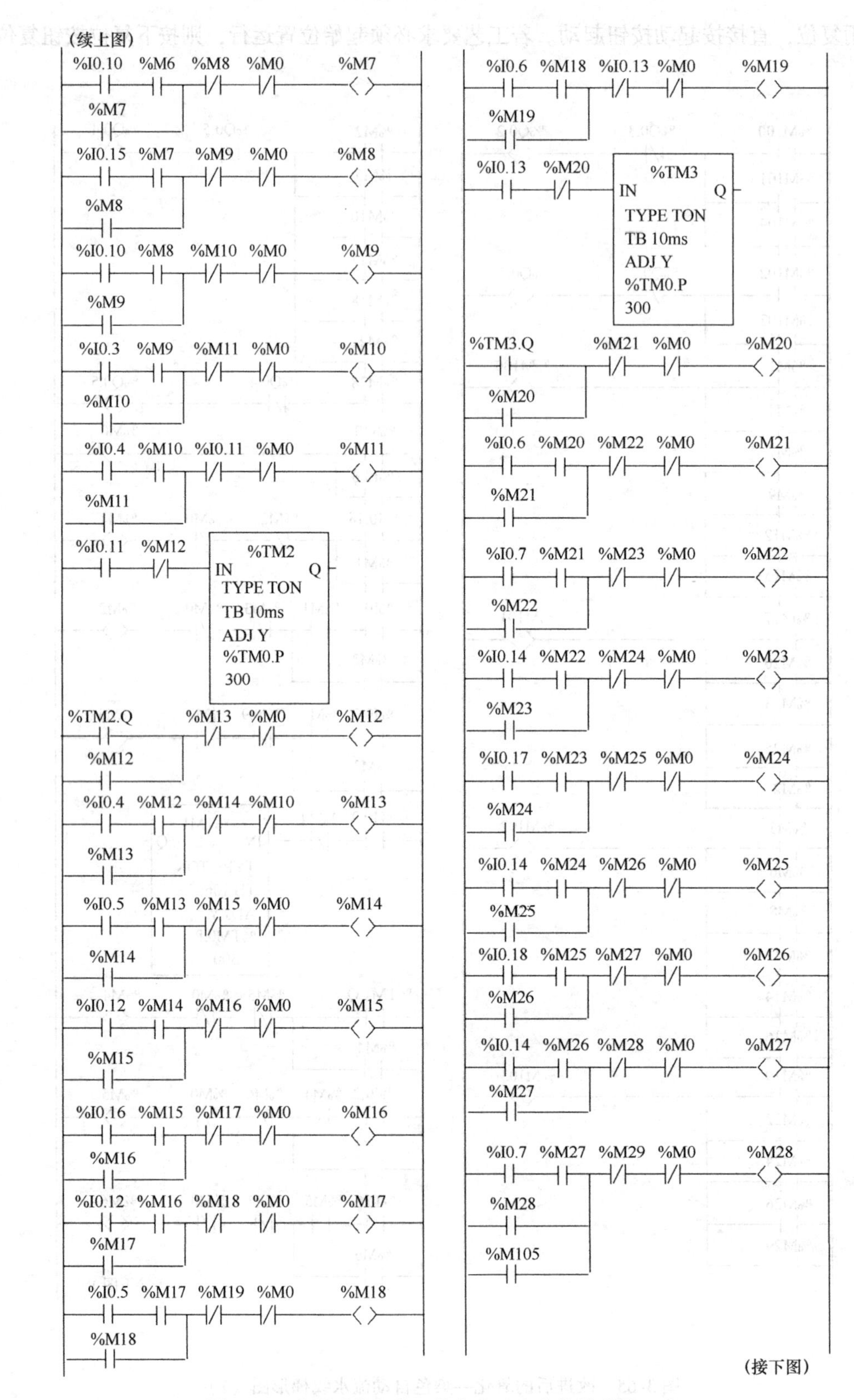

图 3-65　改进后的氧化—染色自动流水线梯形图（2）

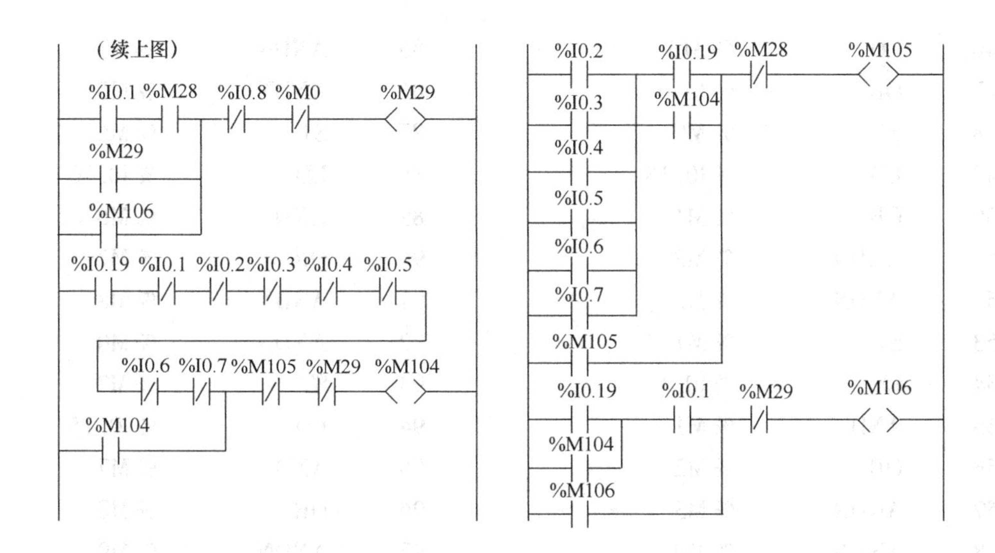

图 3-65　改进后的氧化—染色自动流水线梯形图（3）

图 3-65 所示的梯形图也可以用下面的程序写出：

0	LD	% M100	23	OR	% M6
1	OR	% M101	24	OR	% M8
2	OR	% M104	25	OR	% M11
3	ANDN	% Q0. 3	26	OR	% M14
4	ST	% Q0. 2	27	OR	% M16
5	LD	% M102	28	ST	% M102
6	OR	% M103	29	LD	% M19
7	ANDN	% Q0. 2	30	OR	% M22
8	ST	% Q0. 3	31	OR	% M24
9	LD	% M1	32	OR	% M26
10	OR	% M4	33	OR	% M29
11	OR	% M7	34	ST	% M103
12	OR	% M9	35	LD	% M2
13	OR	% M12	36	OR	% M5
14	OR	% M15	37	OR	% M10
15	ST	% M100	38	OR	% M13
16	LD	% M17	39	OR	% M18
17	OR	% M20	40	OR	% M21
18	OR	% M23	41	ANDN	% Q0. 5
19	OR	% M25	42	ST	% Q0. 4
20	OR	% M27	43	LD	% M28
21	ST	% M101	44	ANDN	% Q0. 4
22	LD	% M3	45	ST	% Q0. 5

```
46    LD        %S13
47    OR        %I0.0
48    ST        %M0
49    LD        %I0.18
50    OR        %M1
51    ANDN      %M2
52    ANDN      %M0
53    ST        %M1
54    LD        %I0.1
55    AND       %M1
56    OR        %M2
57    ANDN      %M3
58    ANDN      %M0
59    ST        %M2
60    LD        %I0.2
61    AND       %M2
62    OR        %M3
63    ANDN      %I0.9
64    ANDN      %M0
65    ST        %M3
66    BLK       %TM1
67    LD        %I0.9
68    ANDN      %M4
69    IN
70    END_BLK
71    LD        %TM1.Q
72    OR        %M4
73    ANDN      %M5
74    ANDN      %M0
75    ST        %M4
76    LD        %I0.2
77    AND       %M4
78    OR        %M5
79    ANDN      %M6
80    ANDN      %M0
81    ST        %M5
82    LD        %I0.3
83    AND       %M5
84    OR        %M6
85    ANDN      %M7
86    ANDN      %M0
87    ST        %M6
88    LD        %I0.10
89    AND       %M6
90    OR        %M7
91    ANDN      %M8
92    ANDN      %M0
93    ST        %M7
94    LD        %I0.15
95    AND       %M7
96    OR        %M8
97    ANDN      %M9
98    ANDN      %M0
99    ST        %M8
100   LD        %I0.10
101   AND       %M8
102   OR        %M9
103   ANDN      %M10
104   ANDN      %M0
105   ST        %M9
106   LD        %I0.3
107   AND       %M9
108   OR        %M10
109   ANDN      %M11
110   ANDN      %M0
111   ST        %M10
112   LD        %I0.4
113   AND       %M10
114   OR        %M11
115   ANDN      %I0.11
116   ANDN      %M0
117   ST        %M11
118   BLK       %TM2
119   LD        %I0.11
120   ANDN      %M12
121   IN
122   END_BLK
123   LD        %TM2.Q
```

```
124    OR        %M12
125    ANDN      %M13
126    ANDN      %M0
127    ST        %M12
128    LD        %I0.4
129    AND       %M12
130    OR        %M13
131    ANDN      %M14
132    ANDN      %M0
133    ST        %M13
134    LD        %I0.5
135    AND       %M13
136    OR        %M14
137    ANDN      %M15
138    ANDN      %M0
139    ST        %M14
140    LD        %I0.12
141    AND       %M14
142    OR        %M15
143    ANDN      %M16
144    ANDN      %M0
145    ST        %M15
146    LD        %I0.16
147    AND       %M15
148    OR        %M16
149    ANDN      %M17
150    ANDN      %M0
151    ST        %M16
152    LD        %I0.12
153    AND       %M16
154    OR        %M17
155    ANDN      %M18
156    ANDN      %M0
157    ST        %M17
158    LD        %I0.5
159    AND       %M17
160    OR        %M18
161    ANDN      %M19
162    ANDN      %M0
163    ST        %M18
164    LD        %I0.6
165    AND       %M18
166    OR        %M19
167    ANDN      %I0.13
168    ANDN      %M0
169    ST        %M19
170    BLK       %TM3
171    LD        %I0.13
172    ANDN      %M20
173    IN
174    END_BLK
175    LD        %TM3.Q
176    OR        %M20
177    ANDN      %M21
178    ANDN      %M0
179    ST        %M20
180    LD        %I0.6
181    AND       %M20
182    OR        %M21
183    ANDN      %M22
184    ANDN      %M0
185    ST        %M21
186    LD        %I0.7
187    AND       %M21
188    OR        %M22
189    ANDN      %M23
190    ANDN      %M0
191    ST        %M22
192    LD        %I0.14
193    AND       %M22
194    OR        %M23
195    ANDN      %M24
196    ANDN      %M0
197    ST        %M23
198    LD        %I0.17
199    AND       %M23
200    OR        %M24
201    ANDN      %M25
```

202	ANDN	%M0	234	ANDN	%M0
203	ST	%M24	235	ST	%M29
204	LD	%I0.14	236	LD	%I0.19
205	AND	%M24	237	ANDN	%I0.1
206	OR	%M25	238	ANDN	%I0.2
207	ANDN	%M26	239	ANDN	%I0.3
208	ANDN	%M0	240	ANDN	%I0.4
209	ST	%M25	241	ANDN	%I0.5
210	LD	%I0.17	242	ANDN	%I0.6
211	AND	%M25	243	ANDN	%I0.7
212	OR	%M26	244	OR	%M104
213	ANDN	%M27	245	ANDN	%M105
214	ANDN	%M0	246	ANDN	%M29
215	ST	%M26	247	ST	%M104
216	LD	%I0.14	248	LD	%I0.2
217	AND	%M26	249	OR	%I0.3
218	OR	%M27	250	OR	%I0.4
219	ANDN	%M28	251	OR	%I0.5
220	ANDN	%M0	252	OR	%I0.6
221	ST	%M27	253	OR	%I0.7
222	LD	%I0.7	254	AND(	%I0.20
223	AND	%M27	255	OR	%M104
224	OR	%M28	256	)	
225	OR	%M105	257	OR	%M105
226	ANDN	%M29	258	ANDN	%M28
227	ANDN	%M0	259	ST	%M105
228	ST	%M28	260	LD	%I0.19
229	LD	%I0.1	261	OR	%M104
230	AND	%M28	262	AND	%I0.1
231	OR	%M29	263	OR	%M106
232	OR	%M106	264	ANDN	%M29
233	ANDN	%I0.8	265	ST	%M105

【操作练习题】

某工艺的工艺流程分步如图3-66所示。工艺从A点开始起动，完成一个工作循环后回到A点，压下限位开关8SQ自动停止，下一个循环需要重新起动。有两台电动机，一个使工件做水平运动，另一个使工件做垂直运动。试设计程序，并用电器智能化实验台进行模拟实验（用按钮模拟限位开关，用4个信号灯模拟工件的上升、下降、左移、右移）。

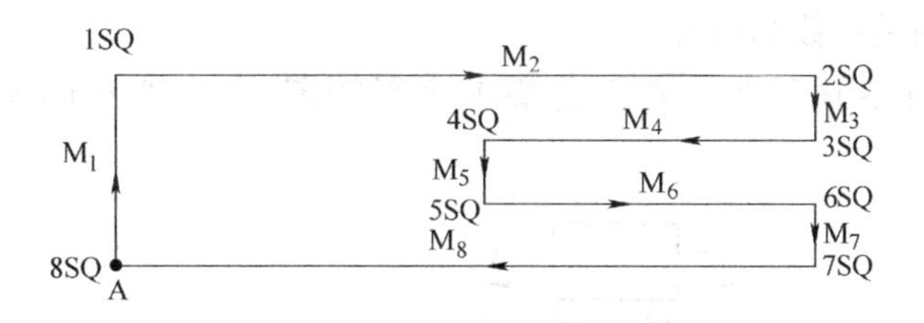

图 3-66　工艺流程分步示意图

本 章 小 结

本章详细介绍了变频调速控制系统一些常用电路的设计方法。

常用电路的设计方法有功能添加法和步进逻辑公式法两种，多数控制电路可以用功能添加法进行设计，比较复杂且能分成若干个子步骤的工艺流程用步进逻辑公式法进行设计。

变频调速控制电路的控制方式有低压电器控制、PLC 直接控制、PLC 加低压电器控制 3 种。比较简单的控制电路可以采用低压电器控制或者 PLC 直接控制，多数电路采用 PLC 加低压电器控制方式，即用 PLC 控制中间继电器或交流接触器的线圈，再用中间继电器或交流接触器的触点控制变频器的运行及相关的信号指示。

基本的控制电路有正反转控制线路、正反转自动循环控制线路、自动往返控制线路、多段速度控制线路、多地点控制线路、顺序控制线路、延时控制线路和同步控制线路等多种。灵活使用这些控制线路就可以设计出比较复杂的控制线路。

PLC 程序设计是控制线路设计的主要步骤，可以采用梯形图编程，也可以采用语句编程。同一功能可以用不同的程序来完成，本章给出的梯形图不是惟一的，仅供参考。

习　　题

1. 能否通过改变通用变频器输入电压的相序改变电动机的正反转？能否通过改变通用变频器输出电压的相序改变电动机的正反转？为什么？

2. 通过改变通用变频器输出电压的相序可以改变电动机的正反转，通过通用变频器的控制端子也可以改变电动机的正反转，通常采用哪种方式？

3. 变频器的限位开关功能能否用于自动改变电动机的正反转运行？

4. 一系统有 3 台电动机，分别用 3 台变频器控制，按下起动按钮 1SB，1#电动机首先起动，延时后 2#电动机自动起动，再延时后 3#电动机自动起动。按下停车按钮 2SB，3#电动机立即停止，延时后 2#电动机自动停止，再延时后 1#电动机自动停止，试设计控制电路。

5. 要求变频器能输出 10Hz、20Hz、30Hz、40Hz 和 50Hz 共 5 个固定频率，用 5 个按钮对应 5 个频率，不用停止就能任意切换，试设计控制电路。

6. 按下起动按钮，变频器自动升速到 15Hz，按下升速按钮，变频器自动升速到 35Hz 附近，在 35 ~ 50Hz 范围内需要按住升速按钮升速。在 35Hz 以上，按下降速按钮变频器自动降速到 35Hz 附近，继续降速需要按住降速按钮降速。按下停车按钮停止。试设计控制电路，并写出变频器相关参数的设置。

7. 在小车自动往返运动中，若工艺要求小车按图 3-67 所示的轨迹运动，试设计控制电路。

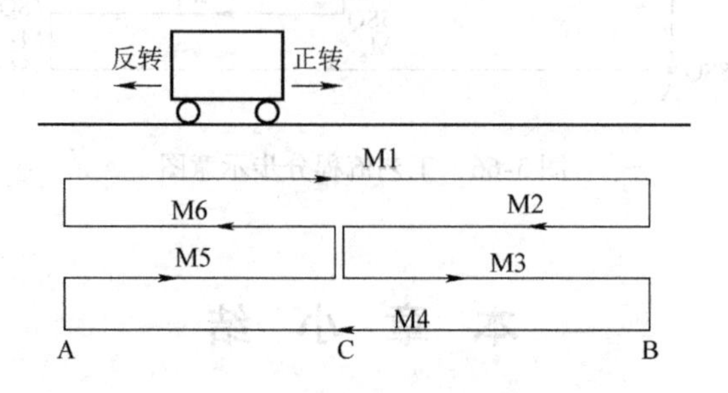

图 3-67　工艺要求小车自动往返示意图

第 4 章　用触摸屏控制变频器的运行

目前，触摸屏已经应用到各个领域，多数变频器的控制电路也都用触摸屏控制。本章以 WEINVIEW（威纶）触摸屏配施耐德 PLC 为例，简要介绍如何用触摸屏控制变频器的运行。

4.1　EasyBuilder8000 触摸屏软件简介

首先将 EasyBuilder8000 软件安装在计算机上，并完成相关的设定。计算机的硬件配置应满足 EasyBuilder8000 的基本要求。

4.1.1　开启新文件

运行 EasyBuilder8000 软件后，计算机显示屏右上角如图 4-1 所示。

EasyBuilder8000
文件(F)　工具(T)　说明(H)
开启新文件

图 4-1　EasyBuilder8000 显示画面右上角

单击“开启新文件”按钮或者在文件下拉菜单中单击“新建文件”按钮或者按下快捷键 < Ctrl + N >，都会出现选择触摸屏型号对话窗口，如图 4-2 所示。

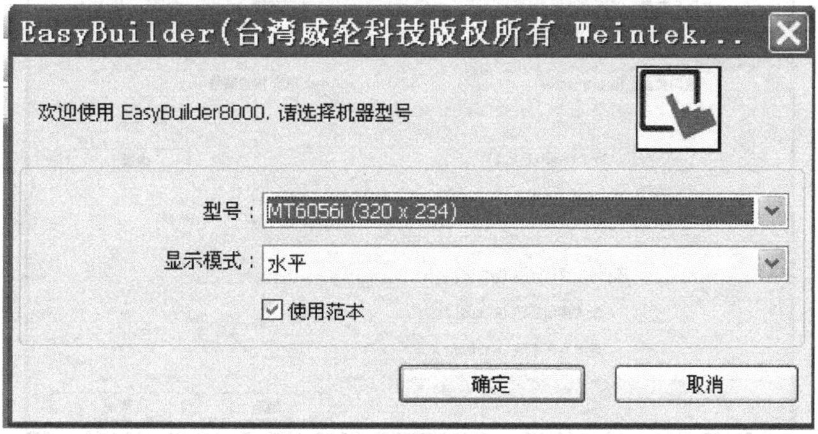

EasyBuilder(台湾威纶科技版权所有 Weintek...
欢迎使用 EasyBuilder8000，请选择机器型号
型号：MT6056i (320 x 234)
显示模式：水平
使用范本
确定
取消

图 4-2　选择触摸屏型号对话窗口

单击“型号”右侧的箭头，选择所需的触摸屏型号，型号右侧括号内为触摸屏的尺寸。单击“确定”按钮，出现“系统参数设置”对话窗口，所选择的触摸屏型号出现在“设备类型”中，如图4-3所示。

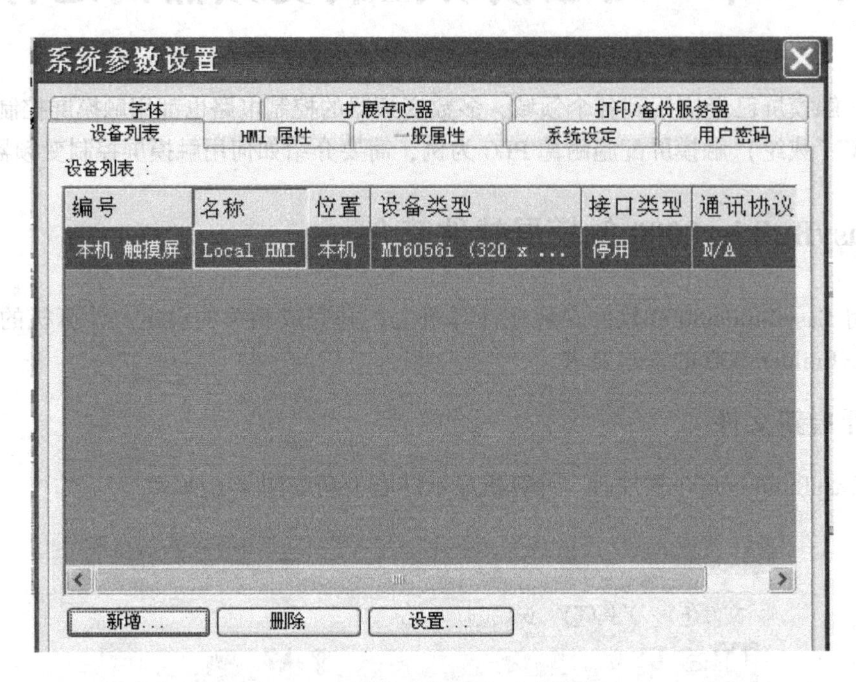

图4-3　“系统参数设置”对话窗口

单击“新增”按钮，出现“设备属性”对话窗口，如图4-4所示。

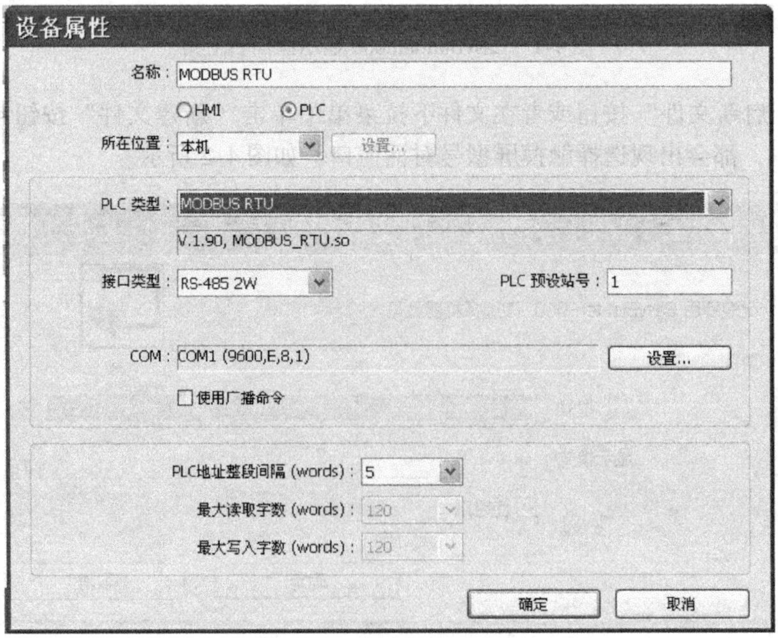

设备属性
名称：MODBUS RTU
HMI　PLC
所在位置：本机　设置...
PLC 类型：MODBUS RTU
V.1.90, MODBUS_RTU.so
接口类型：RS-485 2W　PLC 预设站号：1
COM：COM1 (9600,E,8,1)　设置...
使用广播命令
PLC地址整段间隔 (words)：5
最大读取字数 (words)：120
最大写入字数 (words)：120
确定　取消

图4-4　“设备属性”对话窗口

单击“PLC 类型”右侧的箭头，在下拉菜单中选择所需的 PLC 型号。对于施耐德 PLC，选择 PLC 的型号为“MODBUS RTU”。

单击设备属性对话窗口中的“设置”按钮，出现“通信口设置”对话窗口，如图 4-5 所示。可以设置通信口的参数，这些参数必须与 PLC 一致。通常，波特率设置为 19 200，校验选择 Even（偶校验）。

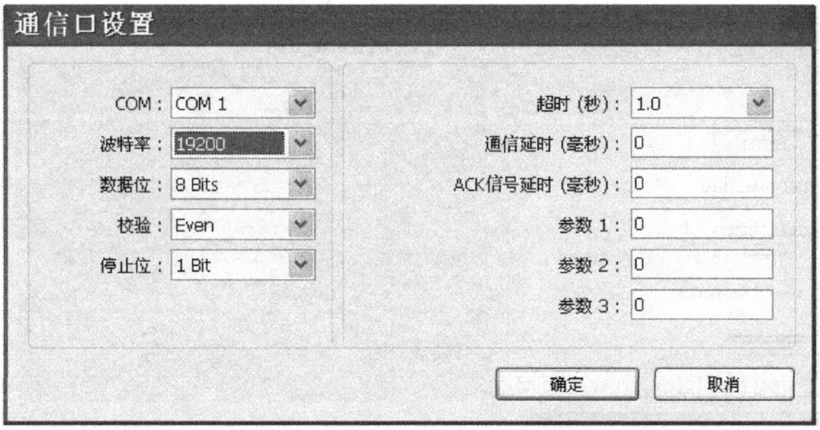

图 4-5　“通信口设置”对话窗口

依次单击“确定”按钮，返回到“系统参数设置”对话窗口，如图 4-6 所示。可以发现，图 4-6 与图 4-3 相比，对话窗口的设备列表中增加了一个新装置——“MODBUS RTU”，这个新装置就是我们所选择的 PLC。

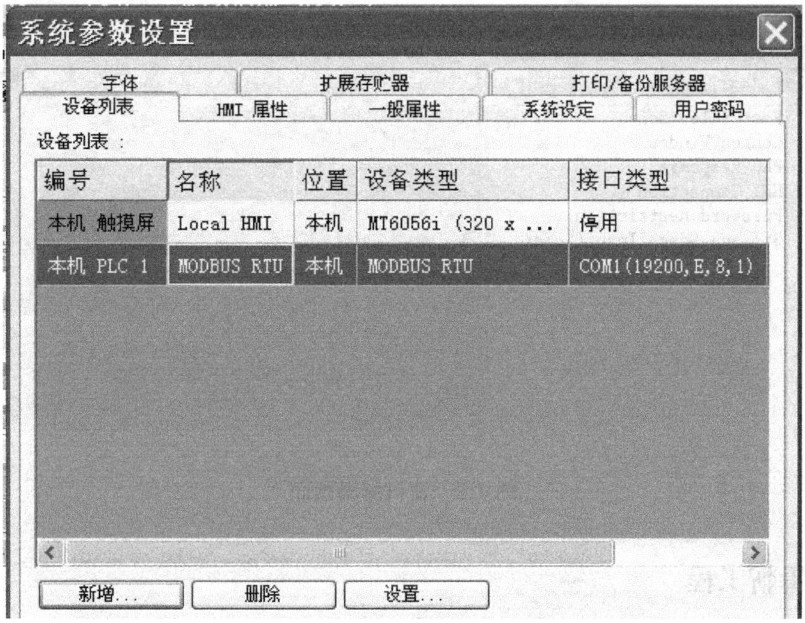

图 4-6　“系统参数设置”对话窗口

单击系统参数设置对话窗口中的“确定”按钮，计算机屏幕上出现触摸屏窗口编辑画面，窗口为010基本窗口，如图4-7所示。其中左侧为窗口预览，显示各窗口的图标，单击窗口预览右侧的箭头，可以选择元件列表，此时，各窗口以目录树的形式显示，如图4-8所示。

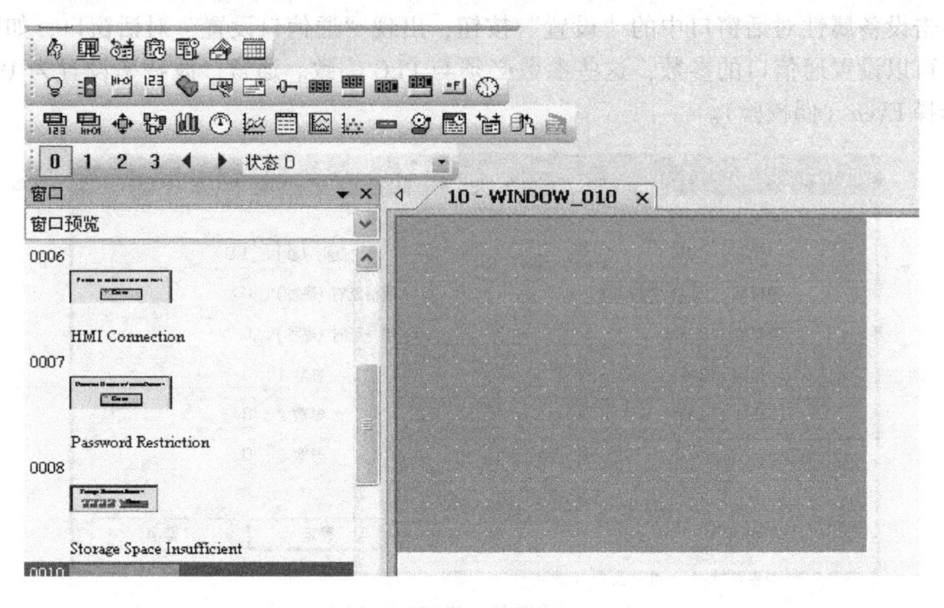

图4-7　窗口编辑画面

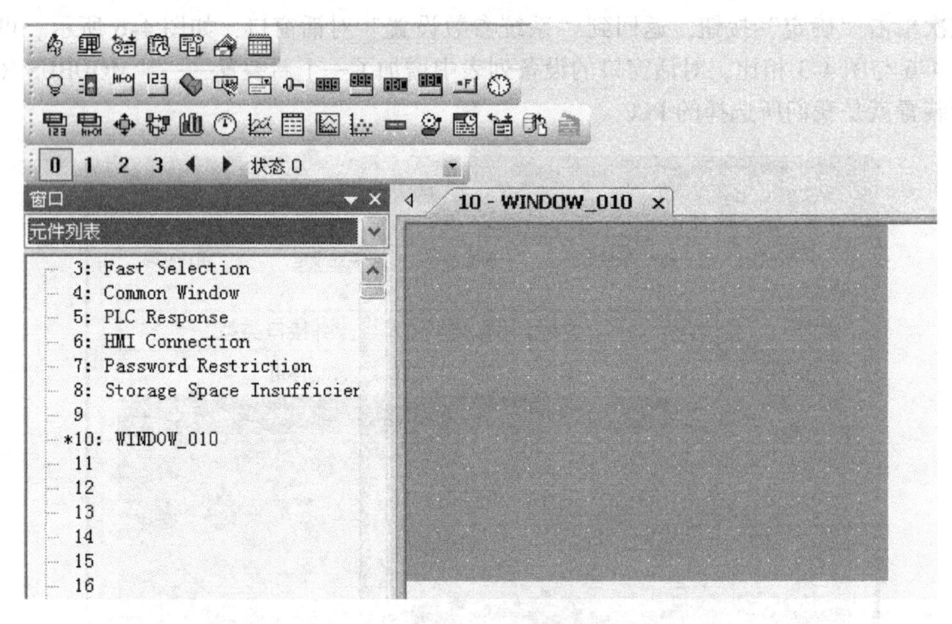

图4-8　窗口编辑画面

4.1.2　编辑新工程

编辑一个新工程包括窗口的建立、元件的放入、文字符号的放入和图形符号的放入等。

1. 窗口的建立与设定

窗口是工程触摸屏画面的基本元素，使用者可以规划很多个窗口或者画面，依据功能和使用方式的不同，EasyBuilder8000 将窗口分为 4 种类型：基本窗口、公用窗口、快选窗口和系统信息窗口。在公用窗口放置的元素各窗口都能显示，在其他窗口放置的元素只能在各自窗口显示。各窗口的作用与区别详见 EasyBuilder8000 说明书，用户窗口编号从 010 开始，EasyBuilder8000 开启新文件后显示的就是 010 基本窗口，在工具条上显示 10-WINDOW_010，见图 4-7。

开机只有 1 个基本窗口，要开启新窗口，可以在“窗口”下拉菜单中单击“开启窗口”按钮，出现“打开窗口”对话窗口，如图 4-9 所示。

打开窗口

编号	窗口名称	大小
3	Fast Selection	80,200
4	Common Window	320,234
5	PLC Response	185,73
6	HMI Connection	300,100
7	Password Restriction	300,100
8	Storage Space Insufficient	256,80
*10	WINDOW_010	320,234
50	Keypad 1 - Integer	164,213
51	Keypad 2 - Integer	198,234
52	Keypad 3 - Integer	200,170
53	Keypad 4 - Integer	304,213
54	Keypad 5 - HEX	306,220
60	ASCII Small	312,130
62	ASCII Upper S	312,130
63	ASCII Lower S	312,130

新增…
设置…
删除
开启
关闭

图 4-9 “打开窗口”对话窗口

单击“新增”按钮，出现“选择窗口类型”对话窗口，如图 4-10 所示。单击“基本窗口”，出现“窗口设置”对话窗口，如图 4-11 所示。在窗口设置对话窗口中，可以对窗口名称、窗口编号、窗口尺寸、边框颜色和背景颜色等进行设置。

开启窗口的另一种方法是在窗口树状图上选择要开启的窗口，并按下鼠标右键，在窗体出现后选择“新增”，也会出现图 4-11 所示的窗口设置对话窗口。

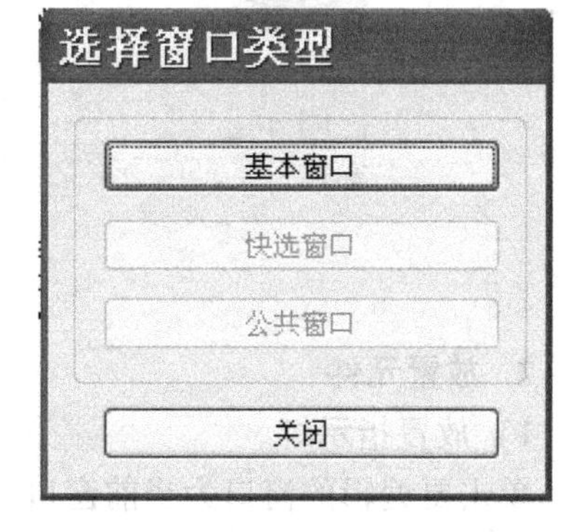

图 4-10 “选择窗口类型”对话窗口

设置完成后在计算机屏幕左侧的窗口预览中出现新增加的窗口图标，如图 4-12 所示，单击图标就可以将该窗口变成当前窗口进行编辑。如果窗口左侧出现的是元件列表，新增加的窗口编号前多了一个“ * ”。

在窗口树状图或者窗口预览上选择已经开启的窗口，并按下鼠标右键，在窗体出现后选择“关闭”，可以关闭窗口。

也使用相同的操作方式删除已经存在的窗口，但删除的窗口必须为关闭状态。

窗口设置

窗口名称：窗口_011

窗口编号：11

大小

宽：320　高：234

边框

宽：4　颜色：

背景

颜色：　图案：

填充　图案颜色：

重叠窗口

底层：无

中层：无

顶层：无

弹出窗口

起始位置　X：0　Y：0　垄断

确定　取消

图 4-11　“窗口设置”对话窗口

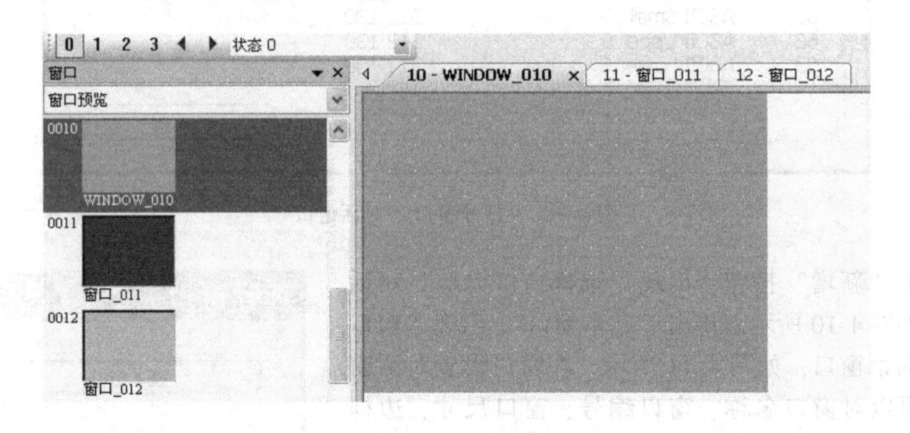

图 4-12　窗口预览

2. 放置元件

1）放置指示灯。

单击要编辑的窗口为当前窗口，如 011 窗口。元件的放置有两种方法：一是在元件下拉菜单中选择“指示灯”→“位状态指示灯”，如图 4-13 所示；二是单击编辑工具的“位状态指示灯”图标，如图 4-14 所示。

两种方式都会出现“位状态指示灯”对话窗口，如图 4-15 所示。我们可以对其进行一般属性设置。

单击“PLC 名称”右侧的箭头，选择 PLC 类型为“MODBUS RTU”。用同样的方法选择“设备类型”为“0x”。

必须给位状态指示灯设置一个地址，这个地址与 PLC 中的中间位 M 对应。在 EasyBuild-

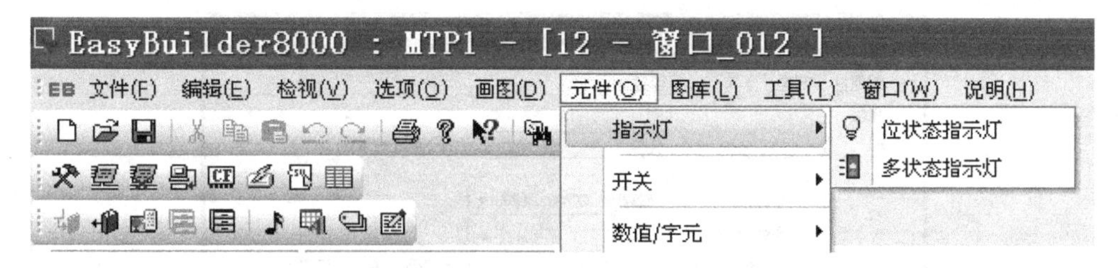

图 4-13　放置指示灯 1

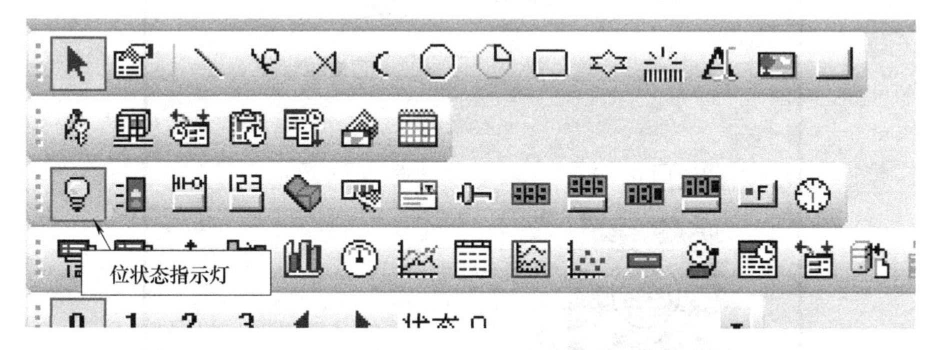

图 4-14　放置指示灯 2

新增 位状态指示灯 元件

一般属性 安全 图片 标签

描述：

读取地址

PLC 名称：MODBUS RTU

设备类型：0x

地址：0

地址格式：DDDDD [范围：1 ~ 65535]

闪烁

方式：无

确定 取消 帮助

图 4-15　“位状态指示灯”对话窗口

er8000 中，触摸屏地址从 1 开始，而施耐德 PLC 地址从 0 开始，所以触摸屏的地址应比 PLC 的地址多 1。如元件触摸屏地址设置为 1，对应 PLC 中的中间位 M0，地址设置为 n，对应 PLC 中的中间位 M（$n-1$）。从对话窗口可见，触摸屏元件地址的选择范围为 1 ~ 65535，实际的选择范围并没有这么多，取决于 PLC 的具体型号。例如对于小型的 PLC，中间位为 M0 ~ M255，元件地址的选择范围只能为 1 ~ 256。

在图 4-15 所示的对话窗口中单击“图片”，出现“元件图片”对话窗口，如图 4-16 所示。

新增 位状态指示灯 元件

一般属性 安全 图片 标签

图案

图库...　☑使用向量图

☑内部

☑外框

内部图案：　图案式样...

把设置复制到所有状态

图片

图库...　☐使用图片

预览

0 1　状态：0

图片：

背景：

图 4-16　“元件图片”对话窗口

在“元件图片”对话窗口中，可以对指示灯的内部、外框、背景和图案式样等进行设置。

如果对图片形状不满意，可以单击“使用向量图”按钮左侧的方框，在方框内出现√后单击“图库”按钮，在向量图库中选择元件外形，如图 4-17 所示。也可以单击“使用图片”按钮左侧的方框，在方框内出现√后单击“图库”按钮，在图片图库中选择元件外形，如图 4-18 所示。

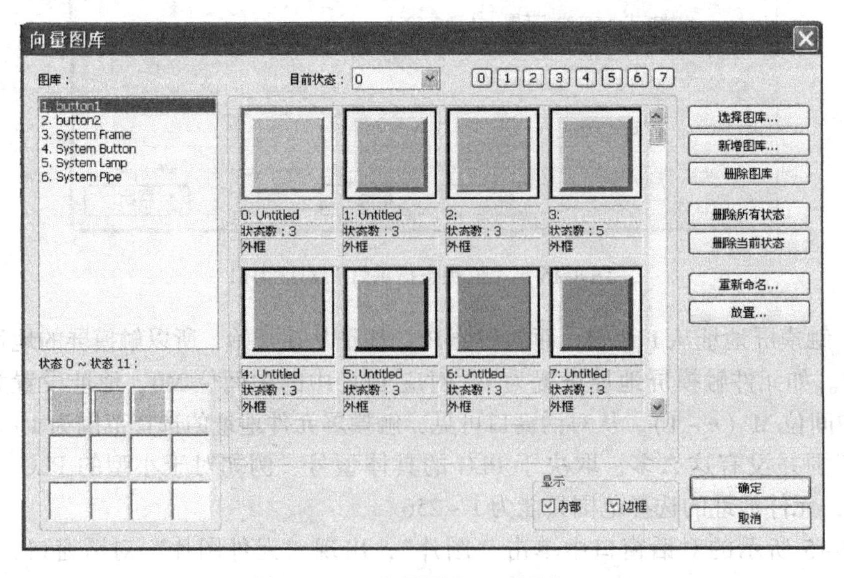

图 4-17　“向量图库”对话窗口

图库左侧显示已经开启的图库，单击“选择图库”按钮可以开启其他图库。

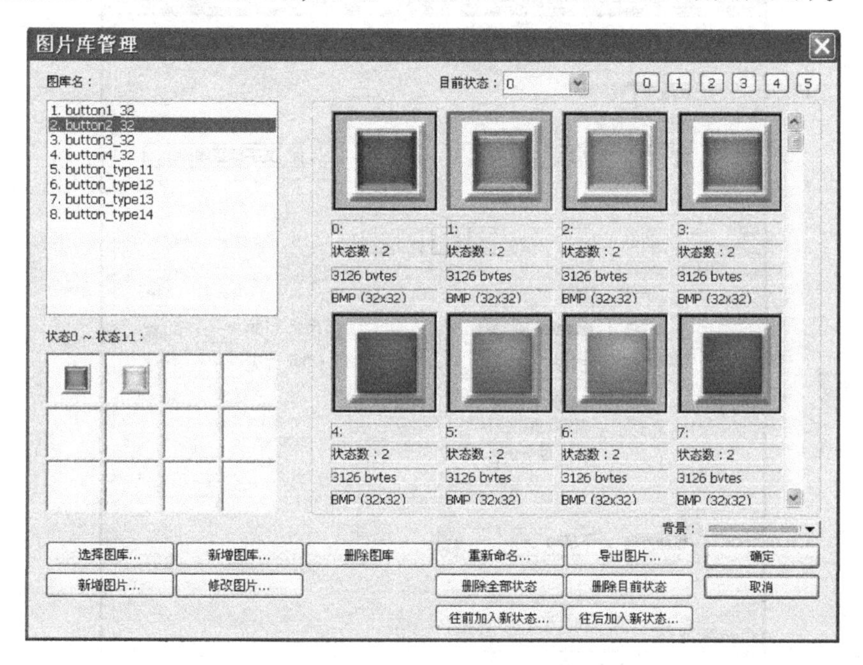

图 4-18　“图片库管理”对话窗口

若希望元件图片上放置文字，一种方法是直接放置文字，与图片无关。另一种方法是使用元件标签。前者文字在窗口中任意移动，后者只能在元件轮廓内部移动，不能移出元件轮廓。

在图 4-15 中单击“标签”按钮，出现“元件标签”对话窗口，如图 4-19 所示。单击“使用文字标签”按钮左侧的方框，出现“元件标签设置”对话窗口，如图 4-20 所示。可以对文字的内容、字体、字号、颜色、是否闪烁和是否移动等进行编辑。

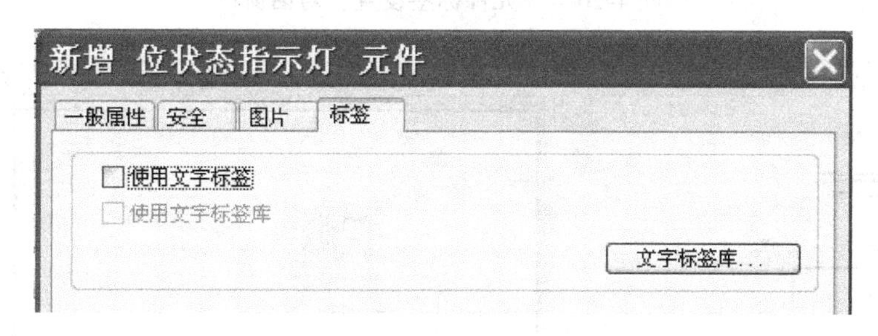

图 4-19　“元件标签”对话窗口

设置完成后，单击“确定”按钮关闭所有窗口后，指示灯图标出现在 011 窗口中，设置指示灯如图 4-21 所示。如果对于图形不满意，可以用鼠标左键双击指示灯图标，在出现的对话窗口后重新设置。图形的大小和位置还可以按住鼠标左键来更改。

若要继续放置指示灯，可以重复上述步骤，也可以使用“复制”与“粘贴”，然后用鼠标双击元件图标更改“地址”即可。

2）放置按钮。

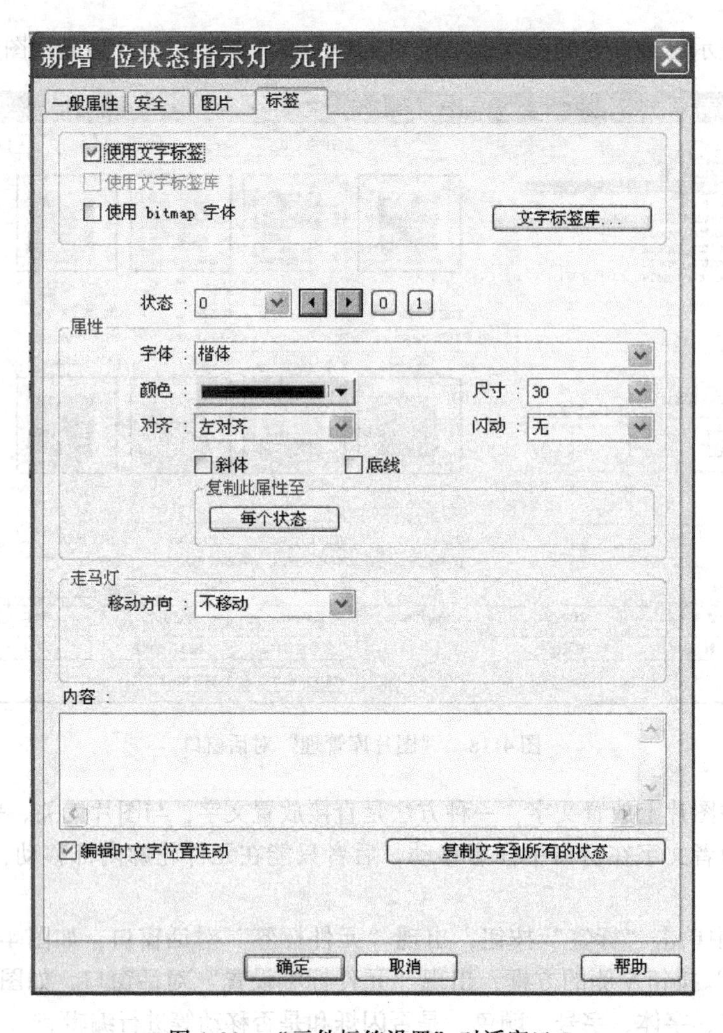

图 4-20 “元件标签设置”对话窗口

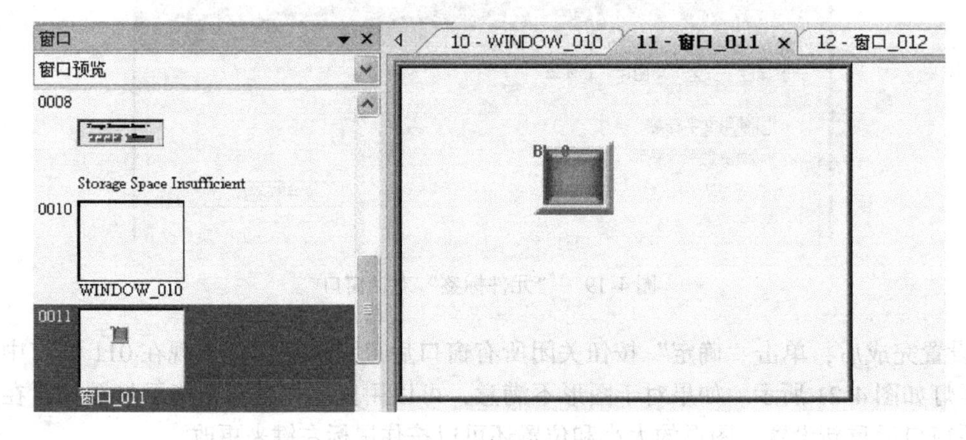

图 4-21 放置指示灯

按钮的放置也有两种方法：一是在元件下拉菜单中选择“开关”→“位状态开关”，二是单击编辑工具的“位状态设置”图标，设置按钮如图 4-22 所示。

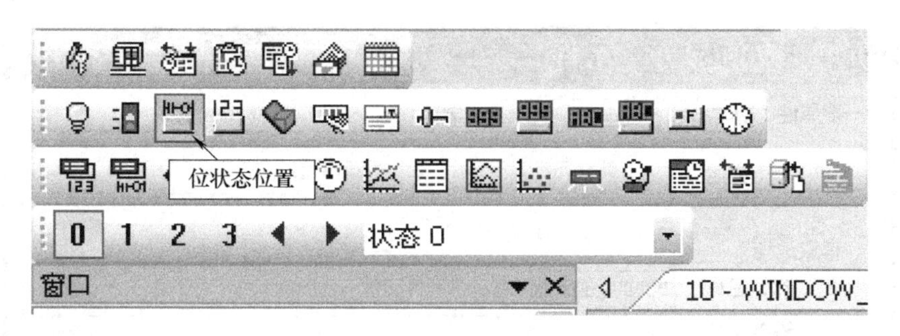

图 4-22　放置按钮

按钮的设置与指示灯类似，只是多了一个开关类型的选择，如图 4-23 所示。可以根据需要设置开关类型，通常设置为复归型或切换开关，复归型相当于平常使用的不带自锁功能的一般按钮开关，按下触点动作，松开触点复位；切换开关相当于平常使用的带自锁的按钮开关，按下触点动作，松开触点不复位，要复位需要再按一下。

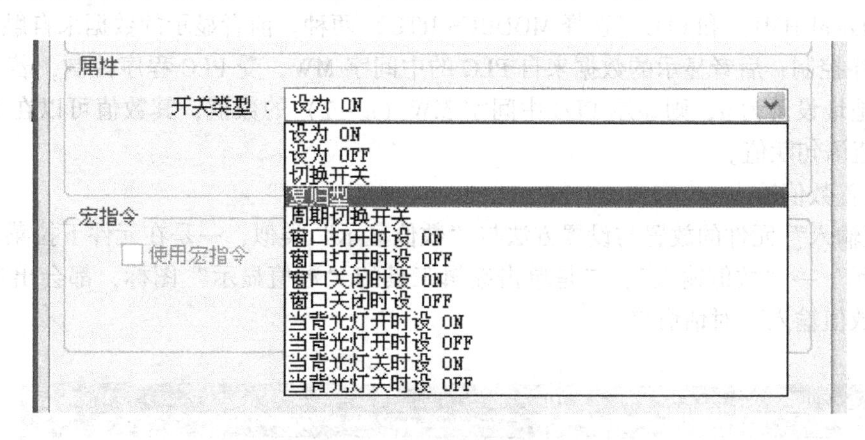

图 4-23　开关类型的选择

按钮与指示灯的另一个区别是在 PLC 程序中，按钮与中间位 M 的触点对应，而指示灯与中间位 M 的线圈对应。

3）放置数值显示。

数值显示元件的放置也有两种方法：一是在元件下拉菜单中选择“数值/字元”→“数值显示”，二是单击图 4-24 所示编辑工具的“数值显示”图标，出现图 4-25 所示的“数值显示”对话窗口。

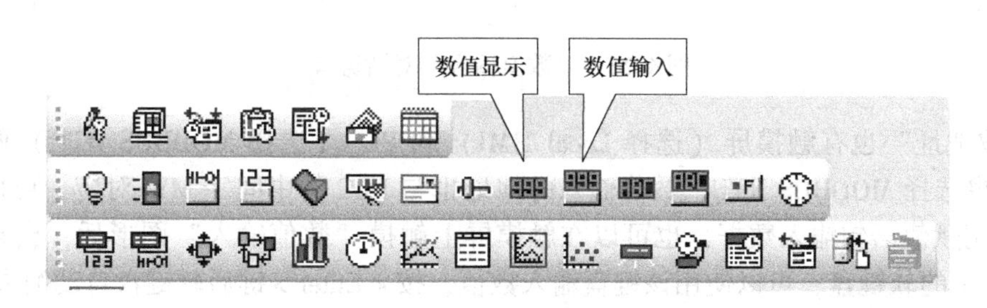

图 4-24　数值元件图标

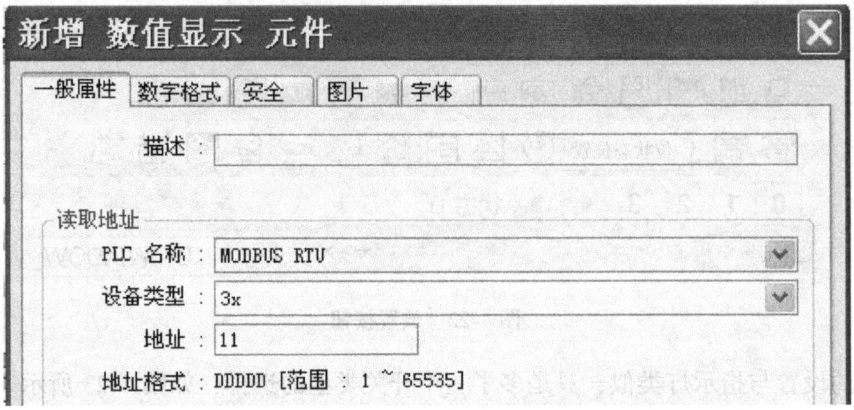

图 4-25 “数值显示”对话窗口

“数值显示”元件图片与字体的设置与指示灯相同，“读取地址”中的 PLC 名称有触摸屏（选择 Local HMI）和 PLC（选择 MODBUS RTU）两种。前者显示的数据来自触摸屏，不受 PLC 程序控制；后者显示的数据来自 PLC 的中间字 MW，受 PLC 程序控制，若“数值显示”元件地址设置为 n，则显示 PLC 中间字 MW（$n-1$）的数值，其数值可以在 PLC 程序中使用赋值语句赋值。

4）放置数值输入。

“数值输入”元件的放置与设置方法与“数值显示”类似，一是在元件下拉菜单中选择“数值/字元”→“数值输入”，二是单击编辑工具的“数值显示”图标，都会出现图 4-26 所示的“数值输入”对话窗口。

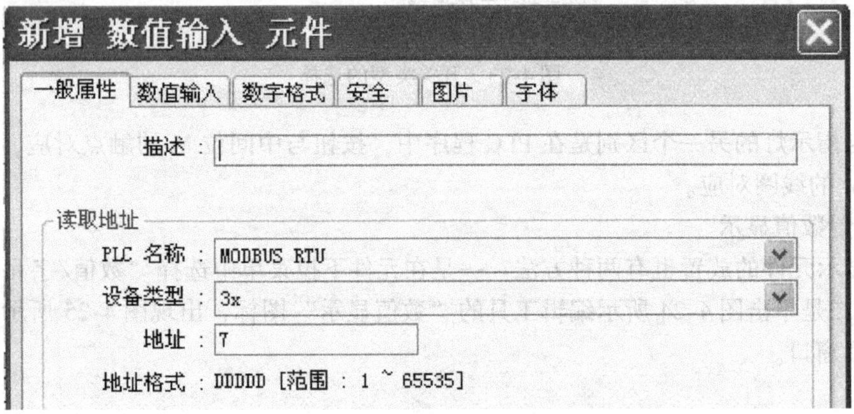

图 4-26 “数值输入”对话窗口

“读取地址”也有触摸屏（选择 Local HMI）和 PLC（选择 MODBUS RTU）两种，若 PLC 名称也选择 MODBUS RTU，数值输入的地址也与 PLC 的中间字 MW 对应，可以在 PLC 程序中使用赋值语句输入数据，也可以在触摸屏上触摸“数值输入”图形后，会自动弹出图 4-27 所示的软键盘，可以使用该键盘输入数值，按 <Enter> 键后软键盘自动消失。

5）放置功能键。

功能键为窗口切换按钮，单击要编辑的窗口为当前窗口，如010窗口。单击图4-28所示“功能键”图标，出现“功能键”对话窗口，如图4-29所示。

图4-27　数值输入软键盘

在对话窗口中选择“切换基本窗口”，“窗口编号”选择011窗口，说明当在010窗口触摸该图标时，立即切换到011窗口。切换按钮的外形与选项卡设置方法与指示灯完全相同，不再赘述。

确定后单击011窗口为当前窗口，编辑返回010窗口的按钮，“窗口编号”选择010窗口。

3. 放置文字与图形

触摸屏的文字、图形等符号没有地址，不受PLC程序控制，用来显示和装饰。

单击图4-30所示绘图工具栏中的“文字”图标，出现图4-31所示的“文字编辑”对话窗口，可以对文字的内容、字体、字号、颜色、是否闪烁和是否移动等进行编辑。

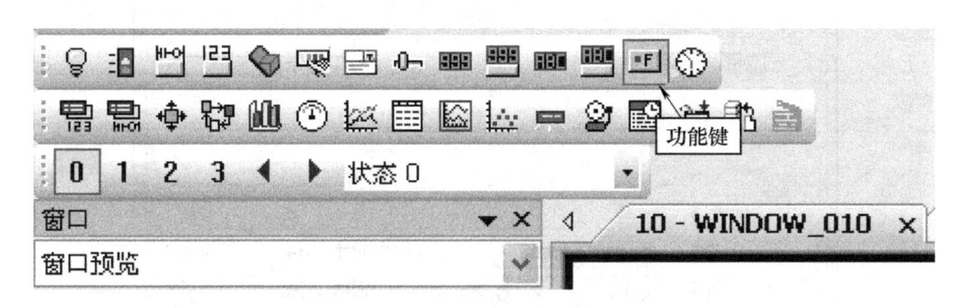

图4-28　编辑窗口切换按钮

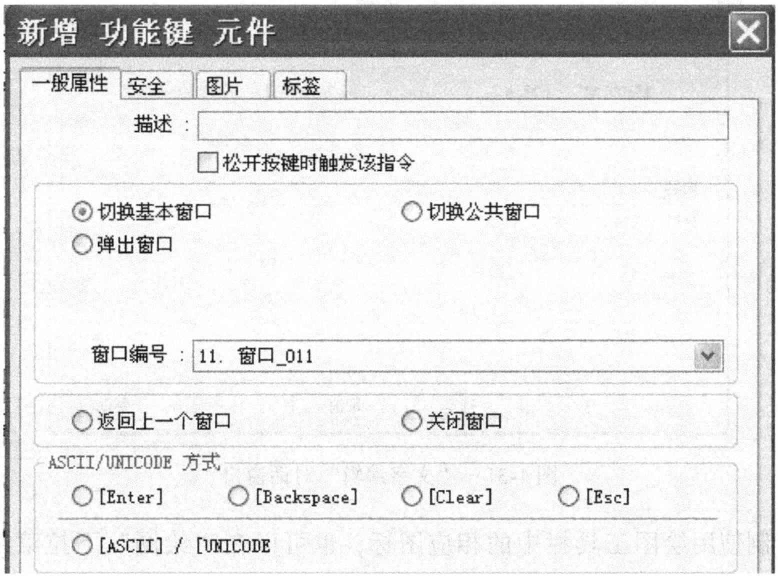

新增 功能键 元件

一般属性　安全　图片　标签

描述：

松开按键时触发该指令

切换基本窗口　切换公共窗口

弹出窗口

窗口编号：11. 窗口_011

返回上一个窗口　关闭窗口

ASCII/UNICODE 方式

[Enter]　[Backspace]　[Clear]　[Esc]

[ASCII] / [UNICODE]

图4-29　“功能键”对话窗口

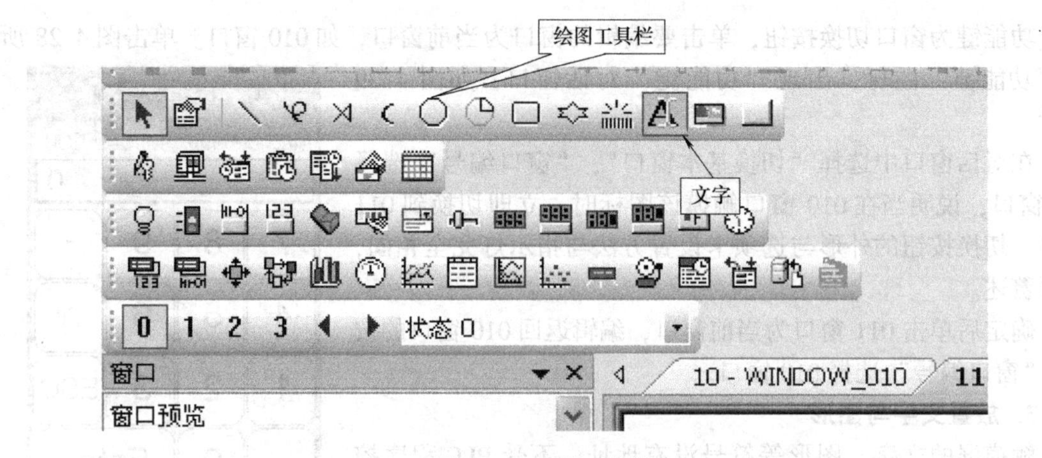

图 4-30　绘图工具栏

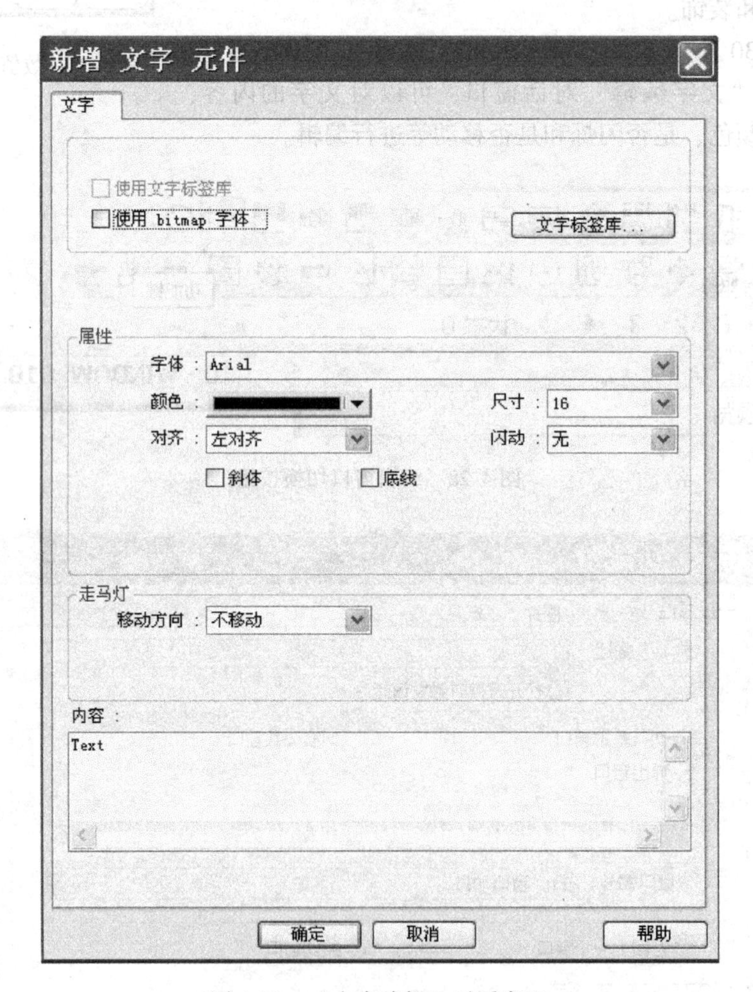

图 4-31　“文字编辑”对话窗口

图形的绘制使用绘图工具栏中的相应图标，也可以在“绘图”下拉菜单中选择，如图 4-32所示。

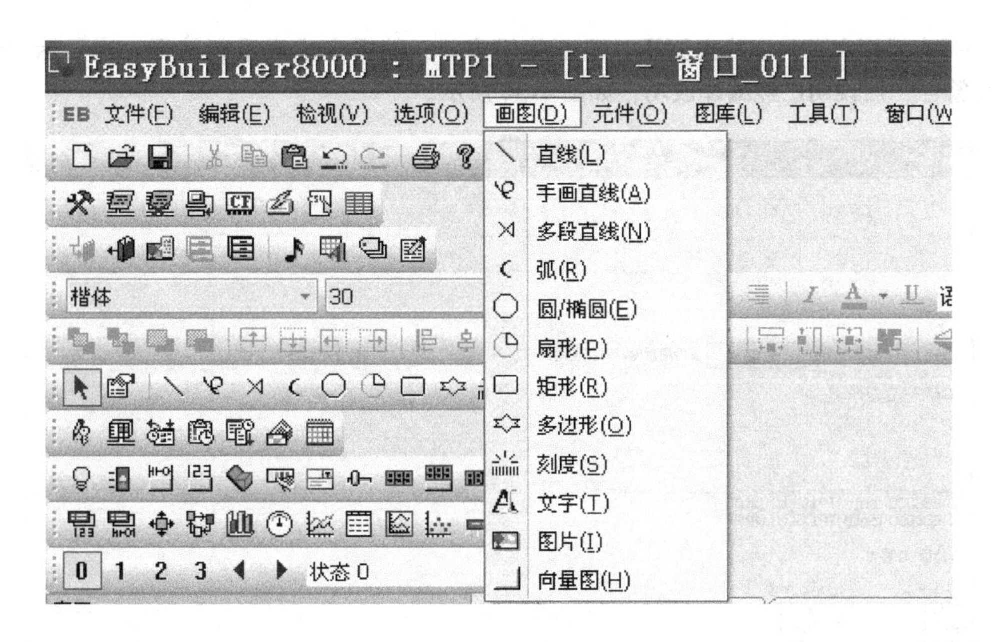

图 4-32　绘图菜单

按照要求放置所有元件和文字、符号后，新工程就编辑完成了。

如果一个窗口与另一个窗口形状差不多，可以将整个窗口复制到另一个窗口，然后更改地址和相应的修改就行了。

4.1.3　编译、模拟和下载

编辑好所需的窗口后必须进行编译和下载。还可以进行模拟，通过模拟检查编辑的窗口是否符合要求。

1. 编译

在使用 EasyBuilder8000 完成工艺文件（MTP）后，首先要保存，然后使用 EasyBuilder8000 提供的编译功能，将 MTP 文件编译成下载到触摸屏所需要的 XOB 文件。

单击图 4-33 所示的“编译”按钮或者在“工具”下拉菜单中单击“编译”，出现编译对话窗口，单击右下角的“开始编译”后，在对话窗口中显示字体文件、元件大小、字体大小和图形大小等信息，并显示有几个错误和警告。

图 4-33　编译按钮位置及形状

如果有错误和警告应找出原因，重新编辑窗口，编辑完成后重新编译。当显示“0 错误，0 警告”后说明已经编译成功，如图 4-34 所示。

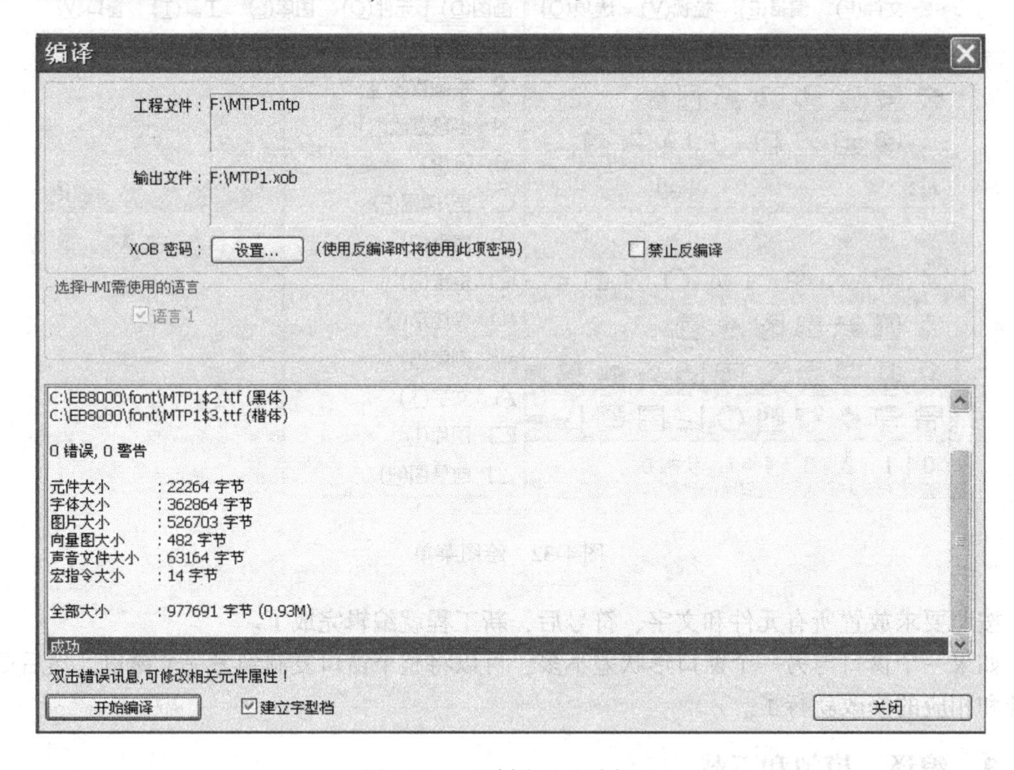

图 4-34　“编译”对话窗口

2. 模拟

模拟可分为在线模拟和离线模拟两种，离线模拟不需要接 PLC，使用虚拟设备模拟 PLC 的行为；在线模拟需要接上 PLC，并需要正确设定 PLC 的通信参数。

单击图 4-33 所示的“离线模拟”按钮或者在“工具”下拉菜单中单击“离线模拟”，虚拟触摸屏出现在计算机屏幕中，如图 4-35 所示，显示的图形为编辑的图形。

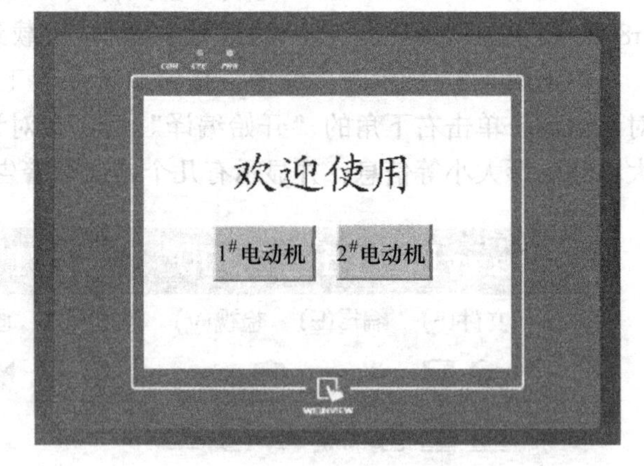

图 4-35　离线模拟

3. 下载

在保证计算机与触摸屏良好连接的前提下，单击图 4-33 所示的“下载”按钮或者在“工具”下拉菜单中单击“下载”，出现“下载”对话窗口，如图 4-36 所示。

选择“USB 下载线”后单击下载按钮执行下载任务，对话窗口会显示目前已经下载完成的文件。

如果触摸屏已经与 PLC 连接，且 PLC 程序正确，触摸屏将能进行显示与操作。否则会

下载

以太网　USB下载线（只支持 i 系列）　密码：设置...

韧体　字型档案

* HMI第一次下载程序或软件更新才需更新韧体

清除配方数据　清除事件记录　清除资料取样记录

下载后启动程序画面

编译后自动使用当前设定下载

下载　停止　关闭

图 4-36　“下载”对话窗口

弹出图 4-37 所示的窗口，应检查 PLC 接线是否良好、程序是否正确和通信设置是否正常等。

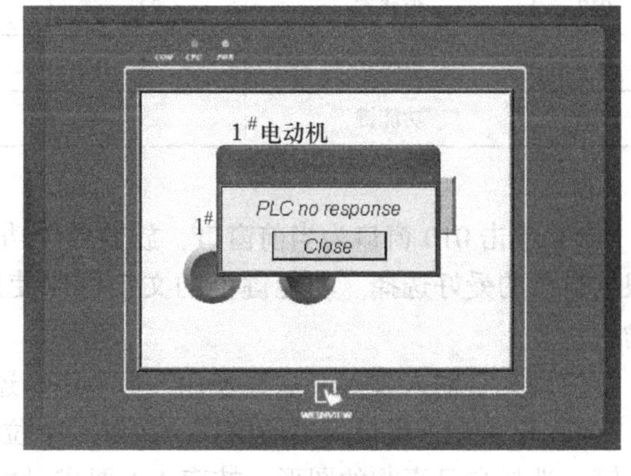

图 4-37　“弹出系统信息”窗口

4.1.4　实训与练习

【实训】假设一个工程的触摸屏如图 4-38所示。分 3 个窗口：主屏、1#电动机控制屏和 2#电动机控制屏。1#电动机和 2#电动机各有一个屏幕单独控制，每个屏幕有一个起动按钮、一个停止按钮和一个信号灯。

按下主屏的电动机选择按钮切换到电动机控制屏，按下电动机控制屏的返回按钮，返回到主屏。

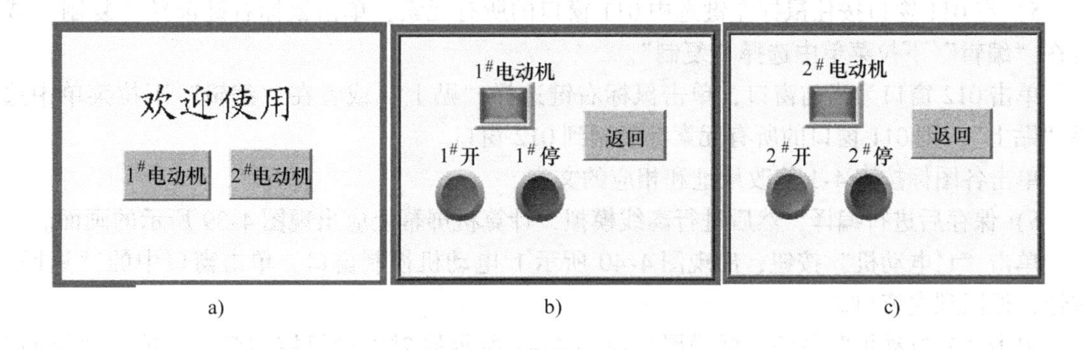

图 4-38　一个工程的触摸屏

a）主屏　b）1#电动机控制屏　c）2#电动机控制屏

实训步骤如下。

1）起动 EasyBuilder8000，开启新文件，选择 PLC，并进行通信参数设置。

2）新增两个窗口，如 011 窗口和 012 窗口。

触摸屏元件地址分配表见表 4-1。

表 4-1　触摸屏元件地址分配表

窗口	触摸屏元件	触摸屏 PLC 地址	对应 PLC 元件	触摸屏 标牌	作用
010	功能键			1#电动机	切换到 011 窗口
010	功能键			2#电动机	切换到 012 窗口
011	位状态指示灯	1	M0	1#电动机	1#电动机运行指示
011	位状态	21	M20	1#开	1#电动机起动
011	位状态	22	M21	1#停	1#电动机停止
011	窗口切换按钮			返回	返回到 010 窗口
012	位状态指示灯	2	M1	2#电动机	2#电动机运行指示
012	位状态	23	M22	2#开	2#电动机起动
012	位状态	24	M23	2#停	2#电动机停止
012	功能键			返回	返回到 010 窗口

3）单击 010 窗口为当前窗口，放置两个功能键，并选择要切换的窗口，功能键的图形根据自己的爱好选择。功能键上的文字可以使用功能键的标签输入，也可以另外使用文字输入。

使用文字输入放入“欢迎使用”4 个字。还可以放入自己喜欢的一些图形进行装饰。

4）单击 011 窗口为当前窗口，放置 1 个位状态指示灯、两个位状态（按钮）和 1 个功能键，选择自己喜欢的图形，按表 4-1 要求设置地址。

功能键上的“返回”可以使用功能键的标签输入，也可以另外使用文字输入。其他文字使用文字输入放入。也可以放入自己喜欢的一些图形进行装饰。

5）在 011 窗口按住鼠标左键选中 011 窗口的所有元素，单击鼠标右键选择“复制”或者在“编辑”下拉菜单中选择“复制”。

单击 012 窗口为当前窗口，单击鼠标右键选择“贴上”或者在“编辑”下拉菜单中选择“贴上”。则 011 窗口的所有元素都复制到 012 窗口。

单击各图标按表 4-1 修改地址和相应的文字。

6）保存后进行编译，然后进行离线模拟，计算机屏幕上应出现图 4-39 所示的画面。

单击“1#电动机”按钮，出现图 4-40 所示 1#电动机控制窗口，单击窗口中的“返回”按钮，返回到主窗口。

单击“2#电动机”按钮，触摸屏变成图 4-41 所示的 2#电动机控制窗口，单击“返回”按钮，返回主窗口。

图 4-39　离线模拟

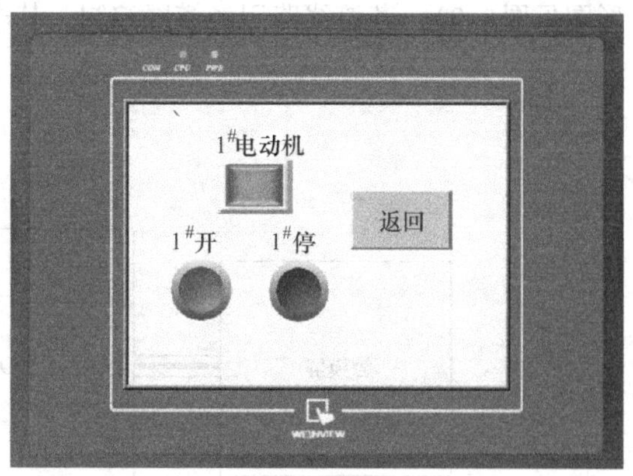

图 4-40　1#电动机控制窗口

在 1#电动机控制窗口或者 2#电动机控制窗口单击按钮时，可能会自动弹出图 4-37 所示的系统信息窗口“PLC no response”。

这说明到目前为止，还没有发现错误，是否编辑完全正确，只能通过程序验证。

7）接通触摸屏电源，下载到触摸屏。

若触摸屏没有和 PLC 连接，或者 PLC 程序不对，会弹出图 4-37 所示的系统信息窗口“PLC no response”，某些元件可能不显示在触摸屏上，特别是位状态指示灯不显示。

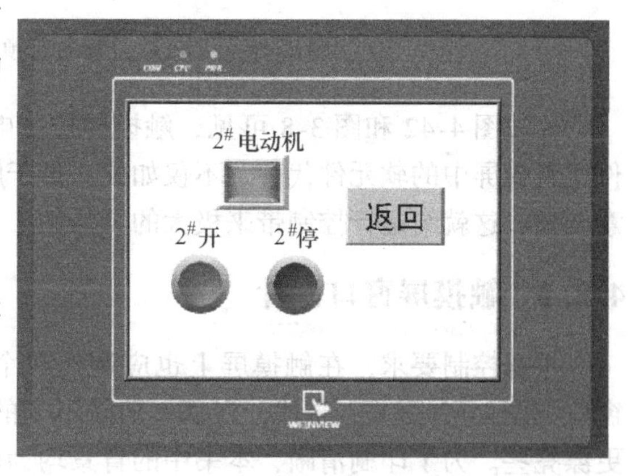

图 4-41　2#电动机控制窗口

【操作练习题】

1. 启动 EasyBuilder8000，依次单击“文件”“编辑”“检视”……，详细了解各下拉菜单的选项，并单击操作，掌握各选项的真实含义。单击常用的工具按钮，掌握各常用按钮的作用。

2. 在窗口放置位状态指示灯、位状态、数值显示、数值输入和功能键，在各自的对话窗口，选择不同的设置，并进行离线模拟，通过反复操作，掌握各选项的含义。

3. 编辑程序“LD %M50 ST %M10”，并下载到 PLC，将 PLC 与触摸屏连接。编辑一个简单的触摸屏工程，放置一个位状态指示灯（地址设置为 11）和一个位状态（地址设置为 51），将位状态的开关类型选不同的类型，下载到触摸屏后，触摸位状态，看指示灯的工作状态，体会不同类型开关的真实含义。更改任何选项后都必须重新编译和下载。

4.2　变频器正反转触摸屏控制电路

4.2.1　控制电路

在第 3 章已经介绍了直接用 PLC 控制的变频器正反转控制电路（控制电路见图 3-8，梯形图见图 3-9)。若该线路用触摸屏控制，其电路如图 4-42 所示。

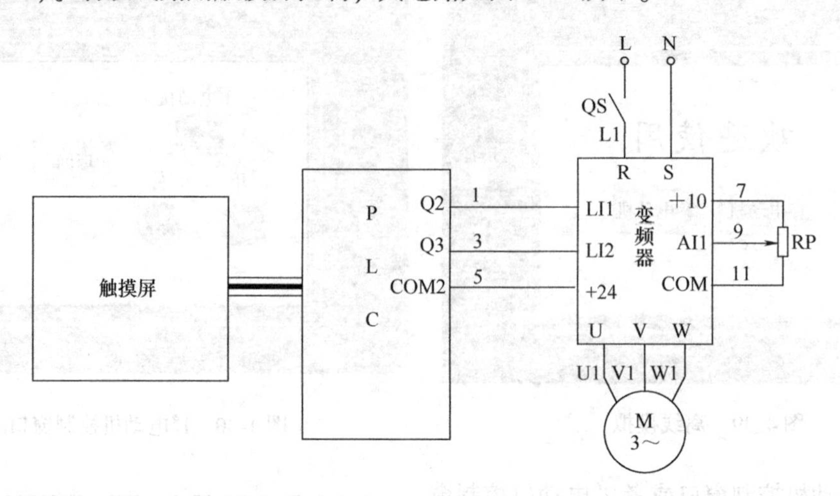

图 4-42　用 PLC 控制的变频器正反转触摸屏控制电路图

比较图 4-42 和图 3-8 可见，触摸屏控制电路是用触摸屏取代了按钮和信号灯，这些元件用触摸屏中的软元件代替。不仅如此，由于触摸屏窗口可以随意更改，PLC 程序也可以随意调整，这就给运行控制带来极大的灵活性。

4.2.2　触摸屏窗口设计

根据控制要求，在触摸屏上也应制作两个信号灯和 3 个按钮，制作完成后“触摸屏”窗口如图 4-43 所示。当然，在基本功能不变的前提下，可以各尽所能，将触摸屏窗口做得更漂亮些。为了印刷清晰，本书中的背景均为白色，实际设计选用彩色更好看。

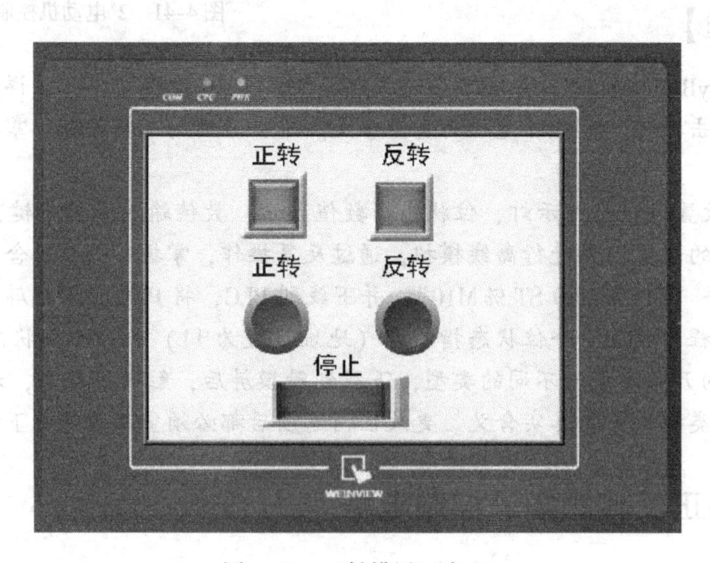

图 4-43　“触摸屏”窗口

触摸屏各元件的地址分配及作用表见表 4-2。

表 4-2　触摸屏各元件的地址分配及作用表

窗口	触摸屏元件	触摸屏 PLC 地址	对应 PLC 元件	触摸屏标牌	作用
010	位状态指示灯	1	M0	正转	正转指示
010	位状态指示灯	2	M1	反转	反转指示
010	位状态	21	M20	正转	正转起动
010	位状态	22	M21	反转	反转起动
010	位状态	23	M22	停止	停止

4.2.3　PLC 控制程序

PLC 控制程序参考梯形图如图 4-44 所示。

比较图 4-44 和图 3-9 可见，两个梯形图的形状完全相同，只是 PLC 输入继电器 I 全部用中间位 M（中间继电器）的触点代替，接信号灯的输出继电器 Q 用中间位 M 的线圈代替。

工作过程与图 3-8 完全相同，区别仅在于将真实的按钮和信号灯变成了触摸屏的虚拟元件。

若不需要停止就能反转，只需要将梯形图稍加修改即可，如图 4-45 所示。图 4-45 与图 3-9也相似。

%M20　%M22　%Q0.3　%Q0.2
%Q0.2　%M0
%M21　%M22　%Q0.2　%Q0.3
%Q0.3　%M1

图 4-44　PLC 控制程序正反转控制电路梯形图

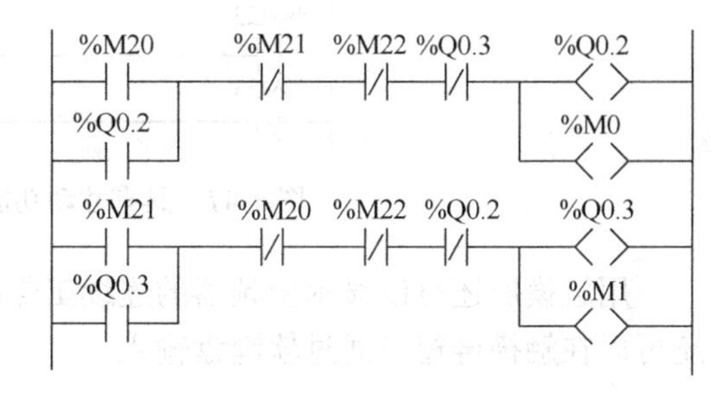

图 4-45　修改后的正反转控制电路梯形图

如果需要在正转控制线路中增加一个寸动（点动）功能，在实验室中只需要接一个寸动按钮或者开关即可实现。但在实际使用中，控制设备都已经做好，增加器件需要开孔、安装和接线，很不方便。

用触摸屏实现上述功能就方便多了。参考方法是只需要增加一个“连续/寸动”切换按钮，为了方便查看，再增加两个指示灯。

“连续/寸动”切换按钮为“位状态”元件，地址设置为 24，开关类型设置为“切换开关”；连续运行指示灯为“位状态指示灯”元件，地址设置为 3；寸动运行指示灯也为“位状态指示灯”元件，地址设置为 4。

增加元件后触摸屏窗口如图 4-46 所示，梯形图如图 4-47 所示，图 4-47 与图 4-45 的不同之处用斜黑体字标出。

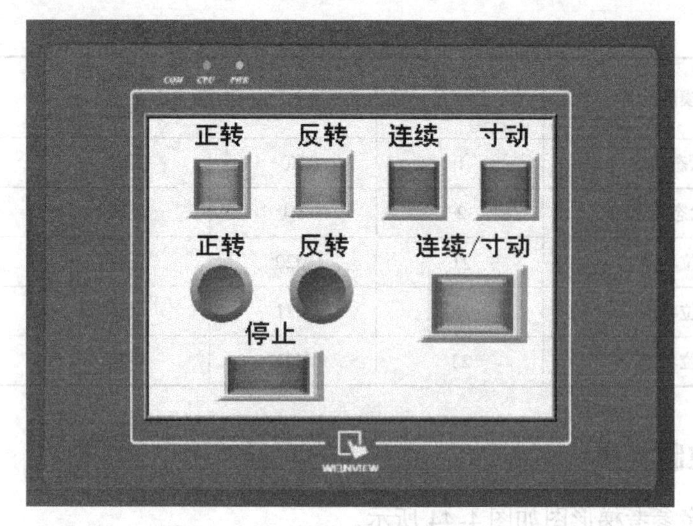

图 4-46　增加元件后的触摸屏窗口

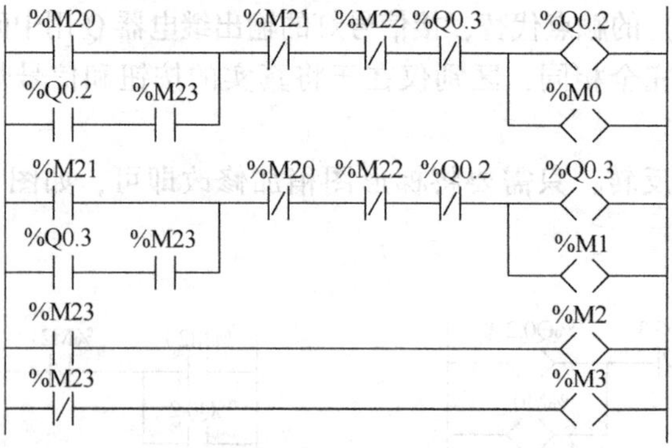

%M20 %M21 %M22 %Q0.3 %Q0.2
%Q0.2 %M23 %M0
%M21 %M20 %M22 %Q0.2 %Q0.3
%Q0.3 %M23 %M1
%M23 %M2
%M23 %M3

图 4-47　具有寸动功能的正反转控制电路梯形图

用触摸屏还可以显示变频器的连续工作时间及频率、电压、电流等运行参数。有些参数还可以在触摸屏窗口通过软键盘输入。

【操作练习题】

1. 用电气智能化实验平台，将本节介绍的内容进行操作练习。

2. 有两台电动机，既可以单独进行正反转运行，也可以两台电动机同时正转运行，设计触摸屏和 PLC 程序，并用电气智能化实验平台进行“模拟”实验（用实验台的指示灯模拟变频器运行）。

4.3　变频器自动升降速触摸屏控制电路

4.3.1　控制电路

把 3.6 节介绍的自动升降速控制电路图 3-37 改为触摸屏控制的控制电路，如图 4-48 所示。

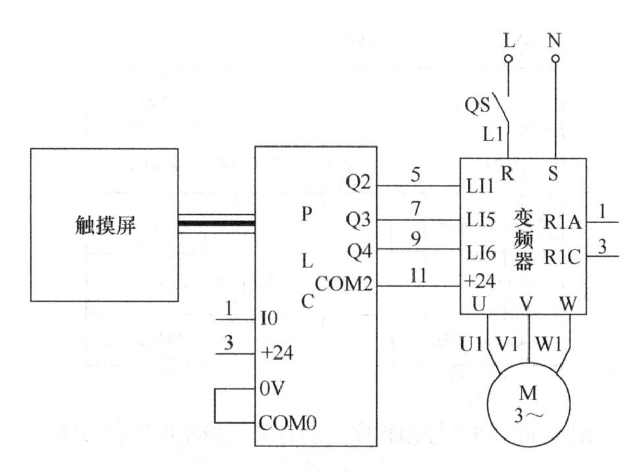

图 4-48　自动升降速触摸屏控制电路图

4.3.2　触摸屏窗口设计

“触摸屏”窗口如图 4-49 所示，图中第一排的运行、升速、降速为位状态指示灯，其他按钮为位状态，开关类型设置为复归型。

与图 3-37 比较，除了将各控制按钮换成触摸屏的软按钮外，还增加了 3 个指示灯做运行状态显示。同时，将软按钮设置成不同的形状，使操作更直观。

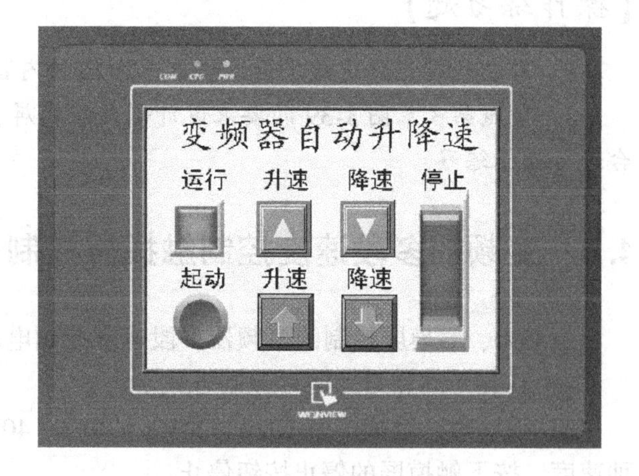

图 4-49　“触摸屏”窗口

触摸屏元件的地址分配及作用表见表 4-3。

表 4-3　触摸屏元件的地址分配及作用表

窗口	触摸屏元件	触摸屏 PLC 地址	对应 PLC 元件	触摸屏标牌	作用
010	位状态指示灯	1	M0	运行	变频器运行指示
010	位状态指示灯	2	M1	升速	变频器升速指示
010	位状态指示灯	3	M2	降速	变频器降速指示
010	位状态	21	M20	起动	变频器起动按钮
010	位状态	22	M21	升速	变频器升速按钮
010	位状态	23	M22	降速	变频器降速按钮
010	位状态	24	M23	停止	变频器停止按钮

4.3.3　PLC 控制程序

PLC 控制程序参考梯形图如图 4-50 所示。该图与图 3-38 所示的梯形图形状完全相同，读者可以比较其对应关系。

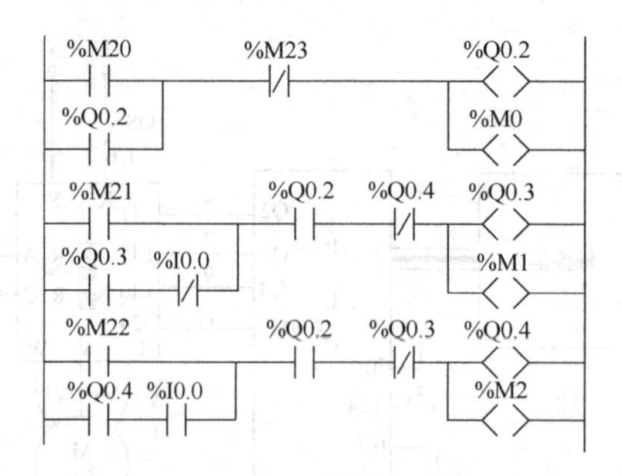

图 4-50　PLC 控制程序自动升降速控制电路梯形图

【操作练习题】

1. 用电气智能化实验平台，将本节介绍的内容进行操作练习。

2. 按照第 3 章图 3-39 的要求设计制作触摸屏，编写 PLC 梯形图，用电气智能化实验平台进行操作练习。

4.4　变频器多段速度控制触摸屏控制电路

由 PLC、触摸屏控制的变频器多段速度控制电路的要求为：

1）具有手动和自动两种控制方式。

2）手动时，触摸屏有 10Hz、20Hz、30Hz、40Hz 和 50Hz 共 5 个触摸按钮，分别实现 5 种速度，按下触摸屏的停止按钮停止。

3）自动时，按下触摸屏的起动按钮，变频器以 10Hz 的频率起动，以后每 30s 加 10Hz，加到 50Hz 后有每 30s 减 10Hz，减到 10Hz 后再增加，如此循环。在任意时刻按下触摸屏的停止按钮停止。

4）触摸屏能自动显示变频器的运行频率。

变频器的参数设置如下：

① drC—FCS = InI——恢复出厂设置。

② FLt—OPL = nO——电动机缺相不检测。

③ I-O—tCC = 2C——设置控制方式。

④ FUn—PSS—PS2 = LI3——给 2 段速度控制分配端子。

⑤ FUn—PSS—PS4 = LI4——给 4 段速度控制分配端子。

⑥ FUn—PSS—PS8 = LI5——给 8 段速度控制分配端子。

⑦ FUn—PSS—SP2 = 10——设置第 2 个预置速度为 10Hz。

⑧ FUn—PSS—SP3 = 20——设置第 3 个预置速度为 20Hz。

⑨ FUn—PSS—SP4 = 30——设置第 4 个预置速度为 30Hz。

⑩ FUn—PSS—SP5 = 40——设置第 5 个预置速度为 40Hz。

⑪ FUn—PSS—SP6 = 50——设置第 6 个预置速度为 50Hz。

其他没有要求，使用变频器的默认设置或根据工艺要求设置。

4.4.1　控制电路

直接用 PLC、触摸屏控制的控制电路如图 4-51 所示。

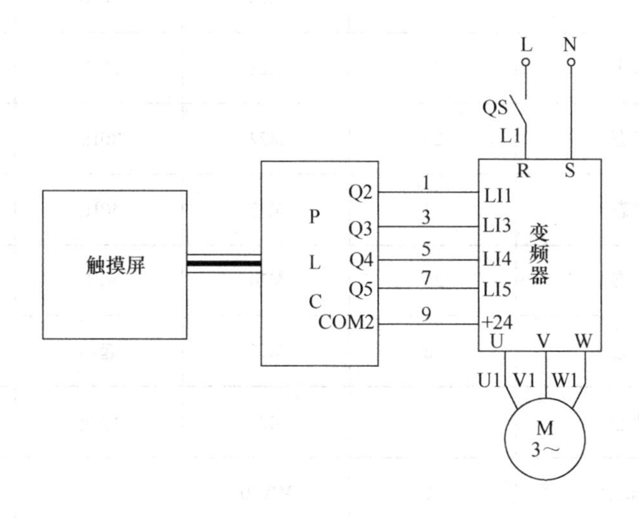

图 4-51　直接用 PLC、触摸屏控制的控制电路

4.4.2　触摸屏窗口设计

“触摸屏”窗口如图 4-52 所示，触摸屏元件的地址分配及作用见表 4-4。窗口中的方框内显示变频器的运行频率，“手动”右侧的 5 个按钮分别用来手动控制 5 个速度的运行，起动按钮为自动运行起动按钮，停止按钮为公用停止按钮。自动运行和 5 个速度的单独运行可以在不停止的情况下任意切换。

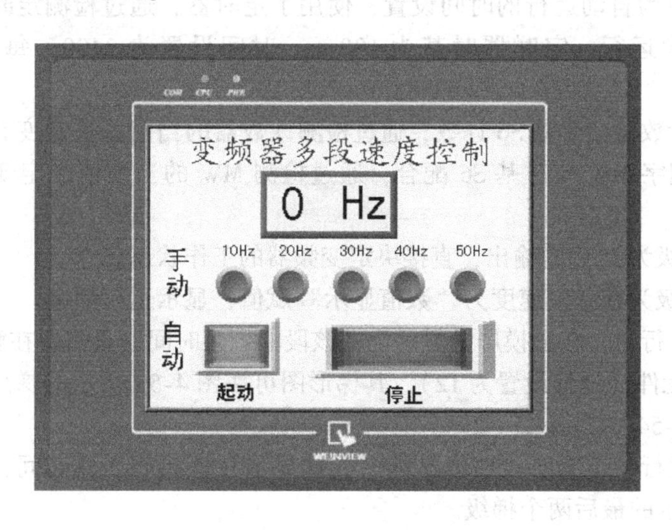

图 4-52　“触摸屏”窗口

表 4-4 触摸屏元件的地址分配及作用表

窗口	触摸屏元件	触摸屏 PLC 地址	对应 PLC 元件	触摸屏 标牌	作用
010	位状态	21	M20	10Hz	10Hz 起动按钮
010	位状态	22	M21	20Hz	20Hz 起动按钮
010	位状态	23	M22	30Hz	30Hz 起动按钮
010	位状态	24	M23	40Hz	40Hz 起动按钮
010	位状态	25	M24	50Hz	50Hz 起动按钮
010	位状态	26	M25	起动	自动控制起动按钮
010	位状态	27	M26	停止	变频器停止运行按钮
010	数值显示	11	MW10		显示运行频率

4.4.3 PLC 控制程序

PLC 控制程序的参考梯形图如图 4-53 所示，简要说明如下。

第 0 梯级的作用是在 PLC 开机或停止时，在触摸屏显示 0Hz。

第 1 ~ 6 梯级为自动和手动选择，S13 的作用是保证在 PLC 突然停电恢复供电后变频器不能自动工作。由于都有互锁，不用停止就可以进行功能切换，并且在任何时刻只能有一种状态工作。

第 7 ~ 15 梯级为自动运行的时间设置，使用了定时器，通过检测定时器的当前值决定变频器在哪段速度运行。定时器时基为 100ms，时间设置为 2400，每个循环周期正好是 240s。

也可以使用计数器给时基 S6 计数，通过检测计数器的当前值决定变频器在哪段速度运行。还可以用中间字 MW 与时基 S6 配合，通过检测 MW 的当前值决定变频器在哪段速度运行。

第 16 ~ 19 梯级为 PLC 的输出，直接决定变频器的工作状态。

第 20 ~ 24 梯级为在各段速度为“数值显示”赋值，显示运行频率。

若希望自动运行时，在触摸屏上显示出在该段的剩余时间，只需要在触摸屏上再放置一个“数值显示”元件（地址设置为 12），其梯形图可在图 4-53 所示的梯形图上再增加 5 个梯级即可，见图 4-54 中梯级 25 ~ 29。

如果在手动运行时还用该“数值显示”元件显示在该频率工作时间，只需要再加两个梯级，图 4-54 所示的最后两个梯级。

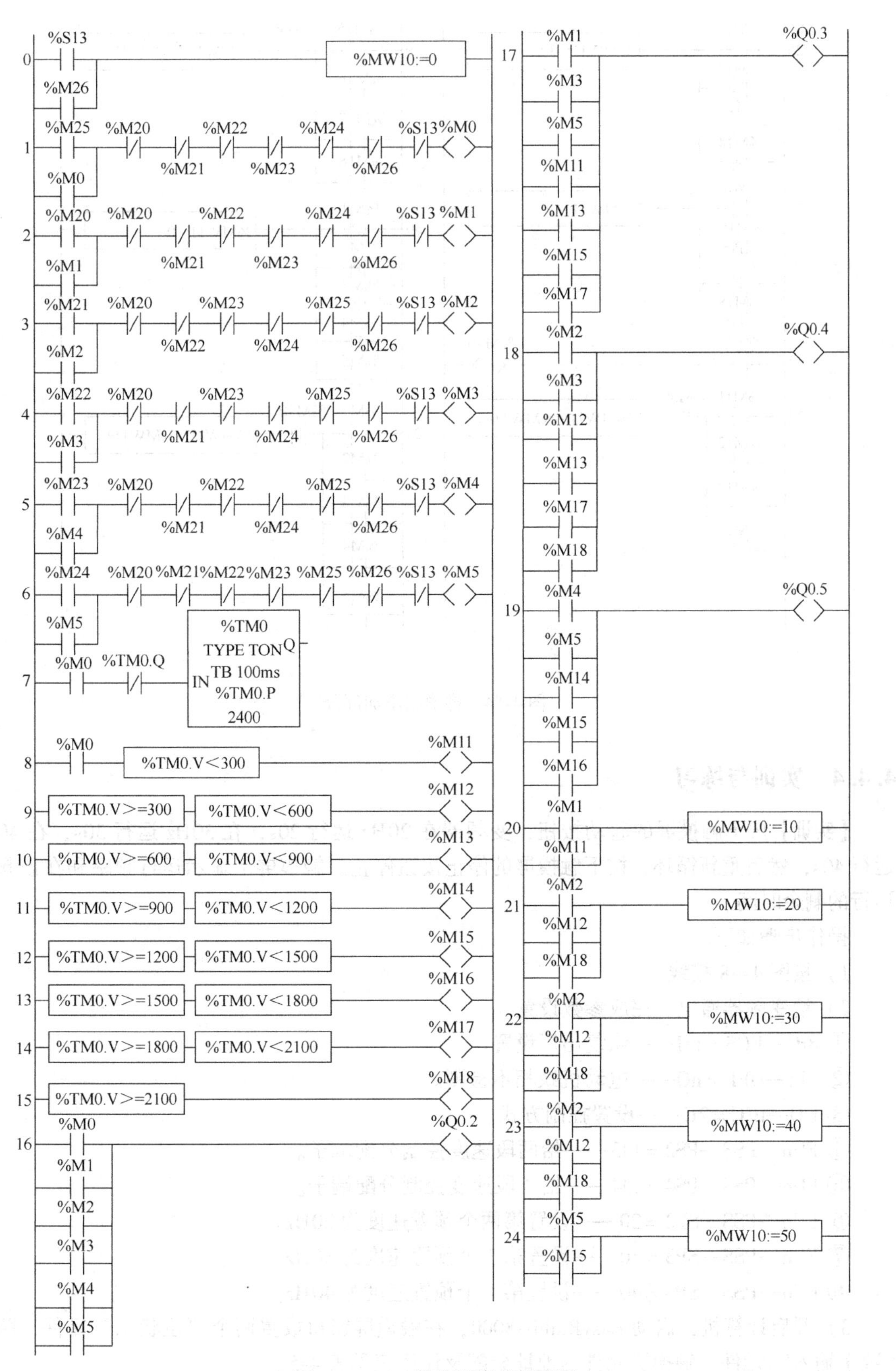

图 4-53　PLC 控制程序的梯形图

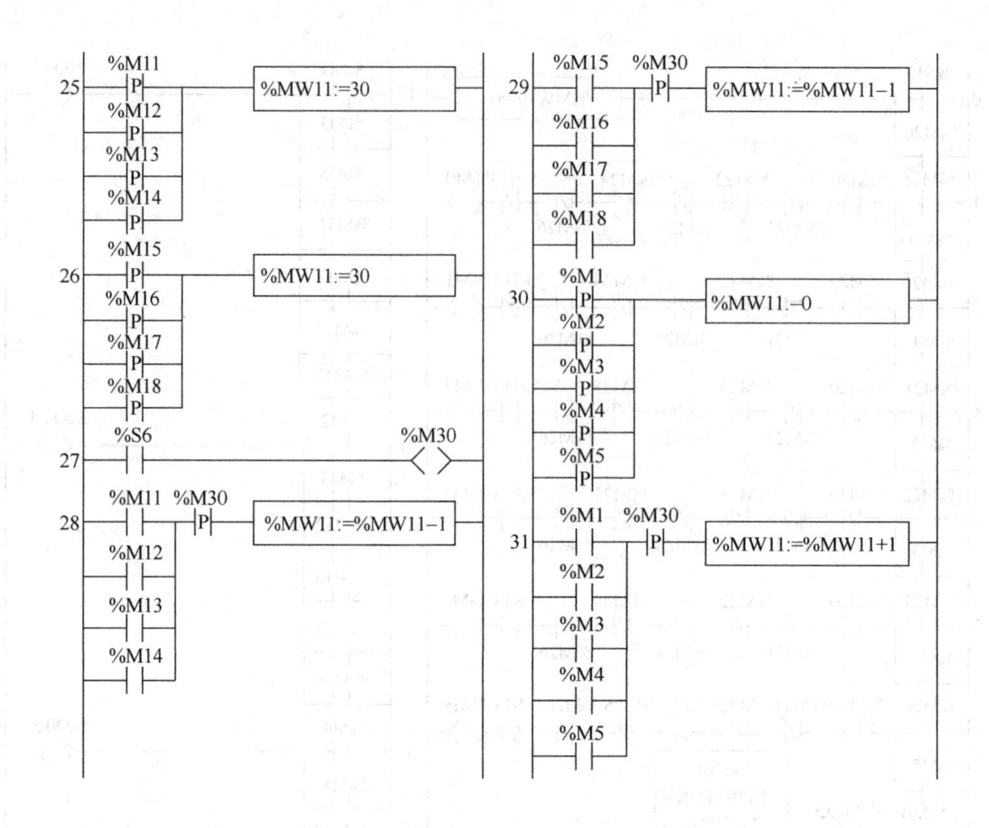

图 4-54　梯形图增加部分

4.4.4　实训与练习

【实训】 按下触摸屏的起动按钮，变频器在 20Hz 运行 20s，在 30Hz 运行 30s，在 40Hz 运行 40s，然后重新循环，按下触摸屏的停止按钮停止。触摸屏上显示运行频率和在该频率运行的剩余时间。

操作步骤如下。

1）按图 4-48 接线。

2）给变频器通电，完成参数设置。

① drC—FCS = InI——恢复出厂设置。

② FLt—OPL = nO——电动机缺相不检测。

③ I-O—tCC = 2C——设置控制方式。

④ FUn—PSS—PS2 = LI3——给两段速度控制分配端子。

⑤ FUn—PSS—PS4 = LI4——给 4 段速度控制分配端子。

⑥ FUn—PSS—SP2 = 20——设置第两个预置速度为 20Hz。

⑦ FUn—PSS—SP3 = 30——设置第 3 个预置速度为 30Hz。

⑧ FUn—PSS—SP4 = 40——设置第 4 个预置速度为 40Hz。

3）开启计算机，启动 EasyBuilder8000，在触摸屏窗口放置两个“位状态”元件，两个“数字输入”元件，触摸屏元件的地址分配及作用表见表 4-5。

表 4-5　触摸屏元件的地址分配及作用表

窗口	触摸屏元件	触摸屏 PLC 地址	对应 PLC 元件	触摸屏 标牌	作用
010	位状态	21	M20	起动	起动按钮
010	位状态	22	M21	停止	停止按钮
010	数值显示	1	MW0	运行频率	显示运行频率
010	数值显示	2	MW1	剩余时间	显示剩余时间

“触摸屏”窗口如图 4-55 所示。

保存、编译后，打开触摸屏电源，下载到触摸屏。此时两个“数值输入”可能不显示，可能会自动弹出系统信息窗口“PLC no response”，这是因为 PLC 电源可能没开，或者 PLC 程序不正确，暂不考虑。

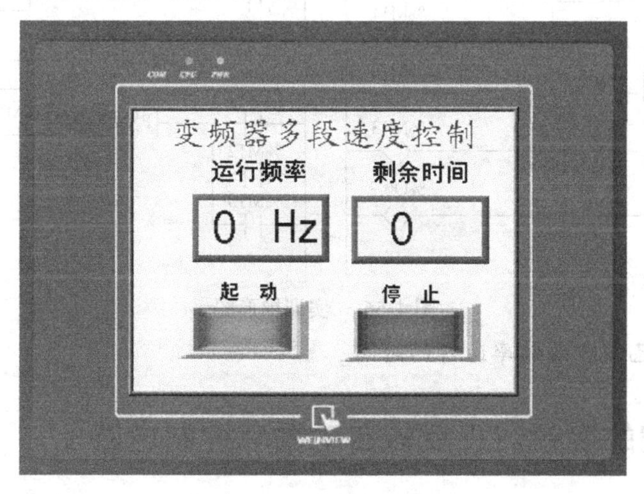

图 4-55　“触摸屏”窗口

4）启动 TwidoSoft 编程软件，编写程序，参考梯形图如图 4-56 所示。

5）计算机与 PLC 连接，将程序传到 PLC，运行 PLC 程序，然后断开连接。

6）关闭 PLC 电源，拔下计算机与 PLC 连接线，插入触摸屏与 PLC 连接线。接通 PLC 电源，触摸屏系统信息窗口“PLC no response”应自动消失，所有编辑的元件都显示在触摸屏上。

7）触摸触摸屏的起动按钮，变频器在 20Hz 运行 20s，在 30Hz 运行 30s，在 40Hz 运行 40s，然后重新循环，触摸屏上显示运行频率和在该频率运行的剩余时间。触摸触摸屏的停止按钮停止。

如果工作不正常，应仔细检查 PLC 程序和触摸屏地址设置是否对应，程序是否有错，直到工作正常为止。

【操作练习题】

1. 用电气智能化实验平台，将本节介绍的内容进行操作练习。

2. 触摸触摸屏的起动按钮，变频器在 20Hz 运行 10s，在 30Hz 运行 30s，在 50Hz 运行 40s，返回 30Hz 运行 30s，20Hz 运行 10s，依次循环，触摸触摸屏的停止按钮停止。触摸屏

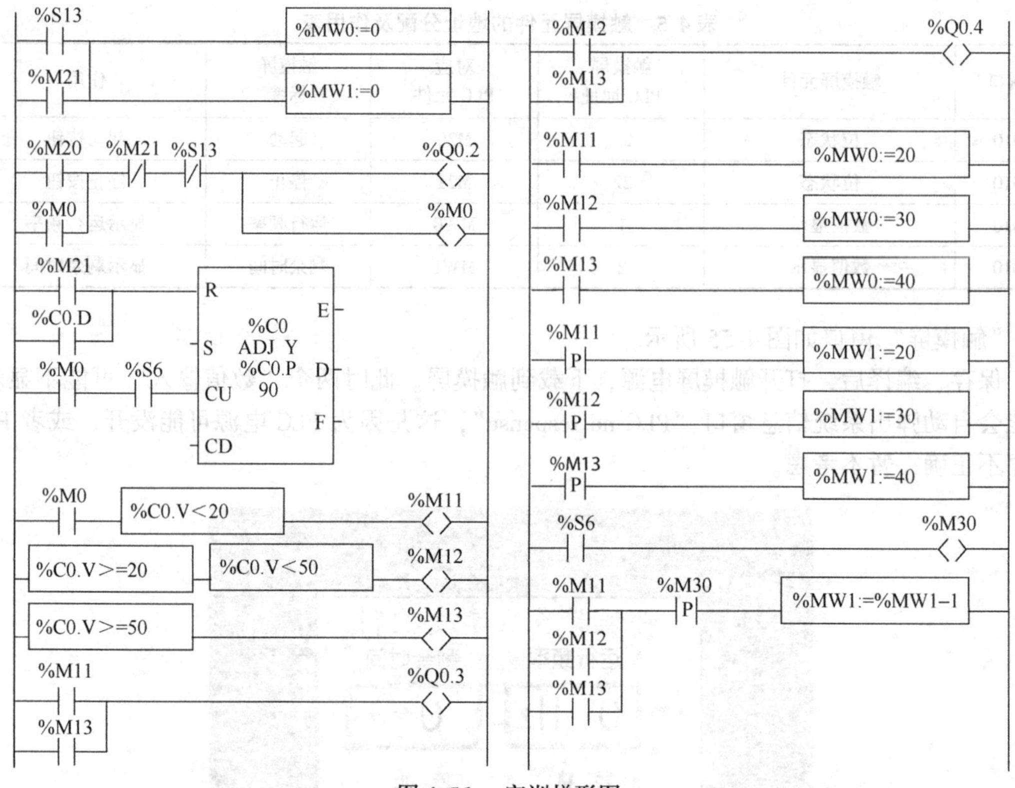

图 4-56　实训梯形图

上显示运行频率和已经在该频率运行的时间。

4.5　时间可控的变频器正反转自动循环控制电路

用触摸屏控制的正反转自动循环控制电路，只需要在触摸屏窗口制作一个起动按钮和一个停止按钮，最多再加两个信号灯，非常简单。其梯形图参考 3.3 节介绍的内容也很容易完成。用触摸屏控制的最大优点就是我们可以在触摸屏上按照不同的工艺要求任意设置正转、反转和中间停顿的时间，并可以将运行时间或者剩余时间显示出来。

正反转自动循环控制电路与图 4-42 相同。

4.5.1　触摸屏窗口设计

如果要求变频器正反转循环运行，中间没有停顿，正反转运行时间可以在触摸屏窗口以时、分、秒的形式设置。

触摸屏窗口应有起动按钮、停止按钮、正转运行指示灯、反转运行指示灯和正、反转时间设定，触摸屏元件的地址分配及作用见表 4-6。“触摸屏” 窗口如图 4-57 所示。

表 4-6　触摸屏元件的地址分配及作用表

窗口	触摸屏元件	触摸屏 PLC 地址	对应 PLC 元件	触摸屏标牌	作用
010	位状态	21	M20	起动	起动按钮
010	位状态	22	M21	停止	停止按钮

（续）

窗口	触摸屏元件	触摸屏 PLC 地址	对应 PLC 元件	触摸屏标牌	作用
010	位状态指示灯	12	M11	正转	正转运行指示
010	位状态指示灯	13	M12	反转	反转运行指示
010	数值输入	11	MW10	正转时间：秒	正转时间秒输入
010	数值输入	12	MW11	正转时间：分	正转时间分输入
010	数值输入	13	MW12	正转时间：时	正转时间时输入
010	数值输入	14	MW13	反转时间：秒	反转时间秒输入
010	数值输入	15	MW14	反转时间：分	反转时间分输入
010	数值输入	16	MW15	反转时间：时	反转时间时输入

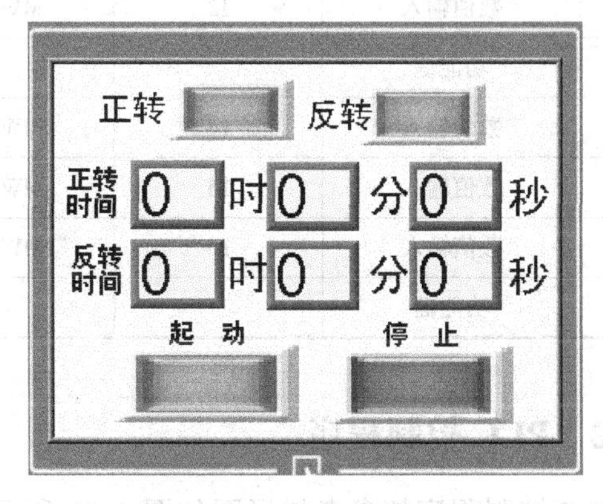

图 4-57 “触摸屏”窗口

如果认为触摸屏太挤，可以将其分 3 个窗口显示，如图 4-58 所示。触摸“运行时间”按钮，切换到 011 窗口设置正转时间，按下相应的方框，会弹出软键盘输入数据，输入完成后按“确认”按钮，切换到 012 窗口设置反转时间，输入完成后按“确认”按钮，返回到 010 窗口。

分 3 个窗口的触摸屏元件地址分配及作用表见表 4-7。

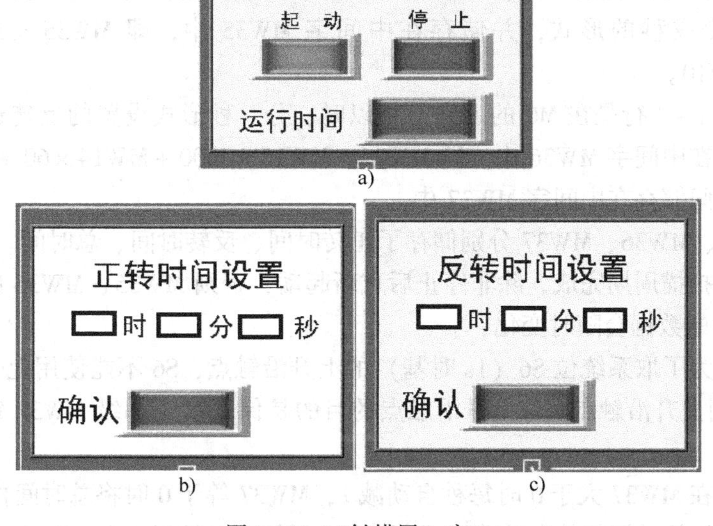

图 4-58 “触摸屏”窗口

a) 010 窗口 b) 011 窗口 c) 012 窗口

表 4-7　分 3 个窗口的触摸屏元件地址分配及作用表

窗口	触摸屏元件	触摸屏 PLC 地址	对应 PLC 元件	触摸屏标牌	作用
010	位状态	21	M20	起动	起动按钮
010	位状态	22	M21	停止	停止按钮
010	位状态指示灯	12	M11	正转	正转运行指示
010	位状态指示灯	13	M12	反转	反转运行指示
010	功能键			运行时间	切换到 011 窗口
011	数值输入	11	MW10	正转时间：秒	正转时间秒输入
011	数值输入	12	MW11	正转时间：分	正转时间分输入
011	数值输入	13	MW12	正转时间：时	正转时间时输入
011	功能键			确认	切换到 012 窗口
012	数值输入	14	MW13	反转时间：秒	反转时间秒输入
012	数值输入	15	MW14	反转时间：分	反转时间分输入
012	数值输入	16	MW15	反转时间：时	反转时间时输入
012	功能键			确认	返回到 010 窗口

4.5.2　PLC 控制程序

PLC 控制程序的参考梯形图如图 4-59 所示，简要说明如下。

第 0 梯级起动、停止自锁环节，触摸触摸屏的起动按钮（M20），中间位（相当于 PLC 内部的中间继电器）M0 线圈“通电”并自锁，变频器正转起动；触摸触摸屏的停止按钮（M21），中间位 M0 线圈“断电”，变频器停止工作。

第 2 梯级是在 M0 的上升沿（M0 接通的第一个扫描周期）将以时、分、秒形式设置的正转运行时间变成秒的形式，并储存在中间字 MW35 中，即 $MW35 = MW12 \times 3600 + MW11 \times 60 + MW10$。

第 3 梯级第 1 ~4 行是在 M0 的上升沿将以时、分、秒形式设置的反转运行时间变成秒的形式，并储存在中间字 MW36 中，即 $MW36 = MW15 \times 3600 + MW14 \times 60 + MW13$。第 5 行是将正反转总时间储存在中间字 MW37 中。

这样 MW35、MW36、MW37 分别储存了正转时间、反转时间、总时间。整个过程在 M0 接通后的第一个扫描周期完成，除非停止后重新起动，否则 MW35、MW36 中的数据不会改变，但 MW37 中的数据会随时变化。

第 4 梯级是为了取系统位 S6（1s 时基）的上升沿触点，S6 不能使用上升沿触点，但中间位 M 可以使用上升沿触点。取上升沿触点的目的是保证第 5 梯级 MW37 每秒只能进行一次减 1 操作。

第 5 梯级是在 MW37 大于 0 时每秒自动减 1，MW37 等于 0 时将总时间再赋值给 MW37，MW37 的数据就从总时间每秒自动减 1，减到 0 后再从总时间每秒自动减 1，依次自动循环。

第 6、7 梯级是通过比较 MW37 中的数据决定变频器正转还是反转，并用相应指示灯

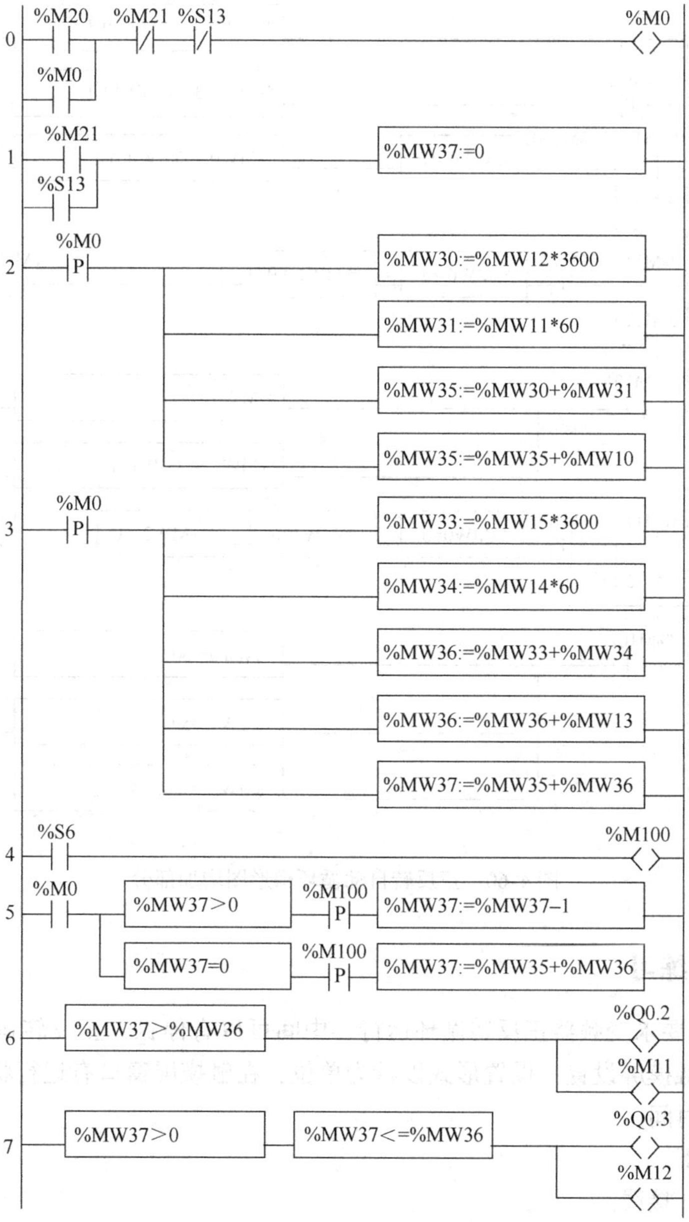

图 4-59　PLC 控制程序的参考梯形图

指示。

第 1 梯级是在停止时给中间字 MW37 赋 0，否则由于满足第 6、7 梯级的条件，变频器不能停止工作。也可以不用该梯级，直接在第 6、7 梯级中串入 M0 的常开触点。

如果还希望在触摸屏显示正转或者反转的剩余时间，只需要在图 4-58a 所示的 010 窗口再放置 3 个数值显示元件，假设地址设置为 1、2、3，对应 PLC 的中间字 MW0（显示秒）、MW1（显示分）、MW2（显示时），其梯形图在图 4-59 的基础上，再增加显示的控制程序如图 4-60 所示，读者可自行分析原理。

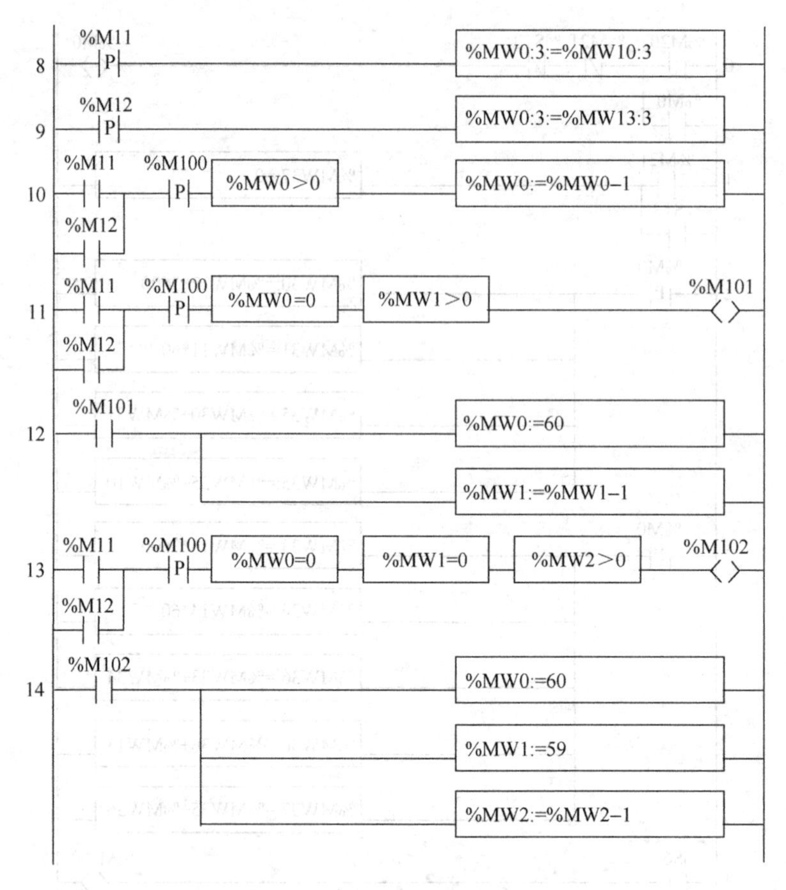

图 4-60　正反转自动循环梯形图增加部分

4.5.3　实训与练习

【实训】如果要求变频器正反转循环运行，中间可以有停顿，正反转运行时间及中间停顿时间都可以在触摸屏设置，设置形式以秒为单位，在触摸屏窗口有运行状态指示灯，并显示该状态的剩余时间。

操作步骤如下。

1）按图 4-42 接线。

2）给变频器通电，完成参数设置。

3）开启计算机，启动 EasyBuilder8000，按两个窗口制作触摸屏，触摸屏元件的地址分配及作用表见表 4-8，“触摸屏”窗口如图 4-61 所示。

表 4-8　触摸屏元件的地址分配及作用表

窗口	触摸屏元件	触摸屏 PLC 地址	对应 PLC 元件	触摸屏标牌	作用
010	位状态	21	M20	起动	起动按钮
010	位状态	22	M21	停止	停止按钮
010	位状态指示灯	2	M1	正转	指示正转运行
010	位状态指示灯	3	M2	停顿	指示正转停顿

（续）

窗口	触摸屏元件	触摸屏 PLC 地址	对应 PLC 元件	触摸屏标牌	作用
010	位状态指示灯	4	M3	反转	指示反转运行
010	位状态指示灯	5	M4	停顿	指示反转停顿
010	数值显示	1	MW0	剩余时间	显示剩余时间
010	功能键			时间设置	切换到 011 窗口设置时间
011	数值输入	11	MW10	正转	设置正转时间
011	数值输入	12	MW11	正转停顿	设置正转停顿时间
011	数值输入	13	MW12	反转	设置反转时间
011	数值输入	14	MW13	反转停顿	设置反转停顿时间
011	功能键			确认	返回到 010 窗口

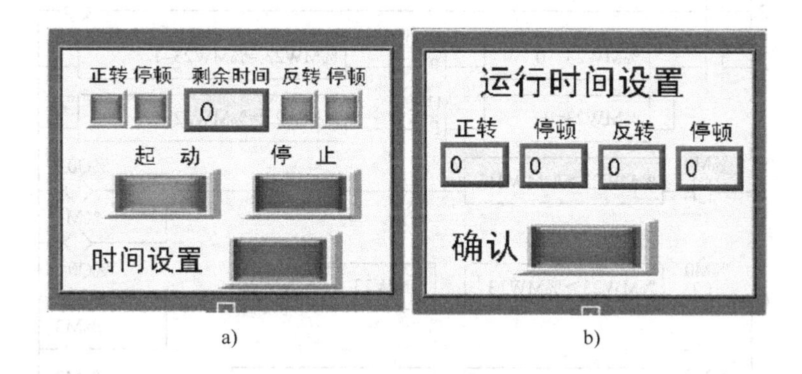

图 4-61 “触摸屏” 窗口

a) 010 窗口 b) 011 窗口

保存、编译后，打开触摸屏电源，下载到触摸屏。

4）启动 TwidoSoft 编程软件，编写程序，参考梯形图如图 4-62 所示。

5）计算机与 PLC 连接，将程序传到 PLC，运行 PLC 程序，然后断开连接。

6）关闭 PLC 电源，拔下计算机与 PLC 连接线，插入触摸屏与 PLC 连接线，打开 PLC 电源。

7）触摸触摸屏的起动按钮，变频器按要求的时间运行，触摸屏上显示运行状态和在该状态运行的剩余时间，触摸触摸屏的停止按钮停止。

如果工作不正常，应仔细检查 PLC 程序和触摸屏地址设置是否对应，程序是否有错，直到工作正常为止。

若一个循环周期累计总时间不超过 9999s，可以使用时基为 1s 的定时器编程，其梯形图如图 4-63 所示；若一个循环周期累计总时间不超过 9999min，且各段时间都是整分，可以使用时基为 1min 的定时器编程，其梯形图与图 4-63 相似，差别一是定时器 TM0 的时基选 1min，二是将第 12 梯级的系统位 S6（1s 时基）改为 S7（1min 时基）。

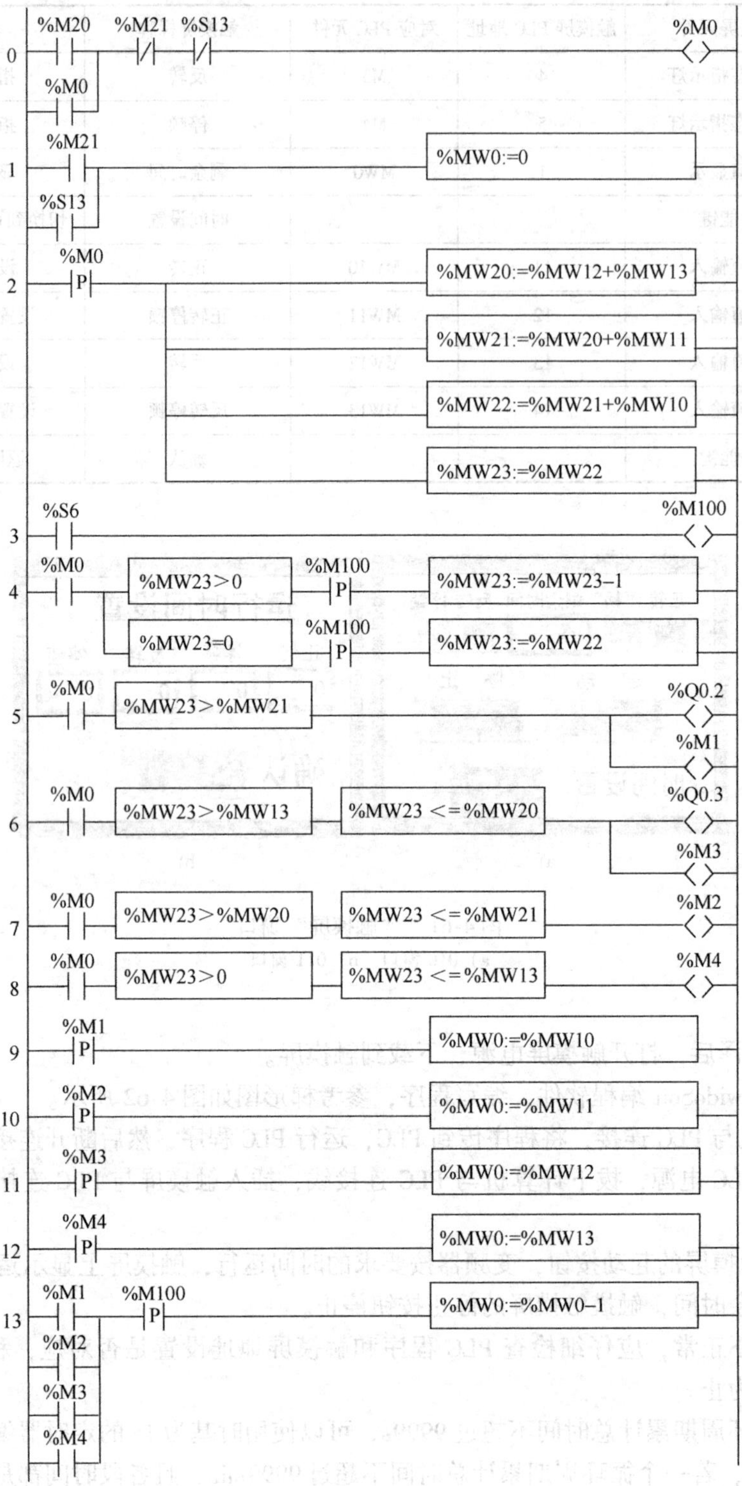

0: %M20, %M0 | %M21 | %S13 → %M0

1: %M21, %S13 → %MW0:=0

2: %M0 P → %MW20:=%MW12+%MW13; %MW21:=%MW20+%MW11; %MW22:=%MW21+%MW10; %MW23:=%MW22

3: %S6 → %M100

4: %M0 → %MW23>0 | %M100 P → %MW23:=%MW23–1; %MW23=0 | %M100 P → %MW23:=%MW22

5: %M0 | %MW23>%MW21 → %Q0.2; %M1

6: %M0 | %MW23>%MW13 | %MW23 <=%MW20 → %Q0.3; %M3

7: %M0 | %MW23>%MW20 | %MW23 <=%MW21 → %M2

8: %M0 | %MW23>0 | %MW23 <=%MW13 → %M4

9: %M1 P → %MW0:=%MW10

10: %M2 P → %MW0:=%MW11

11: %M3 P → %MW0:=%MW12

12: %M4 P → %MW0:=%MW13

13: %M1, %M2, %M3, %M4 | %M100 P → %MW0:=%MW0–1

图 4-62　正反转自动循环梯形图

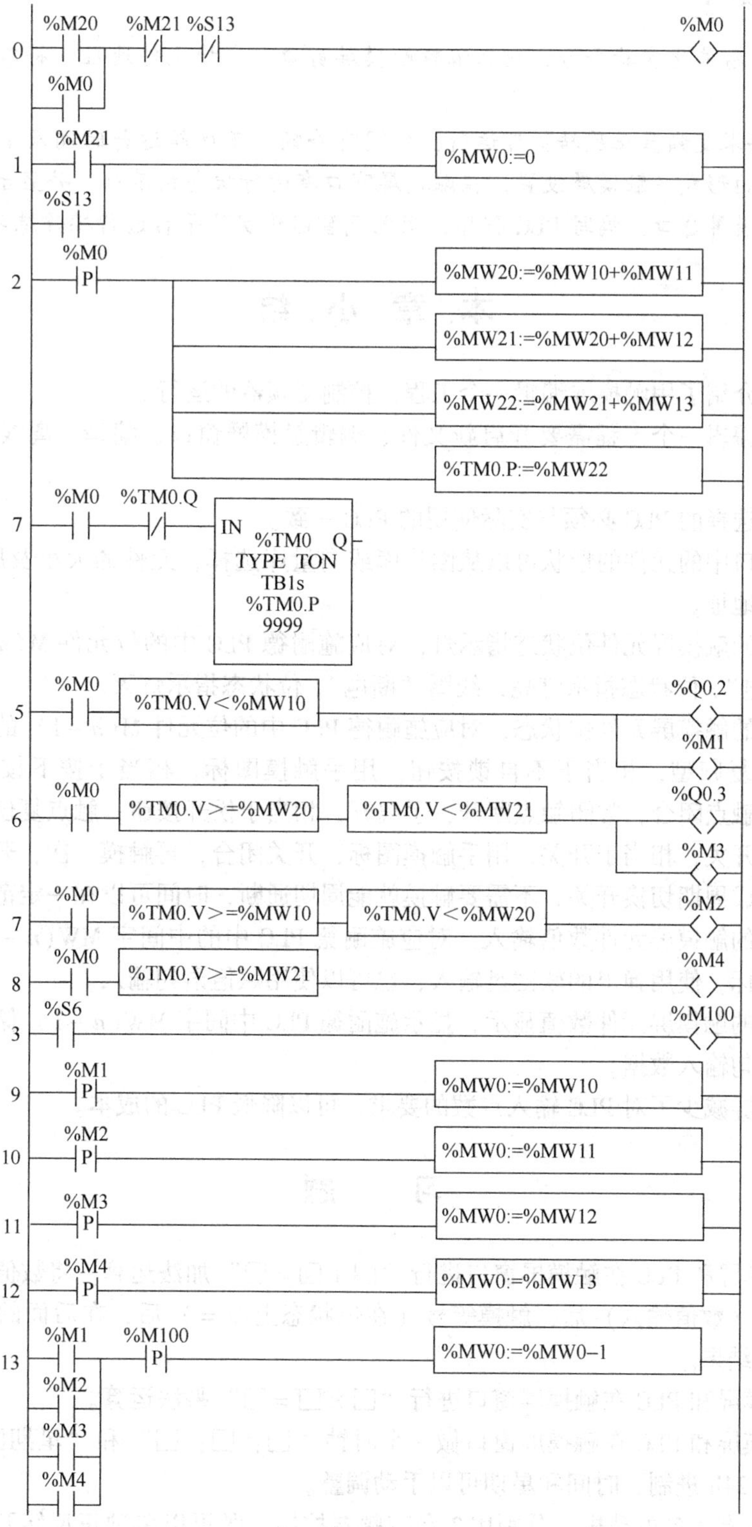

```
0   %M20  %M21 %S13                                   %M0
    -| |---|/|---|/|-----------------------------------( )-
    %M0
    -| |-
1   %M21
    -| |----------------------------[%MW0:=0]
    %S13
    -| |-
2   %M0
    -|P|---------------------------[%MW20:=%MW10+%MW11]
                     |-------------[%MW21:=%MW20+%MW12]
                     |-------------[%MW22:=%MW21+%MW13]
                     |-------------[%TM0.P:=%MW22]
7   %M0   %TM0.Q
    -| |---|/|---[IN  %TM0  Q
                  TYPE TON
                  TB1s
                  %TM0.P
                  9999]
5   %M0                                               %Q0.2
    -| |---[%TM0.V<%MW10]----------------------------( )-
                                                      %M1
                                                     ( )-
6   %M0                                               %Q0.3
    -| |---[%TM0.V>=%MW20]---[%TM0.V<%MW21]----------( )-
                                                      %M3
                                                     ( )-
7   %M0                                               %M2
    -| |---[%TM0.V>=%MW10]---[%TM0.V<%MW20]----------( )-
8   %M0                                               %M4
    -| |---[%TM0.V>=%MW21]---------------------------( )-
3   %S6                                               %M100
    -| |---------------------------------------------( )-
9   %M1
    -|P|---------------------------[%MW0:=%MW10]
10  %M2
    -|P|---------------------------[%MW0:=%MW11]
11  %M3
    -|P|---------------------------[%MW0:=%MW12]
12  %M4
    -|P|---------------------------[%MW0:=%MW13]
13  %M1   %M100
    -| |---|P|---------------------[%MW0:=%MW0-1]
    %M2
    -| |-
    %M3
    -| |-
    %M4
    -| |-
```

图 4-63 使用定时器的正反转自动循环梯形图

【操作练习题】

1. 用电气智能化实验平台，重新编辑触摸屏窗口，变换元件地址，将本节介绍的内容进行操作练习。

2. 如果要求变频器正反转循环运行，中间有停顿，正反转运行时间及中间停顿时间都以时、分、秒的形式在触摸屏设置，在触摸屏窗口有运行状态指示灯，并显示该状态的剩余时间，设计触摸屏窗口，编写 PLC 程序，用电气智能化实验平台进行操作练习。

本章小结

本章简要介绍了用触摸屏编辑一个工程，控制变频器的运行。

用触摸屏编辑一个工程需要开启新文件、编辑触摸屏窗口、编译、离线模拟和下载等步骤。

编辑工程选择的 PLC 必须与实际使用的 PLC 一致。

触摸屏窗口中的元件的形状可以从图片库或向量库选择，元件的大小及属性任意设置。每个元件都有地址。

地址为 n 的触摸屏元件位状态指示灯，对应施耐德 PLC 中的位元件 $M(n-1)$，$M(n-1)$ 线圈“通电”，位状态指示灯亮，线圈“断电”，位状态指示灯灭。

地址为 n 的触摸屏元件位状态，对应施耐德 PLC 中的位元件 $M(n-1)$ 的触点，如果将位状态设置成复归型，相当于不自锁按钮，用手触摸图标，相当于按下按钮，梯形图中 $M(n-1)$ 常开触点闭合，常闭触点断开，手离开，相当于松开按钮，触点复位；如果将位状态设置成切换开关，相当于开关，用手触摸图标，开关闭合，再触摸一次，开关断开；如果将位状态设置成周期切换开关，不需要触摸就能周期通断，时间可以在一定范围内调整。

地址为 n 的触摸屏元件数值输入，对应施耐德 PLC 中的中间字 $MW(n-1)$，其数据可以用手触摸图标，使用弹出的软键盘输入，也可以使用赋值语句输入。

地址为 n 的触摸屏元件数值显示，显示施耐德 PLC 中间字 $MW(n-1)$ 储存的数据，可以使用赋值语句输入数据。

使用触摸屏减少了对 PLC 输入点数的要求，可以降低 PLC 的成本。

习 题

1. 用触摸屏和 PLC 在触摸屏窗口进行“□+□=□”加法运算。将数值用软键盘输入到前两个方框（数值输入）后，触摸等号（在位状态上放 =）后，在后面的方框（数值显示）显示运算结果。

2. 用触摸屏和 PLC 在触摸屏窗口进行“□×□=□”乘法运算。

3. 用触摸屏和 PLC 在触摸屏窗口做一个时钟“□：□：□”和“星期□”，冒号每秒闪烁一次，用 24h 进制，时间和星期可以手动调整。

4. 一系统有 3 台电动机，分别用 3 台变频器控制，既可以单独正反转开停，也可以正转联动开停。联动时，触摸按下起动按钮，1#电动机首先起动，延时 10s 后 2#电动机自动起动，再延时 20s 后 3#电动机自动起动。触摸停车按钮，3#电动机立即停止，延时 10s 后 2#电动机自动停止，再延时 20s 后 1#电动机自动停止，试设计控制电路、触摸屏窗口和 PLC 程序。

5. 要求变频器起动时以 10Hz 运行，以后每 30s 增加 5Hz，在 50Hz 运行 30s 后每 30s 减小 5Hz，减到 10Hz 后再增加，依次循环。触摸调整按钮后，变频器完成循环到 10Hz 再停止，但在任何时间可以触摸紧急停止按钮立即停止。试设计控制电路、触摸屏窗口和 PLC 程序。

6. 如果要求变频器正反转循环运行，中间没有停顿（正反转转换时有 1s 断电时间），正反转运行时间可以在触摸屏可以以时、分、秒形式设置，在触摸屏窗口有运行状态指示灯，并显示该状态的剩余时间。试设计控制电路、触摸屏窗口和 PLC 程序。

第5章　多台电动机同步调速系统的设计

在造纸、印染及其他控制系统中，经常需要多台电动机同步调速，以前多台电动机同步调速大多采用直流调速。随着变频技术的发展，直流调速用得越来越少，基本被交流调速所取代。

根据同步方式的不同，同步调速可分为恒转速调速和恒张力调速等方式。

5.1　恒转速调速

顾名思义，恒转速调速就是各台电动机以相同的转速运行。同步调速系统原理如图5-1所示，如果用相同的给定电压加在各变频器的模拟电压输入端，电动机的转速是否完全相同呢？答案是否定的。这是因为三相异步电动机的转速不仅与加在电动机定子绕组上的电压和频率有关，还与负载轻重有关。对于相同的电压和频率，负载越重，转速越慢。

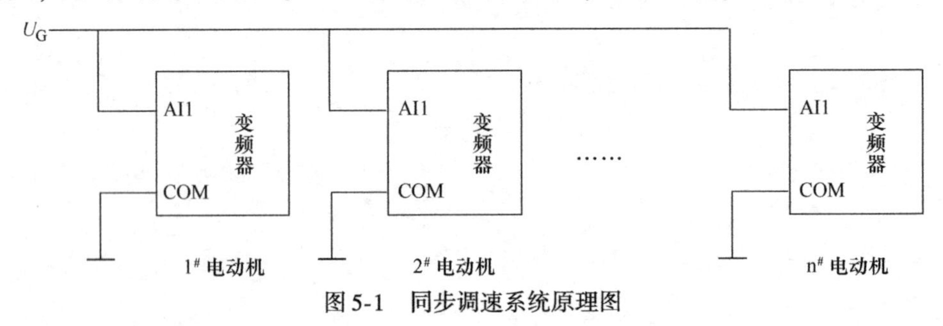

图5-1　同步调速系统原理图

由于各台电动机功率不同，负载不同，即使将相同的给定电压加在各台变频器的模拟电压输入端，各台电动机的实际转速不可能完全相同。要使各台电动机的转速一致，必须采用闭环控制，需要有反馈信号，即同步信号。

5.1.1　同步信号的获取与处理

恒转速调速的同步信号为各台电动机的转速，通常用测速发电机获取。测速发电机与电动机同轴安装，其转速与电动机完全相同。根据输出电压的不同，测速发电机分为直流测速发电机和交流测速发电机。直流测速发电机有永磁式和电磁式两种，交流测速发电机有单相和三相之分。测速发电机的输出电压一般较高，可以达到100多伏。

交流变频同步调速系统通常需要的反馈信号为0～10V的直流电压，我们用U_{f+}来表示。U_{f+}=10V时对应变频器的最大输出频率，即对应电动机的最大转速。

直流测速发电机输出的直流电压U_{CS}很容易经电阻分压处理成所需要的反馈信号U_{f+}，如图5-2所示。

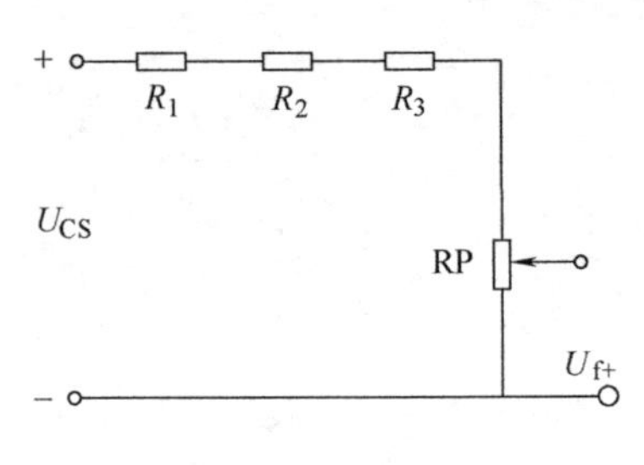

图5-2　直流测速发电机信号处理

交流测速发电机输出的交流电压 u_{CS}需要桥式整流后再分压和滤波，单相交流测速发电机信号处理、三相交流测速发电机信号处理其电路分别如图 5-3 和图 5-4 所示。

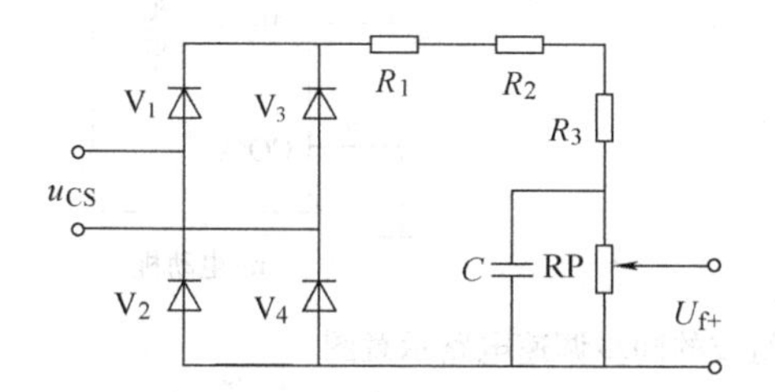

图 5-3　单相交流测速发电机信号处理

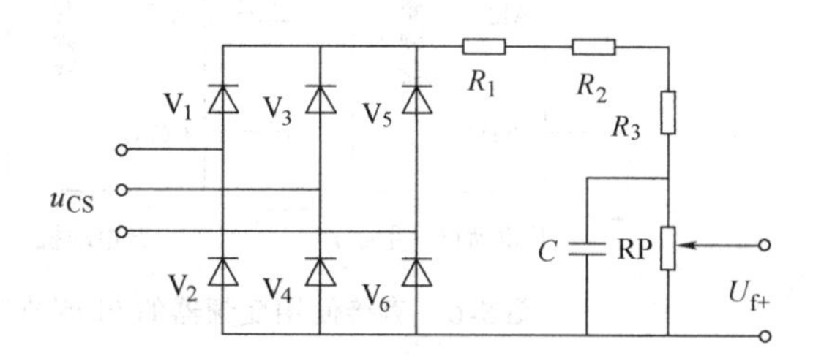

图 5-4　三相交流测速发电机信号处理

也可以直接测出转速，采用频率/电压转换得到同步信号，读者自行考虑。

5.1.2　同步调速方法

恒转速调速通常采用 PI 调节，可以自己设计 PI 调节电路，也可以直接使用变频器的 PI 调节功能。

1. 由 PI 调节器组成的同步调速电路

由 PI 调节器组成的同步调速电路示意图如图 5-5 所示。其中 U_G 是统一的电压给定信号，通常为 0～10V，需要外电路提供。反馈信号要处理成上面所讲 0～10V 的 U_{f+} 信号。

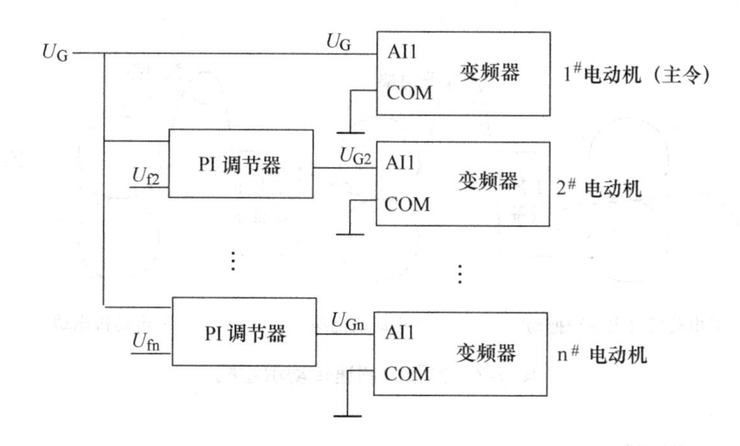

图 5-5　由 PI 调节器组成的同步调速电路示意图

主令电动机是对于工艺影响最大的电动机，其转速是所有电动机转速的基准，不需要反馈信号，所有电动机的转速都要与主令电动机的转速一致。主令电动机由机械设计工程师决定，不一定是第一个电动机。

2. 直接使用变频器的 PI 调节功能组成的同步调速电路

直接使用变频器的 PI 调节功能组成的同步调速电路示意图如图 5-6 所示。主令电动机不需要设置 PI 调节功能，其他电动机均需要设置成 PI 调节状态，并将 AI2 端子设置成反馈信号的输入端子。

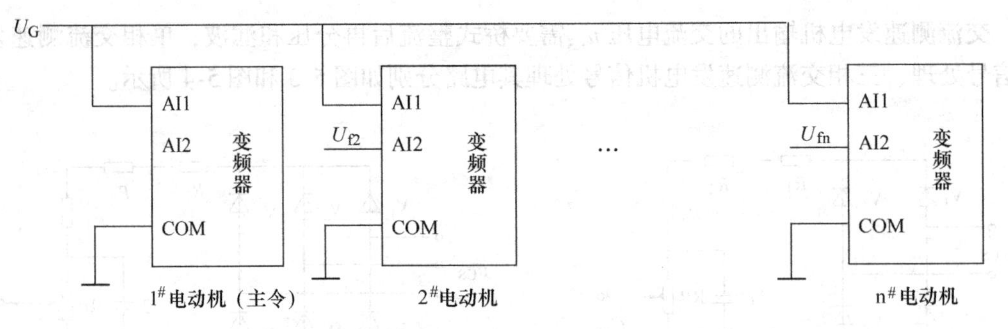

图 5-6　直接使用变频器的 PI 调节功能组成的同步调速电路示意图

5.2　恒张力调速

恒张力调速主要用于造纸、印染和拔丝等行业，印染行业的传动示意图如图 5-7 所示。布匹经 1#电动机拖动进入某工艺设备（酸洗、水洗、蒸煮、通风和烘干等），由 2#电动机拖出进入下一工艺设备，再由 3#电动机拖出进入下一工艺设备，依次类推。由于布匹经各工艺处理后存在缩水或者拉长情况，不能使用恒转速调速方式，通常采用恒张力调速。布匹穿过可以上下移动的张力架进入由电动机拖动的导布辊，张力架位置靠下，说明布匹过紧，需要前面的电动机增加转速加快送布，或者让后面的电动机减小转速降低拖布的速率。张力架装在导布辊前还是导布辊后对于电动机转速变化要求相反，具体安装位置由机械设计工程师决定。

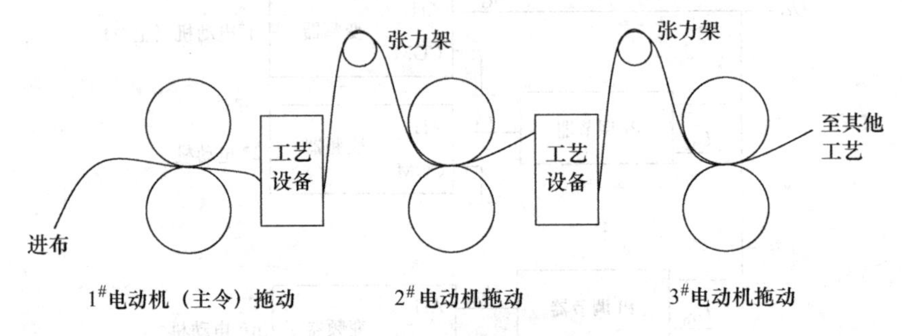

图 5-7　恒张力调速传动示意图

5.2.1　同步信号的获取

恒张力调速需要根据张力架的位置判断是否同步，其同步信号通常有以下几种。

1．电位器

获取同步信号的电位器是线绕电位器，优点是电路简单，稳定性好，线性度高。缺点是由张力架带动线绕电位器旋转，电位器体积小，机械强度差，再加上一般采用长期连续工作制，很容易损坏，故障率较高，最好采用软轴连接。

2．传感器

用传感器检测张力信号属于非接触式，主要有超声波传感器、涡流式线位移传感器等，只要能输出与张力架位置有关的电流或者电压信号均可。信号一般为 0 ~ +10V 左右的电压信号或者 4 ~ 20mA 的电流信号，一般将传感器整体密封，与外界彻底隔离，没有机械接触，故障率较低，被广泛采用。缺点是对温度比较敏感，温度变化对参数影响较大，因此应尽量避免在温差较大的场合使用。

3. 旋转变压器

在输入电压不变时，旋转变压器的输出电压取决于铁心旋转的角度，可以用来检测张力的变化，优点是电路简单，稳定性好，线性度高，故障率较低。缺点是体积较大，成本较高。

5.2.2 同步信号的处理

虽然同步信号的种类不同，但恒张力变频调速控制系统需要的信号有确定的要求，通常为不大于 ±5V 直流电压信号。也可以使用电流信号，但电流信号处理起来比电压信号更麻烦一些，这里暂不讨论。当张力架处在中间位置时，说明布匹张力合适，同步信号为 0V；当张力架处在上面位置时，说明布匹张力过小，同步信号不等于 0V，是正信号还是负信号取决于张力架安装位置；当张力架处在下面位置时，说明布匹张力过大，同步信号也不等于 0V，是正信号还是负信号与前相反。本书用 $U_{f\pm}$ 来表示恒张力同步调速系统的同步信号，张力出现偏差时，同步信号为“+”或“-”，信号的幅度能根据需要调节。

1. 电阻信号的处理

电阻信号处理成 $U_{f\pm}$ 信号的电路如图 5-8 所示。在电源电压 $+U_S$ 和 $-U_S$ 及反馈电位器 RP 确定后，改变电阻 R 和电位器 RP_1、RP_2，就可以得到幅度大小不同的 $U_{f\pm}$，以满足调速的不同需求。

2. 传感器信号

传感器信号 U_{CG} 一般为 0 ~ 10V 左右的电压信号，将其变成 $U_{f\pm}$ 信号的参考电路如图 5-9 所示。

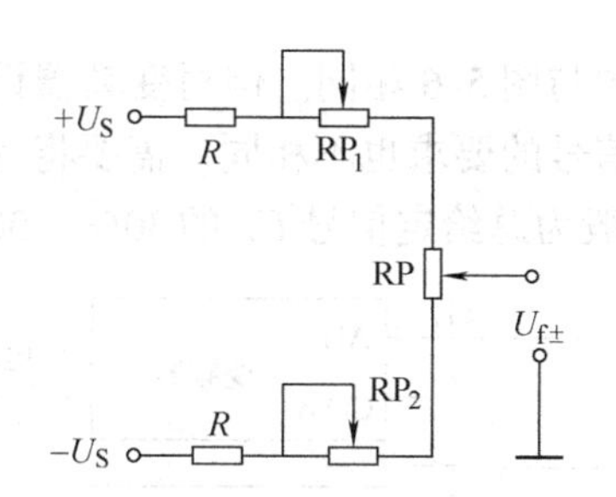

图 5-8 电阻信号处理成 $U_{f\pm}$ 信号的电路图

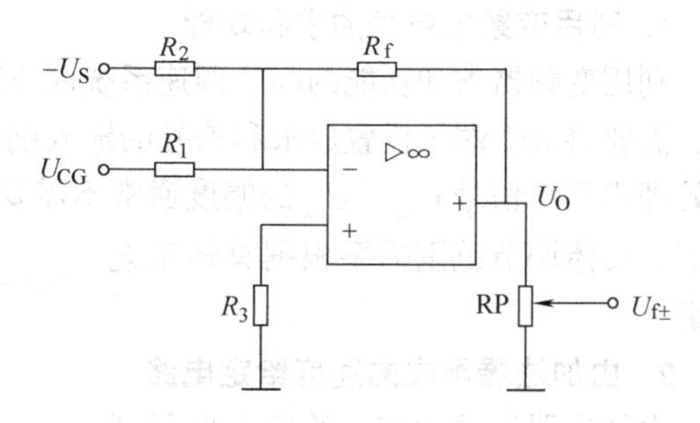

图 5-9 U_{CG} 信号变成 $U_{f\pm}$ 信号的电路图

根据模拟电路知识可知，运放的输出电压 U_o 为：

$$U_o = -\frac{R_f}{R_1}U_{CG+} + \frac{R_f}{R_2}U_S \tag{5-1}$$

若选择合适的 R_1、R_2 和 R_f，就可以得到我们所需要的信号 $U_{f\pm}$。例如，假设 $U_S = 15V$，$R_1 = R_f = R$，U_{CG} 为 0 ~ 10V，若要求 U_{CG} 为中间值 5V 时，U_o 为 0V，带入式 5-1 得

$$0=-5+\frac{R}{R_2}\times15$$

解得 $R_2=3R$。式 5-1 变成

$$U_o=-U_{CG}+\frac{1}{3}\times15=5-U_{CG} \quad (5\text{-}2)$$

由式 5-2 可知，$U_{CG}=0V$ 时，$U_o=5V$；$U_{CG}=10V$ 时，$U_o=-5V$；$U_{CG}=5V$ 时，$U_o=0V$。这就把 0～+10V 的反馈信号变成了 +5～-5V 的信号。如果控制系统要求的信号幅度还大，只需要调整 R_1 和 R_f 的阻值即可；如果控制系统不需要这么大的信号幅度，只需要调节电位器 RP，从 $U_{f\pm}$ 端输出即可。如果控制系统要求把 0～+10V 的反馈信号变成 -5～+5V的信号，只要将图 5-8 所示的电路再加一级反相器就行。

3. 旋转变压器信号

旋转变压器的信号 U_{XZ} 为 0～250V 交流电压信号，需要进行整流和电阻分压，电路如图 5-10所示。由于交流电压信号一般较高，要特别注意整流二极管的耐压和电阻的功率。

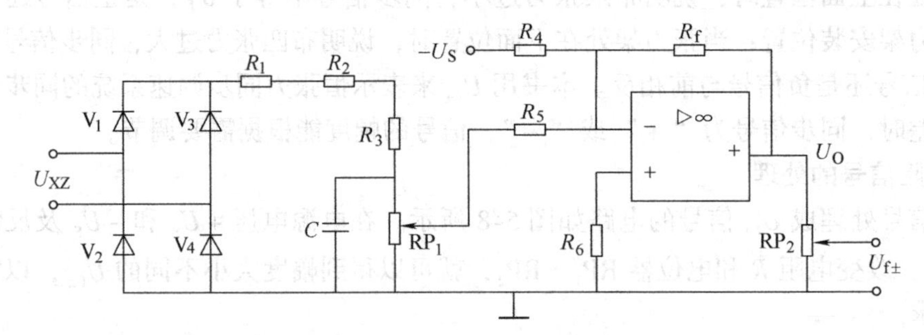

图 5-10　旋转变压器信号处理电路图

5.2.3　常用的同步方法

1. 利用变频器自身的求和功能

利用变频器求和功能的同步调速系统同步部分接线图与图 5-6 相同。但对变频器设置不同，需要将 AI2 端子设置成求和信号的输入端。对反馈信号的要求也不相同。需要将反馈信号处理出正负信号 $U_{f\pm}$，$U_{f\pm}$ 的幅度通常不需要太大，一般为总给定信号 U_G 的 30%～50% 就够了，具体调节范围需要根据具体工艺决定。

2. 由加法器组成的速度给定电路

由加法器组成的速度给定电路示意图如图 5-11 所示。其中 U_G 是统一的给定电压信号，需要外电路提供。反馈信号要处理成上面所讲的 $U_{f\pm}$ 信号。

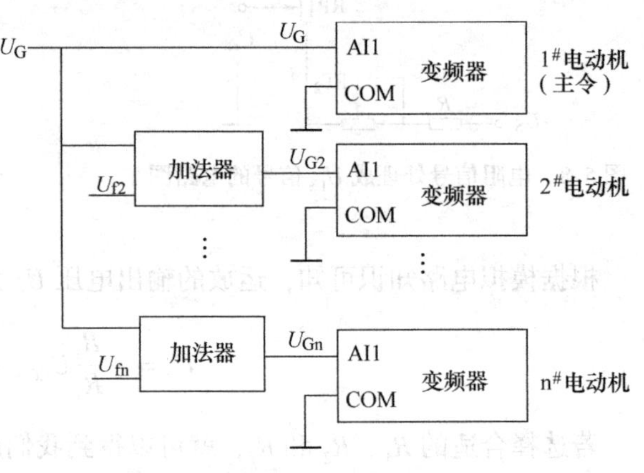

图 5-11　由加法器组成的速度给定电路示意图

3. 使用同步控制器

同步控制器是专门为同步调速系统设计的控制器，只要将同步控制器要求的反馈信号加到控制器的输入端，就可

以直接输出各变频器的给定信号，不需要自己设计控制电路，使用非常方便，如图5-12所示。

同步控制器内部采用计算机为核心的全数字化设计，例如JGD系列同步控制器。每个控制器可控制4台或8台电动机，电动机数量多时，可以增加同步控制器的数量。

JGD280同步控制器接线端子图如图5-13所示。

特别注意+24V电源用于起动控制和外部故障，与+5V电源和+10V电源不共地。各反馈给定和各单元的输出虽然与+5V电源和+10V电源共地，但为了抑制变频器的干扰，尽量不要将各个地线（GND）接在一起，只引出一根线。应使用屏蔽线将输出信号引至各变频器，将反馈信号引至各反馈元件。屏蔽线的屏蔽层的接法应满足变频器的接线要求。

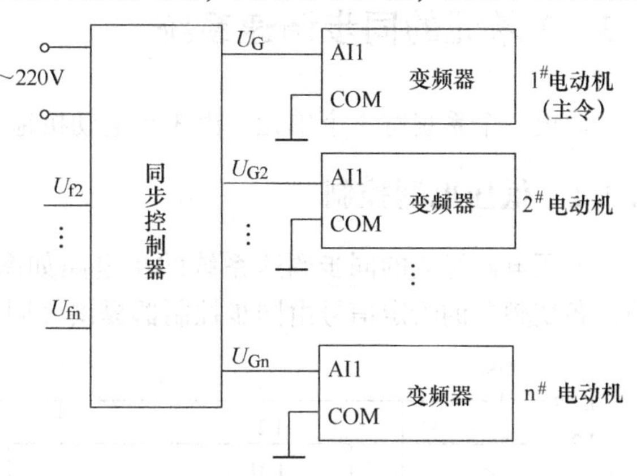

图5-12　同步控制器示意图

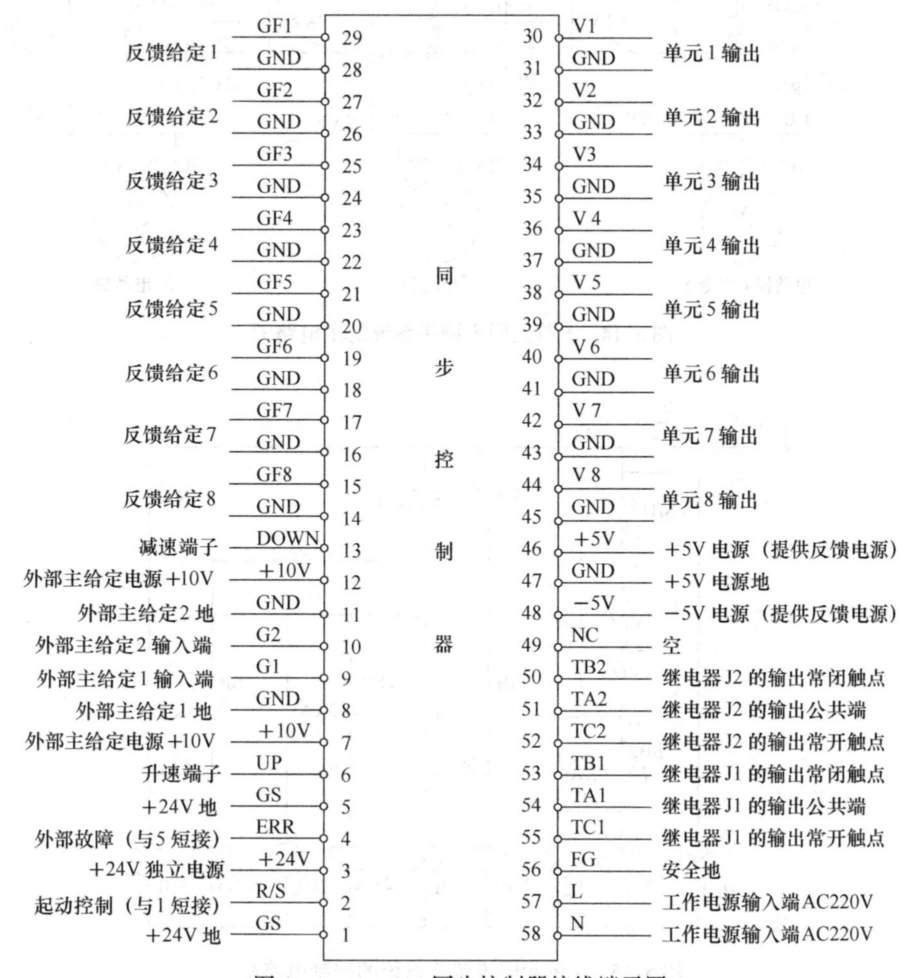

图5-13　JGD280同步控制器接线端子图

5.3 3单元的同步调速系统

假设一个系统有3个单元，由3台电动机拖动，同步系统采用同步控制器。

5.3.1 低压电器控制

低压电器组成的同步调速系统的主电路如图5-14所示，控制电路如图5-15所示。其中，各变频器的给定信号由同步控制器提供（同步控制器没有画出）。

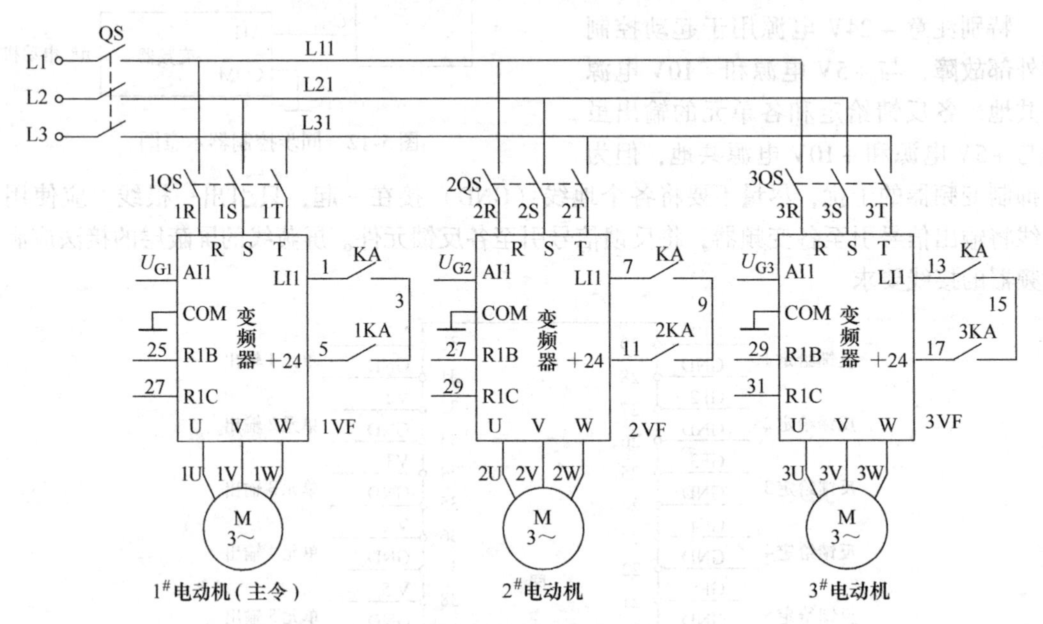

图5-14 3单元同步调速系统的主电路图

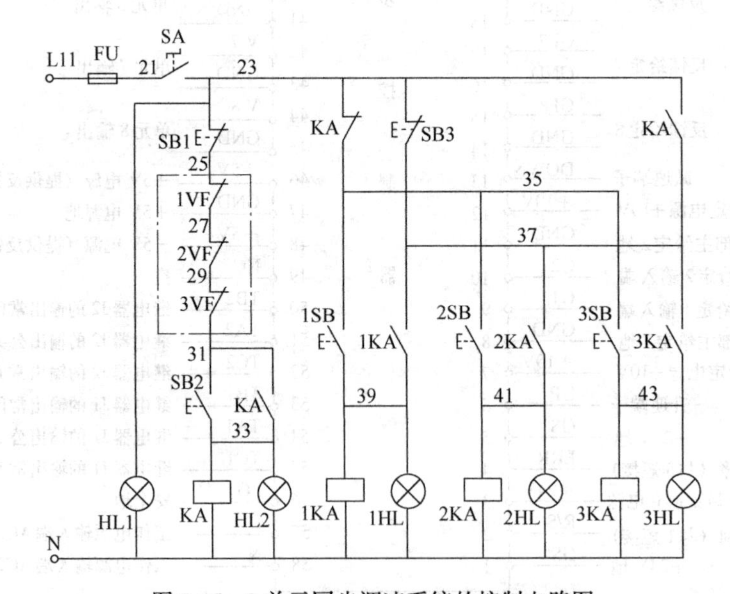

图5-15 3单元同步调速系统的控制电路图

在图5-14中，1#电动机为主令电动机。在同步控制系统中，要求各电动机同时开停，但考虑到设备调试或设备出现故障时，不一定所有电动机都开，必须有一个预选电动机的过程。

在图5-15中，1VF、2VF、3VF为3个变频器的R1继电器常闭触点，设置为电动机的过载保护，但任何一个电动机过载，都应全部停车。

控制线路的工作过程为：

旋动开关SA，接通控制电路的电源，控制电源信号灯HL1亮；根据需要按下按钮1SB、2SB、3SB的全部或一部分预选电动机，相应的中间继电器1KA、2KA、3KA线圈通电并自锁，常开触点1KA（3，5）、2KA（9，11）、3KA（15，17）闭合，为变频器运行做准备；SB3为复位按钮，复位后可重新选择电动机；按下起动按钮SB2，中间继电器KA线圈通电并自锁，常开触点KA（1，3）、KA（7，9）、KA（13，15）闭合，选中的变频器运行，电动机旋转。按下停车按钮SB1，中间继电器KA线圈断电，触点KA（1，3）、KA（7，9）、KA（13，15）断开，变频器停止运行。

中间继电器KA常开触点KA（23，37）的作用是起动后短接复位按钮SB3，使系统起动后不能复位；常闭触点KA（23，35）的作用是起动后不允许加选电动机。

当某一个电动机出现过载时，变频器的内部继电器R1触点动作，常闭触点打开，中间继电器KA线圈断电，变频器停止运行。

5.3.2 PLC直接控制

用PLC直接控制的主电路如图5-16所示，控制电路接线图如图5-17所示。PLC输入、输出端子分配表见表5-1。PLC的参考梯形图如图5-18所示。

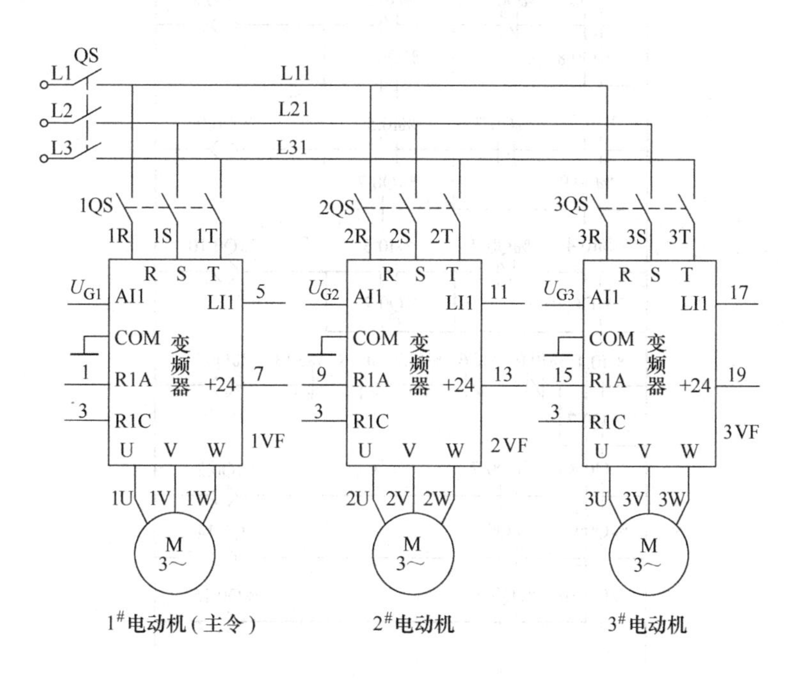

图5-16 3单元同步调速系统的主电路图

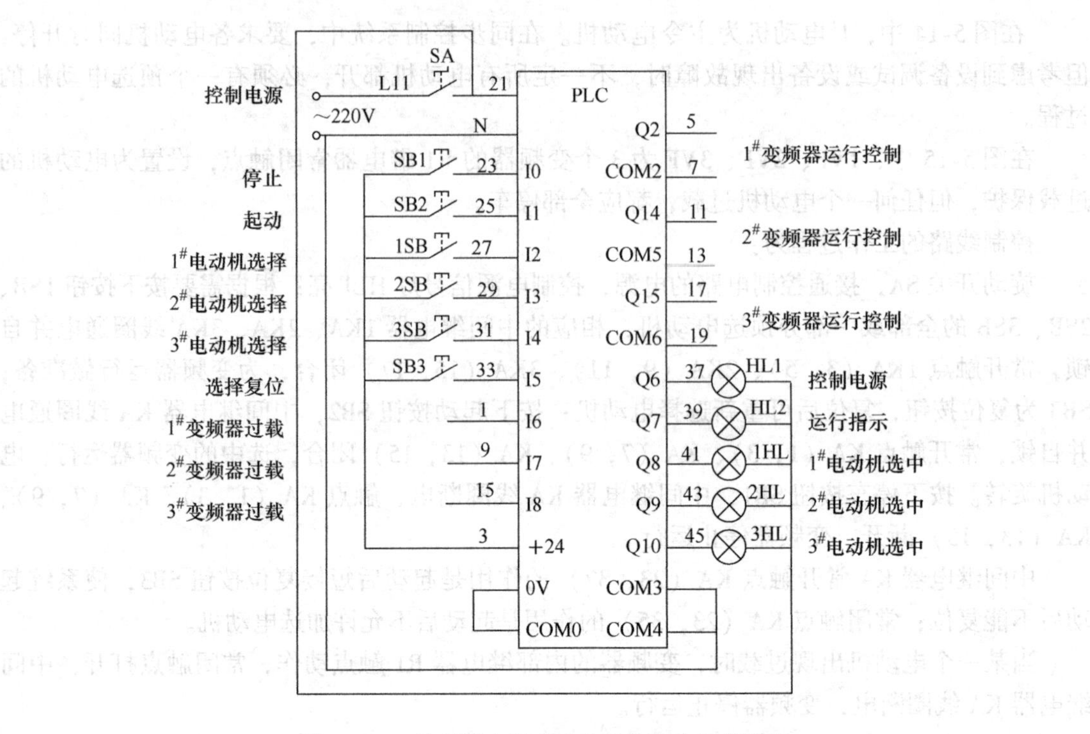

图 5-17　3 单元同步调速系统的控制电路接线图

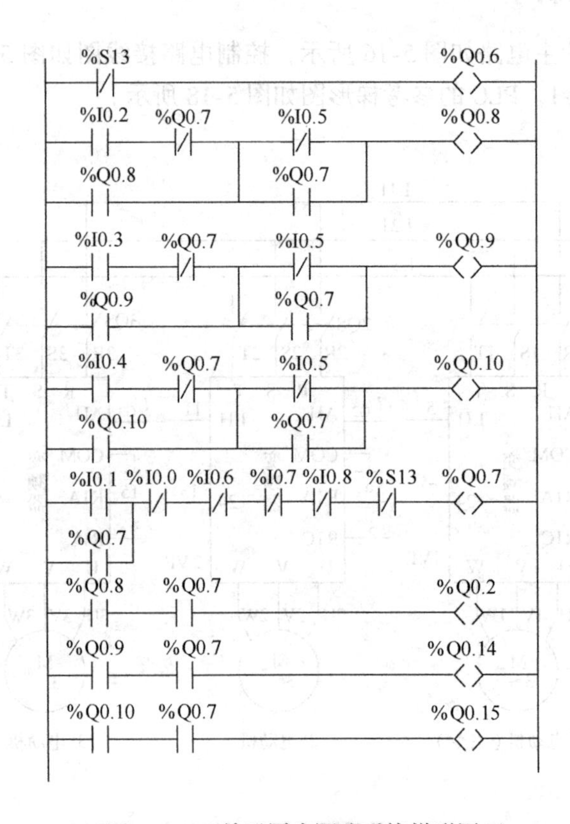

图 5-18　3 单元同步调速系统梯形图

表 5-1　PLC 输入、输出端子分配表

输入端子名称	外接器件	作用	输出端子名称	外接器件	作用
I0	按钮 SB1	停车	Q2	1#变频器的 LI1 端子	1#电动机正转
I1	按钮 SB2	起动	Q14	2#变频器的 LI1 端子	2#电动机正转
I2	按钮 1SB	选择 1#电动机	Q15	3#变频器的 LI1 端子	3#电动机正转
I3	按钮 2SB	选择 2#电动机	Q6	信号灯 HL1	PLC 电源
I4	按钮 3SB	选择 3#电动机	Q7	信号灯 HL2	运行指示
I5	按钮 SB3	选择复位	Q8	信号灯 1HL	1#电动机选中指示
I6	1#变频器继电器 R1 常开触点	1#电动机过载保护	Q9	信号灯 2HL	2#电动机选中指示
I7	2#变频器继电器 R1 常开触点	2#电动机过载保护	Q10	信号灯 3HL	3#电动机选中指示
I8	3#变频器继电器 R1 常开触点	3#电动机过载保护			

5.3.3　PLC 加低压电器控制

在多电动机同步控制系统中，若用 PLC 直接控制，由于 PLC 的多个输出端子有一个公共点，很容易造成接线错误，并且占用较多的 PLC 输出点数。通常都是用 PLC 控制中间继电器的线圈，再用中间继电器的触点控制变频器和信号灯。

用 PLC 加低压电器控制的主电路如图 5-19 所示，控制电路接线图如图 5-20 所示。PLC 输入、输出端子分配表见表 5-2。PLC 的参考梯形图如图 5-21 所示。

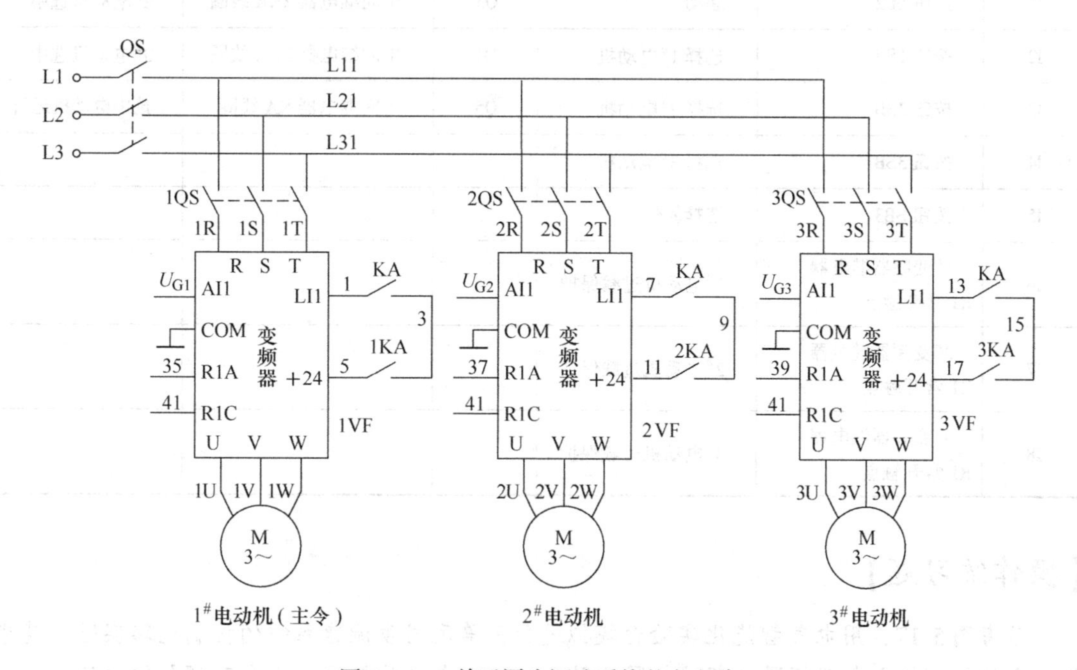

图 5-19　3 单元同步调速系统的主电路

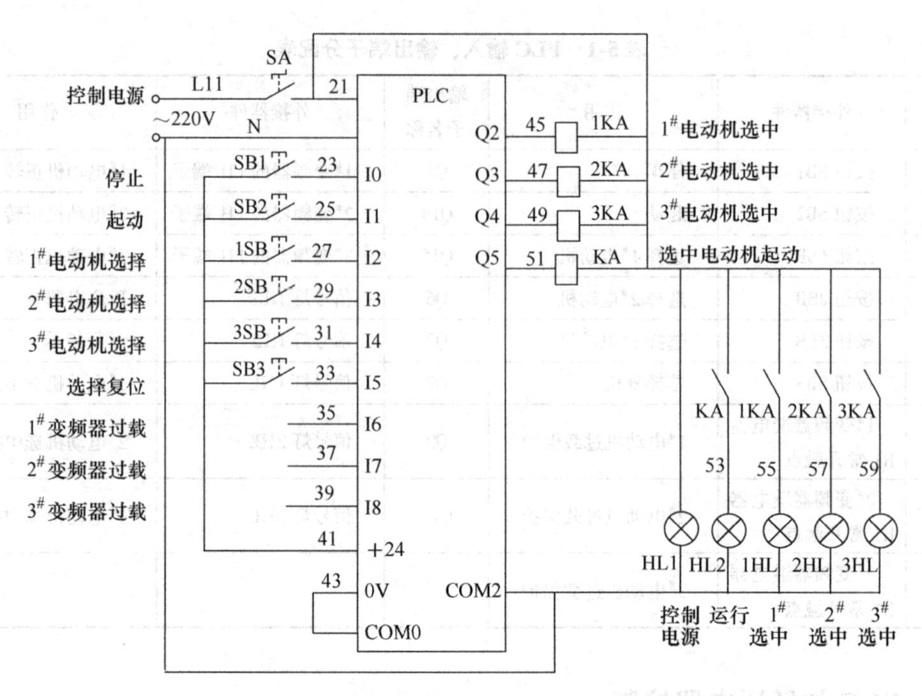

图 5-20　3 单元同步调速系统的控制电路接线图

表 5-2　PLC 输入、输出端子分配表

输入端子名称	外接器件	作用	输出端子名称	外接器件	作用
I0	按钮 SB1	停车	Q2	中间继电器 1KA 线圈	1#电动机选中
I1	按钮 SB2	起动	Q3	中间继电器 2KA 线圈	2#电动机选中
I2	按钮 1SB	选择 1#电动机	Q4	中间继电器 3KA 线圈	3#电动机选中
I3	按钮 2SB	选择 2#电动机	Q5	中间继电器 KA 线圈	选中电动机运行
I4	按钮 3SB	选择 3#电动机			
I5	按钮 SB3	选择复位			
I6	1#变频器继电器 R1 常开触点	1#电动机过载保护			
I7	2#变频器继电器 R1 常开触点	2#电动机过载保护			
I8	3#变频器继电器 R1 常开触点	3#电动机过载保护			

【操作练习题】

参考图 5-17，用电气智能化实验台模拟进行 3 单元同步调速系统的控制电路实验。其中用 3 个按钮模拟 3 个变频器内部继电器的触点，用 3 个信号灯模拟 3 个变频器的运行。

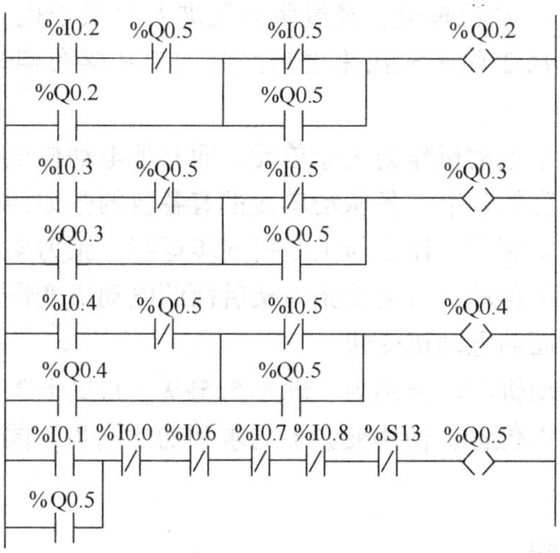

%I0.2
%Q0.5
%I0.5
%Q0.2
%Q0.2
%Q0.5
%I0.3
%Q0.5
%I0.5
%Q0.3
%Q0.3
%Q0.5
%I0.4
%Q0.5
%I0.5
%Q0.4
%Q0.4
%Q0.5
%I0.1
%I0.0
%I0.6
%I0.7
%I0.8
%S13
%Q0.5
%Q0.5

图 5-21　3 单元同步调速系统梯形图

5.4　LMH101 烘干机同步调速系统

5.4.1　简介

印染机械品种千差万别，功能各不相同，电动机数量及功率差别较大，但就其电气传动原理而言，却是大同小异。LMH101 烘干机是印染行业常用并且比较简单的设备，其示意图如图 5-22 所示。

传感器
传感器
传感器
张力架
导布辊
落布架
胶辊
轧车
胶辊
进布车
出布车
上浆槽
烘筒
1#烘燥
2#烘燥

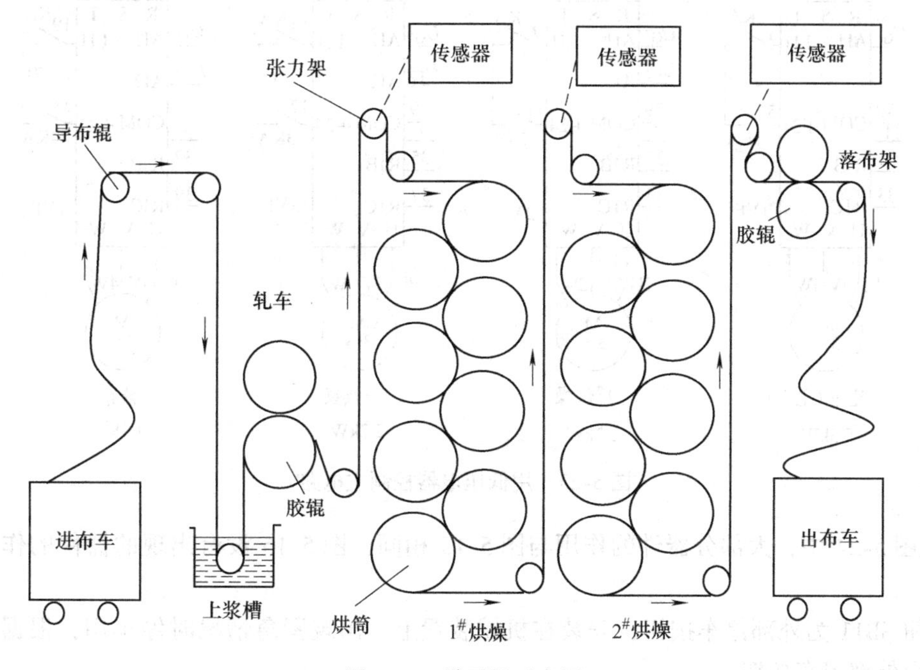

图 5-22　烘干机示意图

布料经上浆槽由轧车电动机拖进，经过张力架进入1#烘干机，从1#烘干机出来之后再经张力架进入2#烘干机，从2#烘干机出来之后经张力架和落布架落入出布车，整个工作过程结束。

在烘干机中通常将轧车电动机作为主令单元，而其他电动机全部作为从动单元，主令单元没有张力架，是全机速度的基准，各从动单元都有各自的张力架，要根据布张力的大小调整相应电动机变频器的给定频率，使之与主令机同步运行。张力架可以上下活动，布料太紧时，张力加大，张力架向下移动，需要使张力架后面的电动机变慢；布料松时张力减小，张力架向上移动，需要使后面的电动机变快。

假设烘干机的4台电动机功率分别为：轧车5.5kW，1#烘干2.2kW，2#烘干2.2kW，落布1.1kW。同步信号取自电位器，使用变频器的求和功能同步，同步信号自变频器的AI2端子输入。

5.4.2 用低压电器控制

用低压电器控制主电路如图5-23所示，完整的控制电路如图5-24所示。

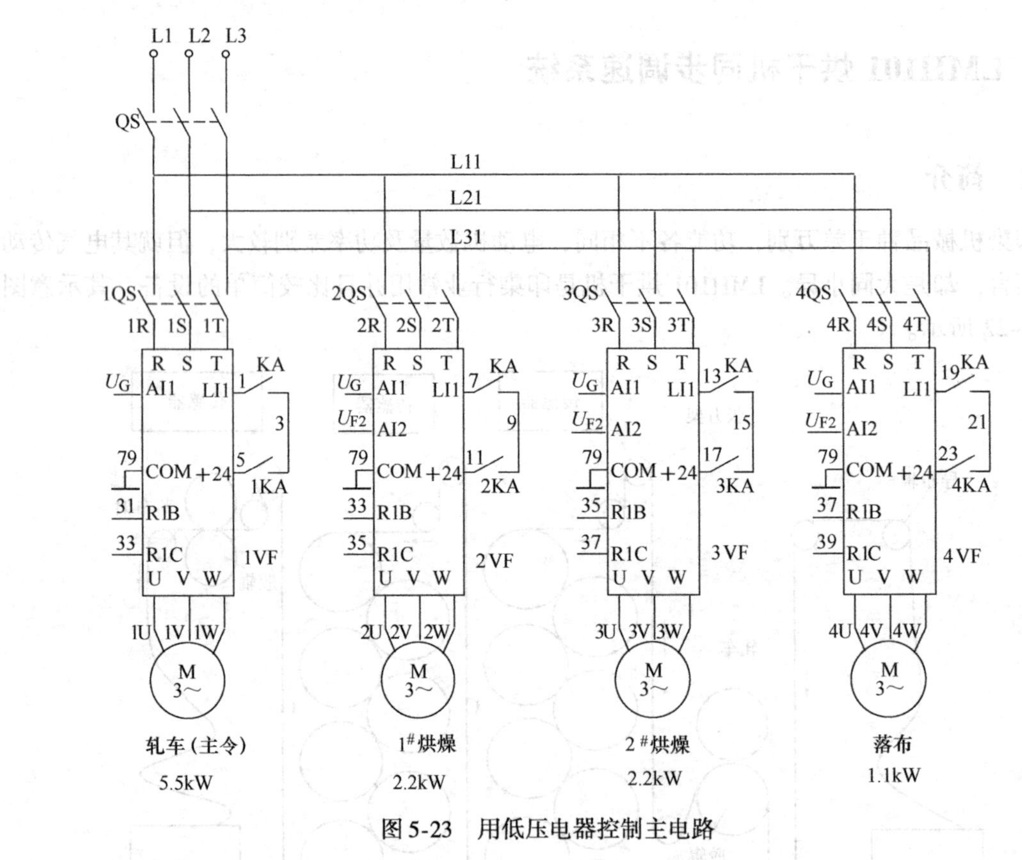

图5-23 用低压电器控制主电路

在图5-24中，大部分器件的作用与图5-15相同，图5-15没有出现的器件的作用说明如下。

按钮SB11为外部停车按钮，安装在机械装置上，出现紧急情况时停车用，根据需要可以有多个外部停车按钮。

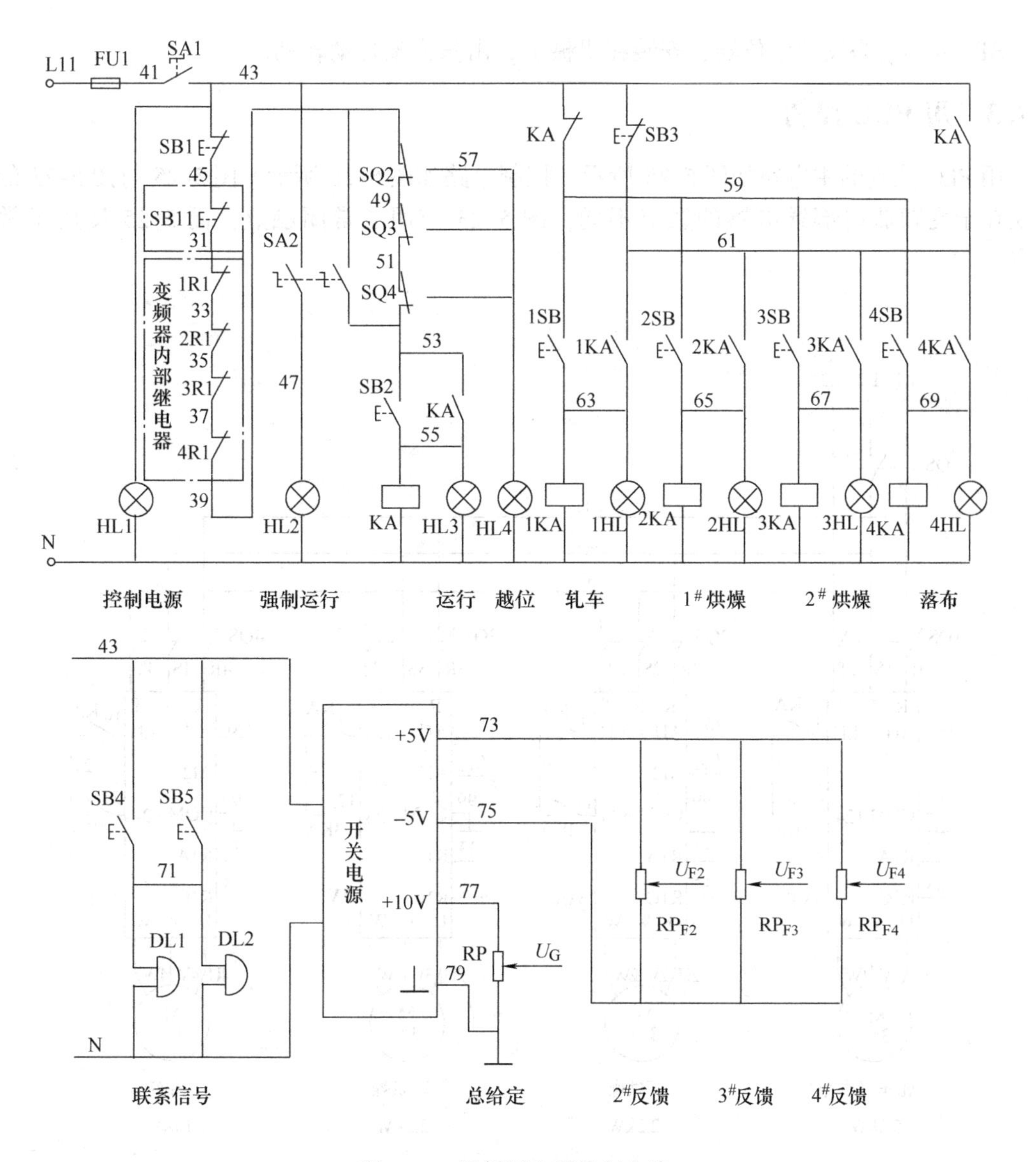

图 5-24 用低压电器控制电路

SB4、SB5 为联系信号按钮，一个安装在操纵台，一个安装在机器尾部。DL1 和 DL2 为信号铃，车头和车尾各安装一个。联系信号按钮和信号铃做开车联系用。

SQ2 ~ SQ4 为限位开关。限位开关与反馈电阻一起安装在小盒内，当布的张力过紧或者过松时，相应的限位开关动作，全机停车，同时越位信号灯 HL4 亮。由于在设备调试阶段或者开车初始阶段经常有张力架处在越位位置，所以加了强制运行按钮 SA2，SA2 接通后，所有限位开关被短接，同时强制运行信号灯 HL2 亮。通常，在设备调试阶段或者开车初始阶段将 SA2 拨到强制运行位置，开车正常后将 SA2 拨回到断开位置，让限位开关起作用，防止布匹断裂。

开关电源提供 +10V 的主给定电源和加在反馈电阻上的 ±5V 电源。

RP 为主给定电位器，安装在操纵台上，作为全车升速和降速用。

$RP_{F2} \sim RP_{F4}$为反馈电位器，安装在机械上，由张力架带动转动。

5.4.3 用PLC控制

用PLC控制的主电路如图5-25所示，控制电路如图5-26所示。图5-25与图5-23的区别仅在于变频器内部继电器的触点不同，图5-23使用了常闭触点，而5-25使用了常开触点。

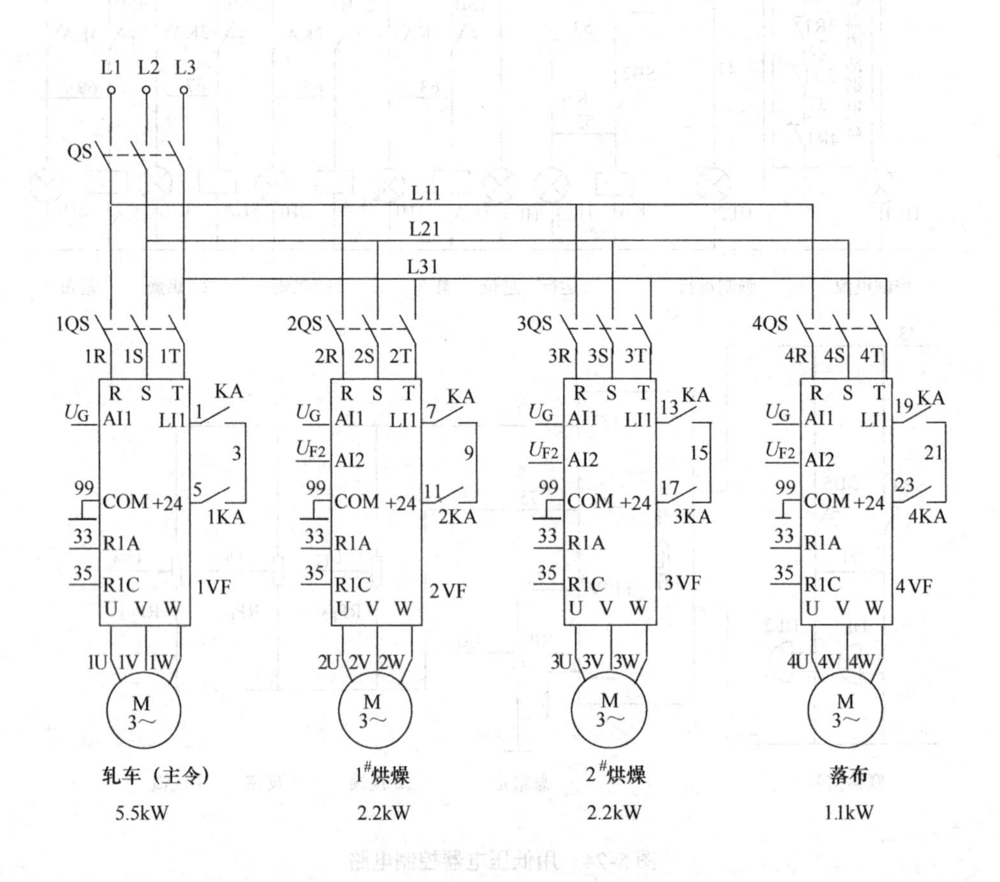

图5-25　用PLC控制的主电路

在图5-26中，各按钮的作用与图5-24相同，增加了按钮SB6为电动机全选按钮，在系统正常运行与停车时，SB6用得较多。SB11为外部停车按钮，当外部停车按钮较多时，各停车按钮可以并联（用常开触点并联，用常闭触点串联），也可以全部都接在PLC的输入端，并相应修改程序。

根据图5-26可以画出PLC的参考梯形图如图5-27所示。图中的S13的作用是在突然断电恢复供电后系统不能自动运行，保证系统安全。

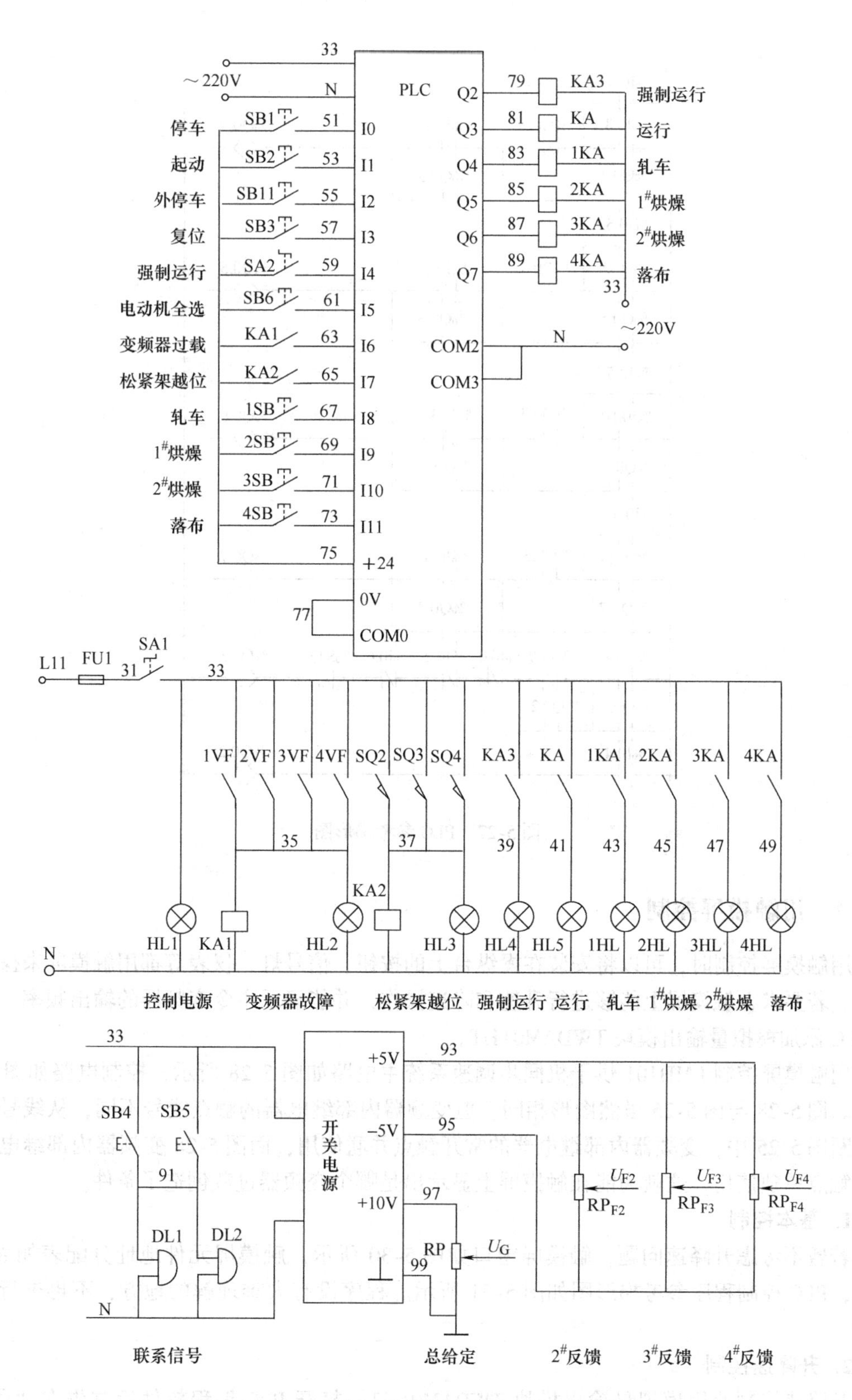

图 5-26　PLC 控制 3 单元同步调速系统控制电路图

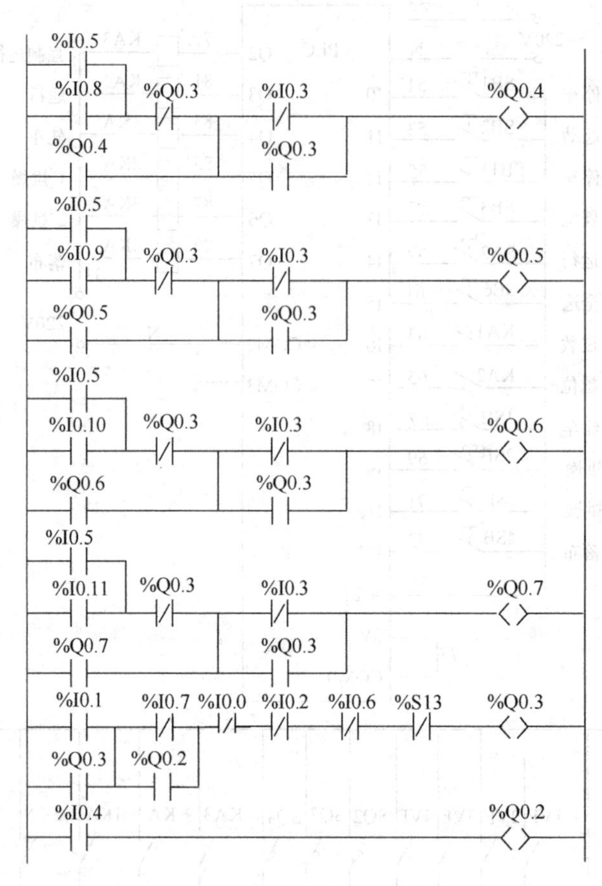

图 5-27 PLC 参考梯形图

5.4.4 用触摸屏控制

用触摸屏控制时，可以将安装在操纵台上的按钮、信号灯、仪表等都用触摸屏来操作和显示。若要求在触摸屏上能够进行升速和降速操作，并能显示主令变频器的输出频率，需要给 PLC 添加模拟量输出模块 TWDAM01HT。

用触摸屏控制 LMH101 烘干机同步调速系统主电路如图 5-28 所示，控制电路如图 5-29 所示。图 5-28 与图 5-25 虽然图形相同，但变频器内部继电器的触点线号不同，从线号就可以判断图 5-25 中，变频器内部继电器的常开触点并联使用，而图 5-28 变频器内部继电器的常开触点单独使用，这就为能在触摸屏上显示出是哪个变频器过载创造了条件。

1. 基本控制

若暂不考虑升降速问题，触摸屏窗口如图 5-30 所示，触摸屏元件地址分配表如表 5-3 所示，PLC 控制程序参考梯形图如图 5-31 所示。程序没有太难理解的地方，不再进行详细分析。

2. 升降速控制

升降速控制使用模拟量输出模块 TWDAM01HT。打开 PLC 编程软件后首先在“硬件”下拉菜单中选择“添加模块”，出现添加模块对话窗口，如图 5-32 所示，选择扩展模块型号

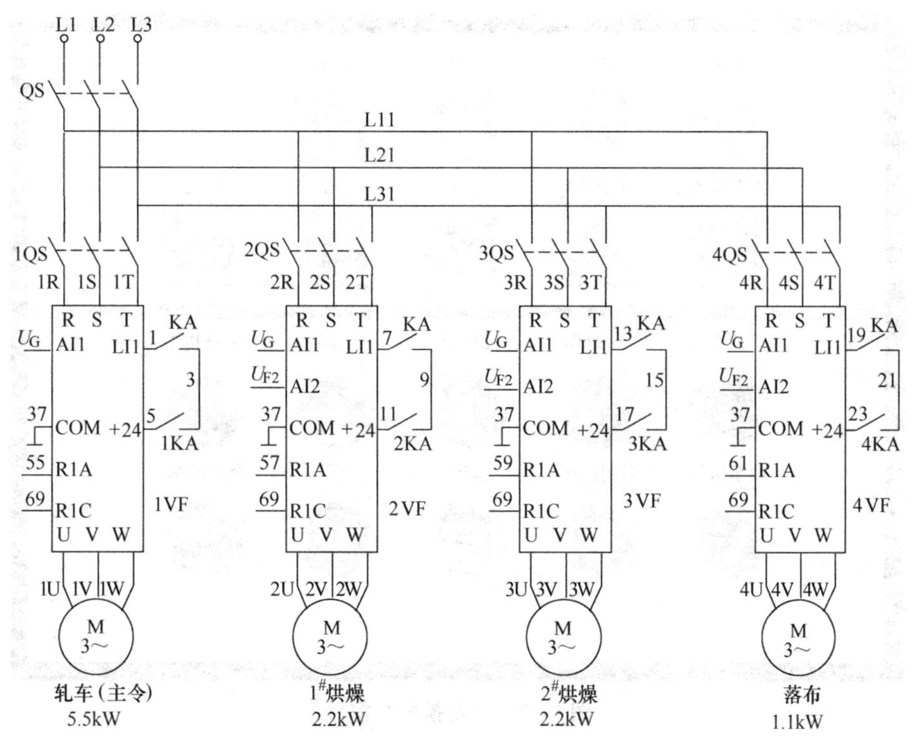

图 5-28 触摸屏控制 LMH101 烘干机同步调速系统主电路图

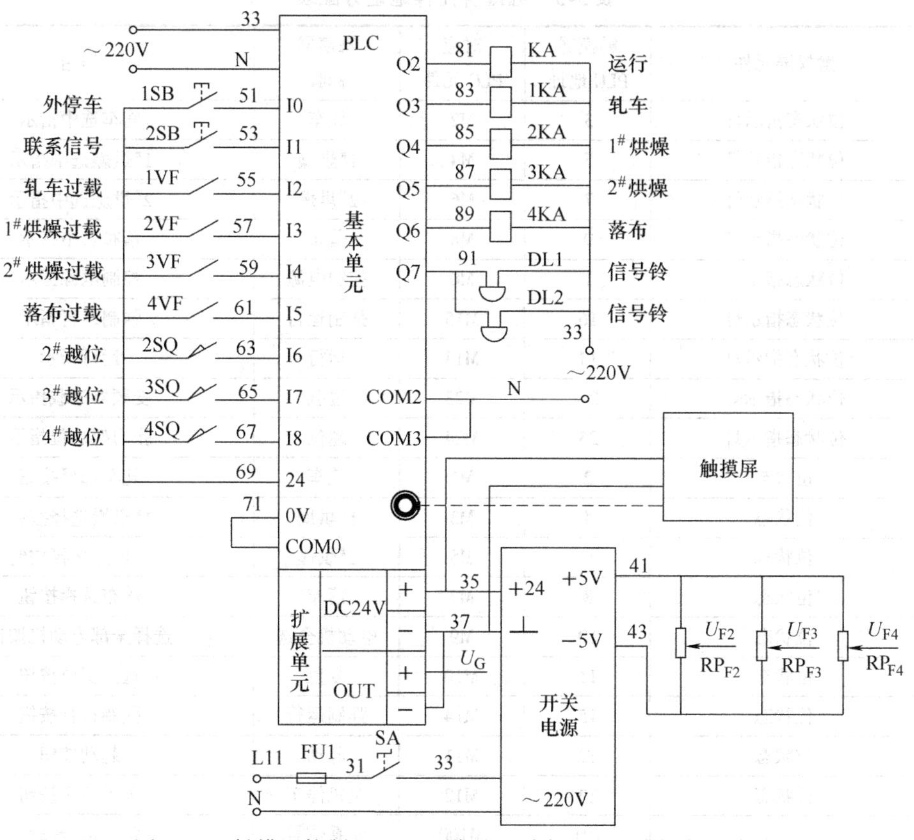

图 5-29 触摸屏控制 LMH101 烘干机同步调速系统控制电路图

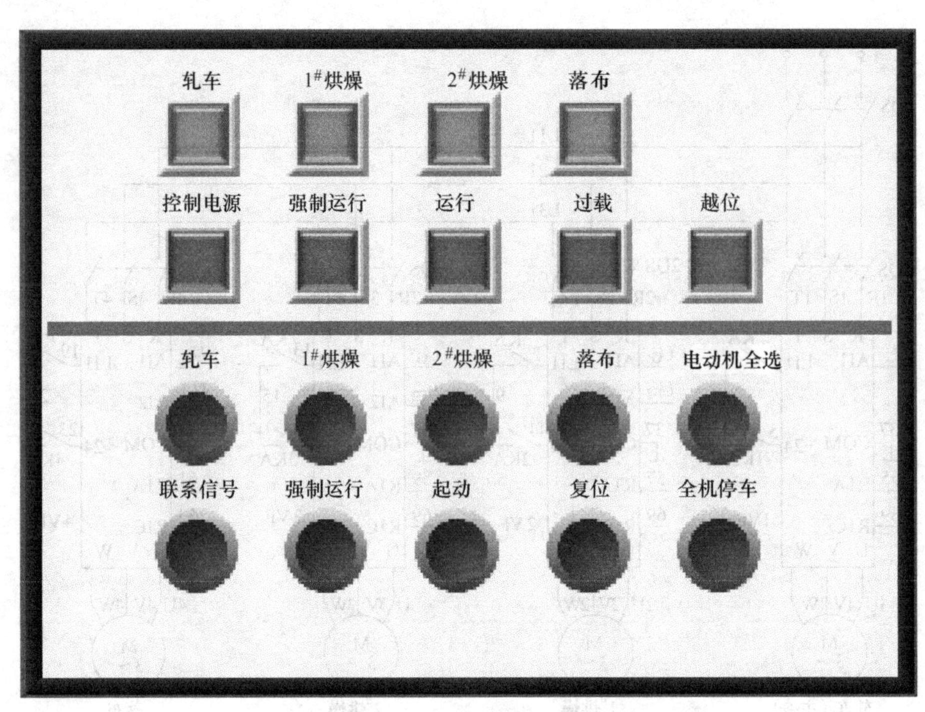

图 5-30 “触摸屏”窗口

表 5-3 触摸屏元件地址分配表

窗口	触摸屏元件	触摸屏 PLC 地址	对应 PLC 元件	触摸屏 标牌	作用
010	位状态指示灯	3	M2	轧车	轧车选中指示
010	位状态指示灯	5	M4	1#烘燥	1#烘燥选中指示
010	位状态指示灯	7	M6	2#烘燥	2#烘燥选中指示
010	位状态指示灯	9	M8	落布	落布选中指示
010	位状态指示灯	1	M0	控制电源	控制电源指示
010	位状态指示灯	16	M15	强制运行	强制运行指示
010	位状态指示灯	14	M13	运行	运行指示
010	位状态指示灯	24	M23	过载	变频器过载指示
010	位状态指示灯	25	M24	越位	张力架越位指示
010	位状态	2	M1	轧车	轧车选择按钮
010	位状态	4	M3	1#烘燥	1#烘燥选择按钮
010	位状态	6	M5	2#烘燥	2#烘燥选择按钮
010	位状态	8	M7	落布	落布选择按钮
010	位状态	10	M9	电动机全选	选择全部电动机按钮
010	位状态	11	M10	复位	选择复位按钮
010	位状态	15	M14	强制运行	强制运行按钮
010	位状态	12	M11	起动	起动按钮
010	位状态	13	M12	全机停车	全机停车按钮
010	位状态	101	M100	联系信号	联系信号按钮

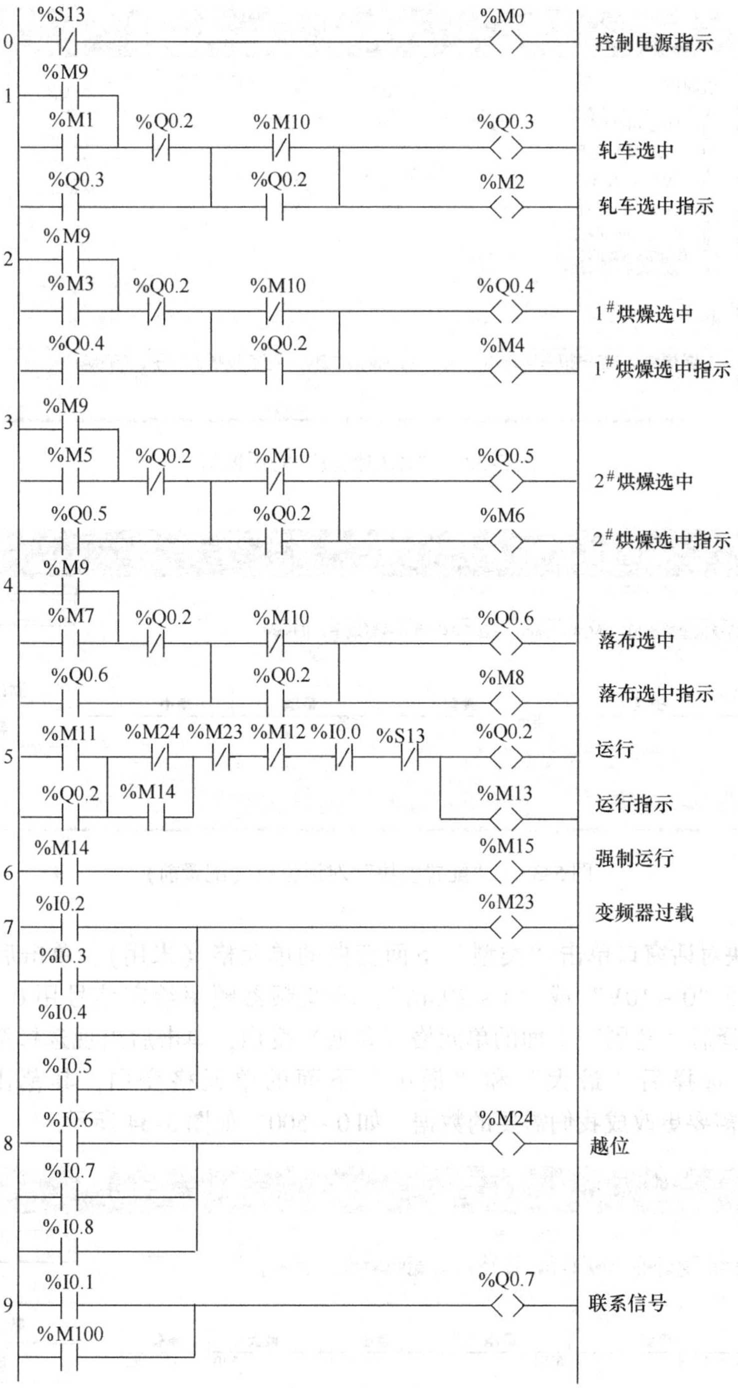

0 %S13 %M0 控制电源指示

1 %M9 %M1 %Q0.2 %M10 %Q0.3 轧车选中
%Q0.3 %Q0.2 %M2 轧车选中指示

2 %M9 %M3 %Q0.2 %M10 %Q0.4 1#烘燥选中
%Q0.4 %Q0.2 %M4 1#烘燥选中指示

3 %M9 %M5 %Q0.2 %M10 %Q0.5 2#烘燥选中
%Q0.5 %Q0.2 %M6 2#烘燥选中指示

4 %M9 %M7 %Q0.2 %M10 %Q0.6 落布选中
%Q0.6 %Q0.2 %M8 落布选中指示

5 %M11 %M24 %M23 %M12 %I0.0 %S13 %Q0.2 运行
%Q0.2 %M14 %M13 运行指示

6 %M14 %M15 强制运行

7 %I0.2 %I0.3 %I0.4 %I0.5 %M23 变频器过载

8 %I0.6 %I0.7 %I0.8 %M24 越位

9 %I0.1 %M100 %Q0.7 联系信号

图 5-31　用 PLC 控制程序参考梯形图

和扩展地址后，单击“添加”按钮，单击“完成”按钮关闭对话窗口，在计算机屏幕左侧的“应用向导”的“扩展总线”上出现“1：TWDAM01HT”字样，用鼠标右键单击该字样，选择“配置”，出现配置模块对话窗口，如图 5-33 所示。

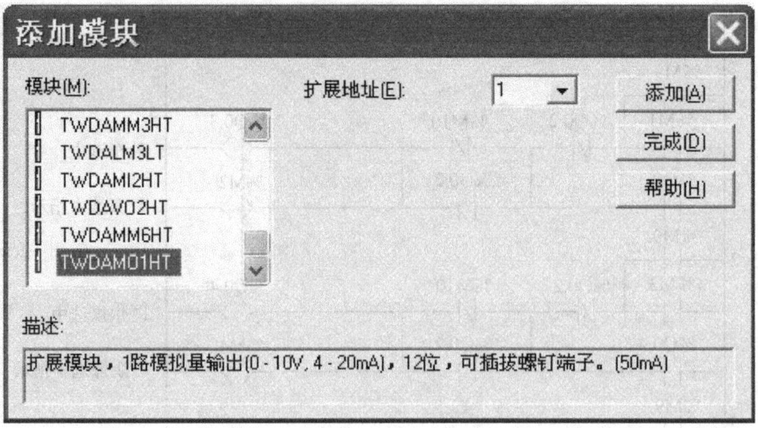

图 5-32　“添加模块”对话窗口

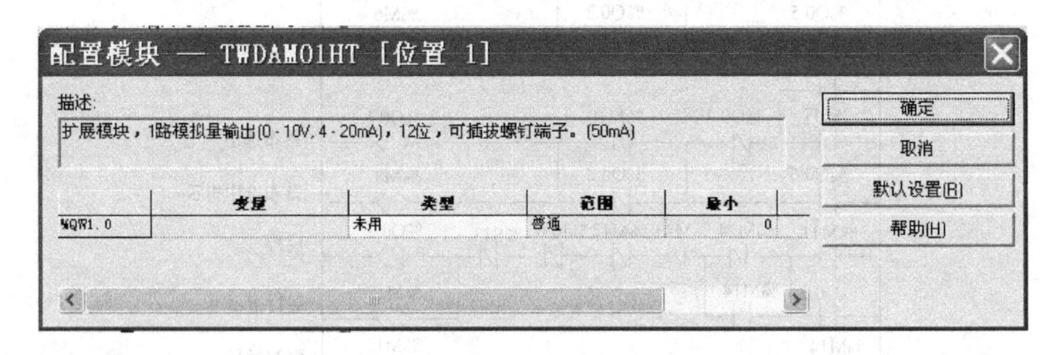

图 5-33　“配置模块”对话窗口（配置前）

在配置模块对话窗口单击“类型”下面变白的单元格（未用），单击后出现选择箭头▼，单击▼选择“0 ~ 10V”或“4 ~ 20mA”，若变频器频率给定信号用 0 ~ 10V，则选择“0 ~ 10V”。选择后“范围”下面的单元格（普通）变白，单击后出现选择箭头▼，单击▼选择“定制”。选择后“最大”和“最小”下面的单元格变白，其范围为 - 32768 ~ + 32768，根据需要更改成我们需要的数据，如 0 ~ 500，如图 5-34 所示。

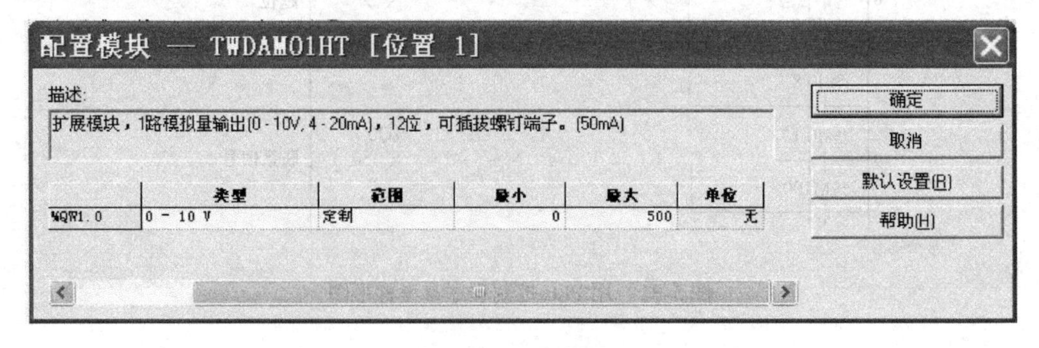

图 5-34　“配置模块”对话窗口（配置后）

模块配置后，只要给%MW1.0 赋值 0 ~ 500，其输出就是 0 ~ 10V 的模拟电压信号，将该信号送给各变频器的模拟电压输入端，并对变频器进行相应设置，就可以用该信号控制升降速了。

用触摸屏控制升降速需要在触摸屏上制作一个升速按钮和一个降速按钮。此外，在多电机同步调速系统中，虽然理论上可以从0Hz到最高速（如50Hz）调速，但实际上由于电动机的功率差异较大，负载差异也较大，在低速很难完全同步。通常把能够同步的最低速称为导布速，导布速以下不要求完全同步，这就要求开车时，在电流不过载的情况下快速升到导布速，升速时间由变频器参数设置。从导布速停车，速度快速降为0，通过变频器的停车模式和降速时间设置。

通常系统要求按下起动按钮，自动升到导布速，在导布速以上按住升速按钮缓慢升速，按住降速按钮缓慢降速。正常停车应该降到导布速后再停止，特殊情况可以随时停止。这就要求在触摸屏上有导布速设置、升速时间设置（从0Hz升到50Hz所用的时间。单位为秒）和降速时间设置（从50Hz降到0Hz所用的时间。单位为秒）。由于这些参数在设备调试后一般不再更改，可以将参数设置单独做一个窗口，并将该窗口设置成密码保护，只有专门人员输入正确密码后才有权限操作，一般人员无法进入参数设置窗口。还可以直接根据这些参数进行重新编程。

因为主令机的运行频率直接反映了整机的速率，可以在触摸屏上直接显示主令机的运行频率，还可以更直观的将布匹的线速（布速）直接显示出来。在不用线速表的情况下，可以在任意频率下测出实际的线速，并将该频率和线速输入到参数设置窗口的“布速校准(频率)”和“布速校准（线速)”，单击“确认”按钮即可，以后程序会自动计算布速，并显示在触摸屏上。“确认”按钮可以单独设置密码保护，禁止操作人员修改。

满足上述要求在升降速触摸屏增加的元件地址分配表如表5-4所示。

表5-4　升降速触摸屏增加的元件地址分配表

窗口	触摸屏元件	触摸屏PLC地址	对应PLC元件	触摸屏标牌	作用
010	位状态	31	M30	升速	升速按钮
010	位状态	32	M31	降速	降速按钮
010	数值显示	5	MW4	运行频率	显示主令机运行频率
010	数值显示	6	MW5	布速	显示线速
010	功能键			参数设置	切换到参数设置窗口
011	数值输入	1	MW0	导布速	设置导布速频率
011	数值输入	2	MW1	升速时间	设置升速时间
011	数值输入	3	MW2	降速时间	设置降速时间
011	数值输入	11	MW10	布速校准（频率）	输入实际频率
011	数值输入	12	MW11	布速校准（线速）	输入实测线速
011	位状态	41	M40	确认	
011	功能键			返回	返回主窗口

PLC程序在图5-31的基础上增加部分如图5-35所示，简要说明如下。

第10梯级：在按下起动按钮后的第一个扫描周期参数或字赋值。

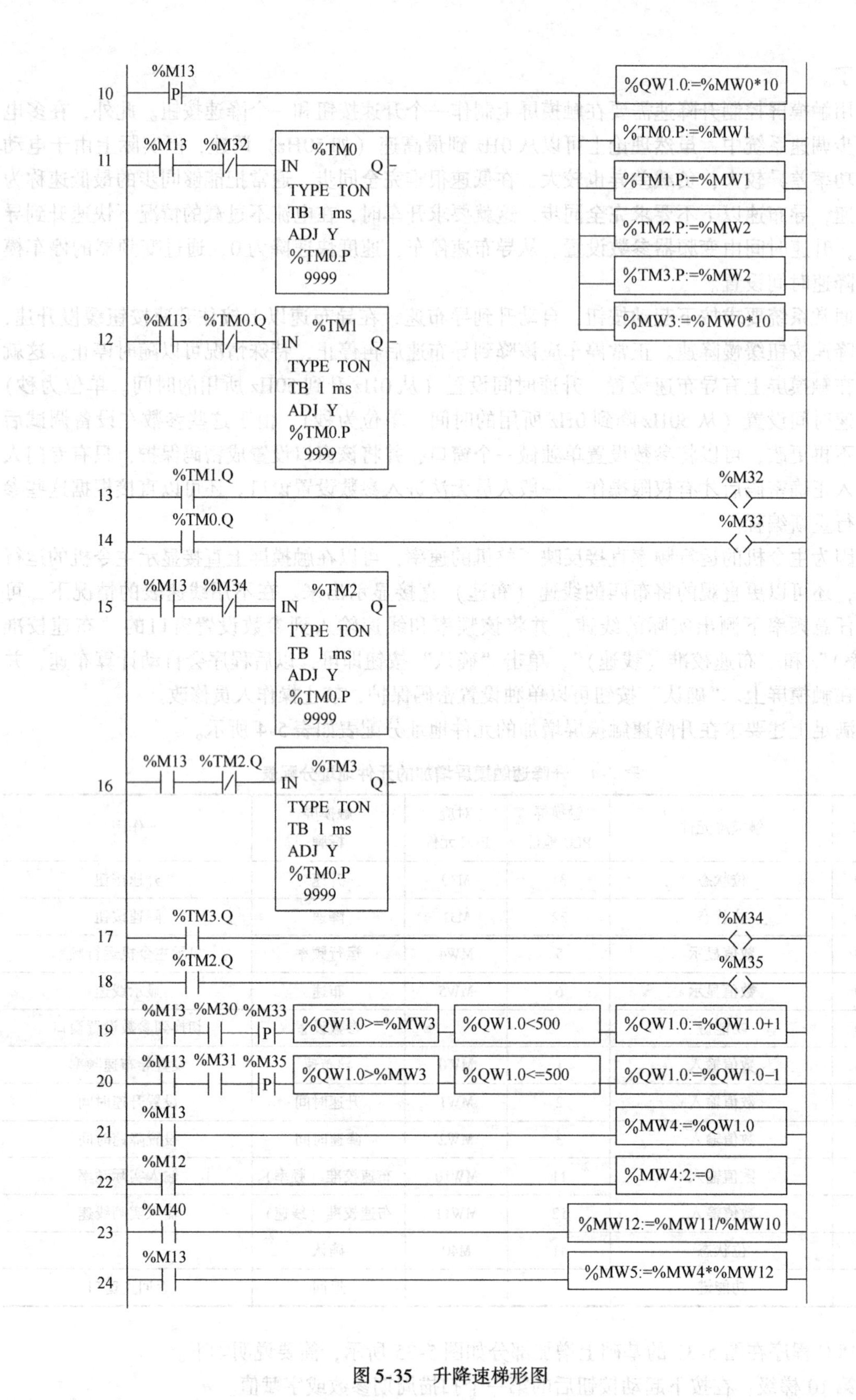

10
%M13
P
%QW1.0:=%MW0*10
%TM0.P:=%MW1
%TM1.P:=%MW1
%TM2.P:=%MW2
%TM3.P:=%MW2
%MW3:=%MW0*10
11
%M13
%M32
%TM0
IN
Q
TYPE TON
TB 1 ms
ADJ Y
%TM0.P
9999
12
%M13
%TM0.Q
%TM1
IN
Q
TYPE TON
TB 1 ms
ADJ Y
%TM0.P
9999
13
%TM1.Q
%M32
14
%TM0.Q
%M33
15
%M13
%M34
%TM2
IN
Q
TYPE TON
TB 1 ms
ADJ Y
%TM0.P
9999
16
%M13
%TM2.Q
%TM3
IN
Q
TYPE TON
TB 1 ms
ADJ Y
%TM0.P
9999
17
%TM3.Q
%M34
18
%TM2.Q
%M35
19
%M13
%M30
%M33
P
%QW1.0>=%MW3
%QW1.0<500
%QW1.0:=%QW1.0+1
20
%M13
%M31
%M35
P
%QW1.0>%MW3
%QW1.0<=500
%QW1.0:=%QW1.0–1
21
%M13
%MW4:=%QW1.0
22
%M12
%MW4:2:=0
23
%M40
%MW12:=%MW11/%MW10
24
%M13
%MW5:=%MW4*%MW12

图 5-35 升降速梯形图

“%QW1.0：=%MW0*10”是将设置的导布速频率（存放在MW0）赋值给模拟量输出字QW1.0（输出Q1.0为总给定），我们已经将模拟量输出设置成0～10V对应0～500，而变频器的输出频率范围为0～50Hz，导布速通常在10Hz左右，所以应将MW0乘以10再进行赋值。

“%TM0.P：=%MW1”～“%TM3.P：=%MW2”是给4个定时器赋值，为按设定的升降速时间升降速做准备。MW1储存了升速时间，单位为秒，MW2储存了降速时间，单位为秒，4个定时器的时基是1ms。为什么直接将以秒为单位的字中的值直接赋值给以1ms为时基的定时器呢？在第11～14梯级将作详细说明。

“%MW3：=%MW0*10”是将对应导布速频率的模拟量输出字QW1.0的值赋值给MW3，为升降速做准备。

第11～14梯级：形成M33导通TM1.P(ms)、关闭TM0.P(ms)的升速周期信号。

如果TM0.P=TM1.P，则M33的周期为2TM0.P（ms）。我们要在M33的每个周期内让模拟量输出字QW1.0增加1，对应总给定增加0.1V（见19梯级）。

升速时间设定值储存在MW1中，也就是说在MW1(s)=1000MW1(ms)时间内，QW1.0从0升到500，QW1.0增加1需要的时间为1000MW1/500=2MW1(ms)。即2TM0.P=2MW1，TM0.P=MW1=TM1.P。我们将以秒为单位的字MW1中的值直接赋值给以1ms为时基的定时器TM0和TM1正好符合要求，这正是将QW1.0最大值设置成500的原因。

第15～18梯级：形成M35导通TM3.P(ms)、关闭TM2.P(ms)的降速脉冲周期信号，按照设置的降速时间，在M35的每个周期内，模拟量输出字QW1.0减小1，对应总给定减小0.1V（见20梯级），详细同升速周期信号M33。

第19梯级：按住升速按钮升速，松开按钮停止升速，升速范围在导布速与最高速之间。

第20梯级：按住降速按钮降速，松开按钮停止降速，降速范围在最高速与导布速之间。

第21梯级：给储存频率显示内容的字MW4赋值，在触摸屏显示轧车频率（Hz）。

第22梯级：停车时给储存频率显示内容的字MW4和储存布速显示内容的字MW5赋值0。

第23、24梯级：线速计算并赋值给MW5，在触摸屏显示布速（m/min）。

3. 事件记录

用触摸屏可以将设备运行过程发生的重要事件进行记录，如出现过载时可以查看哪个变频器过载，出现越位时哪个张力架越位，开停车时间等。若要在触摸屏显示这些内容，需要在触摸屏上建立“事件登录”（或用“资料取样”）。

首先将正常开车情况登录到“事件登录”中。在按下起动按钮后，从梯形图5-31的第5梯级可见，Q0.2有输出，同时位状态指示灯M13亮。可以将M13做为正常开车的读取地址（在触摸屏上PLC读取地址为14），当M13由OFF变ON时，显示“全机正常开车”字样。

单击“事件登录”图标或在“元件”下拉菜单中单击“报警”→“事件登录”，出现事件登录对话窗口后单击“新增”按钮，出现“报警（事件）登录"对话窗口如图5-36所示。

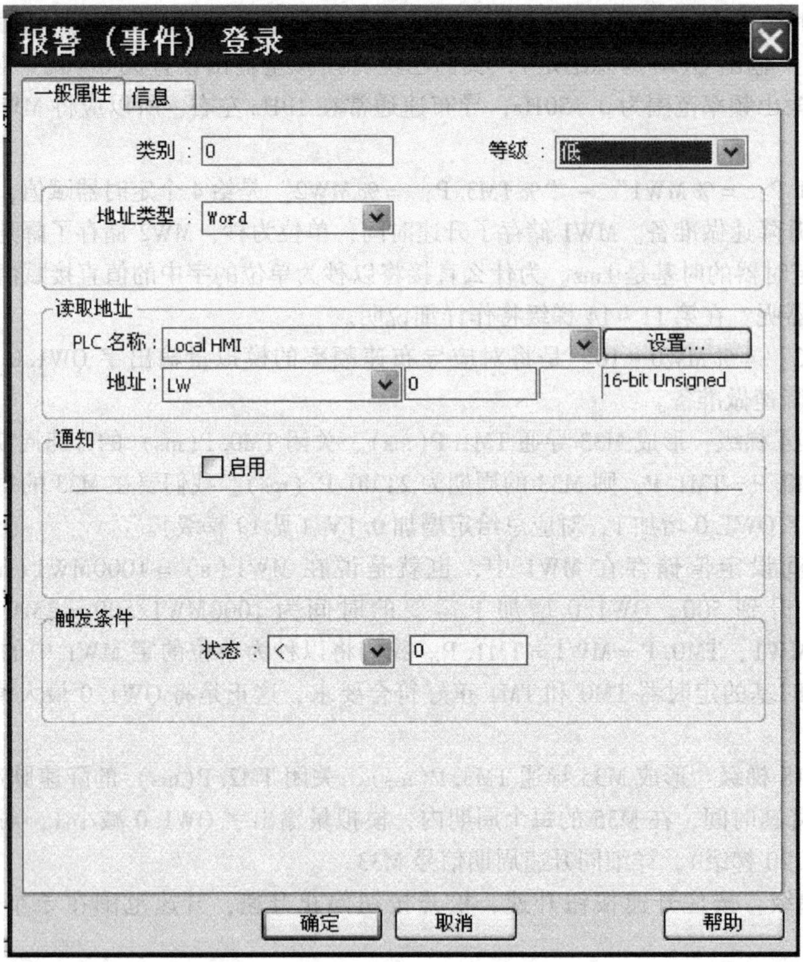

图 5-36 “报警（事件）登录”对话窗口

在图 5-36 中，“类别”为登录事件的分类，有 0 ~ 255 个类别，不同类别的事件可以单独显示，也可以一起显示；“等级”为事件紧急情况级别，分为低、中、高、紧急，级别高的事件优先显示；“地址类型”分为字（Word，对应触摸屏的字 LW 或 PLC 的字 MW）和位（bit，对应触摸屏的位 LB 或 PLC 的位 M）两种，我们选位（bit）；“PLC 名称”分为触摸屏（Local HMI）和 PLC（MODBUS RTU）两种，我们选 PLC，地址 0x 对应施耐德 PLC 中的中间位 M，地址改为 14；“触发条件”分为 OFF、ON、OFF→ON、ON→OFF，我们选 OFF。

单击“信息”按钮，在出现新的报警（事件）登录对话窗口中输入需要显示的内容“全机正常开车”，并选择字体和颜色。

还有一些其他选项，读者可以根据需要选用。

完成后单击“确认”按钮返回到开始的事件登录对话窗口，并且多了一条事件登录信息，如图 5-37 所示。

单击“新增”按钮，登录其他需要登录的事件，如正常停车、外部停车、哪个变频器过载停车、哪个张力架越位等。

由于触摸屏只能读取 PLC 的中间位，而外部停车按钮、变频器过载信号和张力架限位

事件登录

当前类别：全部 [1]

编号	类别	事件内容	地址类型	触发条件	读取地址	通知触发地址	报警声
1	0	全机正常开车	BIT	OFF->ON	MODBUS RTU : 0x-14	停用	停用

☐报警时自动打开背光灯

保存文件

☐保存到 HMI ☐保存到 SD 卡 ☐保存到 U盘 1 ☐保存到 U盘 2

新增… 插入… 删除 设置…

复制 粘贴 导出… 导入… 关闭

图 5-37 “事件登录”对话窗口

开关接在 PLC 的输入端，触摸屏不能直接读取，所以需要给这些信号增加一个与其对应的中间位。PLC 程序在原来的基础时再增加图 5-38 所示的梯形图部分。

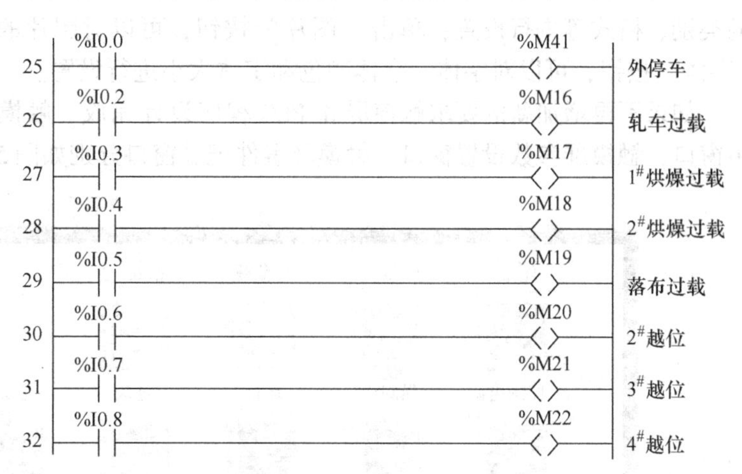

图 5-38 事件登录增加梯形图

事件登录全部完成后，要勾选保存文件的位置，并确定保存时间，若不勾选，只能显示当日的事件。

要显示所登录的事件，需要在触摸屏增加一个“事件显示”元件，并将该元件放入新增的 012 窗口，事件记录触摸屏增加元件地址分配表见表 5-5。

表 5-5 事件记录触摸屏增加元件地址分配表

窗口	触摸屏元件	触摸屏 PLC 地址	对应 PLC 元件	触摸屏标牌	作用
010	功能键			事件记录	切换到事件记录窗口
012	功能键			返回	返回主窗口
012	事件显示			事件记录	显示登录事件

单击“事件显示”图标或在“元件”下拉菜单中单击“报警”→“事件显示”，出现

事件显示元件一般属性对话窗口如图5-39所示。其中，“方式”分为即时和历史两种，即时只能显示当日事件，历史既能显示当日事件，也能显示历史事件。历史事件需要在“历史事件控制”中设置一个字来控制，可以选择触摸屏的字LW，也可以选择PLC的字MW，当选择字的数据为0时，显示当日的事件，数据为1时，显示前一天的事件，数据为2时，显示再往前一天的事件，依次类推。

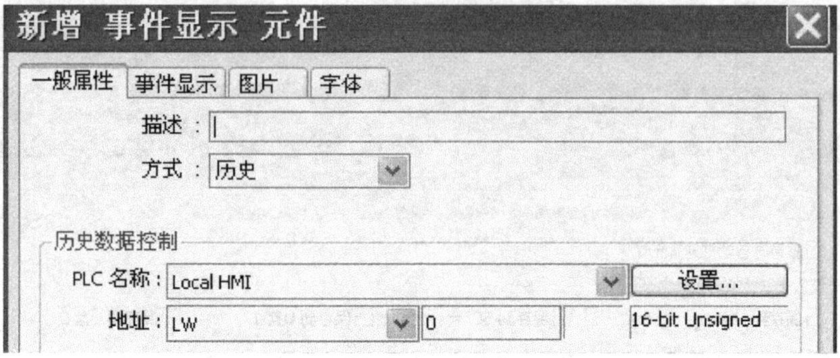

图5-39　事件显示元件一般属性对话窗口

在对话窗口单击“事件显示”按钮，出现事件显示元件事件显示对话窗口，可以对事件的类别、格式等进行设置；单击“图片”按钮，可以对图片的边框、底色进行设置；单击“字体”按钮，可以对字体、字体颜色和字体大小进行设置。

如果不再增加新的要求触摸屏和PLC程序设计完成。触摸屏共分了3个窗口，触摸屏主窗口，触摸屏参数设置窗口，触摸屏事件记录窗口分别如图5-40～图5-42所示。

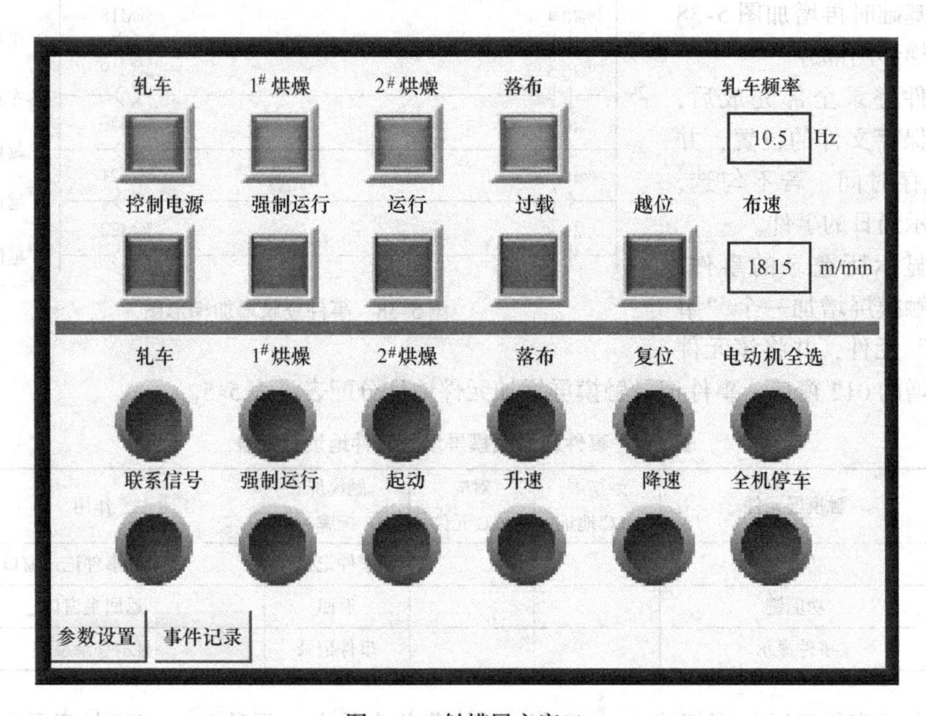

图5-40　触摸屏主窗口

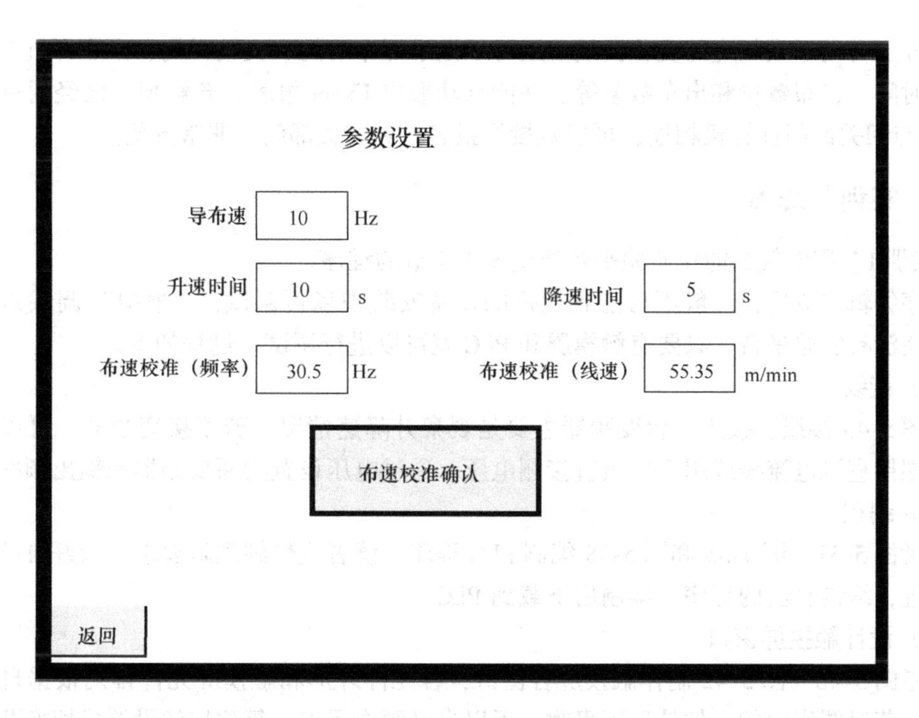

图 5-41　触摸屏参数设置窗口

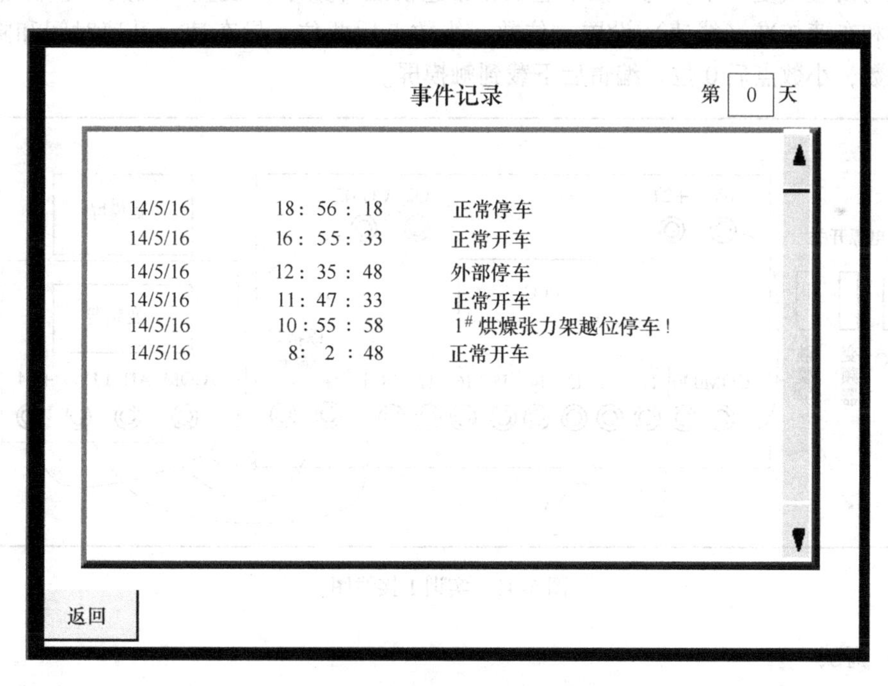

图 5-42　触摸屏事件记录窗口

4. 其他

用触摸屏控制还可以完整记录一些工艺参数和工作数据。如可以记录某部位的温度变化（有温度传感器）、压力变化（有压力传感器）、位置变化（有位移传感器）、线速或频率变化等，并能自动形成相应的变化曲线。还可以记录开车时间、交接时间、当班开机次数、累计开机时间、进布数量和出布数量等，并能自动形成Excel报表，若触摸屏已经通过网线或Internet与相关部门计算机相连，可以直接将报表报到相关部门，非常方便。

5.4.5 实训与练习

【实训1】用电气智能化实验平台调试5.4.4节的程序。

程序编辑完成后，一般不可能到用户的设备安装现场再调试，“模拟”调试是常用方法，即使没有实验平台，只要有触摸屏和PLC就可以进行调试。过程如下。

（1）接线

按图5-43接线，接入一台变频器主要是观察升降速情况。若不接变频器。可以在模拟量输出端接直流电流表或用万用表直接测电压，通过电压设置判断变频器的输出频率。

（2）编程

参考图5-31、图5-35和图5-38编制PLC程序。读者应仔细理解要求，最好自己重设各元件地址，编制自己的程序。编制后下载到PLC。

（3）设计触摸屏窗口

参考图5-40～图5-42制作触摸屏各窗口，各元件外形和触摸屏元件排列根据自己的喜好设计，若对图库中的元件外形不喜欢，可以自己制作元件。复位按钮设置成切换开关，其他个按钮均设置成复归型。轧车频率显示和布速校准（频率）设置3位数，小数点后1位。布速显示和布速校准（线速）设置4位数，小数点后两位。导布速、升速时间和降速时间设置两位数，小数点后0位。编辑后下载到触摸屏。

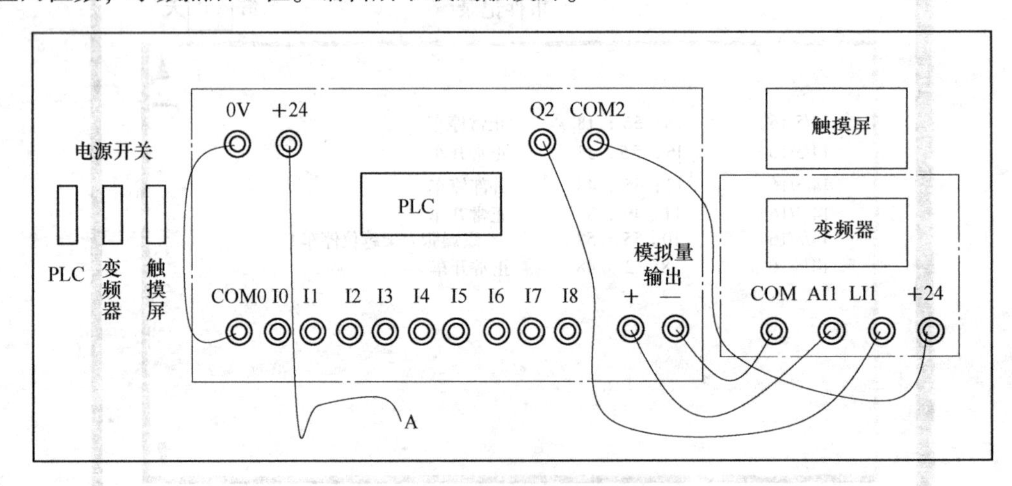

图5-43 实训1接线图

（4）调试

1）打开PLC、变频器、触摸屏电源，触摸屏控制电源灯亮，说明PLC与触摸屏通信良好。对变频器的相关参数进行设置。

2）单击触摸屏“轧车”按钮，轧车信号灯亮，PLC中Q0.3指示灯亮（以后简称为Q0.3亮）；单击“1#烘燥”按钮，1#烘燥信号灯亮，Q0.4亮；单击“2#烘燥”按钮，2#烘燥信号灯亮，Q0.5亮；单击“落布”按钮，落布信号灯亮，Q0.6亮；单击“复位”按钮，相关灯全灭；单击“电动机全选”按钮，相关灯全亮；复位后任选几个电动机（不要全选），单击“起动”按钮，运行信号灯亮，Q0.2亮，变频器应该运行，电动机旋转（如果变频器输出频率为0，电动机不转，可以暂不考虑，只要Q0.2亮就行。或者先给变频器设置一个最低频率，设置后电动机应旋转，否则变频器参数设置有问题）；单击“复位”按钮，所选电动机不复位，单击未选电动机的选择按钮，若不能选择，单击“全机停车”按钮停止。

这说明梯形图第1～4梯级程序正常，触摸屏相关元件设计正确。

若出现不正常情况，应检查PLC程序和触摸屏元件地址及属性设置是否正确，查出原因进行修改，修改后重新下载和调试。

3）全选电动机后单击“起动”按钮，相关灯亮，单击“全机停车”按钮停止，说明起动与停车正常。

重新起动后，取一根连接线，一端插入PLC的+24V插孔，用另一端触碰一下PLC的I0插孔（以后简称为用线A触碰I0，见图5-43），运行信号灯灭，Q0.2灭，电动机停转，但与选电动机相关的灯不灭。因为I0接外部停车按钮，线A触碰I0就相当于按下外部停车按钮，说明外部停车正常。

重新起动后，用线A依次触碰I2～I8（相当于变频器过载和张力架越位），其效果与按下全机停车按钮或外部停车按钮完全相同，并且触碰I2～I5时，过载信号灯亮，触碰I6～I8时，越位信号灯亮。这说明变频器过载和张力架越位停车正常。

将线A插入I6，越位信号灯亮，单击“起动”按钮无效，说明在1#烘燥张力架越位时不能起动；单击“强制运行”按钮，强制运行信号灯亮，松开按钮后继续亮，再按一下“强制运行”按钮，强制运行信号灯灭，再按一下“强制运行”按钮，然后单击“起动”按钮，应能进行正常的起动与停车。将用线A插入I7和I8情况同上。这说明强制运行正常。

以上说明梯形图第5～8梯级程序正常，触摸屏相关元件设计正确。

4）按下联系信号按钮，Q0.7亮，松开按钮Q0.7灭；将线A插入I1（接机尾联系信号按钮）Q0.7亮，将线拔出，Q0.7灭，这说明梯形图第9梯级正常。

5）单击触摸屏的“参数设置”按钮，进入触摸屏参数设置窗口设置各参数。如导布速为10Hz，升速时间为10s，降速时间为5s，布速校准（频率）为20Hz，布速校准（线速）为40m/min，并按下布速校准确认按钮。若前面已经给变频器设置了最低速，将最低速设置为0。然后返回主窗口。

单击“起动”按钮，变频器运行，电动机旋转，在触摸屏屏上显示轧车频率10Hz，布速20m/min，此时变频器显示的频率应该是10Hz左右，可能与触摸屏显示稍有误差。

按住“升速”按钮，触摸屏和变频器显示的频率都缓慢增加，松开按钮停止升速，按住按钮不放升速到50Hz后不再升速。

按住“降速”按钮，触摸屏和变频器显示的频率都缓慢下降，松开按钮停止降速，按住按钮不放降速到10Hz后不再降速。

在升降速过程中，布速数值始终是轧车频率的两倍。按下全机停车按钮停止，频率和布速显示为0。

这说明梯形图第10～24梯级程序正常，触摸屏相关元件设计正确。

本段程序很容易出错。若升降速不正常，并且不易判断原因，可以断开PLC与触摸屏的通信连接，将PLC与微型计算机相连，在PLC程序的第5梯级的M11触点上并联没有使用的输入继电器常开触点（如I0.9）用做起动按钮，在第19梯级的M30触点上并联没有使用的输入继电器常开触点（如I0.10）用做升速按钮，在第20梯级的M31触点上并联没有使用的输入继电器常开触点（如I0.11）用做降速按钮，并在第10梯级前插入图5-44所示的梯级。重新下载后，用线A触碰I9（相当于按下起动按钮），通过PLC的动态显示（在控制器下拉式菜单中单击“切换动态显示”）查看哪个梯级有问题。

例如，查看第11、12、15、16梯级的定时器预置值是否是与图5-44相同，若相同至少说明第10梯级没有问题。定时器的当前值是否变化或看14、18梯级的M33、M35是否周期通断。若时间太短不好看，可以增加图5-43中给定时器的赋值或者更改定时器的时基加长时间。若M33、M35周期通断，说明第10～18梯级没有问题。

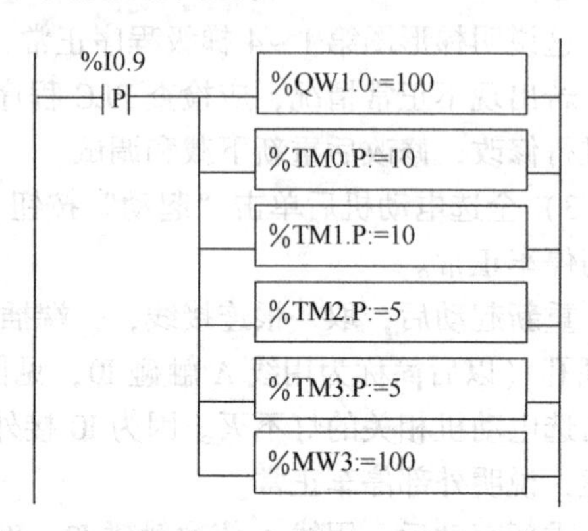

图5-44　调试梯形图

将线A插入I10（相当于按住升速按钮）看QW1.0的当前值是否动态增加，拔出A线停止增加；将线A插入I11（相当于按住降速按钮）看QW1.0的当前值是否动态减小，拔出A线停止增减小。若能动态增加或减小，升降速应该没有问题，也可用万用表测试模拟量输出电压是否变化，或者直接将模拟量输出电压接到实验台的直流电压表观察模拟量输出电压的变化。

若输出电压有变化，而变频器的输出频率不变，说明变频器的参数设置有问题。

若PLC程序和变频器的设置没有问题，就只能是触摸屏的问题了，应仔细检查相关元件的地址和属性。调试正常后将插入的梯级和并联的触点删除。

6）调试事件记录

单击触摸屏的事件记录，进入事件记录窗口。通过前面的调试，所有元件都操作了多次。此时事件记录窗口应该有大量的记录。

首先看一下这些记录的信息内容是否正确，是否有登录而没有记录的事件，若不正确修改事件登录中的信息内容、读取地址等设置。如果信息中出现方框（全部方框如“□□□□”或部分方框如“轧车□□过□”），则说明该型号触摸屏无所选字库或字库不全，应首先在事件登录中更改字体，让登录的内容全部显示出来。

记录的事件与显示的内容是否与要求完全一致，还需要逐条验证。例如，返回主窗口按下起动按钮，然后停止，回到事件记录窗口看是否有记录。再返回主窗口，起动后用线A依次触碰I0～I8，查看记录是否正确。若不正确应查看程序的第25～32梯级和登录元件的设置是否正确，逐条核对、修改。

要调试查看历史记录是否正确，可以在触摸屏窗口放置有关数值输入元件，将其读取地址设置为触摸屏的系统寄存器LW9020，重新下载后该元件显示当前日期。操作部分与事件记录有关的元件后，将数值输入元件的值加1或减1，然后再操作部分与事件记录有关的元件，反复几次。这相当于在不同日期进行了操作。

关闭PLC和触摸屏电源后重新打开，查看历史记录是否保存。

正常后应改回到正确的日期，然后将该数值输入元件删除，并重新下载，程序调试全部完成。

【实训 2】假设实训 1 的程序在生产车间调试完成，最终确定导布速为 15Hz，升速时间为 10s，降速时间为 10s，在轧车频率为 30Hz 时，实测布速为 45m/min，经用户确认这些参数不再修改。为了简化，事件显示只显示过载或越位情况，试修改程序和触摸屏窗口，并用电气智能化实验平台调试。

（1）修改触摸屏窗口

删除参数设置窗口，并将主窗口的参数设置功能键删除。将事件登录中正常停车、正常开车、外部停车删除，只保留变频器过载和张力架越位。修改完成后下载到触摸屏。

（2）修改 PLC 程序

将 PLC 程序的第 10～24 梯级进行修改，其他梯级不变。第 10～24 梯级修改后如图 5-45所示。修改完成后下载到 PLC。

（3）调试

调试步骤参照实训 1。

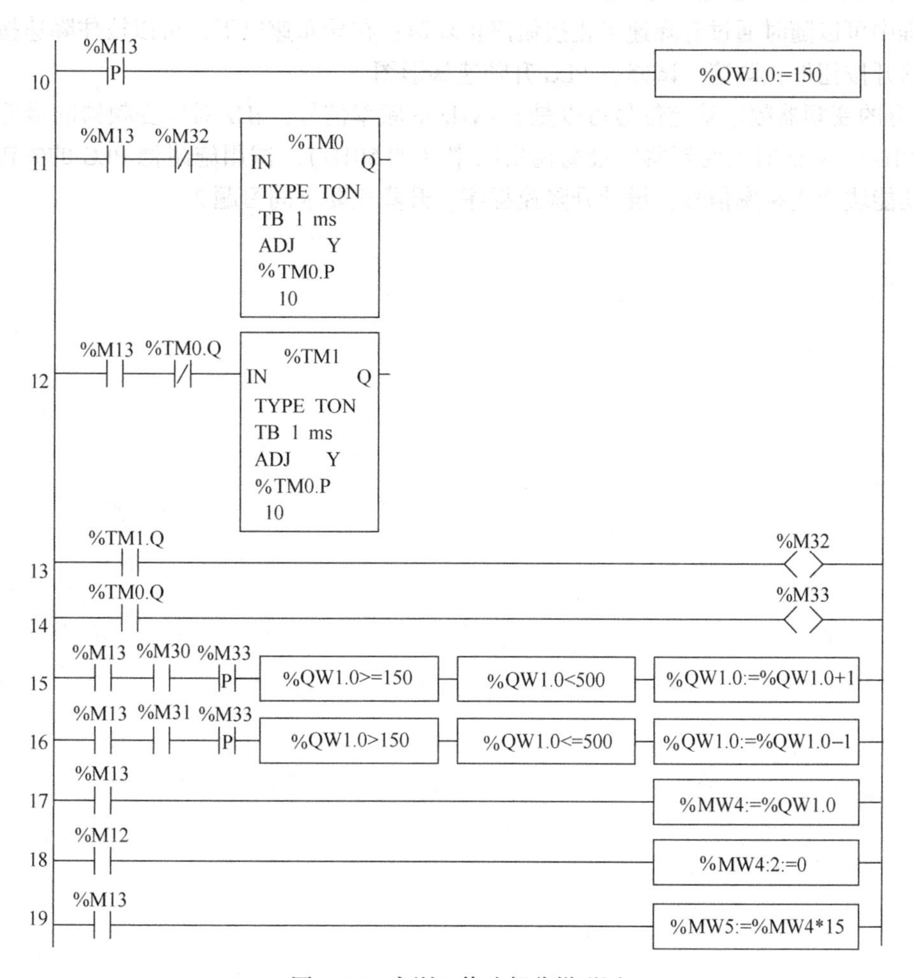

图 5-45 实训 2 修改部分梯形图

本 章 小 结

本章介绍了变频调速多台电动机同步调速系统及常用的同步方法。

多台电动机同步调速，必须有一个预选电动机的过程，还要有统一的运行和给定信号，必须有反馈元件形成闭环控制。

通过实训与练习详细介绍了程序调试的方法。

习 题

1. 在多台电动机同步调速系统中，只要给各台变频器统一的给定信号，各台电动机的转速就相同，就能同步运行。这种说法对吗？为什么？

2. 实训 2 升降速的要求更改为：按下起动按钮，自动升到导布速；按下升速按钮，自动升到常用速 40Hz，升速过程中可以随时通过升降速停止按钮停止升速；在 40Hz 以上，可以按住“升速”按钮继续升速，松开按钮停止升速。按下“降速”按钮，自动降到导布速，降速过程中可以随时通过升降速停止按钮停止降速；在导布速以下，可以按住降速按钮继续降速，松开按钮停止降速。试修改 PLC 升降速梯形图。

3. 有的变频器频率给定信号可以是 x ~ yHz 的频率信号，xHz 对应变频器的最低输出频率（如 0Hz），yHz 对应变频器的最高输出频率（如 50Hz）。试用施耐德 PLC 的% PLS 脉冲发生器功能块产生频率信号，设计升降速程序。升降速要求同习题 2。

第6章　成套变频调速电气控制柜的设计

6.1　概述

从事变频调速控制系统的设计工作，除了要掌握变频器的基本知识外，还必须掌握成套控制系统设计的一些基本知识，才能设计出用户满意的变频调速电气控制柜。如果作为变频调速系统的用户，从事调速系统的安装、调试或维修工作，必须能够看懂电气图，了解设计者的设计思路，才能正确地布线、接线、调试或维修；即使是变频调速电控柜生产厂家的一位接线工，至少应该看懂接线图才能正确接线。看懂电气原理图、参考原理图和接线图接线，不仅能加快接线速度，提高生产效率，而且接线差错率也会大大降低。

因此，只要从事的工作与变频调速有关，就应该了解成套变频调速电气控制柜的设计知识，这样至少对于正确分析电气图大有帮助。

要设计出成套变频调速电气控制柜图样，必须掌握以下基本知识。

（1）变频器

掌握所使用变频器的各种性能、接线端子和设置菜单等。

（2）可编程序控制器（PLC）

现在，多数变频器由PLC控制，因此必须掌握所使用PLC的各种性能、接线端子、编程知识等。

（3）同步方式

对于需要同步运行的调速系统，必须确定用什么反馈元件，采用何种同步方式等。若使用同步控制器，要了解同步控制器的性能及各端子的作用。

（4）低压电器

任何控制线路，都离不开各种低压电器，如空气开关、熔断器、交流接触器、热继电器、按钮、信号灯以及变压器等。不仅需要知道这些低压电器的作用和相应的控制电路，而且需要了解不同型号的低压电器的外形尺寸、安装尺寸、质量和价格等方面的差别，以便于合理选用。

（5）了解工艺

不需要对整个工艺原理全部了解，至少应该大致了解工艺流程，精确知道与电气有关的各种细节，例如，有多少电动机拖动，用什么电动机，各电动机的功率是多大，用什么拖动方式，有无联锁要求等。还要了解附属的电气控制环节，例如，有没有安全电压照明，有几个外部停车按钮，是否有联系信号等。

一套完整的变频调速电气控制柜的图样，应该包括以下内容：

1）电气原理图；

2）安装接线图；

3）外部接线图；

4）柜体设计图。

本章以后各节均以改型的LMH631—180显色皂洗机为例，说明各种图的画法，主要为读者介绍设计思路，为正确识图打下良好的基础。

改型的LMH631—180显色皂洗机的电气要求如下：

1）主传动用交流电动机，电动机的额定电压为AV380V（线电压），额定频率为50Hz，额定转速为1450r/min。15个交流电动机全部用施耐德Altivar31变频器驱动，按从车头到车尾排列，各电动机的标牌名称及功率为：

① 二辊轧车　　3kW。

② 显色蒸箱　　2.2kW。

③ 1#轧车　　2.2kW。

④ 2#轧车　　2.2kW。

⑤ 3#轧车　　2.2kW。

⑥ 皂蒸箱　　2.2kW。

⑦ 4#轧车　　2.2kW。

⑧ 5#轧车　　2.2kW。

⑨ 6#轧车　　2.2kW。

⑩ 7#轧车　　2.2kW。

⑪ 8#轧车　　2.2kW。

⑫ 三辊轧车　　5.5kW主令电动机。

⑬ 1#烘燥　　2.2kW。

⑭ 2#烘燥　　2.2kW。

⑮ 落布　　1.1kW。

2）有两组力矩电动机，力矩电动机用单相调压器调节。如果用三相调压器调节，调节效果会更好，但成本较高。力矩电动机允许长期堵转或者缺相运行，可以使用单相调压器调节，在实际中，大多数使用单相调压器。

① 显色蒸箱力矩：6个0.5N·m的力矩电动机，蒸箱左右两侧各3个。

② 皂蒸箱力矩：12个0.5N·m的力矩电动机，蒸箱左右两侧各6个。

标准的LMH631—180皂洗机还有3组力矩电动机，偶合透风力矩、1#氧化透风力矩和2#氧化透风力矩。为了简化设计，本章设计不考虑。

3）蒸箱和烘房用AC24V（以前多用AC36V）安全电压照明。

① 显色蒸箱照明：4个AC24V 60W照明灯，蒸箱左右两侧各两个。

② 皂蒸箱照明：4个AC24V 60W照明灯，蒸箱左右两侧各两个。

③ 烘房照明：4个AC24V 60W照明灯，烘房左右两侧各两个。

4）车头和车尾各有一个信号铃，作为开车联系用。

5）车尾有一个联系信号按钮，作为开车联系用。由于操纵台安装在车头位置，操纵台上有联系信号按钮，故车头不需要另装联系信号按钮。

6）车尾有一个停车按钮，作为故障时紧急停车用。设备的中间部位也可以加装紧急停车按钮。

7）车头和主令电动机之后各装两个电动吸边器，电动吸边器由用户自备，控制柜提供

AC220V 电源。

电气原理图所用元器件的图形符号和文字符号都应符合国家标准的规定。文字符号可以横向标注，也可以纵向标注，与图 6-1 所示的线号标注规则相同。

图样幅面应符合国家标准的规定，有 A4、A3、A2、A1、A0 幅面等，画不开时还可以加长，但加长的尺寸应符合国家标准的规定。现在多数采用计算机制图，一般采用 A4 和 A3 幅面的图样。

图样应画出边框，边框尺寸也应符合国家标准的规定。A4 和 A3 图样边框距离图样左边 25mm，便于装订，距离图样其他三边 5mm。大于 A3 幅面的图样，左边距仍为 25mm，其他边距为 10mm。采用计算机制图时，如果边距太小无法打印时，可适当加大页边距。

每一张图样，都应有标题栏，标题栏画在图样的右下方，尺寸应符合有关标准规定，由于用计算机制图一般使用的图幅较小，可以使用简单的标题栏。标题栏一般包括图样名称、图样编号、设计或制作单位名称和设计、审核、标准化、工艺、制图和批准等有关人员的签名。有的标题栏还应包括图样更改标记。

不管多大的图样，一般折叠成 A4 幅面大小装订。

由于本书幅面所限，本章所画各种图样均小于 A4 幅面，并且没有画出图形边框和标题栏，特此说明。

6.2 电气原理图

电气原理图包括主电路、控制电路和所有附属电路的原理图，还应包括所用元器件明细表。电气原理图是最主要的图样，是设备生产、安装、调试和维修的依据。

6.2.1 控制方案的确定

LMH631—180 显色皂洗机对电气部分的基本要求上节已经介绍，要想画出电气原理图，还必须和用户或机械工程师协商确定具体的控制方案。

1. 控制电路的控制方式

控制电路可以用低压电器控制，也可以用 PLC 控制中间继电器（或交流接触器）的线圈，再用中间继电器（或交流接触器）的触点控制变频器，多数电路采用此控制方式。由于电动机数量较多，很少用 PLC 直接控制变频器的运行。

在我们所设计的电路中，PLC 的数字量的输入点需要 24 个，输出点需要 17 个，若采用施耐德型号为 TWDLCAA40DRF 的 PLC，数字量继电器输入点正好 24 个，满足要求，但其数字量继电器输出点只有 14 个（共 16 个输出点，其中有两个晶体管输出点），尚缺 3 个继电器输出点，加继电器输出扩展模块 TWDDRA8RT（有 8 个继电器输出点）就可以满足要求。

在图 6-9 和图 6-18 中，PLC 的基本单元用 0 表示，扩展单元用 1 表示。例如 I0. 3 表示基本单元的 I3 输入点，Q0. 2 表示基本单元的 Q2 输出点，Q1. 2 表示扩展单元的 Q2 输出点，COM0. 1 表示基本单元的 COM1 公共点，COM1. 1 表示扩展单元的 COM1 公共点。当然基本单元和扩展单元也可以分开画出，这样就不需要加 0 和 1，直接标 I1、Q1、COM1 就行了。

2. 同步方式的确定

在第 3 章中我们介绍了多种同步方式，如直接利用变频器的求和功能、直接利用变频器的 PI 调节功能、自行设计同步控制电路、使用同步控制器等。

在该系统中，共有 15 个电动机，我们采用两个 JGD280 同步控制器（JGD 同步控制器有 JGD240 和 JGD280 两种，JGD240 能控制 4 个单元，JGD280 能控制 8 个单元）进行同步调节。反馈元件为线绕电位器，电位器和松紧架限位开关装在一个小盒内，受松紧架位置控制。

3. 力矩电动机的控制方式

力矩电动机一般不需要变频器驱动，用交流接触器控制即可，可以用单相或三相调压器调节。交流接触器的线圈可以用旋钮式按钮开关控制，需要时人工投入，也可以主电动机运行时自动投入。在该系统中，我们采用自动投入的控制方式。即显色蒸箱运行时，显色蒸箱力矩自动投入；皂蒸箱运行时，皂蒸箱力矩自动投入。

其他要求 6.1 节中已经讲了，不再赘述。

6.2.2 图形幅面

手工画图时，可以将整个原理图画在一张图样上，根据绘图的内容确定图样幅面的大小。如果原理图内容较多，也可以画在不同的图样上。采用计算机画图，通常受打印机的限制，一般采用 A4 幅面或 A3 幅面的图样，将电气原理图画在多张图样上。

若图形较小，画不满整张图样，应画在图样的中央。

6.2.3 通路标号

通路标号也就是线号，电气原理图必须有线号，否则无法绘制接线图。线号可以使用字母，也可以使用数字，还可以字母和数字混合使用。图 6-1 中的 N、V1、23 等都是线号。

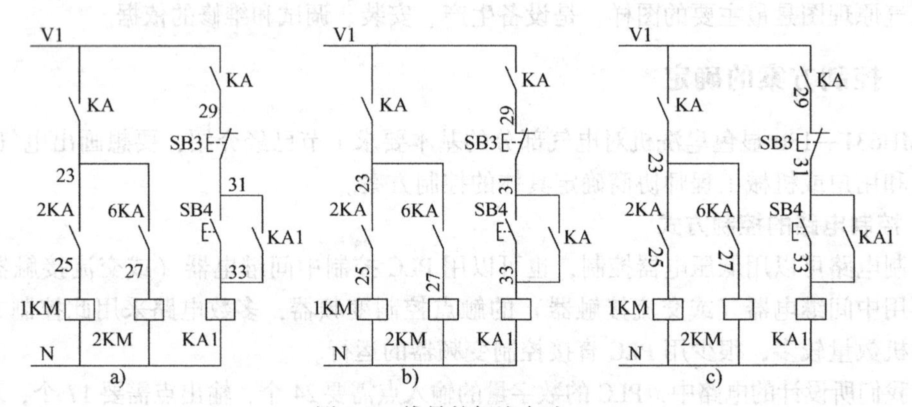

图 6-1 线号的标注方法

a）允许 b）允许 c）不允许

线号尽量按一定的规律编制，以便于接线和维修。通常主电路第一单元以数字 1 开头，第二单元以数字 2 开头，然后再加字母，如 1U1、2U1、3U1、2V 等。控制电路一般使用数字，可以只使用奇数或只使用偶数，一旦漏掉某一线号时，便于插入。如使用奇数编制时，漏掉线号可插入偶数。

线号一般标注在横线的上方或纵线的左侧，尽量不要上、下、左、右同时标注，否则在图线密集时容易引起混淆。

线号通常横向标注，如图 6-1a 所示。图线密集时可以纵向标注，纵向标注时字体的方向如图 6-1b 所示，不允许图 6-1c 所示的方向。

特别注意：线号是一个电气通路的标号，相同线号的线应接在一起，并非一根导线一个线号。例如图 6-2 所示控制电路线号 17 的标注就存在明显的错误。因为 17、40、42、44、46、48、50、52、54、56、58、60 本来就是一个电气通路，用 17 就足够了，不应再加其他线号。图中 N 线的标注就不存在错误，只标注了一个 N，HL6、1HL ~ 10HL 是信号灯的文字符号，不是线号。

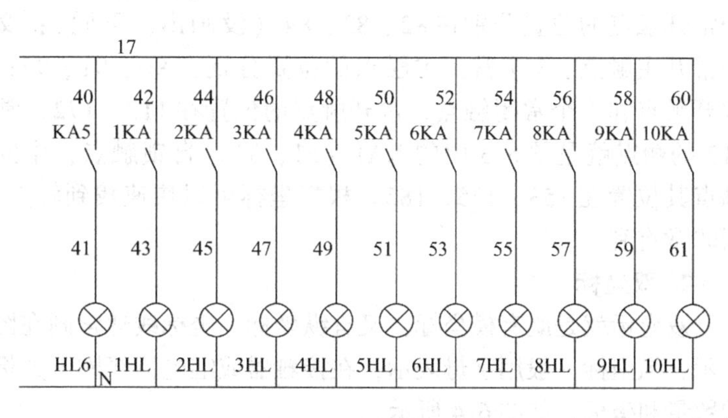

图 6-2　错误的线号标注

6.2.4　识图坐标

成套设备电气单元比较多，画出的图样较大，或者有多张电气原理图。一个继电器或交流接触器的不同触点和线圈画在图中不同区域，甚至画在多张图样上，经常找到线圈，长时间找不到其触点，给原理图的分析增加了难度。为此，比较复杂的原理图最好加识图坐标。

识图坐标分单坐标和双坐标两种。

1. 单坐标

单坐标就是只有横坐标，没有纵坐标。坐标线通常画在原理图的下方，坐标一般用数字表示。在接触器或继电器线圈下方标出该接触器或继电器所用触点的数量和坐标，如图 6-3 所示。

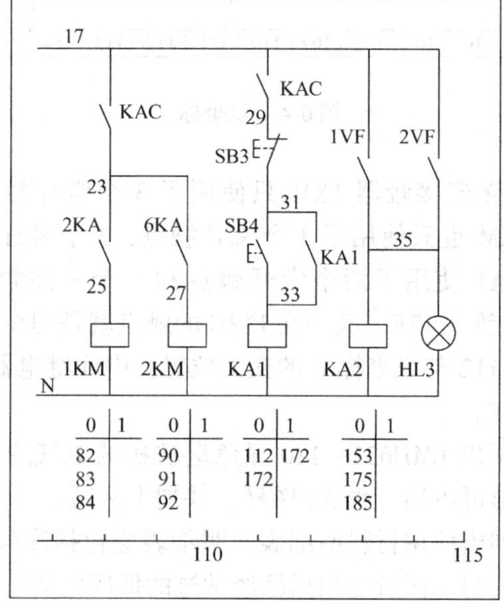

图 6-3　单坐标

从图 6-3 可以看出，交流接触器 1KM 共使用了 3 个常开触点，没有使用常闭触点，3 个常开触点的位置分别在 82、83、84（没画出，下同）；交流接触器 2KM 也只使用了 3 个常开主触点，3 个常开主触点的位置分别在 90、91、92；中间继电器 KA1 使用了两个常开触点和 1 个常闭触点，常开触点的位置在 112、172，常闭触点的位置在 172，其中在 112 的触点就是图 6-3 中的 KA1（31，33）自锁触点；中间继电器 KA2 使用了 3 个常开触点其位置在 153、175、185。根据坐标可以快速找到触点的位置，对准确分析电气原理图非常有利。

2. 双坐标

双坐标就是既有横坐标，又有纵坐标。坐标线通常画在图样边框内，横坐标一般用数字表示，纵坐标一般用字母表示，在接触器或继电器线圈下方标出该接触器或继电器所用触点的数量和坐标，如图 6-4 所示。

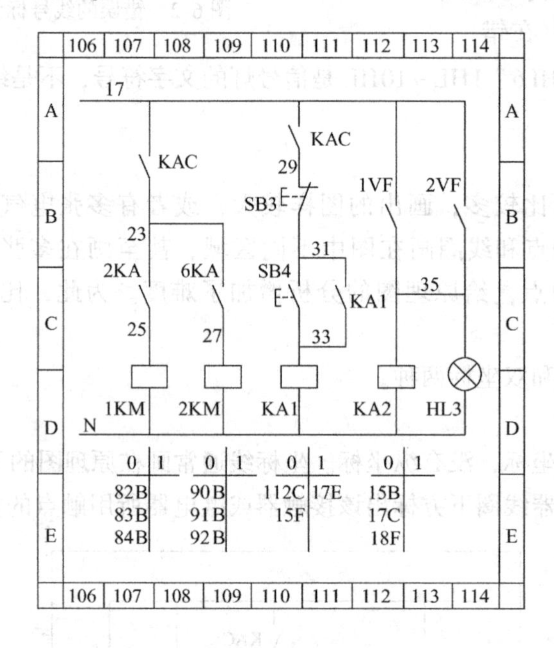

图 6-4　双坐标

从图 6-4 可以看出，交流接触器 1KM 只使用了 3 个常开触点，其位置分别在 82B、83B、84B；交流接触器 2KM 也只使用了 3 个常开触点，3 个常开触点的位置分别在 90B、91B、92B；中间继电器 KA1 使用了两个常开触点和 1 个常闭触点，常开触点的位置在 112C、15F，常闭触点的位置在 17E，其中在 112C 的触点就是图 6-4 中的 KA1（31，33）自锁触点，112C 就是横坐标 112 与纵坐标 C 的交叉位置；中间继电器 KA2 使用了 3 个常开触点其位置在 15B、17C、18F。

根据以上要求，可以画出 LMH631—180 显色皂洗机的电气原理图如图 6-5 ~ 图 6-9 所示，实际画图时，每一图形可占用一张 A4 图样，并加上标题栏。

根据电气原理图可以列出所用材料明细表。明细表应包括序号、器件代号、器件名称、规格型号、数量和备注等内容。读者可根据已经学过的低压电器选用规则，自己列出材料明细表。

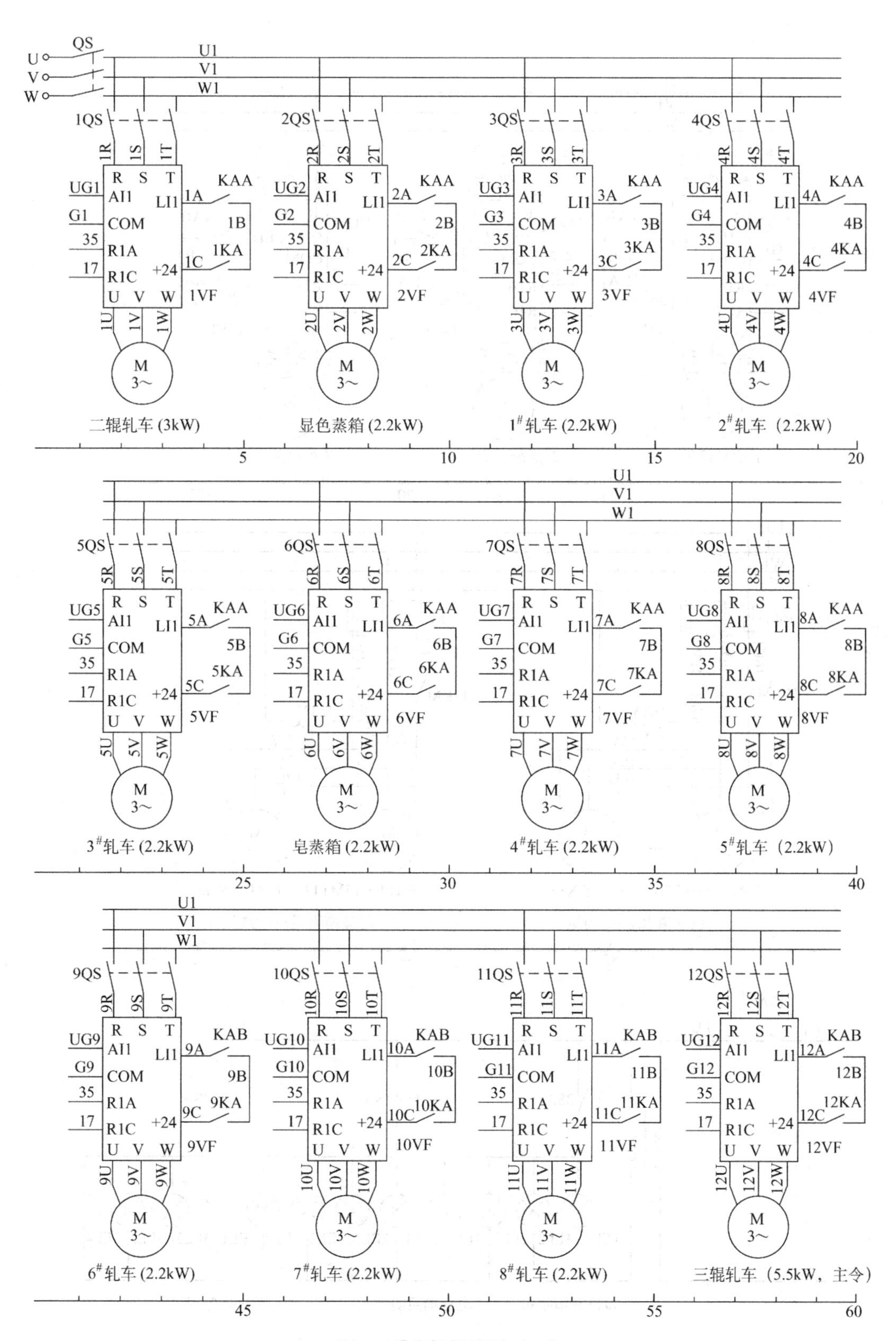
QS
U
V
W
U1
V1
W1
1QS
2QS
3QS
4QS
KAA
1VF
2VF
3VF
4VF
二辊轧车 (3kW)
显色蒸箱 (2.2kW)
1#轧车 (2.2kW)
2#轧车 (2.2kW)
5QS
6QS
7QS
8QS
5VF
6VF
7VF
8VF
3#轧车 (2.2kW)
皂蒸箱 (2.2kW)
4#轧车 (2.2kW)
5#轧车 (2.2kW)
9QS
10QS
11QS
12QS
KAB
9VF
10VF
11VF
12VF
6#轧车 (2.2kW)
7#轧车 (2.2kW)
8#轧车 (2.2kW)
三辊轧车 (5.5kW，主令)

图 6-5　电气原理图（一）

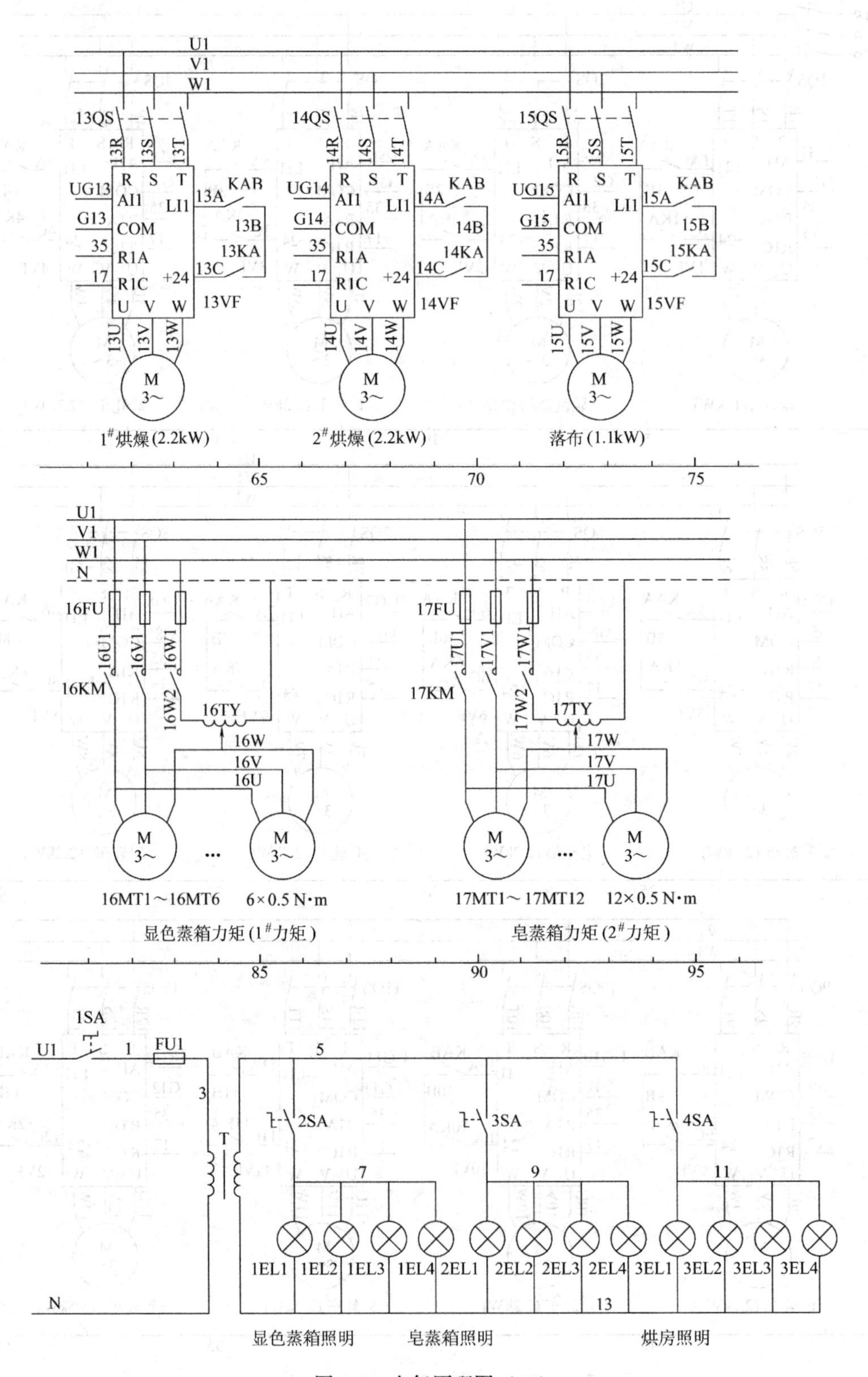

U1
V1
W1
13QS
13R
13S
13T
R S T
UG13
AI1
LI1
13A
KAB
G13
COM
13B
35
R1A
13KA
13C
17
R1C
+24
U V W
13VF
13U
13V
13W
M
3~
1#烘燥(2.2kW)
14QS
14R
14S
14T
UG14
G14
14A
14B
14KA
14C
14VF
14U
14V
14W
2#烘燥(2.2kW)
15QS
15R
15S
15T
UG15
G15
15A
15B
15KA
15C
15VF
15U
15V
15W
落布(1.1kW)
65
70
75
N
16FU
16U1
16V1
16W1
16KM
16W2
16TY
16W
16V
16U
16MT1～16MT6
6×0.5 N·m
显色蒸箱力矩(1#力矩)
17FU
17U1
17V1
17W1
17KM
17W2
17TY
17W
17V
17U
17MT1～17MT12
12×0.5 N·m
皂蒸箱力矩(2#力矩)
85
90
95
1SA
1
FU1
5
3
2SA
3SA
4SA
T
7
9
11
1EL1
1EL2
1EL3
1EL4
2EL1
2EL2
2EL3
2EL4
3EL1
3EL2
3EL3
3EL4
13
显色蒸箱照明
皂蒸箱照明
烘房照明

图 6-6　电气原理图（二）

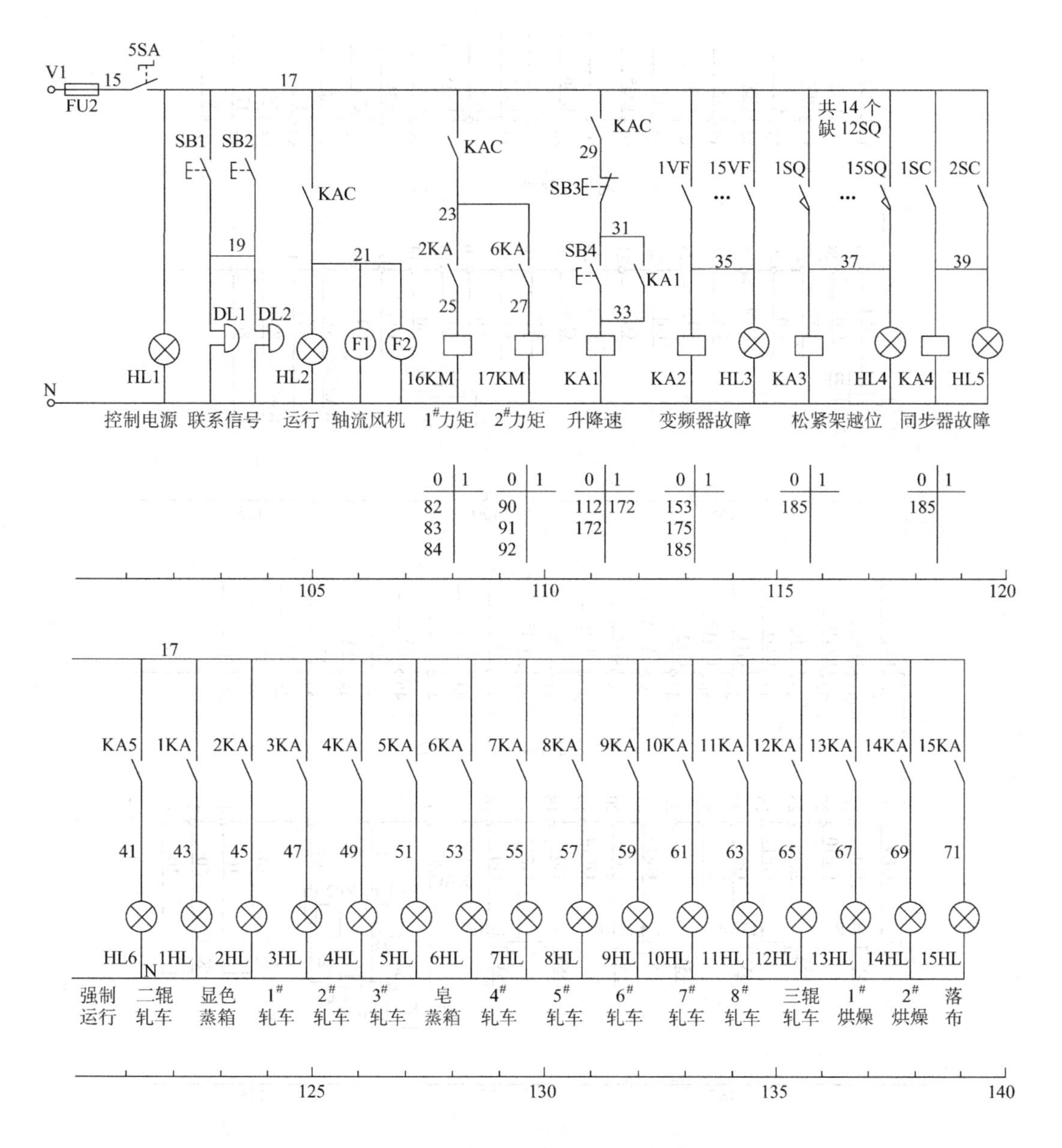

V1
FU2
15
5SA
17
SB1
SB2
19
DL1
DL2
KAC
21
F1
F2
HL1
HL2
23
2KA
6KA
25
27
16KM
17KM
29
SB3
31
SB4
KA1
33
1VF
15VF
35
KA2
HL3
共14个
缺12SQ
1SQ
15SQ
37
KA3
HL4
1SC
2SC
39
KA4
HL5
N
控制电源
联系信号
运行
轴流风机
1#力矩
2#力矩
升降速
变频器故障
松紧架越位
同步器故障
82
83
84
90
91
92
112
172
153
175
185
105
110
115
120
KA5
1KA
2KA
3KA
4KA
5KA
6KA
7KA
8KA
9KA
10KA
11KA
12KA
13KA
14KA
15KA
41
43
45
47
49
51
53
55
57
59
61
63
65
67
69
71
HL6
1HL
2HL
3HL
4HL
5HL
6HL
7HL
8HL
9HL
10HL
11HL
12HL
13HL
14HL
15HL
强制运行
二辊轧车
显色蒸箱
1#轧车
2#轧车
3#轧车
皂蒸箱
4#轧车
5#轧车
6#轧车
7#轧车
8#轧车
三辊轧车
1#烘燥
2#烘燥
落布
125
130
135
140

图6-7 电气原理图（三）

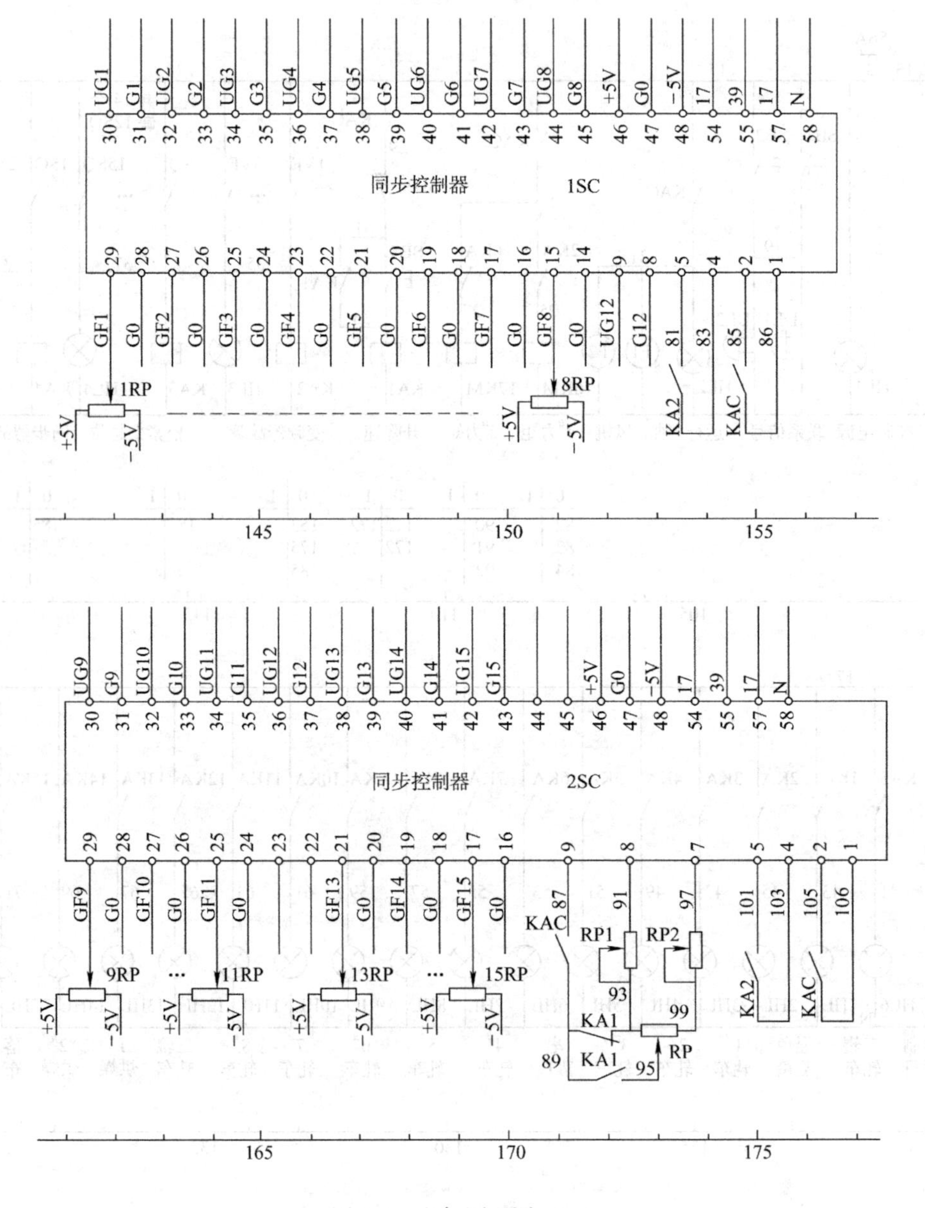

同步控制器
1SC
1RP
8RP
KA2
KAC
145
150
155
同步控制器
2SC
9RP
11RP
13RP
15RP
RP1
RP2
RP
KA1
165
170
175

图 6-8　电气原理图（四）

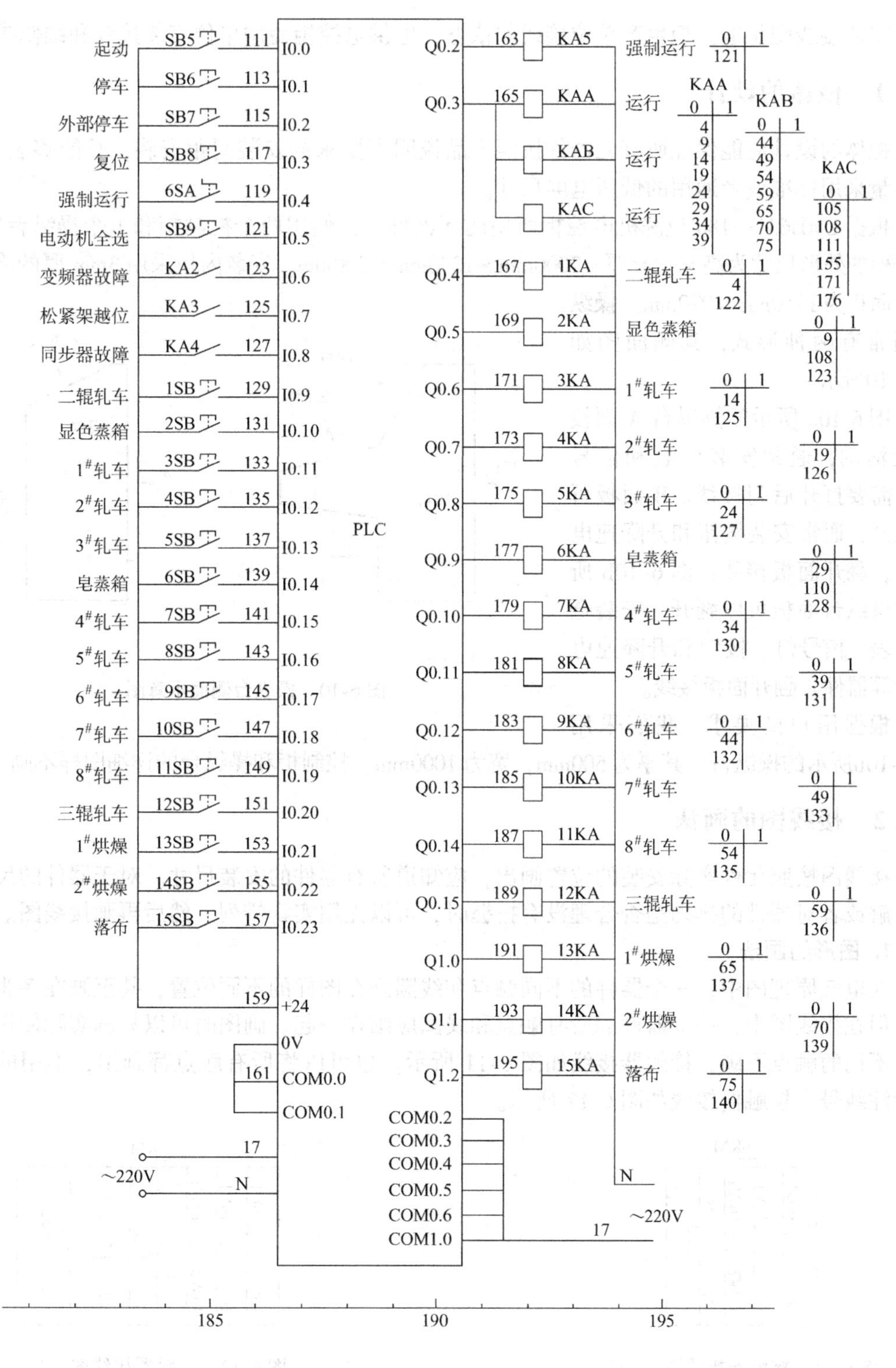

图 6-9　电气原理图（五）

6.3 安装接线图

安装接线图是电控柜生产单位接线的依据，也供电控柜使用单位安装接线和维修参考。

6.3.1 柜体的设计

柜体的设计应能保证所有元器件按照产品说明书要求的安装间距安装，且能够装得下，并尽量采用标准或者通用的低压电屏尺寸。

根据LMH631—180皂洗机电控柜所用的元器件，我们用两个控制柜和1个操纵台安装，控制柜的外形尺寸为高×宽×厚=2000mm×1000mm×500mm，安装内板采用3mm厚的冷轧铁板，面积为1750mm×970mm。操纵台通常有两种形式，其侧面图如图6-10所示。

图6-10a所示的操纵台A面板不能活动，通常安装电表和信号灯，需要打开后门接线。B面板可以翻开，通常安装按钮和升降速电位器，翻开面板接线；图6-10b所示的操纵台面板可以翻开，安装全部电表、信号灯、按钮和升降速电位器等器件，翻开面板接线。

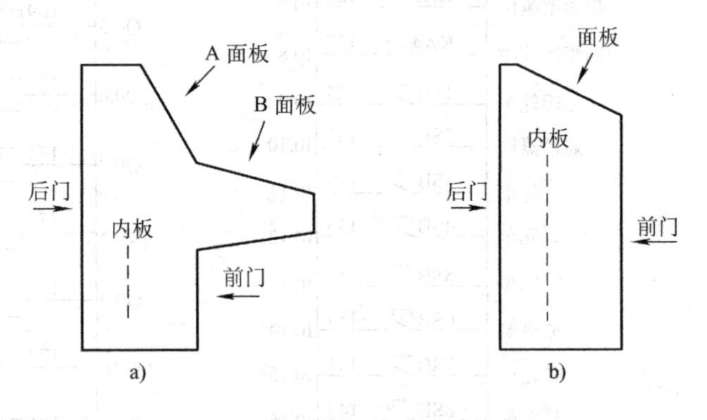

图6-10 操纵台侧面示意图

根据用户的要求，我们采用图6-10b所示的操纵台，其厚为500mm，宽为1000mm。控制柜和操纵台的详细图样不画了。

6.3.2 接线图的画法

接线图按照元件实际安装的位置画出，应知道所有器件的安装尺寸。对于器件的尺寸不太了解或者对器件的排列是否合理没有把握时，可以先用实物排列，然后再画接线图。

1. 图形的画法

在电气原理图中，一个器件的不同触点和线圈画在图样的不同位置，甚至画在多张图样上。但在接线图中，一个器件的所有触点和线圈应画在一起。画图时可以只画实际使用的触点，不用的触点不画，接触器接线如图6-11所示。也可以将所有触点都画出，不用的触点不标注线号，接触器接线如图6-12所示。

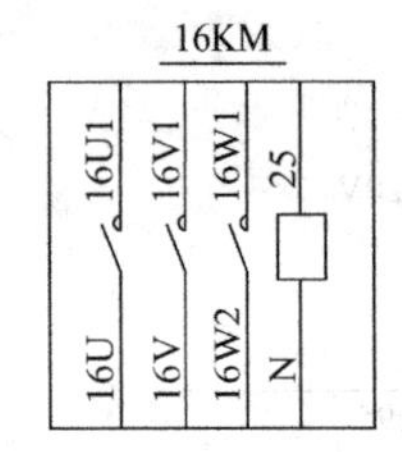

图6-11 接触器接线图（一）

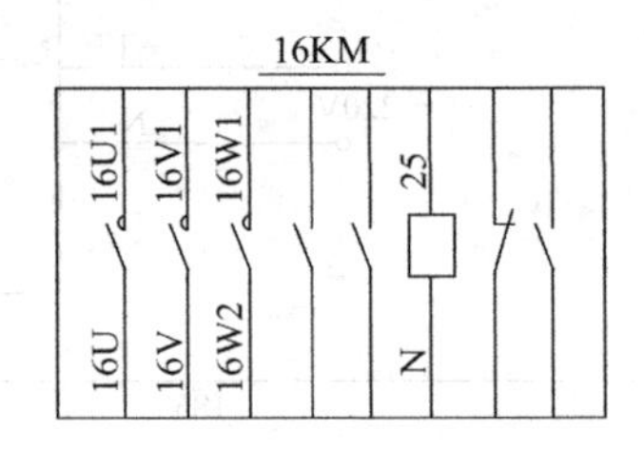

图6-12 接触器接线图（二）

图 6-11 和图 6-12 只在触点和线圈中标注了线号，接线时就近将相同的线号接在一起。如果再参考电气原理图接线，就可以减少接线的差错。

若要画出每一根线的准确去向，可以按照图 6-13 所示方法画出。从图中可以看出：16U1、16V1、16W1 接熔断器 16FU 的对应线号；25 接 5 号端子（在端子处标出 DZ 表示端子，用 DZx 表示第 x 号端子，图中不存在 DZ5 器件），16U 接 57 号端子，16V 接 58 号端子；16W2 接调压器 16TY；N 从变压器 T 来，到交流接触器 17KM，说明在该处应接两根线，斜线前的器件说明该线的来向，斜线后的器件说明该线的去向，每一个接线点最多接两根线。没有斜线的说明该线号只接两个点，用一根线接通就行了。

也可以不用器件代号，改用器件编号，如图 6-14 所示。在每一个器件旁注明该器件的编号，如图 6-14 中 16KM 编号为 5。如果图 6-14 与图 6-13 完全相同，那么熔断器 16FU 的编号为 4，变压器 T 的编号为 8，交流接触器 17KM 的编号为 2，端子的编号为 7。

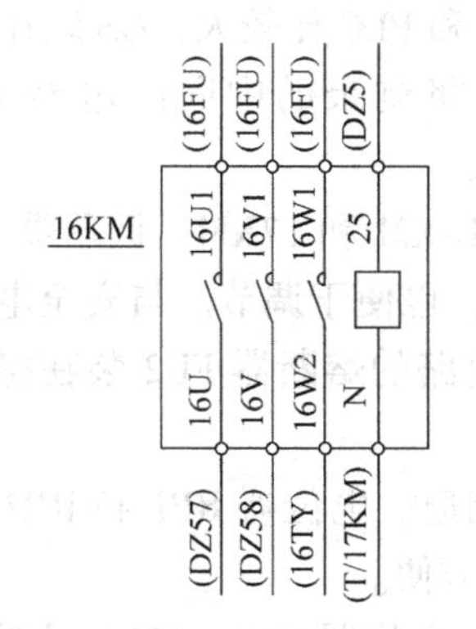

图 6-13　接触器接线图（三）

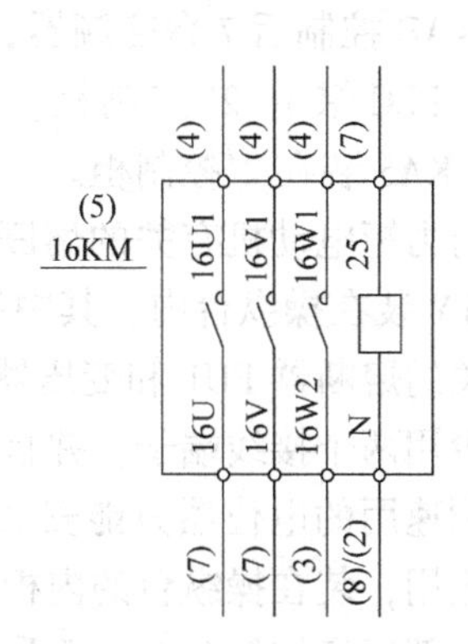

图 6-14　接触器接线图（四）

图 6-15 和图 6-16 是接线图的另外一种画法。

从图 6-15 可以看出：21 号线，从中间继电器 KA2 来，去交流接触器 KM1，在该触点接两根线；33 号线，从中间继电器 KA3 来，去中间继电器 KA4，在该触点接两根线；51 号线只接中间继电器 KA4，1 根线就行；依次类推。

在图 6-16 中，13 号线，从 4 号器件来，去 2 号器件，在该触点接两根线；37 号线，从 4 号器件来，去 9 号器件，在该触点接两根线；45 号线只去 8 号器件，1 根线就行；依此类推。

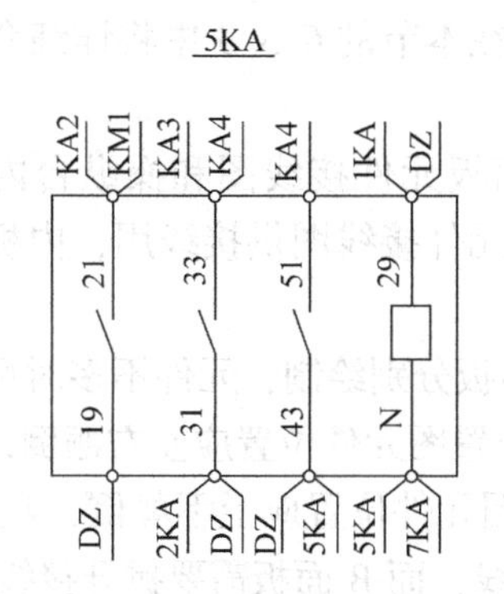

图 6-15　中间继电器接线图（一）

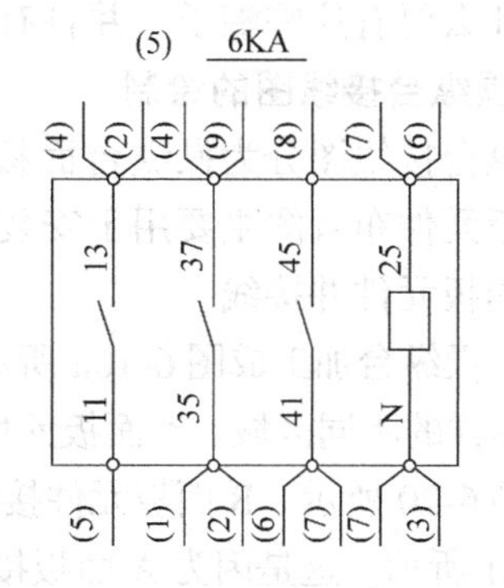

图 6-16　中间继电器接线图（二）

虽然在图 6-15 或图 6-16 中能够清楚地看到各线的来龙去脉，但图形占用的面积较大，并且画图较麻烦。为简单起见，以后本章均采用图 6-11 所示的式样绘制接线图。

2. 元器件的分配

前面讲到，LMH631—180 皂洗机电控柜用两个控制柜和 1 个操纵台安装，那么，各柜安装哪些器件呢？

分配元器件的基本原则一是接线方便，用线省。二是各柜元器件疏密基本均匀，不要有的柜子太挤，有的柜子太空。

LMH631—180 皂洗机电控柜共 15 个单元，每个单元有一台变频器、一个空气开关和一个中间继电器，这 3 个器件不能安装在不同的控制柜内，因此我们先按照控制单元来分。1# 控制柜安装 8 个单元，2# 控制柜安装 7 个单元，按钮和信号灯必须安装在操纵台上。有两个同步控制器 1SC 和 2SC，1SC 控制前 8 台变频器，只能装在 1# 控制柜，2SC 控制后 7 台变频器，只能装在 2# 控制柜。中间继电器 KAA 控制前 8 台变频器，只能装在 1# 控制柜，中间继电器 KAB 控制后 7 台变频器，只能装在 2# 控制柜。主开关 QS 和 PLC 比较大，QS 装在 1# 控制柜，PLC 装在 2# 控制柜。由于 2# 控制柜少装一个单元，将剩余的中间继电器 KAC、KA1 ~ KA5 装在 2# 控制柜。

与力矩电动机有关的熔断器 16FU 和 17FU、交流接触器 16KM 和 17KM、调压器 16TY 和 17TY 装在操纵台内，其中调压器较重，装在操纵台的底部，也便于调节。与安全电压照明有关的熔断器 FU1 和变压器 T 也装在操纵台内。保护控制电路的熔断器 FU2 装在操纵台可以少用两个接线端子，并且可以减少 1 根柜间连线。

调速用的电位器只能安装在操纵台的面板上，便于随时调速。电位器 RP1 和 RP2 调节导布速用，装在操纵台的内板上，不增加柜间连线，但调试时方便。

外部停车按钮 SB7、联系信号按钮 SB2、电铃 DL1 和 DL2、电位器 1RP ~ 15RP 及限位开关 1SQ ~ 15SQ 都装在机械的相应位置上，不需要在电控柜内安装。

这样，所有器件都分配完毕，根据各柜所装的器件画出接线图就行了。

3. 控制柜接线图的绘制

根据 1# 控制柜和 2# 控制柜的元件，可以绘制出 1# 控制柜和 2# 控制柜的接线图如图 6-17 ~ 图 6-19 所示。其中图 6-17 为 1# 控制柜完整接线图。由于页面不够，图 6-18 只画了 2# 控制柜元件接线图，图 6-19 只画了 2# 控制柜的端子图，在实际画图时，图 6-18 和图 6-19应合并在一起，画不下时应加大图样幅面。

为什么要有这些端子，并且有些端子看似多次重复，在本节的 6.3.3 中将详细介绍。

4. 操纵台接线图的绘制

操纵台接线图分为操纵台面板元件布置图、操纵台面板元件接线图和操纵台内板接线图。面板元件布置图主要用于安装面板元件和标牌，面板元件接线图供接线用，内板接线图供安装内板元件并接线。

如果操纵台加工成图 6-10a 所示的式样，A 面板和 B 面板分别绘制，元件不多时可以绘制在一张图样的不同区域。A 面板元件接线图与 A 面板元件布置图元件位置应左右颠倒，上下不变，如图 6-20 所示。B 面板元件接线图与 B 面板元件布置图元件位置应上下颠倒，左右不变，如图 6-21 所示。这是因为 A 面板接线时开启操纵台后门接线，而 B 面板需要掀开接线。

如果操纵台加工成图 6-10b 所示的式样，面板元件接线图与面板元件布置图的元件位置关系与 B 面板相同，不再重复。

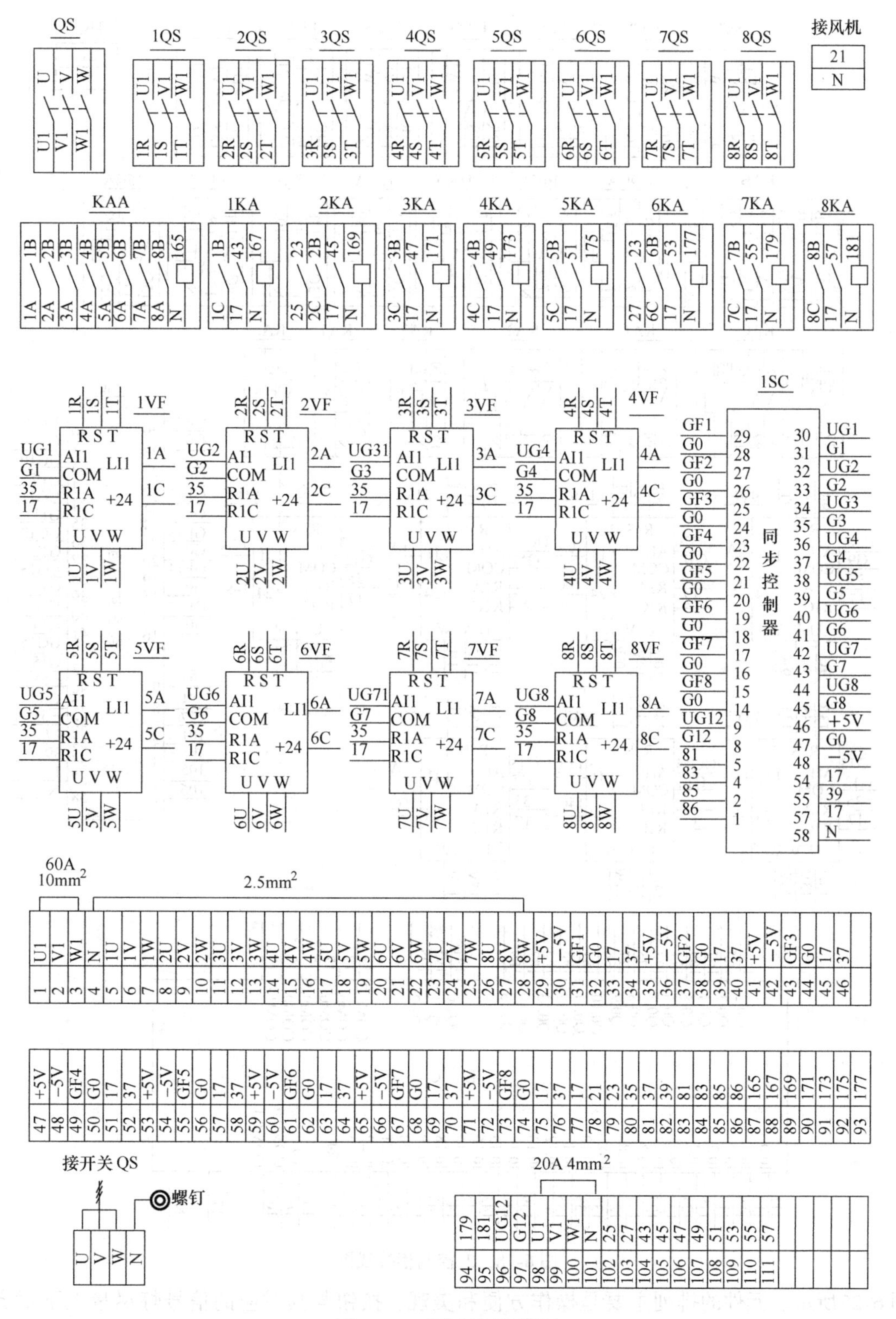

图 6-17　1#控制柜接线图

根据 LMH631—180 显色皂洗机的按钮和信号灯可以绘制出操纵台面板元件布置图如

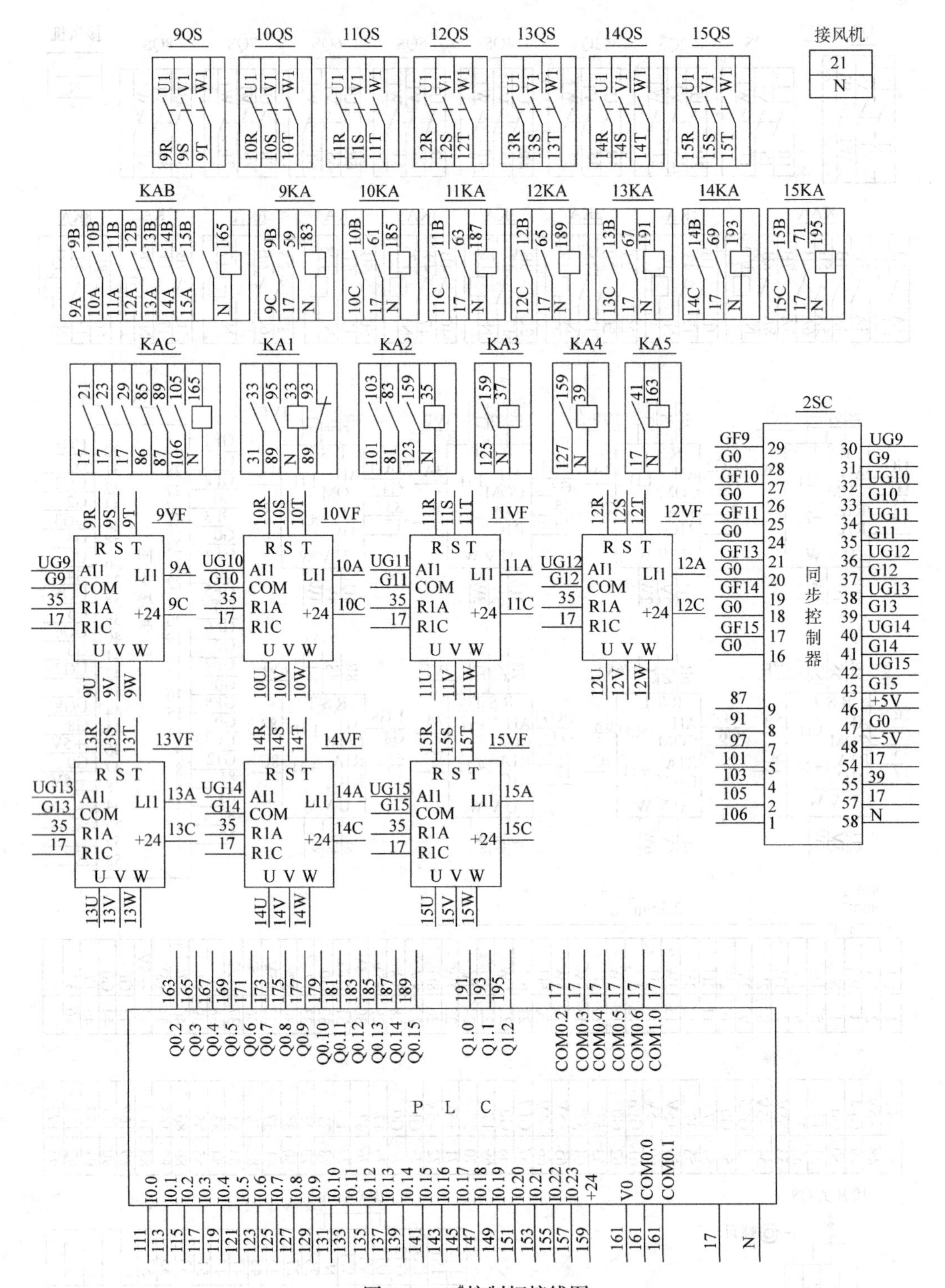

图 6-18　2#控制柜接线图

图 6-22所示。元件的排列主要是操作方便和美观，按钮与其对应的信号灯尽量上下对齐，便于观察。由图可见，15 个电动机选中信号灯与 15 个按钮上下对齐，起动按钮与运行信号灯对齐，控制电源按钮与信号灯对齐，强制运行按钮与信号灯对齐。全机停车按钮使用急停

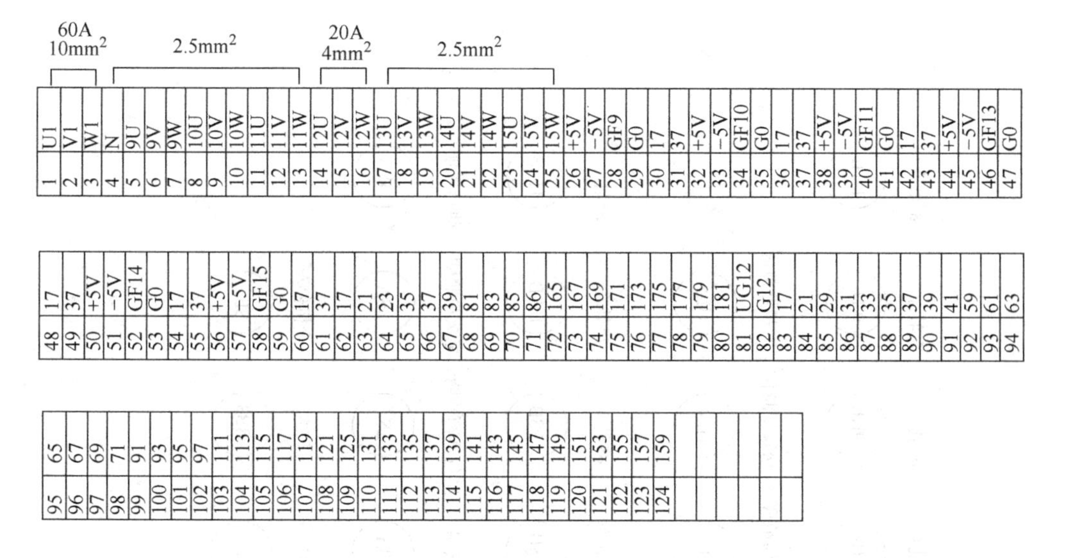

图 6-19　2#控制柜接线端子图

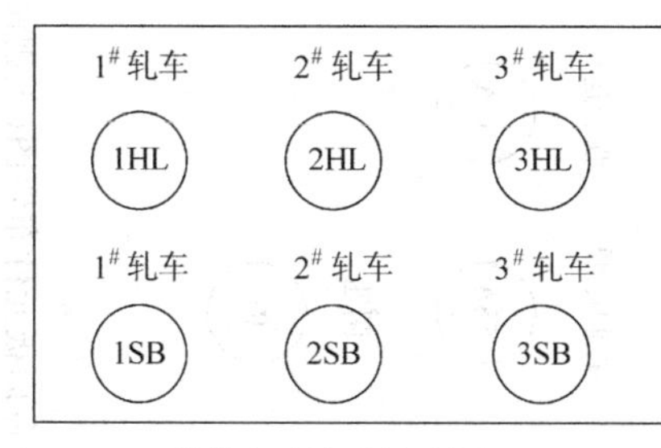

操纵台面板元件布置图

操纵台面板元件接线图

图 6-20　A 面板两图元件位置比较

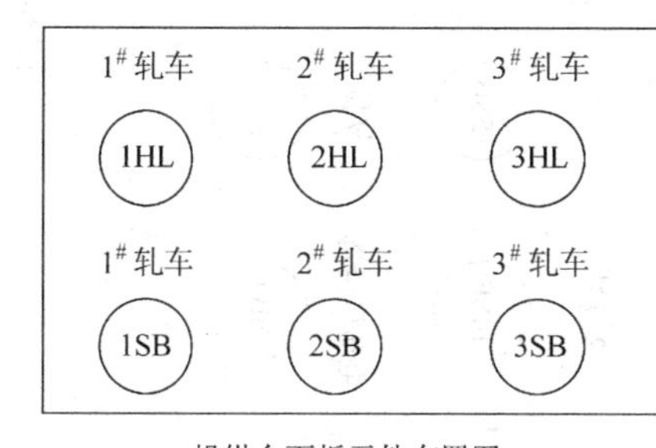

操纵台面板元件布置图

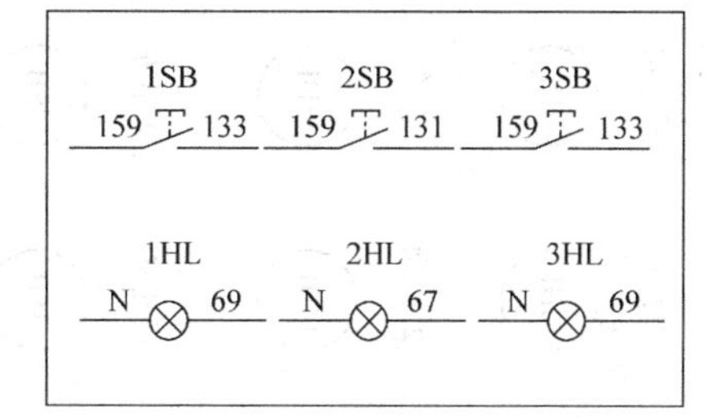

操纵台面板元件接线图

图 6-21　B 面板两图元件位置比较

式按钮，有一个明显的红色蘑菇头露在外面，并放在操纵台面板右下角明显的位置，遇到紧急情况可以迅速停车。

操纵台面板元件接线图如图 6-23 所示。可以看到，与图 6-22 相比，各元件左右位置没有变化，而上下位置颠倒了。

操纵台内板接线图的绘制方法与控制柜接线图的绘制方法相同，如图 6-24 所示。由于照明变压器功率不太大，所以安装在内板上。若功率较大，可以和两个调压器一起装在操纵台的底部。

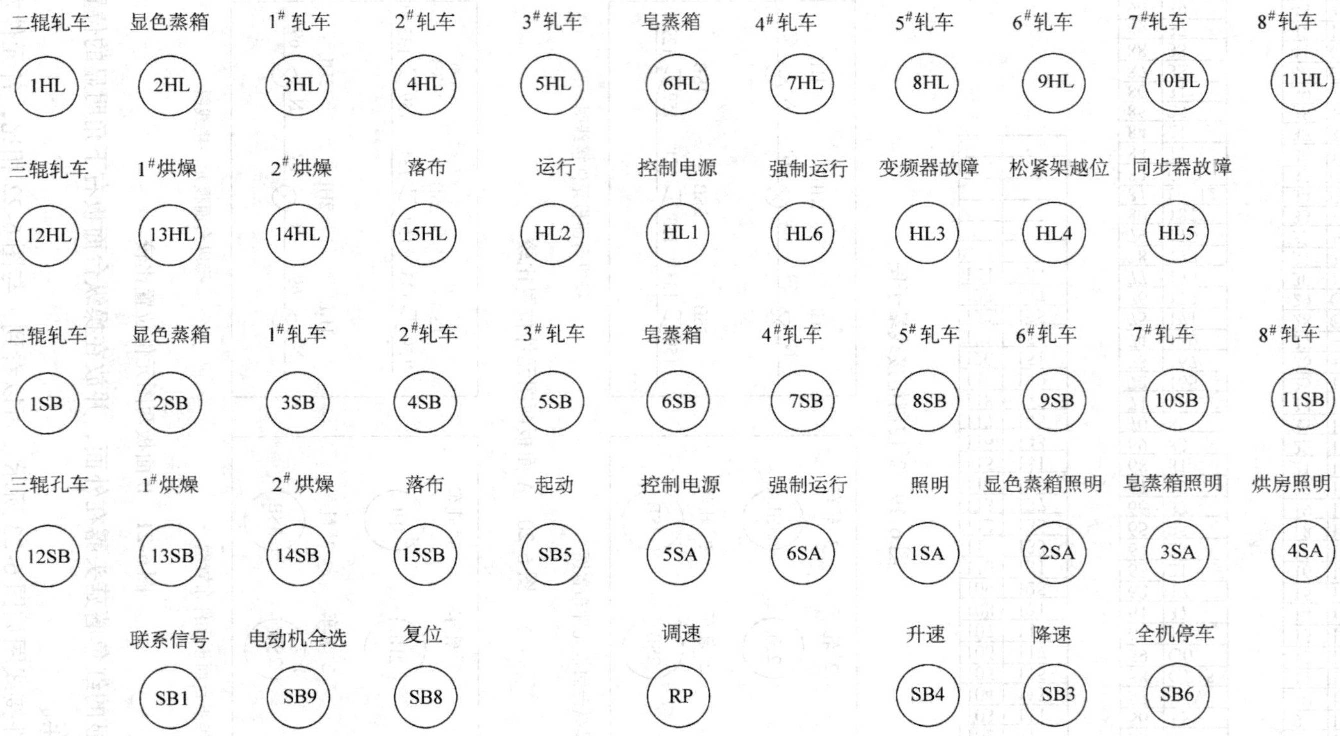

二辊轧车	显色蒸箱	1# 轧车	2#轧车	3#轧车	皂蒸箱	4#轧车	5#轧车	6#轧车	7#轧车	8#轧车
1HL	2HL	3HL	4HL	5HL	6HL	7HL	8HL	9HL	10HL	11HL
三辊轧车	1#烘燥	2#烘燥	落布	运行	控制电源	强制运行	变频器故障	松紧架越位	同步器故障	
12HL	13HL	14HL	15HL	HL2	HL1	HL6	HL3	HL4	HL5	
二辊轧车	显色蒸箱	1#轧车	2#轧车	3#轧车	皂蒸箱	4#轧车	5#轧车	6#轧车	7#轧车	8#轧车
1SB	2SB	3SB	4SB	5SB	6SB	7SB	8SB	9SB	10SB	11SB
三辊孔车	1#烘燥	2#烘燥	落布	起动	控制电源	强制运行	照明	显色蒸箱照明	皂蒸箱照明	烘房照明
12SB	13SB	14SB	15SB	SB5	5SA	6SA	1SA	2SA	3SA	4SA
	联系信号	电动机全选	复位		调速		升速	降速	全机停车	
	SB1	SB9	SB8		RP		SB4	SB3	SB6	

图 6-22 操纵台面板元件布置图(前视图)

SB1: 17 — 19　SB9: 159 — 121　SB8: 159 — 117　RP: 95, 93 — 99　SB4: 31 — 33　SB3: 29 — 31　SB6: 159 — 113

12SB: 159 — 151　13SB: 159 — 153　14SB: 159 — 155　15SB: 159 — 157　SB5: 159 — 111　5SA: 15 — 17　6SA: 159 — 119　1SA: U1 — 1　2SA: 5 — 7　3SA: 5 — 9　4SA: 5 — 11

1SB: 159 — 129　2SB: 159 — 131　3SB: 159 — 133　4SB: 159 — 135　5SB: 159 — 137　6SB: 159 — 139　7SB: 159 — 141　8SB: 159 — 143　9SB: 159 — 145　10SB: 159 — 147　11SB: 159 — 149

12HL: N — 65　13HL: N — 67　14HL: N — 69　15HL: N — 71　HL2: N — 21　HL1: N — 17　HL6: N — 41　HL3: N — 35　HL4: N — 37　HL5: N — 39

1HL: N — 43　2HL: N — 45　3HL: N — 47　4HL: N — 49　5HL: N — 51　6HL: N — 53　7HL: N — 55　8HL: N — 57　9HL: N — 59　10HL: N — 61　11HL: N — 63

来自端子线号 (terminals 1–55)　来自内板线号 (terminals 56–59)

端子号	线号
1	U1
2	N
3	7
4	9
5	11
6	17
7	19
8	21
9	25
10	27
11	29
12	31
13	33
14	35
15	37
16	39
17	41
18	43
19	45
20	47
21	49
22	51
23	53
24	55
25	57
26	59
27	61
28	63
29	65
30	67
31	69
32	71
33	93
34	95
35	111
36	113
37	117
38	119
39	121
40	129
41	131
42	133
43	135
44	137
45	139
46	141
47	143
48	145
49	147
50	149
51	151
52	153
53	155
54	157
55	159
56	1
57	5
58	15
59	99

图 6-23　操纵台面板元件接线图(后视图)

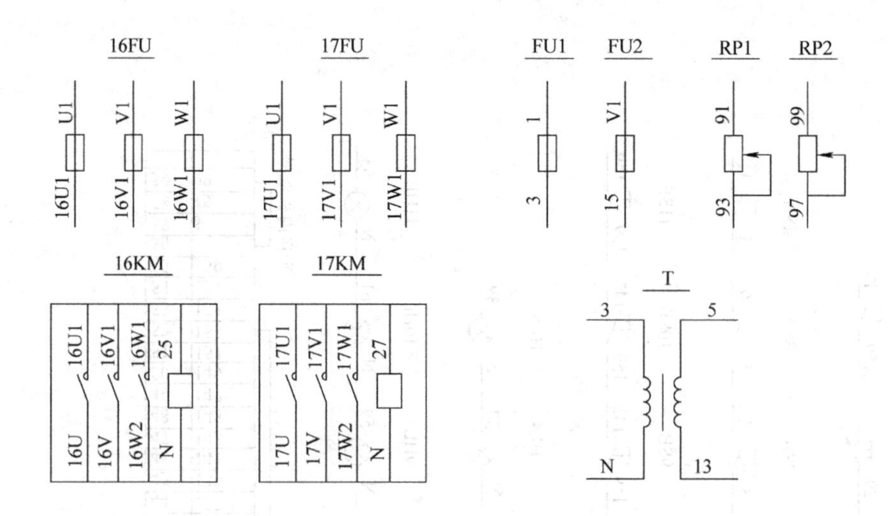

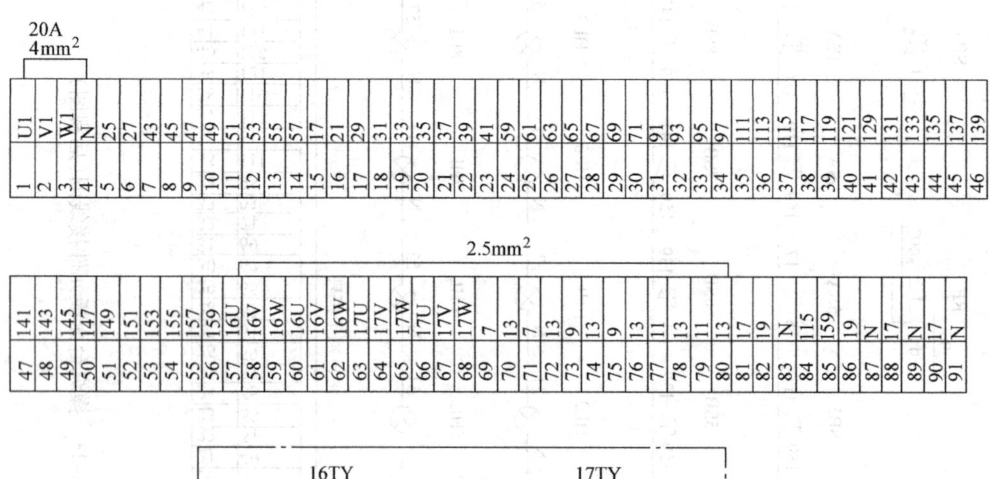

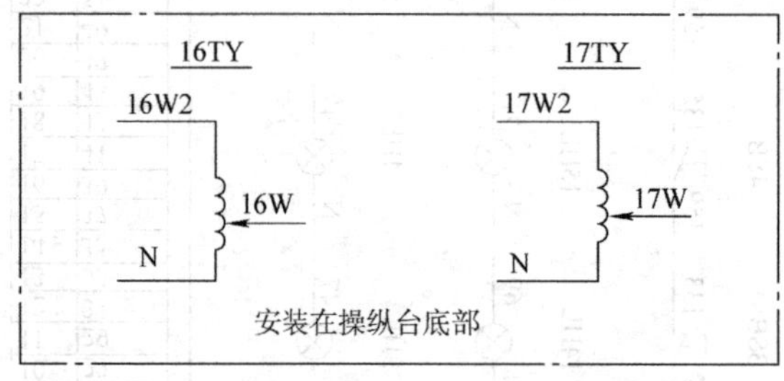

图 6-24 操纵台柜内接线图

6.3.3 接线端子

控制柜和操纵台的下方都有大量的接线端子，端子的数量和排列对于用户来说非常重要。

1. 下端子的基本原则

在电控柜中，需要下到（接到）端子的线有：

1）电源进线，当电源进线太粗时，为了减小接线电阻，可以直接接主空气开关的输入端，不留接线端子。

2）电动机或其他装在机械上的元件的引出线，若电动机的功率太大，所用导线太粗，可以直接接到变频器的输出端。不用变频器时可以直接接热继电器，以减小接线电阻。一般情况都是接到端子上。

3）各柜之间的连接线。

4）其他的过渡线。如有一个外接器件共需要3根线，其中两根需要在操纵台接，有1根需要在1#控制柜接。但实际安装放线时，不可能两根线放在操纵台，1根线放在1#控制柜，而是3根线一起放在操纵台。而操纵台又没有该线的接线端子，因此应该在操纵台留出1个空端子，1#控制柜与操纵台的连线多放1根，在操纵台接在一起。

哪个线号需要下到端子，哪个不需要应根据电气原理图和元件的排列逐一确定。例如，在所设计的皂洗机电控柜中，应根据图6-5～图6-9及元件的安装位置确定。

我们从头开始分析。主开关QS输入端接交流电源U、V、W，应下到端子，也可以电源进线直接接QS，线的粗细应根据总电流决定。该设备的交流电动机总功率为36kW，电流约为72A，再考虑到变频器的输入电流大于输出电流及力矩电机、照明、控制电路用电，总电流可按100A考虑，需25mm^{2}的铜线可以满足要求。由于线比较粗，就可以不用端子了，用户直接接QS。控制电路还需要电源零线N，零线与火线一起进1#控制柜，考虑到有些单位在控制柜将零线与大地相接，因此给N线留了一个接线柱。

QS的输出端U1、V1、W1除了接本控制柜的1QS～8QS外，还要接2#控制柜的9QS～15QS和操纵台的16FU、17FU、FU2、1SA，故3个柜子都应有U1、V1、W1、N接线端子。端子的大小及导线的粗细根据各柜的用电量决定。

变频器1VF的输出接电动机，1U、1V、1W必须下端子。1A、1B、1C所接的器件为1VF、KAA、1KA都在本柜安装，不需要下端子。UG1、G1接同步控制器1SC，而1SC就安装在1#控制柜，也不需要下端子。再从图6-7可见，17、35既接1#柜的变频器，又接2#柜的变频器，还接操纵台的按钮和信号灯，因此3柜都应有17、35线的端子。其他各变频器的情况与1VF相似。

我们再举几个线号的例子。图6-7中的21号线需要接2#控制柜的中间继电器KAC和轴流风机F2、1#控制柜的轴流风机F1、操纵台的信号灯HL2，器件不在一个柜子，没法接线，惟一的办法就是3柜都接到端子上，让用户去接通。再如图6-9中的111线一端接2#控制柜的PLC，另一端接操纵台的SB5，所以2#控制柜和操纵台应有111线的端子；169线一端接2#控制柜的PLC，另一端接1#控制柜的2KA，所以1#控制柜和2#控制柜应有169线的端子。

按照上述方法逐一确定每个线号应该在哪个柜子下端子，就会得到图6-17、图6-19和图6-24所示的端子图。

2. 接线端子的排列

接线端子的排列主要是保证用户接线方便，各电缆线最好不交叉接线，且每一接线端子最多接两根线，外接线较多的线号最好多留端子，这样用户接线非常方便，但电控柜生产单位增加点成本。

下面说明图6-17、图6-19和图6-24接线端子的排列。

在图6-17的端子中，1～4号端子为去2#控制柜的电源接线端子，需要和2#控制柜的1～4号端子相接。1#控制柜的96～99号端子为去操纵台的电源接线端子，需要和操纵台的1～4号端子相接。U1、V1、W1、N各留了两个端子，用户接线就方便了。若各留1个端子，需要该端子接1粗、1细两根线，可能造成接触不良。

1#控制柜的5～28号端子为外接电动机端子，各电动机线按顺序排列，电缆线不会交叉。29～76号端子为外接反馈电阻和限位开关，各单元的反馈电阻和限位开关装在一起，需要一起放线，我们将其端子排在一起，每6个端子为一组。如29～34号端子为第一单元的端子，5V、－5V、GF1用3芯屏蔽线接，屏蔽层接G0，17、37可用双绞线接。在29～76号端子中，5V、－5V、17、37各出现了6次，但给用户接线提供了极大的方便，并且对于预防干扰非常有利。

1#控制柜的77～97号端子为1#控制柜与2#控制柜的柜间连线端子，在2#控制柜的对应端子为62～82号端子。

1#控制柜的98～111号端子为1#控制柜与操纵台的柜间连线端子，在操纵台的对应端子为1～14号端子。

2#控制柜各端子的排列规律与1#控制柜基本相同。

在图6-24操纵台的端子中，1～14号端子为与1#控制柜的柜间连线端子。15～56号端子为与2#控制柜的柜间连线端子。

57～68号端子外接力矩电动机插座，由于力矩电动机安装在蒸箱两侧，1组力矩需要放2根电缆线到操纵台，所以每组力矩留了两个端子。

69～80号端子外接安全电压照明灯，每组照明灯都分两侧安装，也需要放两根电缆线到操纵台，所以照明灯端子也各留了两个。

81～85号端子外接车尾小盒。小盒装有联系信号按钮SB2、电铃DL2和紧急停车按钮SB7，需要17、19、N、115、119共5根线。其中115在2#控制柜，其他都在操纵台。在实际安装中，不可能从车尾小盒放1根电缆线到操纵台，另1根电缆线到2#控制柜，而是5根线用一根电缆线全部引到操纵台。操纵台虽然有37和84号端子接115号线，但115号线在操纵台没接任何器件，只是将37和84号两个端子接在一起。37号端子的115与2#柜相接，84号端子的115与车尾小盒相接。

86和87号端子接车头电铃。88～91号端子为车头和中间电动吸边器提供AC220V交流电源。

6.4 外部接线图

外部接线图供电控柜用户安装接线用，也供电控柜生产单位设备调试时柜间连线参考。

外部接线图一般画在大幅面的图样上，也可以画在较小幅面的多张图样上。通常使用双坐标，标出线的起始和终止位置。再加上接线表，说明导线的数量和型号。

LMH631—180显色皂洗机的外部接线图如图6-25～图6-28所示。

从图中可以看出，用户需要放47组线，序号分别为1～47。在外部接线图中，序号写在圆圈的上半部，圆圈的下半部标注线的去向坐标，数字为横坐标，字母为纵坐标。除了电源进线1外，其他序号均在外部接线图出现两次，其中一个标注的坐标就是另一个出现的位置。例如，在图6-25中坐标4A处有序号6，6的下方标注是12J，12J就是另一个6出现的位置，我们可以从图6-26中12J处找到，该处6的下方标注正是起始点4A，该组线连接第2个电动机，从图6-28可见，需要3根2.5mm^2的铜软线。

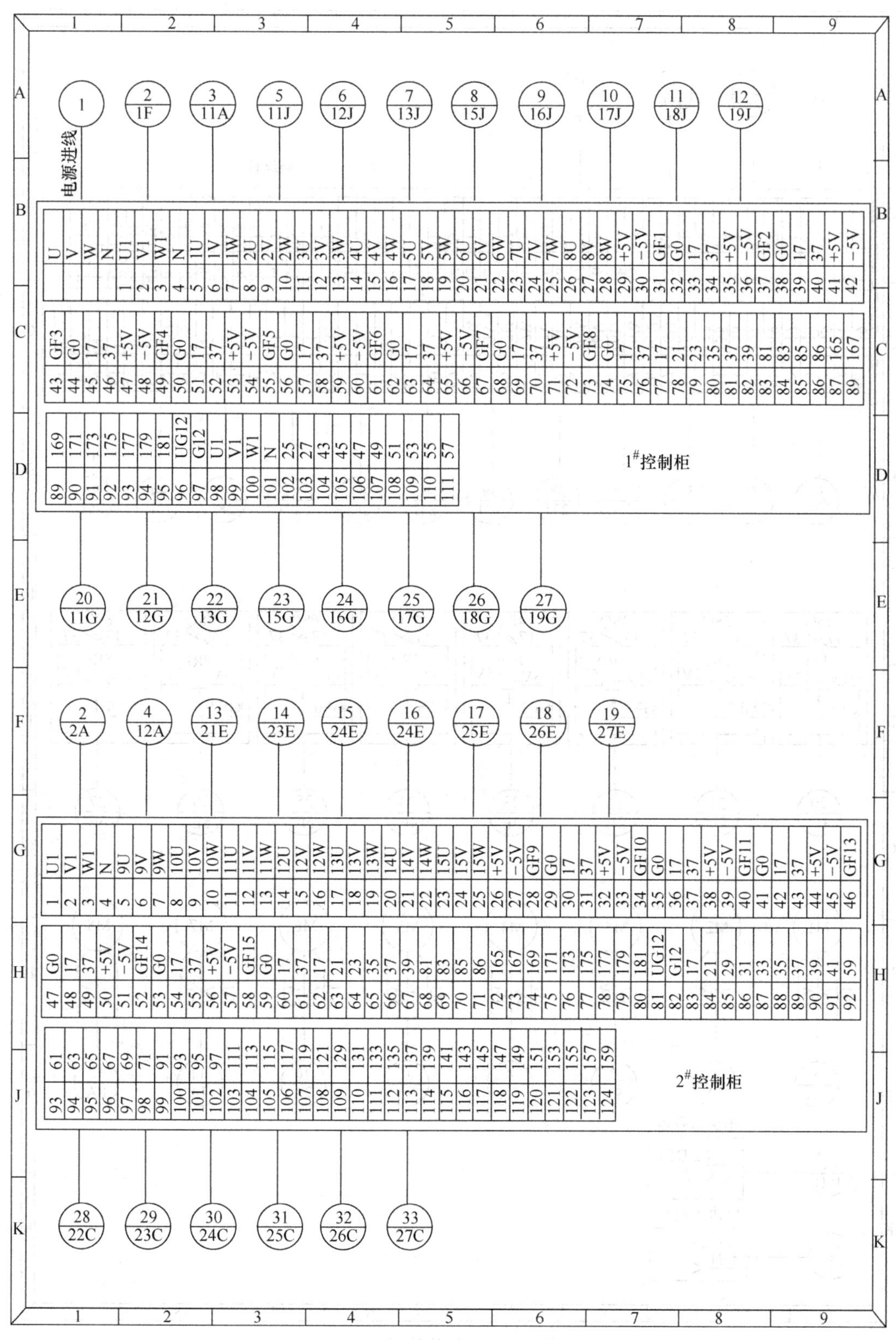

1
2 1F
3 11A
5 11J
6 12J
7 13J
8 15J
9 16J
10 17J
11 18J
12 19J
电源进线
U
V
W
N
1 U1
2 V1
3 W1
4 N
5 1U
6 1V
7 1W
8 2U
9 2V
10 2W
11 3U
12 3V
13 3W
14 4U
15 4V
16 4W
17 5U
18 5V
19 5W
20 6U
21 6V
22 6W
23 7U
24 7V
25 7W
26 8U
27 8V
28 8W
29 +5V
30 −5V
31 GF1
32 G0
33 17
34 37
35 +5V
36 −5V
37 GF2
38 G0
39 17
40 37
41 +5V
42 −5V
43 GF3
44 G0
45 17
46 37
47 +5V
48 −5V
49 GF4
50 G0
51 17
52 37
53 +5V
54 −5V
55 GF5
56 G0
57 17
58 37
59 +5V
60 −5V
61 GF6
62 G0
63 17
64 37
65 +5V
66 −5V
67 GF7
68 G0
69 17
70 37
71 +5V
72 −5V
73 GF8
74 G0
75 17
76 37
77 17
78 21
79 23
80 35
81 37
82 39
83 81
84 83
85 85
86 86
87 165
89 167
89 169
90 171
91 173
92 175
93 177
94 179
95 181
96 UG12
97 G12
98 U1
99 V1
100 W1
101 N
102 25
103 27
104 43
105 45
106 47
107 49
108 51
109 53
110 55
111 57
1#控制柜
20 11G
21 12G
22 13G
23 15G
24 16G
25 17G
26 18G
27 19G
2 2A
4 12A
13 21E
14 23E
15 24E
16 24E
17 25E
18 26E
19 27E
1 U1
2 V1
3 W1
4 N
5 9U
6 9V
7 9W
8 10U
9 10V
10 10W
11 11U
12 11V
13 11W
14 12U
15 12V
16 12W
17 13U
18 13V
19 13W
20 14U
21 14V
22 14W
23 15U
24 15V
25 15W
26 +5V
27 −5V
28 GF9
29 G0
30 17
31 37
32 +5V
33 −5V
34 GF10
35 G0
36 17
37 37
38 +5V
39 −5V
40 GF11
41 G0
42 17
43 37
44 +5V
45 −5V
46 GF13
47 G0
48 17
49 37
50 +5V
51 −5V
52 GF14
53 G0
54 17
55 37
56 +5V
57 −5V
58 GF15
59 G0
60 17
61 37
62 17
63 21
64 23
65 35
66 37
67 39
68 81
69 83
70 85
71 86
72 165
73 167
74 169
75 171
76 173
77 175
78 177
79 179
80 181
81 UG12
82 G12
83 17
84 21
85 29
86 31
87 33
88 35
89 37
90 39
91 41
92 59
93 61
94 63
95 65
96 67
97 69
98 71
99 91
100 93
101 95
102 97
103 111
104 113
105 115
106 117
107 119
108 121
109 129
110 131
111 133
112 135
113 137
114 139
115 141
116 143
117 145
118 147
119 149
120 151
121 153
122 155
123 157
124 159
2#控制柜
28 22C
29 23C
30 24C
31 25C
32 26C
33 27C

图6-25 外部接线图（一）

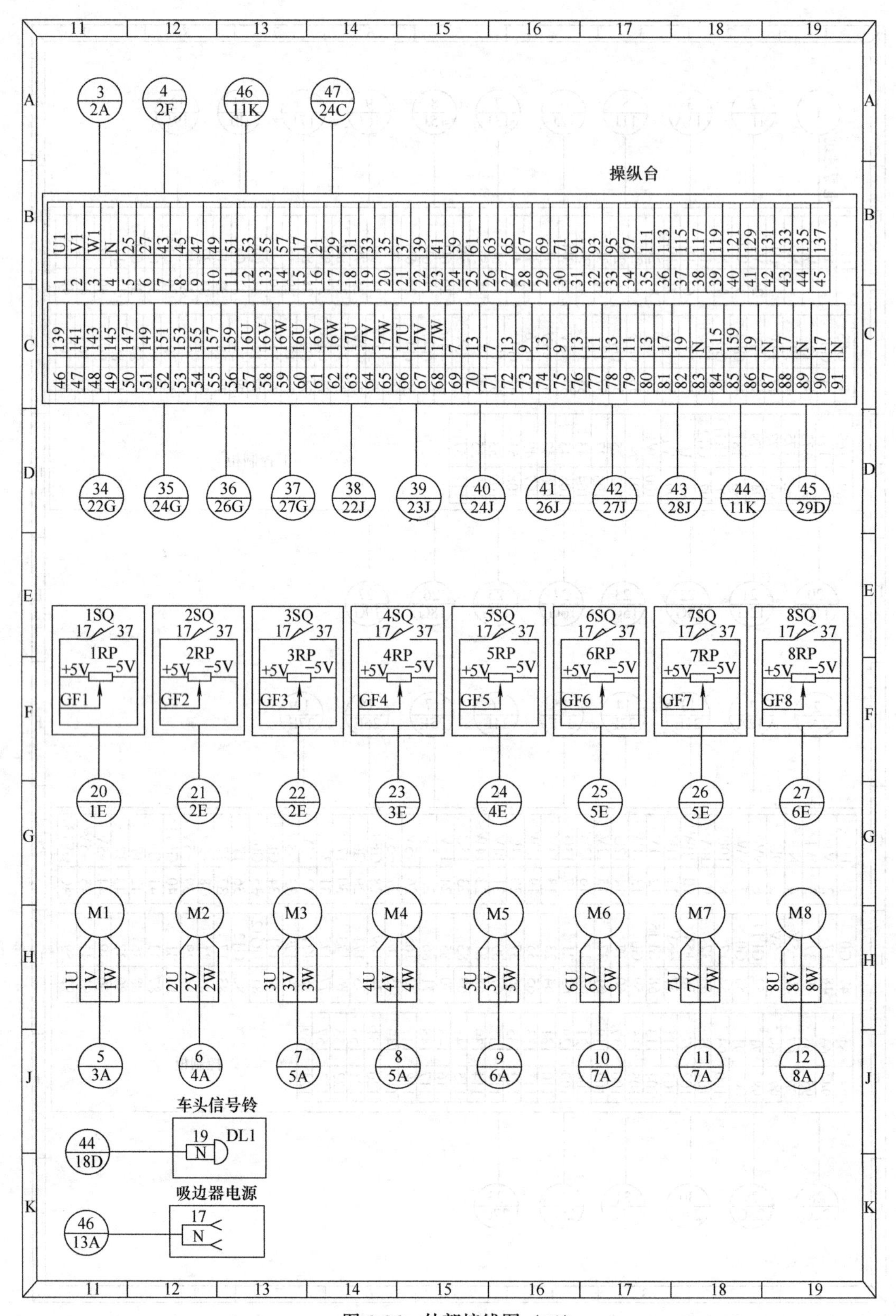
操纵台
车头信号铃
DL1
吸边器电源
1SQ
2SQ
3SQ
4SQ
5SQ
6SQ
7SQ
8SQ
1RP
2RP
3RP
4RP
5RP
6RP
7RP
8RP
GF1
GF2
GF3
GF4
GF5
GF6
GF7
GF8
M1
M2
M3
M4
M5
M6
M7
M8

图 6-26　外部接线图（二）

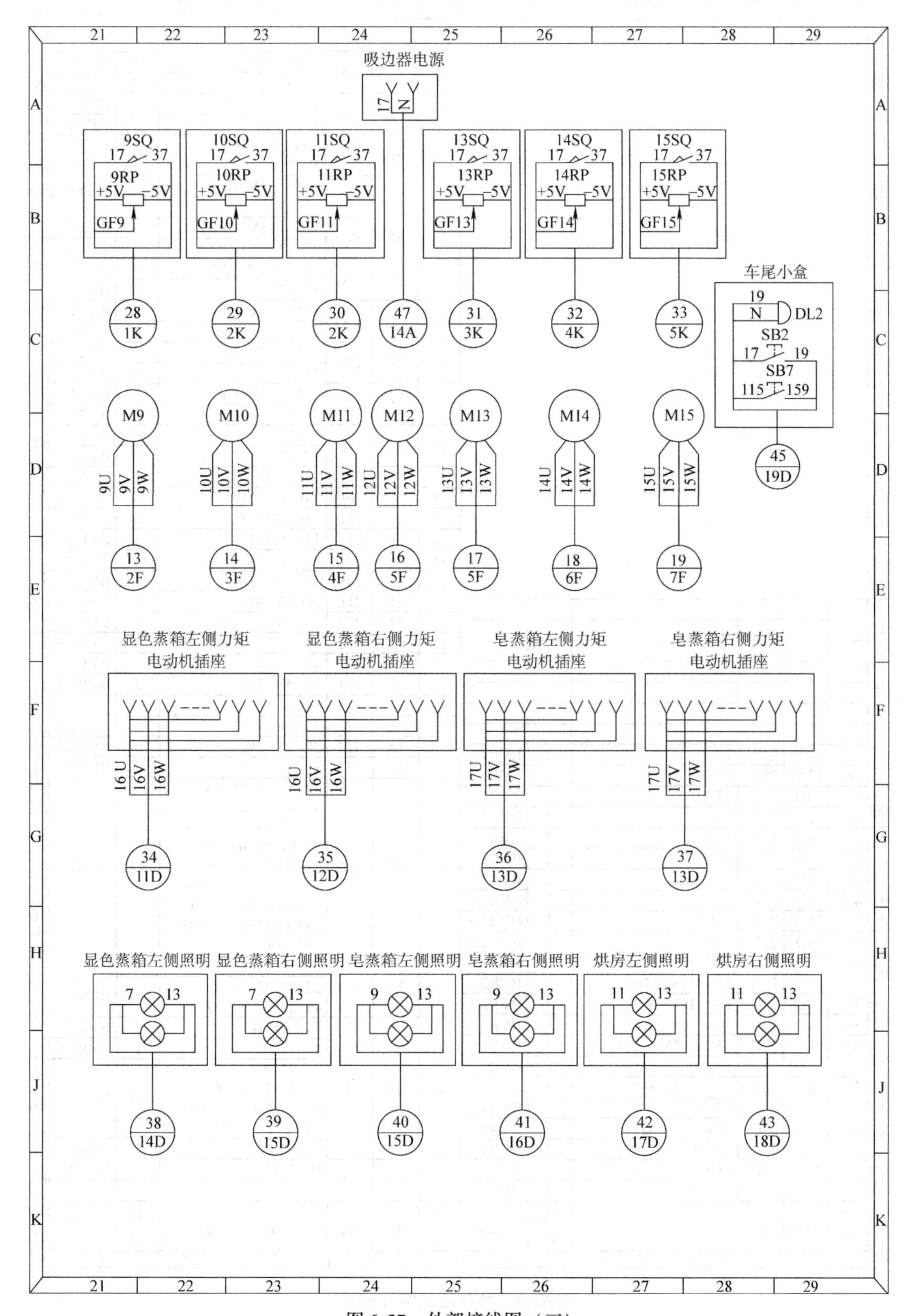
吸边器电源
9SQ
9RP
10SQ
10RP
11SQ
11RP
13SQ
13RP
14SQ
14RP
15SQ
15RP
车尾小盒
DL2
SB2
SB7
M9
M10
M11
M12
M13
M14
M15
显色蒸箱左侧力矩电动机插座
显色蒸箱右侧力矩电动机插座
皂蒸箱左侧力矩电动机插座
皂蒸箱右侧力矩电动机插座
显色蒸箱左侧照明
显色蒸箱右侧照明
皂蒸箱左侧照明
皂蒸箱右侧照明
烘房左侧照明
烘房右侧照明

图6-27　外部接线图（三）

序号	起	止	线号	数量	导线
29	2K	23C	+5V −5V GF10	3	RVVP
			17 37	2	BVR1
28	1K	22C	+5V −5V GF9	3	RVVP
			17 37	2	BVR1
27	6E	19G	+5V −5V GF8	3	RVVP
			17 37	2	BVR1
26	5E	18G	+5V −5V GF7	3	RVVP
			17 37	2	BVR1
25	5E	17G	+5V −5V GF6	3	RVVP
			17 37	2	BVR1
24	4E	16G	+5V −5V GF5	3	RVVP
			17 37	2	BVR1
23	3E	15G	+5V −5V GF4	3	RVVP
			17 37	2	BVR1
22	2E	13G	+5V −5V GF3	3	RVVP
			17 37	2	BVR1
21	2E	12G	+5V −5V GF2	3	RVVP
			17 37	2	BVR1
20	1E	11G	+5V −5V GF1	3	RVVP
			17 37	2	BVR1
19	7F	27E	15U 15V 15W	3	BVR2.5
18	6F	26E	14U 14V 14W	3	BVR2.5
17	5F	25E	13U 13V 13W	3	BVR2.5
16	5F	24E	12U 12V 12W	3	BVR4
15	4F	24E	11U 11V 11W	3	BVR2.5
14	3F	23E	10U 10V 10W	3	BVR2.5
13	2F	21E	9U 9V 9W	3	BVR2.5
12	8A	19J	8U 8V 8W	3	BVR2.5
11	7A	18J	7U 7V 7W	3	BVR2.5
10	7A	17J	6U 6V 6W	3	BVR2.5
9	6A	16J	5U 5V 5W	3	BVR2.5
8	5A	15J	4U 4V 4W	3	BVR2.5
7	5A	13J	3U 3V 3W	3	BVR2.5
6	4A	12J	2U 2V 2W	3	BVR2.5
5	3A	11J	1U 1V 1W	3	BVR2.5
4	2F	12A	17 21 29 31 33 35 37 39 41 59 61 63 65 67 69 71 91 93 95 97 111 113 115 117119 121 129 131 133 135 137 139 141 143 145 147 149 151 153 155 157 159	42	BVR1
3	2A	11A	U1 V1 W1 N	4	BVR4
			25 27 43 45 47 49 51 53 55 57	10	BVR1
2	2A	1F	U1 V1 W1	3	BVR10
			N	1	BVR2.5
			17 21 23 35 37 39 81 83 85 86 165 167 169 171 173 175 177 179 181	19	BVR1
			UG12 G12	2	RVVP
1	1A	1A	U V W	3	BVR25
			N	1	BVR6

序号	起	止	线号	数量	导线
47	14A	24C	17 N	2	BVR1
46	13A	11K	17 N	2	BVR1
45	19D	29D	17 19 N 115 119	5	BVR1
44	18D	11K	19 N	2	BVR1
43	18D	28J	11 13	2	BVR2.5
42	17D	27J	11 13	2	BVR2.5
41	16D	26J	9 13	2	BVR2.5
40	15D	24J	9 13	2	BVR2.5
39	15D	23J	7 13	2	BVR2.5
38	14D	22J	7 13	2	BVR2.5
37	13D	27G	17U 17V 17W	3	BVR2.5
36	13D	26G	17U 17V 17W	3	BVR2.5
35	12D	24G	16U 16V 16W	3	BVR2.5
34	11D	22G	16U 16V 16W	3	BVR2.5
33	5K	27C	+5V −5V GF15	3	RVVP
			17 37	2	BVR1
32	4K	26C	+5V −5V GF14	3	RVVP
			17 37	2	BVR1
31	3K	25C	+5V −5V GF13	3	RVVP
			17 37	2	BVR1
30	2K	24C	+5V −5V GF11	3	RVVP
			17 37	2	BVR1

图 6-28 外部接线图（四）

外部接线图所画的47组线分别如下所述。

序号1：电源进线，共4根，两种规格的导线。

序号2：$1^{\#}$控制柜与$2^{\#}$控制柜之间的连线，共25根，4种规格的导线。

序号3：$1^{\#}$控制柜与操纵台之间的连线，共14根，两种规格的导线。

序号4：$2^{\#}$控制柜与操纵台之间的连线，共42根，1mm^2软铜线。

序号5~19：接各交流电动机，各3根，2.5或4mm^2软铜线。

序号20~33：接各反馈电阻、限位开关，各5根，屏蔽线和1mm^2软铜线。

序号34~37：接各力矩电动机插座，各3根，2.5mm^2软铜线。

序号38~43：接各安全电压照明，各两根，2.5mm^2软铜线。

序号38~43：接各安全电压照明，各两根，2.5mm^2软铜线。

序号44：接车头电铃，共两根，1mm^2软铜线。

序号45：接车尾电铃、联系信号按钮、紧急停车按钮，共5根，1mm^2软铜线。

序号46：接车头吸边器电源，共两根，1mm^2软铜线。

序号47：接中间吸边器电源，共两根，1mm^2软铜线。

6.5 PLC控制程序

前面详细介绍了LMH631—180显色皂洗机的全套电气图样，为了帮助读者准确分析控制过程，现将PLC参考梯形图提供给大家，仅供参考，见图6-29。

将图6-29所示的梯形图写成程序如下：

```
1    LD       %I0.4
2    ST       %Q0.2
3    LD       %I0.0
4    OR       %Q0.3
5    ANDN     %I0.1
6    ANDN     %I0.2
7    ANDN     %I0.6
8    AND(N    %I0.7
9    OR       %Q0.2
10   )
11   ANDN     %I0.8
12   ANDN     %S13
13   ST       %Q0.3
14   LD       %I0.5
15   OR       %I0.9
16   ANDN     %Q0.3
17   OR       %Q0.4
18   AND(N    %I0.3
19   OR       %Q0.3
20   )
21   ST       %Q0.4
22   LD       %I0.5
23   OR       %I0.10
24   ANDN     %Q0.3
25   OR       %Q0.5
26   AND(N    %I0.3
27   OR       %Q0.3
28   )
29   ST       %Q0.5
30   LD       %I0.5
31   OR       %I0.11
32   ANDN     %Q0.3
33   OR       %Q0.6
34   AND(N    %I0.3
35   OR       %Q0.3
36   )
37   ST       %Q0.6
38   LD       %I0.5
```

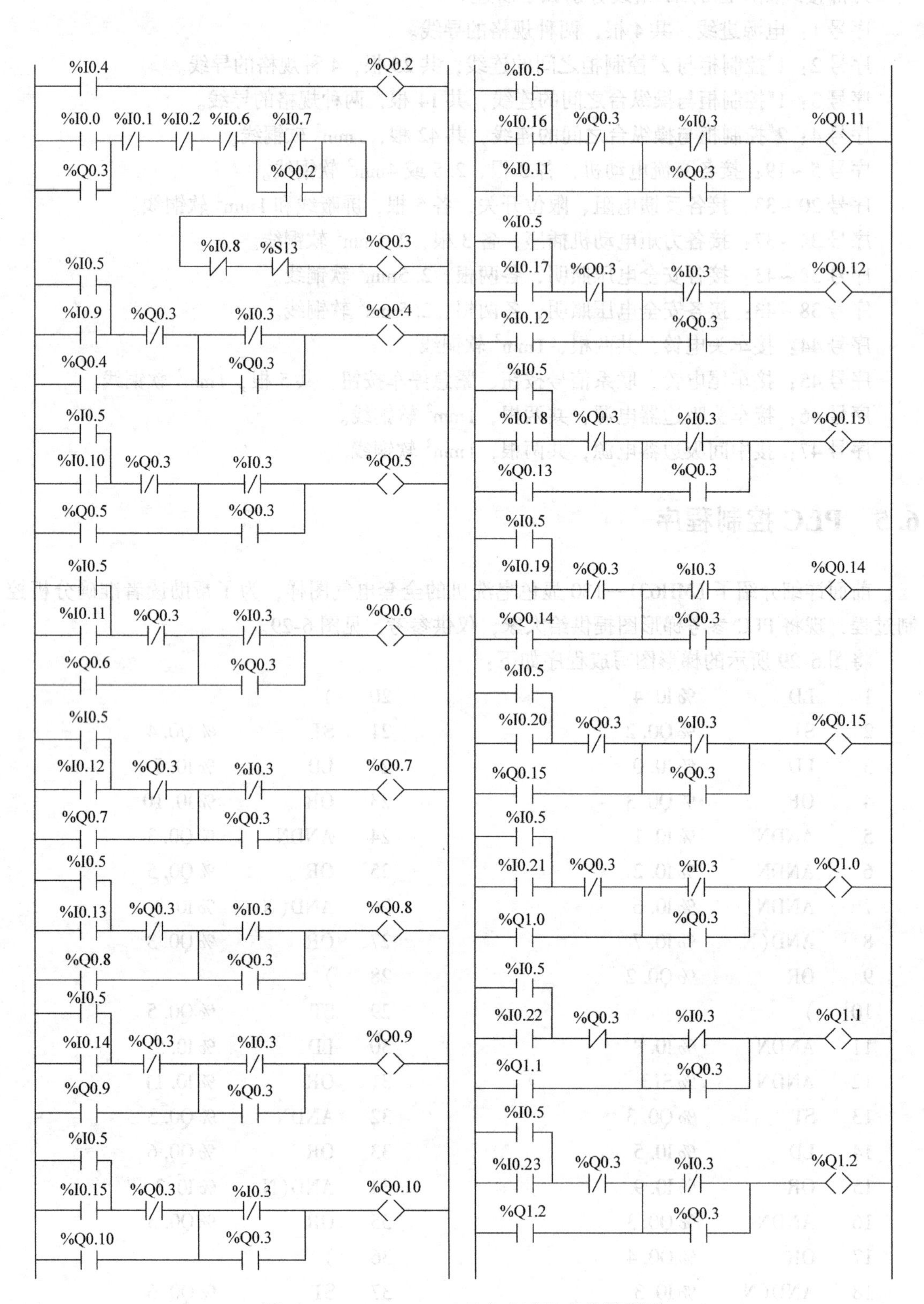

图 6-29　LMH631—180 显色皂洗机参考梯形图

```
39   OR       %I0.12
40   ANDN     %Q0.3
41   OR       %Q0.7
42   AND(N    %I0.3
43   OR       %Q0.3
44   )
45   ST       %Q0.7
46   LD       %I0.5
47   OR       %I0.13
48   ANDN     %Q0.3
49   OR       %Q0.8
50   AND(N    %I0.3
51   OR       %Q0.3
52   )
53   ST       %Q0.8
54   LD       %I0.5
55   OR       %I0.14
56   ANDN     %Q0.3
57   OR       %Q0.9
58   AND(N    %I0.3
59   OR       %Q0.3
60   )
61   ST       %Q0.9
62   LD       %I0.5
63   OR       %I0.15
64   ANDN     %Q0.3
65   OR       %Q0.10
66   AND(N    %I0.3
67   OR       %Q0.3
68   )
69   ST       %Q0.10
70   LD       %I0.5
71   OR       %I0.16
72   ANDN     %Q0.3
73   OR       %Q0.11
74   AND(N    %I0.3
75   OR       %Q0.3
76   )
77   ST       %Q0.11
78   LD       %I0.5
79   OR       %I0.17
80   ANDN     %Q0.3
81   OR       %Q0.12
82   AND(N    %I0.3
83   OR       %Q0.3
84   )
85   ST       %Q0.12
86   LD       %I0.5
87   OR       %I0.18
88   ANDN     %Q0.3
89   OR       %Q0.13
90   AND(N    %I0.3
91   OR       %Q0.3
92   )
93   ST       %Q0.13
94   LD       %I0.5
95   OR       %I0.19
96   ANDN     %Q0.3
97   OR       %Q0.14
98   AND(N    %I0.3
99   OR       %Q0.3
100  )
101  ST       %Q0.14
102  LD       %I0.5
103  OR       %I0.20
104  ANDN     %Q0.3
105  OR       %Q0.15
106  AND(N    %I0.3
107  OR       %Q0.3
108  )
109  ST       %Q0.15
110  LD       %I0.5
111  OR       %I0.21
112  ANDN     %Q0.3
113  OR       %Q1.0
114  AND(N    %I0.3
115  OR       %Q0.3
116  )
```

```
117  ST      %Q1.0          126  LD      %I0.5
118  LD      %I0.5          127  OR      %I0.23
119  OR      %I0.22         128  ANDN    %Q0.3
120  ANDN    %Q0.3          129  OR      %Q1.2
121  OR      %Q1.1          130  AND(N   %I0.3
122  AND(N   %I0.3          131  OR      %Q0.3
123  OR      %Q0.3          132  )
124  )                      133  ST      %Q1.2
125  ST      %Q1.1
```

以上程序读者可以自己分析，也可以根据编程习惯自己编制。根据工艺过程的控制要求，可随时修改程序。

本章小结

本章以改型的LMH631—180显色皂洗机为例，详细说明了电气图的画法，主要为读者介绍了电气图的设计思路，为正确识图打下了基础。

一套完整的变频调速控制系统的图样包括电气原理图、安装接线图和外部接线图，本章都做了详细介绍。若把本章所画的电气原理图、安装接线图和外部接线图画在标准幅面的图样上，再加上标题栏，那么，就是一套标准的电气设备图，应提供给用户。但很多单位并不提供如此详细的图样，经常仅提供电气原理图。用户在安装前最好自己根据电气原理图绘制出外部接线图，至少列出图6-28所示的接线表。

电气原理图包括主电路图、控制电路图、所有附属电路图和所用元器件明细表。电气原理图是最主要的图样，生产单位必须向设备用户提供完整的电气原理图。

为了识图方便，较复杂的电气原理图一般标有识图坐标。

安装接线图是电控柜生产单位接线的依据，通常按照元件实际安装的位置画出，一般一个控制柜画一张图，但当前门装有信号灯、电表等指示器件时，前门可单独画出安装接线图。

每个控制柜的下方都有大量的接线端子，端子的排列和数量应满足用户的要求。对于需要多次外引的线号，应留出多个接线端子。用户在安装电控柜时，若发现接线端子不够用(经常出现端子不够用的情况，例如，从上面的外部接线图可知，共有19组线含有17号线，电控柜可能没有这么多端子)，应自己加装接线端子，再通过端子接线，最好不要将相同线号的线全部接在一起放在地沟中。否则一旦出现故障，查线非常困难。

外部接线图供电控柜用户安装接线用，电控柜生产单位应该提供给用户。

习　　题

1. 在画电气原理图时，为什么要加坐标？
2. 电气原理图中的线号起什么作用？

3. 根据已经掌握的低压电器知识，试列出图6-5～图6-9所示电气原理图所用元器件明细表。

4. 有人在画接线图时，需要外引的线只留一个端子，并且线号从小到大依次排列，这种下端子的方法有什么优缺点？

5. 图6-22和图6-23都是同一个操纵台面板的图样，但元器件的排列位置不同，为什么？

6. 为什么外部接线图一般有坐标？

7. LMH101—180烘燥机电气方面的要求如下，试设计电气原理图、安装接线图和外部接线图。

（1）主传动用交流电动机，各电动机的标牌名称及功率为：

1）轧车　　　5.5kW，主令机。

2）1#烘燥　　2.2kW。

3）2#烘燥　　2.2kW。

4）3#烘燥　　2.2kW。

5）落布　　　1.1kW。

（2）烘房用4个AC24V、60W安全电压照明。

（3）车头有一个信号铃，作为开车联系用。

（4）车尾有一个联系信号按钮、一个停车按钮和一个信号铃。

（5）车头有电动吸边器。

（6）用PLC控制。

（7）直接使用变频器的求和功能同步。

（8）反馈元件为线绕电位器，电位器的两端接±5V直流电源，电源可以自己设计，也可以用±5V的开关电源。

附　录

附录 A　Altivar31 变频器菜单

各菜单见表 A-1 ~ 表 A-8。

表 A-1　设置菜单 SEt—

代　码	描　述	调整范围	出厂设置
LFr	由远程终端给定的速度给定值	0 ~ HSP	
	如果 CtL—LCC 设置为 yES 或 CtL—Fr1/Fr2 设置为 LCC 且远程终端在线，此参数出现。在这种情况下，LFr 可通过变频器键盘访问。当变频器掉电时 LFr 复位为 0		
rPI	内部 PI 调节器给定值	0 ~ 100%	0
ACC	加速斜坡时间	0 ~ 999.9s	3s
	0 到额定频率 drC—FrS 之间的时间		
AC2	第 2 个加速斜坡时间	0 ~ 999.9s	5s
dE2	第 2 个减速斜坡时间	0 ~ 999.9s	5s
dEC	减速斜坡时间	0 ~ 999.9s	3s
	额定频率 drC—FrS 到 0 之间的时间		
tA1	CUS—类型加速斜坡的起动时间占总的斜坡时间(ACC 或 AC2)的百分比	0 ~ 100%	10%
tA2	CUS—类型加速斜坡的结束时间占总的斜坡时间(ACC 或 AC2)的百分比	0 ~ (100% —tA1)	10%
tA3	CUS—类型减速斜坡的起动时间占总的斜坡时间(dEC 或 dE2)的百分比	0 ~ 100%	10%
tA4	CUS—类型减速斜坡的结束时间占总的斜坡时间(dEC 或 dE2)的百分比	0 ~ (100% —tA3)	10%
LSP	低速或下限频率	0 ~ HSP	0.0
HSP	高速或上限频率	LSP ~ dCr—tFr	dCr—bFr(50Hz)
ItH	电动机热保护—最大热电流	0.2 ~ 1.5In(变频器额定电流)	1.5In
	设置 ItH 为电动机铭牌上的额定电流。如果抑制热保护，参考 FLt—OLL		
UFr	IR 补偿/电压提升	1 ~ 100%	20%
	对于 drC—UFt 设置为 n 或 nLd，IR 补偿 对于 drC—UFt 设置为 L 或 P，电压提升 用于在非常低的速度时优化转矩(如果转矩不足增大 UFr) 检查并确认当电动机变热时的 UFr 值不太高(存在不稳定的危险) 注意：修改 drC—UFt 会使得 UFr 返回出厂设置(20%)		

（阴影框）仅当其对应功能在其他菜单选定时才会出现此参数。

（续）

代 码	描 述	调整范围	出厂设置
FLG	频率环增益	1～100%	20%
	仅在 drC—UFt 设置为 n 或 nLd 时才能访问此参数 FLG 参数基于被驱动机器的惯性来调整变频器跟随速度斜坡的能力 增益大会导致机器工作不稳定 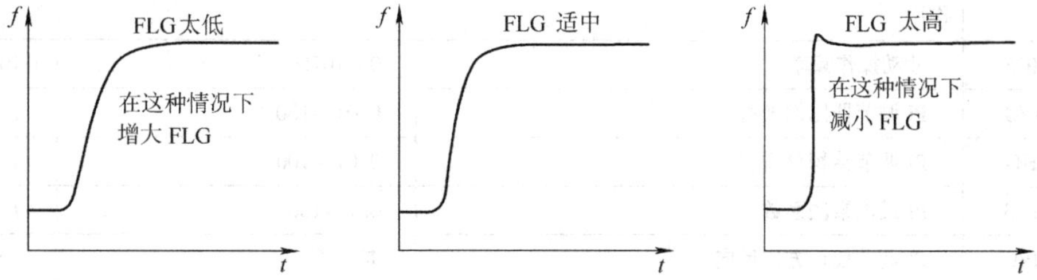 FLG 太低：在这种情况下增大 FLG FLG 适中 FLG 太高：在这种情况下减小 FLG		
StA	频率环稳定性	1～100%	20%
	仅在 drC—UFt 设置为 n 或 nLd 时才能访问此参数 用于在速度瞬变（加速或减速）后返回稳态，根据机器的动力学特性逐渐增大稳定性以避免超速 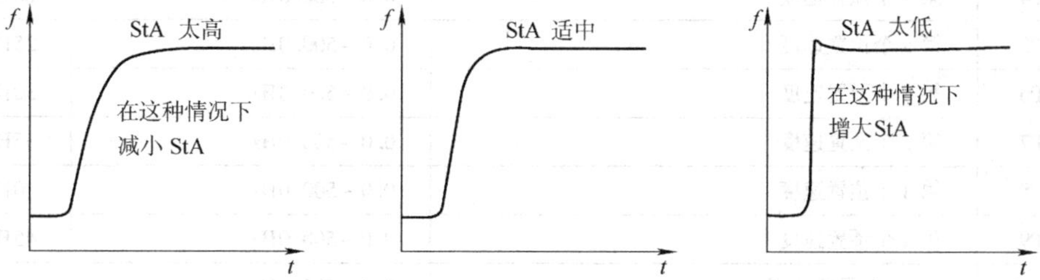 StA 太高：在这种情况下减小 StA StA 适中 StA 太低：在这种情况下增大 StA		
SLP	转差补偿	1～150%	100%
	仅在 drC—UFt 设置为 n 或 nLd 时才能访问此参数 用于调整电动机额定速度固定的转差补偿值 如果设定转差＜实际转差：电动机在稳态时不以正确速度转动 如果设定转差＞实际转差：电动机过补偿，速度不稳定		
IdC	有逻辑注入激活或在停车模式选定的直流注入制动电流的大小	0～In	1.0In
tdC	在停车模式选定的总的直流注入制动时间	0.1～30s	0.5s
tdC1	自动静止直流注入时间	0.1～30s	0.5s
SdC1	自动静止直流注入电流的大小	0～1.2In	1.0In
tdC2	第 2 个自动静止直流注入时间	0～30s	0.0s
SdC2	第 2 个自动静止直流注入电流的大小	0～1.2In	0.7In

（续）

代 码	描 述	调 整 范 围	出 厂 设 置
JPF	跳转频率	0～500Hz	0Hz
	防止在 JPF 附近的 ±1Hz 范围内长时间工作。此功能防止出现可导致共振的速度。设置为 0，此功能不起作用		
JF2	第 2 个跳转频率	0～500Hz	0Hz
	防止在 JF2 附近的 ±1Hz 范围内长时间工作。此功能防止出现可导致共振的速度。设置为 0，此功能不起作用		
JGF	寸动操作频率	0～10Hz	10Hz
rPG	PI 调节器比例增益	0.01～100	1
rIG	PI 调节器积分增益	0.01～100	1
FbS	PI 反馈乘法系数	0.1～100	1
PIC	PI 调节校正方向反向	是 否	否
rP2	第 2 个 PI 预置给定值	0～100%	30%
rP3	第 3 个 PI 预置给定值	0～100%	60%
rP4	第 4 个 PI 预置给定值	0～100%	90%
SP2	第 2 个预置速度	0.0～500.0Hz	10Hz
SP3	第 3 个预置速度	0.0～500.0Hz	15Hz
SP4	第 4 个预置速度	0.0～500.0Hz	20Hz
SP5	第 5 个预置速度	0.0～500.0Hz	25Hz
SP6	第 6 个预置速度	0.0～500.0Hz	30Hz
SP7	第 7 个预置速度	0.0～500.0Hz	35Hz
SP8	第 8 个预置速度	0.0～500.0Hz	40Hz
SP9	第 9 个预置速度	0.0～500.0Hz	45Hz
SP10	第 10 个预置速度	0.0～500.0Hz	50Hz
SP11	第 11 个预置速度	0.0～500.0Hz	55Hz
SP12	第 12 个预置速度	0.0～500.0Hz	60Hz
SP13	第 13 个预置速度	0.0～500.0Hz	70Hz
SP14	第 14 个预置速度	0.0～500.0Hz	80Hz
SP15	第 15 个预置速度	0.0～500.0Hz	90Hz
SP16	第 16 个预置速度	0.0～500.0Hz	100Hz
CL1	电流限幅	0.25～2.2In	2.2In
	用于限制转矩和温升		
CL2	第 2 个电流限幅	0.25～1.5In	1.5In
tLS	低速工作时间	0～999.9s	0(无时间限制)
	低速运行一段时间后自动发出电动机停止请求。如果频率给定值大于下限频率 LSP，且运行命令仍然存在，电动机就会重新起动 注意：数值为 0 对应于无限时间		

（续）

代　码	描　　述	调整范围	出厂设置
rSL	重新起动误差阈值(唤醒阈值)	0～100%	0
UFr2	IP 补偿，电动机 2。见 FUn—CHP—UFr2	0～100%	20%
FLG2	频率环增益，电动机 2。见 FUn—CHP—FLG2	0～100%	20%
StA2	稳定性，电动机 2。见 FUn—CHP—StA2	0～100%	20%
SLP2	转差补偿，电动机 2。见 FUn—CHP—SLP2	0～150%	100%
Ftd	电动机频率阈值。大于此阈值，继电器触点动作(I-O—r1 或 r2 设置为 FtA)或 AOV 端子输出 10V(I-O—dO 设置为 FtA)	0～500Hz	drC—“bFr”(50Hz)
ttd	电动机热态阈值。大于此阈值，继电器触点动作(I-O—r1 或 r2 设置为 tSA)或 AOV 端子输出 10V(I-O—dO 设置为 tSA)	0～118%	100%
Ctd	电动机电流阈值。大于此阈值，继电器触点动作(I-O—r1 或 r2 设置为 CtA)或 AOV 端子输出 10V(I-O—dO 设置为 CtA)	0～1.5In	1.5In
SdS	显示参数 SPd1/SPd2/SPd3 的比例系数(SUP—SPd1/SPd2/SPd3)	0～200	30
	用于标定一个与输出频率 rFr 成一定比例的值：机器速度、电动机速度等。 如果 SdS≤1，SPd1 被显示(可能的定义=0.01)。 如果 1<SdS≤1，SPd2 被显示(可能的定义=0.1)。 如果 SdS>10，SPd3 被显示(可能的定义=1)。 如果 SdS>10 且 SdS×rFr>9999：SPd3 = $\frac{SdS \times rFr}{1000}$ 显示 2 个小数位。 示例：对于 24.217，小数 24.22。 如果 SdS>10 且 SdS×rFr>65535，显示被锁定在 65.54。 示例：显示 4 极电动机的速度，50Hz 时 1500r/min(同步转速)： SdS=30 SPd3=1500，RfR=50Hz。		
SFr	开关频率	2.0～16kHz	4kHz
	可调整频率以减少电动机产生的噪声		

▒ 仅当其对应功能在其他菜单选定时才会出现此参数。

表 A-2　电动机控制菜单 drC—

代　码	描　　述	调整范围	出厂设置
bFr	标准电动机频率	50Hz　60Hz	50Hz
	此参数要修改下列参数的预置值：SEt—HSP，SEt—Ftd，drC—FrS，drC—tFr		
UnS	铭牌给出的电动机额定电压	100～240V	170V
FrS	铭牌给出的电动机额定频率	10～500Hz	50Hz
nCr	铭牌给出的电动机额定电流	0.25～1.5In	1.1In

（续）

<table>
<tr><th>代 码</th><th>描 述</th><th>调 整 范 围</th><th>出 厂 设 置</th></tr>
<tr><td rowspan="2">nSP</td><td>铭牌给出的电动机额定速度</td><td>0 ~ 32760r/min</td><td>1410</td></tr>
<tr><td colspan="3">显示 0 ~ 9999 为 r/min，显示 10.00 ~ 32.76 为 kr/min
如果不是额定速度，铭牌上会标出同步转速和以 Hz 或百分比表示的转差，按下列式子计算额定速度：
① $\text{额定速度}=\text{同步转速}\times\frac{100-\text{以百分比表示的转差}}{100}$
② $\text{额定速度}=\text{同步转速}\times\frac{50-\text{以 Hz 表示的转差}}{50}$ （50Hz 电动机）
③ $\text{额定速度}=\text{同步转速}\times\frac{60-\text{以 Hz 表示的转差}}{60}$ （60Hz 电动机）</td></tr>
<tr><td>COS</td><td>铭牌给出的功率因数</td><td>0.5 ~ 1</td><td>0.75</td></tr>
<tr><td rowspan="2">rSC</td><td>定子冷态电阻</td><td></td><td>nO</td></tr>
<tr><td colspan="3">nO：功能未被激活。对于不需要高性能的应用或者变频器每次加电时不能承受自动调节的应用
InIt：激活此功能。为了提高低速性能，无论电动机处于什么热态
××××：所用的定子冷态电阻值，以 mΩ 为单位。
警告：① 强烈推荐在提升和装运应用中激活此功能。
② 仅当电动机处于冷态时激活此功能(InIt)。
③当 rSC 参数设置为 InIt，下行 tUn 参数强制为 POn。在下一条运行命令，用自动调节功能测量定子电阻。rSC 参数则变为此值(××××)并一直保持，tUn 参数仍保持为强制值 POn。只要还没有进行测量，参数 tUn 就保持。
④ 可使用▲▼键强制设定或修改数值××××</td></tr>
<tr><td rowspan="2">tUn</td><td>电动机控制自动整定</td><td></td><td>nO</td></tr>
<tr><td colspan="3">在进行自动整定之前，所有的电动机参数(UnS、FrS、nCr、nSP、COS)都须正确配置。
nO：不进行自动整定
yES：进行，当调整成功结束时，参数就自动变为 dOnE，当自动整定发生故障时，显示 nO(如果 FLt—tnL 数值为 yES 就会显示 tnF 故障)
dOnE：自动整定结束后显示
rUn：每次发出运行命令时执行自动整定
POn：每次加电时执行自动整定
LI1 ~ LI6：在分配给此功能的逻辑输入从 0 变为 1 时执行自动整定
警告：rSC 不是 nO，tUn 被强制为 POn。
如果无命令激活，仅执行自动整定。如果“自由停车”或“快速停车”功能被分配给一个逻辑输入，则此输入必须设置为 1(为 0 时激活)。
注意：自动整定可持续 1 ~ 2s。请勿中断，等待显示“dOnE”或“nO”。在自动调整中电动机以额定电流运行</td></tr>
<tr><td rowspan="2">tUS</td><td>自动整定状态(仅为信息，不能改动)</td><td></td><td>tAb</td></tr>
<tr><td colspan="3">tAb：默认定子电阻值被用于控制电动机
PEnd：已请求自动整定但还没有进行
PrOG：自动整定正在进行
FAIL：自动整定失败
dOnE：自动整定功能测量的定子电阻值被用于控制电动机
Strd：被用于控制电动机的冷态定子电阻(是 rSC 而不应该为 nO)</td></tr>
</table>

（续）

代码	描述	调整范围	出厂设置
UFt	电压/频率额定值类型的选择		n
	L：恒定转矩，对于并联电动机或特殊电动机 P：可变转矩，用于泵类负载或风机 n：对于恒定转矩应用的无传感器磁通矢量控制 nLd：节能，对于无需高动态性能的可变转矩应用 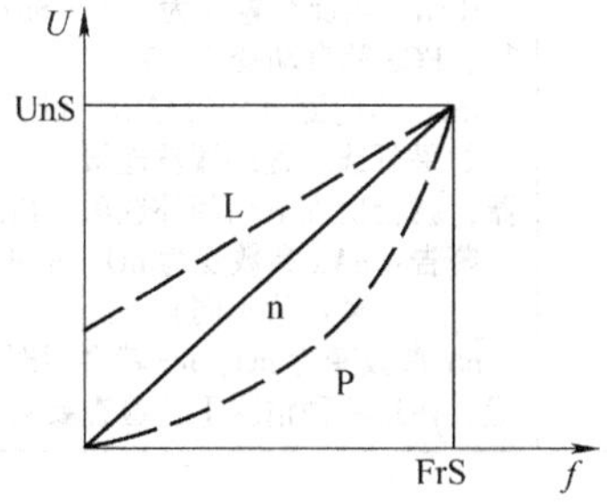		
nrd	切换		yES
	yES：随机调制频率　nO：固定频率 随机调制频率可防止在某一固定频率时发生的任何谐振		
SFr	开关频率	2.0～16kHz	4kHz
	可调整频率以减少电动机产生的噪声		
tFr	最大输出频率	10～500Hz	60Hz
	出厂设置为60Hz，如果电动机标准频率drC—bFr设置为60Hz，则预置72Hz		
SrF	速度环滤波器的抑制		nO
	nO：激活速度环滤波器(防止超过给定值) yES：速度环滤波器被抑制(在位置控制应用，这会减小响应时间，有可能出现超调) 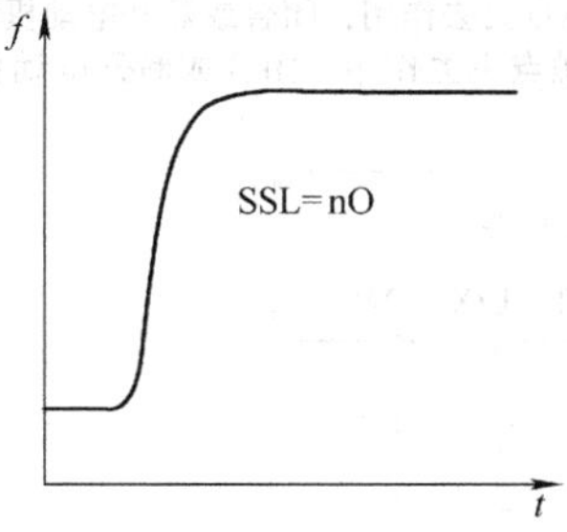 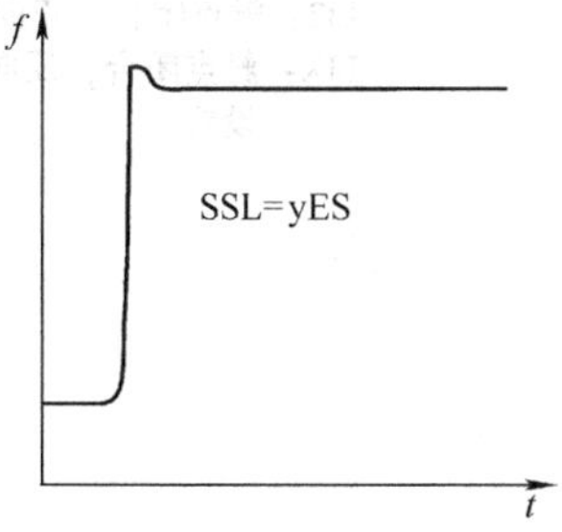		
SCS	保存设置		nO
	nO：功能未被激活 StrI：在EPROM中保存当前设置(但不是自动调节的结果)。一旦此保存被执行，SCS就自动变为nO，此功能除了用于保存当前设置，还可存储别的配置 当变频器出厂时，当前配置与备份配置都初始化为出厂设置 如果可选远程终端被连接到变频器上，就会出现下列额外选项：FIL1、FIL2、FIL3、FIL4(在远程终端的EEPROM存储器中用于存储当前配置的文件)。用于存储1～4个不同的配置，这些配置也可存储或传送到有相同额定值的其他变频器上 只要保存一被执行，SCS就自动变为nO		

（续）

代码	描述	调整范围	出厂设置
FCS	返回出厂设置		nO
	nO：功能未被激活 rECI：当前配置变为 SCS = StrI 时保存的备份配置相同。如果执行备份配置才可看到 rECI。此功能一被执行，FCS 就自动变为 nO InI：当前配置变为与出厂设置相同。此功能一被执行，FCS 就自动变为 nO 如果可选远程终端被连接到变频器上，只要对应文件(0～4 个文件)已被载入远程终端的 EEPROM 存储器，就会出现下列额外选项：FIL1、FIL2、FIL3、FIL4。它们可使当前配置被远程终端的 4 种配置之一替代 警告：nAd 参数变为 nO，nAd 就会暂时出现在显示器上，这意味着配置传送不可能进行(例如变频器的额定值不同)。 ntr 参数变为 nO，ntr 就会暂时出现在显示器上，这意味着配置传送发生错误，必须使用 InI 返回出厂设置。在这两种情况下，检查要被传送的配置，然后再试一下		

表 A-3　I/O 菜单 I-O—

代码	描述	出厂设置
tCC	控制类型	LOC 若 LAC = L3　2C
	2C：2 线控制 3C：3 线控制 LOC：本机控制，用变频器的 RUN、STOP/RESET 键控制变频器的运行、停车和复位。如果 CtL—LAC 设置为 L3，不可见 2 线控制：触点闭合，运行 触点断开，停车 LI1：正向运行，不用设置 LIX：反向运行，I-O—rrS 设置 （图：变频器 LI1 LIX 24V） 3 线控制：LI1：触点闭合，为运行做准备；触点断开，停车。不用设置 LI2：触点闭合，正向运行。运行后触点失去作用，闭合或断开电动机都继续运行。不用设置 LIX：触点闭合，反向运行。运行后触点失去作用，闭合或断开电动机都继续运行。I-O—rrS 设置 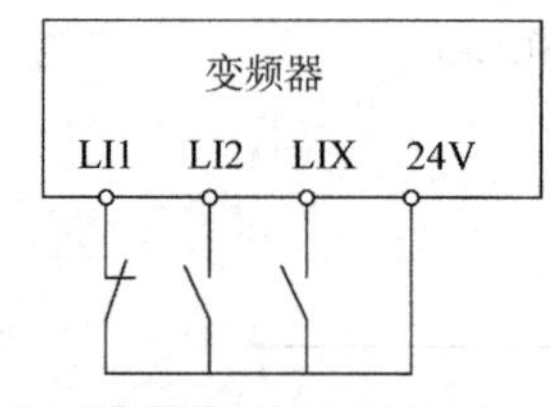	
tCt	2 线控制类型(仅在 tCC = 2C 时才能访问此参数)	trn
	LEL：触点闭合，运行；触点断开，停车 trn：为了防止电源中断后突然重新起动，需要一个状态的改变来开始工作 PFO：触点闭合，运行；触点断开，停车。但正向输入总是比反向输入具有优先权	
rrS	通过逻辑输入反向运行	tCC = 2C：LI2 tCC = 3C：LI3 tCC = LOC：nO
	nO：未分配，但仍可以提高 AI2 端子上的负电压反向运行 LI2：逻辑输入 LI2　　LI3：逻辑输入 LI3 LI4：逻辑输入 LI4　　LI5：逻辑输入 LI5 LI6：逻辑输入 LI6	

（续）

代 码	描 述	出厂设置
CrL3 CrH3	对应 LSP 的 AI3 的值 对应 HSP 的 AI3 的值	4mA 20mA
	这两个参数用于配置 0 ~ 20mA、4 ~ 20mA、20 ~ 4mA 等输入	
AOIt	模拟输出配置	0A
	0A：0 ~ 20mA 配置（AOC 输出） 4A：4 ~ 20mA 配置（AOC 输出） 10U：0 ~ 10V 配置（AOV 输出）	
dO	模拟/逻辑输出 AOC/AOV	nO
	nO：未分配 OCr：电动机电流，20mA 或 10V 对应两倍变频器额定电流 OFr：电动机频率，20mA 或 10V 对应最大频率 drC—tFr Otr：电动机转矩，20mA 或 10V 对应两倍变频器额定转矩 OPr：变频器的额定功率：20mA 或 10V 对应两倍变频器额定功率 进行如下分配，会使模拟输出转变为逻辑输出（如有这些分配，AOC = 20mA 或 AOV = 10V） FLt：变频器故障 rUn：变频器运行 FtA：达到频率阈值 SEt—Ftd FLA：达到高速 SEt—HSP CtA：达到电流阈值 SEt—Ctd SrA：达到频率给定值 tSA：达到电动机热态阈值 SEt—ttd bLC：制动顺序（用于信息，此分配使 FUn—bLC—bLC 激活或变为无效） APL：4 ~ 20mA 信号损失，如果 FLt—LFL 设置为 nO	
r1	继电器 r1	FLt
	nO：未分配 FLt：变频器故障 rUn：变频器运行 FtA：达到频率阈值 SEt—Ftd FLA：达到高速 SEt—HSP CtA：达到电流阈值 SEt—Ctd SrA：达到频率给定值 tSA：达到电动机热态阈值 SEt—ttd APL：4 ~ 20mA 信号损失，如果 FLt—LFL 设置为 nO 当选择以上选项时（FLt 除外），继电器加电	
r2	继电器 r2	nO
	nO：未分配 FLt：变频器故障 rUn：变频器运行 FtA：达到频率阈值 SEt—Ftd FLA：达到高速 SEt—HSP CtA：达到电流阈值 SEt—Ctd SrA：达到频率给定值 tSA：达到电动机热态阈值 SEt—ttd APL：4 ~ 20mA 信号损失，如果 FLt—LFL 设置为 nO 当选择以上选项时（FLt 除外），继电器加电	

（续）

<table>
<tr><th>代 码</th><th>描 述</th><th>出厂设置</th></tr>
<tr><td rowspan="2">SCS</td><td>保存设置</td><td>nO</td></tr>
<tr><td colspan="2">nO：功能未被激活
StrI：在 EPROM 中保存当前设置(但不是自动调节的结果)。一旦此保存被执行，SCS 就自动变为 nO，此功能除了用于保存当前设置，还可存储别的配置
当变频器出厂时，当前配置与备份配置都初始化为出厂设置
如果可选远程终端被连接到变频器上，就会出现下列额外选项：FIL1、FIL2、FIL3、FIL4(在远程终端的 EEPROM 存储器中用于存储当前配置的文件)。用于存储 1 ~4 个不同的配置，这些配置也可存储或传送到有相同额定值的其他变频器上
只要保存一被执行，SCS 就自动变为 nO</td></tr>
<tr><td rowspan="2">FCS</td><td>返回出厂设置</td><td>nO</td></tr>
<tr><td colspan="2">nO：功能未被激活
rECI：当前配置变为 SCS = StrI 时保存的备份配置相同。如果执行备份配置才可看到 rECI。此功能一被执行，FCS 就自动变为 nO
InI：当前配置变为与出厂设置相同。此功能一被执行，FCS 就自动变为 nO
如果可选远程终端被连接到变频器上，只要对应文件(0 ~4 个文件)已被载入远程终端的 EEPROM 存储器，就会出现下列额外选项：FIL1、FIL2、FIL3、FIL4。它们可使当前配置被远程终端的 4 种配置之一替代
警告：nAd 参数变为 nO，nAd 就会暂时出现在显示器上，这意味着配置传送不可能进行(例如变频器的额定值不同)
ntr 参数变为 nO，ntr 就会暂时出现在显示器上，这意味着配置传送发生错误，必须使用 InI 返回出厂设置。在这两种情况下，检查要被传送的配置，然后再试一下</td></tr>
</table>

表 A-4　控制菜单 CtL—

<table>
<tr><th>代 码</th><th>描 述</th><th>出厂设置</th></tr>
<tr><td rowspan="2">LAC</td><td>功能访问等级</td><td>L1</td></tr>
<tr><td colspan="2">L1：访问标准功能
L2：访问 FUn—菜单中的高级功能：速度 +/-；制动器控制；切换第 2 个电流限幅；电动机切换；限位开关管理
L3：访问高级功能与混合控制模式的管理
注意：如果把 L3 分配给 LAC，就会使参数 Fr1(下行)、CtL—Cd1、CtL—CHCF 返回出厂设置</td></tr>
<tr><td rowspan="2">Fr1</td><td>配置给定 1</td><td>AIP</td></tr>
<tr><td colspan="2">AI1：模拟电压输入 AI1
AI2：模拟电压输入 AI2
AI3：模拟电流输入 AI3
AIP：电位器
如果 LAC = L2 或 L3，可能有以下额外赋值：
UPdt：经由 LI 加速/减速
UPdH：通过变频器键盘上的▼▲或远程终端加速/减速
如果 LAC = L3，可能有以下额外赋值：
LCC：通过远程终端给定(SEt—LFr)
Mdb：通过 Modbus 总线给定
CAn：通过 CANopen 总线给定</td></tr>
<tr><td rowspan="2">Fr2</td><td>配置给定 2</td><td>nO</td></tr>
<tr><td colspan="2">nO：未分配
AI1：模拟电压输入 AI1
AI2：模拟电压输入 AI2
AI3：模拟电流输入 AI3
AIP：电位器</td></tr>
</table>

（续）

代　码	描　　述	出厂设置
Fr2	如果 LAC = L2 或 L3，可能有以下额外赋值： UPdt：经由 LI 加速/减速 UPdH：通过变频器键盘上的▼▲或远程终端加速/减速 如果 LAC = L3，可能有以下额外赋值： LCC：通过远程终端给定（SEt—LFr） Mdb：通过 Modbus 总线给定 CAn：通过 CANopen 总线给定	
rFC	给定切换	Fr1
	参数 rFC 可用来选择通道 Fr1 和 Fr2，或者 Fr1 与 Fr2 切换 Fr1：给定值 = 给定 1 Fr2：给定值 = 给定 2 LI1：用逻辑输入 LI1 切换　LI2：用逻辑输入 LI2 切换 LI3：用逻辑输入 LI3 切换　LI4：用逻辑输入 LI4 切换 LI5：用逻辑输入 LI5 切换　LI6：用逻辑输入 LI6 切换 如果 LAC = L3，可能有以下额外赋值： C111：Modbus 总线控制字的第 11 位　C112：Modbus 总线控制字的第 12 位 C113：Modbus 总线控制字的第 13 位　C114：Modbus 总线控制字的第 14 位 C115：Modbus 总线控制字的第 15 位　C211：CANopen 总线控制字的第 11 位 C212：CANopen 总线控制字的第 12 位　C213：CANopen 总线控制字的第 13 位 C214：CANopen 总线控制字的第 14 位　C215：CANopen 总线控制字的第 15 位 逻辑输入为 0（常开）时 Fr1 被激活，为 1（常闭）时 Fr2 被激活，可在变频器运行时切换	
CHCF	混合模式（控制通道与给定通道相分离）	SIM
	如果 LAC = L3，可访问此参数。 SIM：组合 SEP：分离	
Cd1	配置控制通道 1	LOC
	如果 CHCF = SEP 且 LAC = L3，可访问此参数。 tEr：端子控制 LOC：键盘控制 LCC：远程终端控制 Mdb：通过 Modbus 总线控制 CAn：通过 CANopen 总线控制	
Cd2	配置控制通道 2	Mdb
	如果 CHCF = SEP 且 LAC = L3，可访问此参数。 tEr：端子控制 LOC：键盘控制 LCC：远程终端控制 Mdb：通过 Modbus 总线控制 CAn：通过 CANopen 总线控制	
CCS	控制通道切换	Cd1
	如果 CHCF = SEP 且 LAC = L3，可访问此参数。 参数 CCs 可用来选择通道 Cd1 和 Cd2，或者配置逻辑输入，或者设置 Cd1 与 Cd2 远程切换的控制位。 Cd1：控制通道 = 通道 1 Cd2：控制通道 = 通道 2	

（续）

代码	描述	出厂设置
CCS	LI1：用逻辑输入 LI1 切换　LI2：用逻辑输入 LI2 切换 LI3：用逻辑输入 LI3 切换　LI4：用逻辑输入 LI4 切换 LI5：用逻辑输入 LI5 切换　LI6：用逻辑输入 LI6 切换 C111：Modbus 总线控制字的第 11 位　C112：Modbus 总线控制字的第 12 位 C113：Modbus 总线控制字的第 13 位　C114：Modbus 总线控制字的第 14 位 C115：Modbus 总线控制字的第 15 位　C211：CANopen 总线控制字的第 11 位 C212：CANopen 总线控制字的第 12 位　C213：CANopen 总线控制字的第 13 位 C214：CANopen 总线控制字的第 14 位　C215：CANopen 总线控制字的第 15 位 逻辑输入为 0(常开)时 Fr1 被激活，为 1(常闭)时 Fr2 被激活	
COP	复制通道 1 到通道 2(仅在此方向复制)	nO
	如果 LAC = L3，可访问此参数。 nO：不复制 SP：复制给定 Cd：复制控制 ALL：复制控制与给定 如果通过端子控制通道 2，就不能复制通道 1 控制 如果通道 2 给定是通过 AI1、AI2、AI3 或 AIP 设置，通道 1 给定就不用复制 复制的给定为 FrH(斜坡前，SUP—的参数)，除非通道 2 给定是有速度 +/—设置，在这种情况下，所复制的给定是 rFr(斜坡后，SUP—的参数) 注意：复制控制和或给定会改变旋转方向	
LCC	通过远程终端控制	nO
	参数仅在 LAC = L1 或 L2，且有远程终端选项时才能访问。 nO：功能未被激活 yES：允许使用远程终端上的 RUn、STOP/RESET 与 FWD/REV 按钮控制变频器 SEt—菜单中的参数 LFr 则给出速度给定值。端子上只有自由停车、快速停车与直流注入停车命令有效。如果变频器/终端连接断开，或者如果没有连接终端，变频器锁定在 SLF 故障(Modbus 总线通信故障)	
PSt	停车权优先	yES
	使键盘或远程终端上的 STOP 键具有优先权，而不管控制通道(接线盒或通信总线) nO：功能未被激活 yES：STOP 优先	
rOt	允许的工作方向	dFr
	键盘上的 RUN 键或远程终端上的 RUN 键允许的工作方向 dFr：正向 drS：反向 bOt：正反向都允许	
SCS	保存设置	nO
	nO：功能未被激活 StrI：在 EPROM 中保存当前设置(但不是自动调节的结果)。一旦此保存被执行，SCS 就自动变为 nO，此功能除了用于保存当前设置，还可存储别的配置 当变频器出厂时，当前配置与备份配置都初始化为出厂设置 如果可选远程终端被连接到变频器上，就会出现下列额外选项：FIL1、FIL2、FIL3、FIL4(在远程终端的 EEPROM 存储器中用于存储当前配置的文件)。用于存储 1 ~ 4 个不同的配置，这些配置也可存储或传送到有相同额定值的其他变频器上 只要保存一被执行，SCS 就自动变为 nO	

（续）

代　码	描　　述	出厂设置
FCS	返回出厂设置	nO
	nO：功能未被激活 rECI：当前配置变为 SCS = StrI 时保存的备份配置相同。如果执行备份配置才可看到 rECI。此功能一被执行，FCS 就自动变为 nO InI：当前配置变为与出厂设置相同。此功能一被执行，FCS 就自动变为 nO 如果可选远程终端被连接到变频器上，只要对应文件(0 ~ 4 个文件)已被载入远程终端的 EEPROM 存储器，就会出现下列额外选项：FIL1、FIL2、FIL3、FIL4。它们可使当前配置被远程终端的 4 种配置之一替代。 警告：nAd 参数变为 nO，nAd 就会暂时出现在显示器上，这意味着配置传送不可能进行(例如变频器的额定值不同)。 ntr 参数变为 nO，ntr 就会暂时出现在显示器上，这意味着配置传送发生错误，必须使用 InI 返回出厂设置。在这两种情况下，检查要被传送的配置，然后再试一下	

只有此功能有效，这些参数才会出现。

表 A-5　应用功能菜单 FUn—

代　　码		描　　述	调整范围	出厂设置
rPC		斜坡		
	rPt	斜坡类型：定义加速和减速斜坡的形状		LIn
		LIn：线性 S：S 形斜坡 U：U 形斜坡 COS：定制		

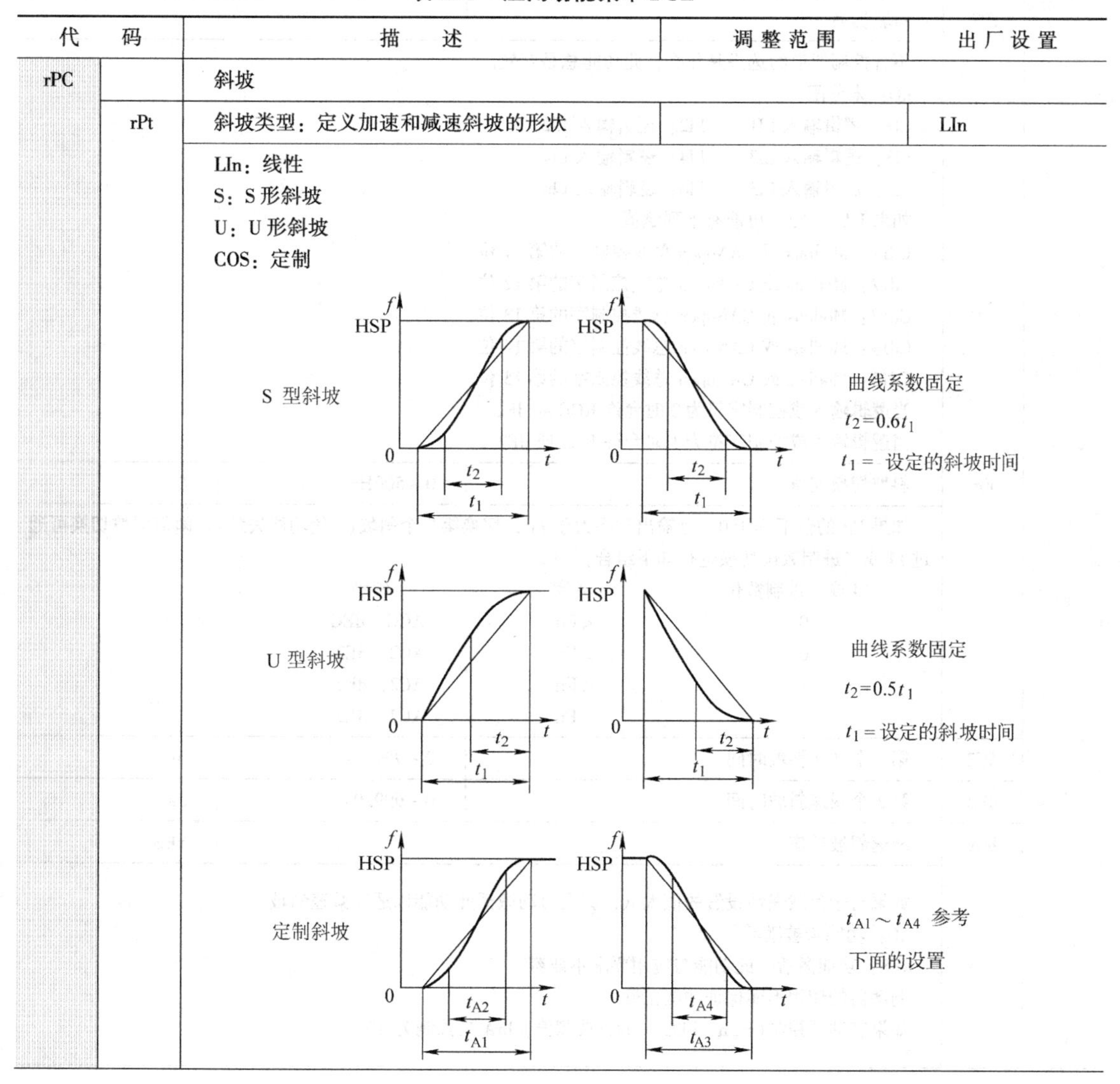

（续）

代码		描述	调整范围	出厂设置
rPC	tA1	CUS 类型加速斜坡的起动时间占总的斜坡时间(ACC 或 AC2)的百分比	0~100%	10%
	tA2	CUS 类型加速斜坡的结束时间占总的斜坡时间(ACC 或 AC2)的百分比	0~(100%—tA1)	10%
	tA3	CUS 类型减速斜坡的起动时间占总的斜坡时间(dEC 或 dE2)的百分比	0~100%	10%
	tA4	CUS 类型减速斜坡的结束时间占总的斜坡时间(dEC 或 dE2)的百分比	0~(100%—tA3)	10%
	ACC	加速斜坡时间	0~999.9s	3s
		0 到额定频率 drC—FrS 之间的时间		
	dEC	减速斜坡时间	0~999.9s	3s
		额定频率 drC—FrS 到 0 之间		
	rPS	斜坡切换		nO
		不管控制通道的选择是什么，此功能总是有效。 nO：未分配 LI1：逻辑输入 LI1　　LI2：逻辑输入 LI2 LI3：逻辑输入 LI3　　LI4：逻辑输入 LI4 LI5：逻辑输入 LI5　　LI6：逻辑输入 LI6 如果 LAC = L3，可能有下列赋值： Cd11：Modbus 或 CANopen 总线控制字的第 11 位 Cd12：Modbus 或 CANopen 总线控制字的第 12 位 Cd13：Modbus 或 CANopen 总线控制字的第 13 位 Cd14：Modbus 或 CANopen 总线控制字的第 14 位 Cd15：Modbus 或 CANopen 总线控制字的第 15 位 当逻辑输入或控制字符为 0 时允许 RCC 或 dEC 当逻辑输入或控制字符为 1 时允许 RC2 或 dE2		
	Frt	斜坡切换阈值	0~500Hz	0
		如果 Frt 的值不等于 0，且输出频率大于 Frt，切换第 2 个斜坡(0 使功能失效)。阈值斜坡切换可通过 LI 或二进制数位切换进行如下组合： LI 或二进制数位　频率　斜坡 0　<Frt　ACC，dEC 0　>Frt　AC2，dE2 1　<Frt　AC2，dE2 1　>Frt　AC2，dE2		
	AC2	第 2 个加速斜坡时间	0~999.9s	5s
	dE2	第 2 个减速斜坡时间	0~999.9s	5s
	brA	减速斜坡适应		yES
		如果对于负载惯性设置的值太低，就会自动激活此功能以适应减速斜坡 nO：功能未被激活 yES：功能激活。此功能与应用要求不兼容 制动器的使用不能保证功能正确 如果制动器控制(FUn—bLC—bLC)被赋值，brA 被强制为 nO		

（续）

代码		描述	调整范围	出厂设置
StC		停车模式		
	Stt	正常停车模式		rMP
		rMP：斜坡停车　　FSt：快速停车 nSt：自由停车　　dCI：直流注入停车		
	FSt	通过逻辑输入进行快速停车		nO
		nO：未分配 LI1：逻辑输入 LI1　　LI2：逻辑输入 LI2 LI3：逻辑输入 LI3　　LI4：逻辑输入 LI4 LI5：逻辑输入 LI5　　LI6：逻辑输入 LI6 如果 LAC = L3，可能有下列赋值： Cd11：Modbus 或 CANopen 总线控制字的第 11 位 Cd12：Modbus 或 CANopen 总线控制字的第 12 位 Cd13：Modbus 或 CANopen 总线控制字的第 13 位 Cd14：Modbus 或 CANopen 总线控制字的第 14 位 Cd15：Modbus 或 CANopen 总线控制字的第 15 位 当输入的逻辑状态变为 0 且控制字符变为 1 时激活停车功能。快速停车是 dCF 在减速斜坡上停车。如果输入状态回落为状态 1 且运行命令仍然有效，若采用 2 线控制（I-O—tCC = 2C 与 I-O—tCt = LEL 或 PFO），则电动机仅在 2 线控制时能重新起动。在其他情况下，必须给出新的运行命令		
	dCF	快速停车时划分斜坡时间的系数	0 ~ 10	4
		确保减速斜坡与要停止的负载相比不会太低。0 对应于最小斜坡		
	dCI	通过逻辑输入进行直流注入		nO
		nO：未分配 LI1：逻辑输入 LI1　　LI2：逻辑输入 LI2 LI3：逻辑输入 LI3　　LI4：逻辑输入 LI4 LI5：逻辑输入 LI5　　LI6：逻辑输入 LI6 如果 LAC = L3，可能有下列赋值： Cd11：Modbus 或 CANopen 总线控制字的第 11 位 Cd12：Modbus 或 CANopen 总线控制字的第 12 位 Cd13：Modbus 或 CANopen 总线控制字的第 13 位 Cd14：Modbus 或 CANopen 总线控制字的第 14 位 Cd15：Modbus 或 CANopen 总线控制字的第 15 位 当逻辑输入或控制字符为 1 时制动被激活		
	IdC	通过逻辑注入激活的或在停车模式选定的直流注入制动电流	0 ~ In	0.7In
	tdC	在停车模式选定的总的直流注入制动时间	0.1 ~ 30s	0.5s
	nSt	通过逻辑输入进行自由停车		nO
		nO：未分配 LI1：逻辑输入 LI1　　LI2：逻辑输入 LI2 LI3：逻辑输入 LI3　　LI4：逻辑输入 LI4 LI5：逻辑输入 LI5　　LI6：逻辑输入 LI6 当输入的逻辑状态为 0 时激活停车功能。如果输入状态回落为状态 1 且运行命令仍然有效，若采用 2 线控制，则电动机仅在 2 线控制时能重新起动。在其他情况下，必须给出新的运行命令		

(续)

代码		描述	调整范围	出厂设置
AdC		静止直流注入		
	AdC	自动静止直流注入(在斜坡末端)		yES
		nO：未注入 yES：周期可调的直流注入 Ct：连续静止注入 注意：即使运行命令没有发出，此参数也可引起电流注入。变频器运行时可访问此参数		
	tdC1	自动静止直流注入时间	0.1～30s	0.5s
	SdC1	自动静止直流注入电流的大小	0～1.2In	1.0In
	tdC2	第2个自动静止直流注入时间	0～30s	0s
	SdC2	第2个自动静止直流注入电流	0～1.2In	0.7In
SA1		总输入，可被用于对一个或两个输入求和以给定Fr1 Fr1 SA2 SA3 Σ		
	SA2	求和输入2		AI2
		nO：未分配　AI1：模拟电压输入AI1 AI2：模拟电压输入AI2　AI3：模拟电流输入AI3 AIP：电位器 如果LAC＝L3，可能有以下额外赋值： LCC：通过远程终端给定(SEt—LFr) Mdb：通过Modbus总线给定 CAn：通过CANopen总线给定		
	SA3	求和输入3		nO
		nO：未分配　AI1：模拟电压输入AI1 AI2：模拟电压输入AI2　AI3：模拟电流输入AI3 AIP：电位器 如果LAC＝L3，可能有以下额外赋值： LCC：通过远程终端给定(SEt—LFr) Mdb：通过Modbus总线给定 CAn：通过CANopen总线给定		
PSS		预置速度		
	PS2	2种预置速度		tCC＝2C： L13 tCC＝3C： nO tCC＝LOC： L13
		nO：未分配 LI1：逻辑输入LI1　LI2：逻辑输入LI2 LI3：逻辑输入LI3　LI4：逻辑输入LI4 LI5：逻辑输入LI5　LI6：逻辑输入LI6 如果LAC＝L3，可能有下列赋值： Cd11：Modbus或CANopen总线控制字的第11位 Cd12：Modbus或CANopen总线控制字的第12位 Cd13：Modbus或CANopen总线控制字的第13位 Cd14：Modbus或CANopen总线控制字的第14位 Cd15：Modbus或CANopen总线控制字的第15位		

（续）

代码		描述	调整范围	出厂设置
PSS	PS4	4 种预置速度		tCC＝2C： L14 tCC＝3C： nO tCC＝LOC： L14
		检查并确认在给 PS4 赋值之前已给 PS2 赋值。 nO：未分配 LI1：逻辑输入 LI1　　LI2：逻辑输入 LI2 LI3：逻辑输入 LI3　　LI4：逻辑输入 LI4 LI5：逻辑输入 LI5　　LI6：逻辑输入 LI6 如果 LAC＝L3，可能有下列赋值： Cd11：Modbus 或 CANopen 总线控制字的第 11 位 Cd12：Modbus 或 CANopen 总线控制字的第 12 位 Cd13：Modbus 或 CANopen 总线控制字的第 13 位 Cd14：Modbus 或 CANopen 总线控制字的第 14 位 Cd15：Modbus 或 CANopen 总线控制字的第 15 位		
	PS8	8 种预置速度		nO
		检查并确认在给 PS8 赋值之前已给 PS4 赋值。 nO：未分配 LI1：逻辑输入 LI1　　LI2：逻辑输入 LI2 LI3：逻辑输入 LI3　　LI4：逻辑输入 LI4 LI5：逻辑输入 LI5　　LI6：逻辑输入 LI6 如果 LAC＝L3，可能有下列赋值： Cd11：Modbus 或 CANopen 总线控制字的第 11 位 Cd12：Modbus 或 CANopen 总线控制字的第 12 位 Cd13：Modbus 或 CANopen 总线控制字的第 13 位 Cd14：Modbus 或 CANopen 总线控制字的第 14 位 Cd15：Modbus 或 CANopen 总线控制字的第 15 位		
	PS16	16 种预置速度		nO
		检查并确认在给 PS16 赋值之前已给 PS8 赋值。 nO：未分配 LI1：逻辑输入 LI1　　LI2：逻辑输入 LI2 LI3：逻辑输入 LI3　　LI4：逻辑输入 LI4 LI5：逻辑输入 LI5　　LI6：逻辑输入 LI6 如果 LAC＝L3，可能有下列赋值： Cd11：Modbus 或 CANopen 总线控制字的第 11 位 Cd12：Modbus 或 CANopen 总线控制字的第 12 位 Cd13：Modbus 或 CANopen 总线控制字的第 13 位 Cd14：Modbus 或 CANopen 总线控制字的第 14 位 Cd15：Modbus 或 CANopen 总线控制字的第 15 位		
	SP2	第 2 个预置速度	0.0～500.0Hz	10Hz
	SP3	第 3 个预置速度	0.0～500.0Hz	15Hz
	SP4	第 4 个预置速度	0.0～500.0Hz	20Hz
	SP5	第 5 个预置速度	0.0～500.0Hz	25Hz
	SP6	第 6 个预置速度	0.0～500.0Hz	30Hz
	SP7	第 7 个预置速度	0.0～500.0Hz	35Hz
	SP8	第 8 个预置速度	0.0～500.0Hz	40Hz

（续）

代码		描述	调整范围	出厂设置
PSS	SP9	第 9 个预置速度	0.0～500.0Hz	45Hz
	SP10	第 10 个预置速度	0.0～500.0Hz	50Hz
	SP11	第 11 个预置速度	0.0～500.0Hz	55Hz
	SP12	第 12 个预置速度	0.0～500.0Hz	60Hz
	SP13	第 13 个预置速度	0.0～500.0Hz	70Hz
	SP14	第 14 个预置速度	0.0～500.0Hz	80Hz
	SP15	第 15 个预置速度	0.0～500.0Hz	90Hz
	SP16	第 16 个预置速度	0.0～500.0Hz	100Hz
JOG		寸动操作，寸动操作与 PI 调节不能同时使用		
	JOG	寸动操作		tCC＝2C：nO tCC＝3C：LI4 tCC＝LOC：nO
		nO：未分配 LI1：逻辑输入 LI1　　LI2：逻辑输入 LI2 LI3：逻辑输入 LI3　　LI4：逻辑输入 LI4 LI5：逻辑输入 LI5　　LI6：逻辑输入 LI6		
	JGF	寸动操作频率	0～10Hz	10Hz
UPd		速度＋/－ 如果 CtL—LAC＝L2 或 L3 且 CtL—Fr1 或 CtL—Fr2 设置为 UPdH 或 UPdt 可访问		
	USP	速度＋，仅在选定 UPdt 时才可访问		nO
		nO：未分配 LI1：逻辑输入 LI1　　LI2：逻辑输入 LI2 LI3：逻辑输入 LI3　　LI4：逻辑输入 LI4 LI5：逻辑输入 LI5　　LI6：逻辑输入 LI6		
	dSP	速度－，仅在选定 UPdt 时才可访问		nO
		nO：未分配 LI1：逻辑输入 LI1　　LI2：逻辑输入 LI2 LI3：逻辑输入 LI3　　LI4：逻辑输入 LI4 LI5：逻辑输入 LI5　　LI6：逻辑输入 LI6		
	Str	保存给定值		nO
		与速度＋/—功能有关，此功能可用于保存给定值： 当运行命令结束时(保存到 RAM)； 当主电源消失或运行命令结束时(保存到 EEPROM)。 下一次起动时，速度给定值为上次保存给定值。 nO：不保存　rRM：保存到 RAM　EEP：保存到 EEPROM		
PI		PI 调节器 注意：PI 调节器与寸动操作、求和、多段速度控制不能同时使用，必须 FUn—PSS—PS2＝nO、FUn—PSS—PS4＝nO、FUn—SA1—SA2＝nO、FUn—JOG—JOG＝nO 时 PI 功能才能生效		
	PIF	PI 调节器反馈		nO
		nO：未分配　　AI1：模拟电压输入 AI1 AI2：模拟电压输入 AI2　　AI3：模拟电流输入 AI3		

（续）

代码		描述	调整范围	出厂设置
PI	rPG	PI 调节器比例增益	0.01～100	1
		有利于提高 PI 反馈快速变化期间的动态性能		
	rIG	PI 调节器积分增益	0.01～100/s	1/s
		有利于提高 PI 反馈缓慢变化期时的静态精确度		
	FbS	PI 反馈多重配置系数	0.1～100	1
		用于过程适应		
	PIC	PI 调节校正方向反向		nO
		nO：正向 yES：反向		
	Pr2	2 个 PI 预置给定值		nO
		nO：未分配 LI1：逻辑输入 LI1　LI2：逻辑输入 LI2 LI3：逻辑输入 LI3　LI4：逻辑输入 LI4 LI5：逻辑输入 LI5　LI6：逻辑输入 LI6 如果 LAC = L3，可能有下列赋值： Cd11：Modbus 或 CANopen 总线控制字的第 11 位 Cd12：Modbus 或 CANopen 总线控制字的第 12 位 Cd13：Modbus 或 CANopen 总线控制字的第 13 位 Cd14：Modbus 或 CANopen 总线控制字的第 14 位 Cd15：Modbus 或 CANopen 总线控制字的第 15 位		
	Pr4	4 个 PI 预置给定值		nO
		nO：未分配 LI1：逻辑输入 LI1　LI2：逻辑输入 LI2 LI3：逻辑输入 LI3　LI4：逻辑输入 LI4 LI5：逻辑输入 LI5　LI6：逻辑输入 LI6 如果 LAC = L3，可能有下列赋值： Cd11：Modbus 或 CANopen 总线控制字的第 11 位 Cd12：Modbus 或 CANopen 总线控制字的第 12 位 Cd13：Modbus 或 CANopen 总线控制字的第 13 位 Cd14：Modbus 或 CANopen 总线控制字的第 14 位 Cd15：Modbus 或 CANopen 总线控制字的第 15 位		
	rP2	第 2 个 PI 预置给定值	0～100%	30%
		只有通过选定一个输入使 Pr2 可用时此参数才出现		
	rP3	第 3 个 PI 预置给定值	0～100%	60%
		只有通过选定一个输入使 Pr4 可用时此参数才出现		
	rP4	第 4 个 PI 预置给定值	0～100%	90%
		只有提高选定一个输入使 Pr4 可用时此参数才出现		
	rSL	重新起动误差阈值(唤醒阈值)	0～100%	0
		如果同时设置“PI”与“低速工作时间”(SEt—tLS 参数)功能，PI 调节器会试图设置一个比 SEt—LSP 还低的速度。这会导致低速起动、运行、以及停车等情况不令人满意。 该参数可用于设置一个最小 PI 误差阈值以用于长期低速停车后的重新起动。 如果 tLS 设置为 0，此功能没有激活		

（续）

代	码	描　述	调整范围	出厂设置
PI	PI1	内部 PI 调节器给定值		nO
		nO：PI 调节器给定值是 SEt—Fr1，除了 UPdH 与 UPdt（速度 +/- 不能用于 PI 调节器给定值） yES：PI 调节器给定值是通过 SEt—rP1 或下面的 rP1 给定		
	rPI	内部 PI 调节器给定值		0
bLC		制动器控制配置，仅在 CtL—LAC = L2 或 L3 时才能访问		
	bLC	nO：未分配　r2：继电器 R2　dO：逻辑输出 AOC 如果该参数被赋值，参数 FLt—FLr、FUn—rPC—brA 被强制为 nO，FLt—OPL 且被强制为 yES		
	brL	变频器松开频率	0.0 ~ 10.0Hz	
	Ibr	制动器松开时的电动机电流阈值	0 ~ 1.35In	
	brt	制动器松开时间	0 ~ 5s	0.5s
	LSP	低速或下限频率	0 ~ dCr—HSP	0Hz
		最小给定时的电动机频率		
	bEn	制动器接合频率阈值	0 ~ dCr—LSP	0Hz
	bEt	制动器接合时间	0 ~ 5s	0
	bIP	制动器松开脉冲		nO
		nO：当制动器松开时，电动机转矩方向对应于要求的旋转方向 yES：当制动器松开时，电动机转矩方向总为正向，而不管要求的旋转方向 注意：检查并确认用于控制电动机转矩方向与负载向上方向相对应。如有必要，可使电动机两相位反相		
LC2		切换第 2 个电流限幅，仅在 CtL—LAC = L2 或 L3 时才能访问		
	LC2	切换第 2 个电流限幅		nO
		nO：未分配 LI1：逻辑输入 LI1　LI2：逻辑输入 LI2 LI3：逻辑输入 LI3　LI4：逻辑输入 LI4 LI5：逻辑输入 LI5　LI6：逻辑输入 LI6 如果 LAC = L3，可能有下列赋值： Cd11：Modbus 或 CANopen 总线控制字的第 11 位 Cd12：Modbus 或 CANopen 总线控制字的第 12 位 Cd13：Modbus 或 CANopen 总线控制字的第 13 位 Cd14：Modbus 或 CANopen 总线控制字的第 14 位 Cd15：Modbus 或 CANopen 总线控制字的第 15 位 当逻辑输入或字符控制位为 0 时允许使用 SEt—CL1 当逻辑输入或字符控制位为 1 时允许使用 SEt—菜单或下面的 CL2		
	CL2	第 2 个电流限幅	0.25 ~ 1.5In	1.5In
CHP		电动机切换，仅在 CtL—LAC = L2 或 L3 时才能访问		
	CHP	切换电动机 2		nO
		nO：未分配 LI1：逻辑输入 LI1　LI2：逻辑输入 LI2 LI3：逻辑输入 LI3　LI4：逻辑输入 LI4 LI5：逻辑输入 LI5　LI6：逻辑输入 LI6		

（续）

<table>
<tr><th colspan="2">代　码</th><th>描　述</th><th>调整范围</th><th>出厂设置</th></tr>
<tr><td rowspan="12">CHP</td><td>CHP</td><td colspan="3">如果 LAC = L3，可能有下列赋值：
Cd11：Modbus 或 CANopen 总线控制字的第 11 位
Cd12：Modbus 或 CANopen 总线控制字的第 12 位
Cd13：Modbus 或 CANopen 总线控制字的第 13 位
Cd14：Modbus 或 CANopen 总线控制字的第 14 位
Cd15：Modbus 或 CANopen 总线控制字的第 15 位
当逻辑输入或字符控制位为 0 时：电动机 1
当逻辑输入或字符控制位为 1 时：电动机 2
注意：电动机切换功能使电动机热保护功能失效，因此必须提供外部电动机热保护设备。
如果使用此功能，就不能使用电动机 2 的 drC—tUn 自动调节功能，不能配置 drC—tUn = rUn 或 POn。
当变频器被锁定时才考虑改变参数。</td></tr>
<tr><td>UnS2</td><td>铭牌上给出的电动机额定电压（电动机 2）</td><td>由变频器型号决定</td><td>由变频器型号决定</td></tr>
<tr><td>FrS2</td><td>铭牌给出的电动机额定频率（电动机 2）</td><td>10 ~ 500Hz</td><td>50Hz</td></tr>
<tr><td>nCr2</td><td>铭牌给出的电动机额定电流（电动机 2）</td><td>0.25 ~ 1.5In</td><td></td></tr>
<tr><td>nSP2</td><td>铭牌给出的电动机额定速度（电动机 2）</td><td>0 ~ 32 760RPM</td><td></td></tr>
<tr><td></td><td colspan="3">显示 0 ~ 9 999 为 RPM，显示 10.00 ~ 32.76 为 kRPM。
如果不是额定速度，铭牌上会标出同步转速和以 Hz 或百分比表示的转差，按下列式子计算额定速度：
① $额定速度 = 同步转速 \times \frac{100 - 以百分比表示的转差}{100}$
② $额定速度 = 同步转速 \times \frac{50 - 以 Hz 表示的转差}{50}$　（50Hz 电动机）
③ $额定速度 = 同步转速 \times \frac{60 - 以 Hz 表示的转差}{60}$　（60Hz 电动机）</td></tr>
<tr><td>COS2</td><td>铭牌给出的功率因数（电动机 2）</td><td>0.5 ~ 1</td><td></td></tr>
<tr><td>UFt2</td><td>电压/频率额定值类型的选择（电动机 2）</td><td></td><td></td></tr>
<tr><td></td><td colspan="3">L：恒定转矩，对于并联电动机或特殊电动机
P：可变转矩，用于泵类负载或风机
n：对于恒定转矩应用的无传感器磁通矢量控制
nLd：节能，对于无需高动态性能的可变转矩应用 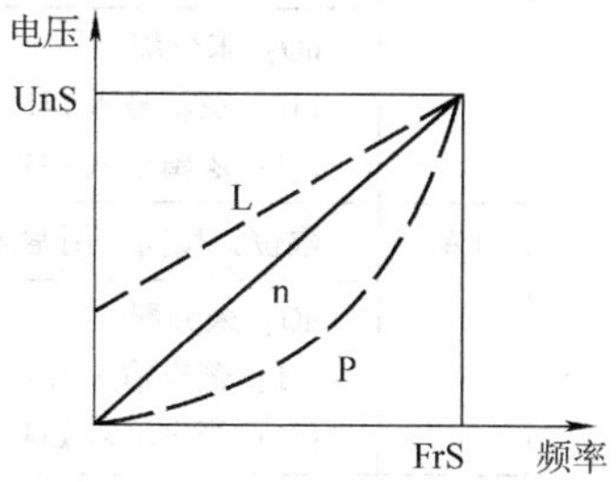
（图：电压 / UnS / L / n / P / FrS / 频率）</td></tr>
<tr><td>UFr2</td><td>IP 补偿/转矩提升，电动机 2</td><td>0 ~ 100%</td><td>20%</td></tr>
<tr><td></td><td colspan="3">UFt2 = n 或 nLd：IP 补偿。UFt2 = L 或 P：电压提升
用于在非常低的速度时优化转矩（如果转矩不足增大 UFr2）
检查并确认当电动机变热时的 UFr2 值不太高（存在不稳定的危险）
注意：修改 UFt2 会使得 UFr2 返回出厂设置（20%）。</td></tr>
</table>

（续）

代码		描述	调整范围	出厂设置
CHP	FLG2	频率环增益，电动机 2	0～100%	20%
		仅在 UFt2 设置为 n 或 nLd 时才能访问此参数。FLG2 参数基于被驱动机器的惯性来调整变频器跟随速度斜坡的能力。增益太高会导致机器工作不稳定 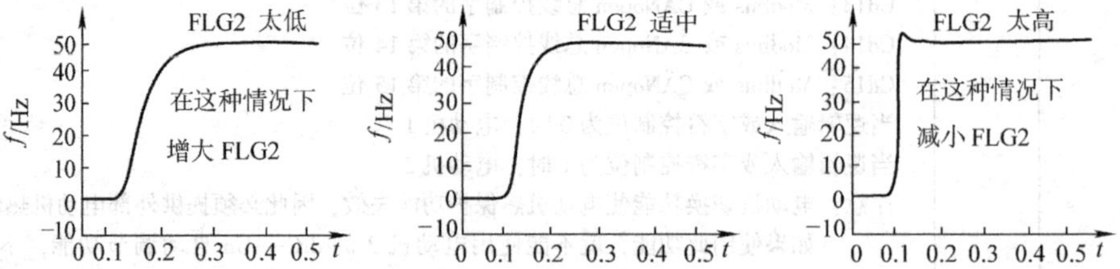 FLG2 太低：在这种情况下增大 FLG2 FLG2 适中 FLG2 太高：在这种情况下减小 FLG2 （纵轴 f/Hz：−10～50；横轴 t：0～0.5）		
	StA2	电动机 2 频率稳定性	0～100%	20%
		仅在 UFt2 设置为 n 或 nLd 时才能访问此参数。用于在速度瞬变（加速或减速）后返回稳态，根据机器的动力学特性。逐渐增大稳定性以避免超速 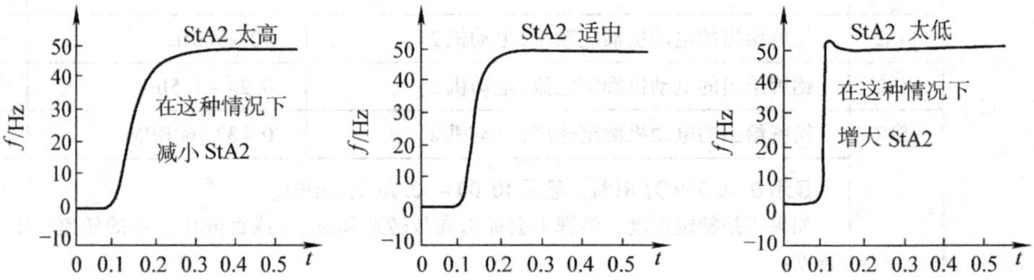 StA2 太高：在这种情况下减小 StA2 StA2 适中 StA2 太低：在这种情况下增大 StA2 （纵轴 f/Hz：−10～50；横轴 t：0～0.5）		
	SLP2	电动机 2 转差补偿	0～150%	100%
		仅在 UFt2 设置为 n 或 nLd 时才能访问此参数 用于调整电动机额定速度固定的转差补偿值 如果设定转差 < 实际转差：电动机在稳态时不以正确速度转动 如果设定转差 > 实际转差：电动机过补偿，速度不稳定		
LSt		限位开关管理，仅在 CtL—LAC = L2 或 L3 时才能访问 限位开关用常闭触点，触点断开时停车		
	LAF	限位，正向。用常闭触点，触点断开时停车		nO
		nO：未分配 LI1：逻辑输入 LI1　LI2：逻辑输入 LI2　LI3：逻辑输入 LI3 LI4：逻辑输入 LI4　LI5：逻辑输入 LI5　LI6：逻辑输入 LI6		
	LAr	限位，反向。用常闭触点，触点断开时停车		nO
		nO：未分配 LI1：逻辑输入 LI1　LI2：逻辑输入 LI2　LI3：逻辑输入 LI3 LI4：逻辑输入 LI4　LI5：逻辑输入 LI5　LI6：逻辑输入 LI6		
	LAS	限位开关停车类型		nSt
		rMP：斜坡停车　FSt：快速停车　nSt：自由停车		
SCS		保存设置		nO
		与 drC—SCS 相同		
FCS		返回出厂设置		nO
		与 drC—FCS 相同		

（阴影）只有此功能有效，这些参数才会出现。

表 A-6　故障菜单 FLt—

代　码	描　述	出厂设置
Atr	自动重新起动	nO
	nO：功能未被激活 yES：出现功能被锁定后，如果故障被排除且其他运行条件允许重新起动，可以重新起动。通过一系列尝试来重新起动，其间隔时间逐渐增大：1s，5s，10s，60s 如果 tAr(下面)结束时还没有重新起动，则放弃重新起动程序，变频器保持锁定，直到断电再加电。下列故障允许使用此功能： COF 线路 2 通信故障(CANopen 总线)；EPF 外部故障；LFF4～20mA 故障； ObF 直流总线过压；OHF 变频器过热；OLF 电动机过载；OPF 电动机缺相； OSF 电源过压；SLF　Mobus 总线通信故障。 如果此功能有效，变频器安全继电器保持激活。速度给定值与工作方向必须保持不变。使用 2 线控制(I-O—tCC＝2C)，I-O—tCt＝LEL 或 PFO。 注意：检查并确认自动重新起动不会给任何人员和设备带来危险！	
tAr	重新起动过程的最大持续时间	5
	5：5 分钟，　10：10 分钟，　30：30 分钟，　1h：1 小时，　2h：2 小时，　3h：3 小时 Ct：无限制 如果 Atr(上面)＝yES，出现此参数。此功能用于限制出现故障时连续重新起动的次数	
rSF	当前故障复位	nO
	nO：未分配 LI1：逻辑输入 LI1　LI2：逻辑输入 LI2　LI3：逻辑输入 LI3 LI4：逻辑输入 LI4　LI5：逻辑输入 LI5　LI6：逻辑输入 LI6	
FLr	飞车重新起动(自动在斜坡上获取旋转载荷)	nO
	在出现系列事件后如果运行命令保持有效，可用于平稳重新起动： 电源缺失或断路；当前故障复位或自动重新起动；自由停车。 变频器给出的速度从重新起动时的电动机估计速度开始，沿斜坡变化直到给定速度。此功能需要 2 线控制(I-O—tCC＝2C)，且 I-O—tCt＝LEL 或 PFO nO：功能未被激活　yES：功能激活 当此功能可用时，它会在每一次运行命令时激活，这会导致轻微的延时(最长 1s) 如果制动器控制(FUn—bLC—bLC)被赋值，该参数就被强制为 nO	
EtF	外部故障	nO
	nO：未分配　LI1：逻辑输入 LI1　LI2：逻辑输入 LI2　LI3：逻辑输入 LI3 LI4：逻辑输入 LI4　LI5：逻辑输入 LI5　LI6：逻辑输入 LI6 如果 LAC＝L3，可能有下列赋值： Cd11：Modbus 或 CANopen 总线控制字的第 11 位 Cd12：Modbus 或 CANopen 总线控制字的第 12 位 Cd13：Modbus 或 CANopen 总线控制字的第 13 位 Cd14：Modbus 或 CANopen 总线控制字的第 14 位 Cd15：Modbus 或 CANopen 总线控制字的第 15 位	
EPL	出现外部故障 EPF 时的停车模式	yES
	nO：忽略故障　yES：自由停车　rMP：斜坡停车　FSt：快速停车	
OPL	电动机缺相	yES
	nO：功能未被激活　yES：触发 OPF 故障　OAC：没有触发故障，但仍需对输出电压进行管理，即使 FLt—FLr＝nO，以避免与电动机之间的连接重新建立及动态重新起动时出现过电流。 如果制动器控制(FUn—bLC—bLC)被赋值，该参数就被强制为 yES	

(续)

代码	描述	出厂设置
IPL	线路缺相故障的配置	yES
	只有3相变频器有此功能 nO：忽略故障　yES：快速停车	
OHL	出现变频器过热 OHF 时的停车模式	yES
	nO：忽略故障　yES：自由停车　rMP：斜坡停车　FSt：快速停车	
OLL	出现变频器过载 OLF 时的停车模式	yES
	nO：忽略故障　yES：自由停车　rMP：斜坡停车　FSt：快速停车	
SLL	出现 Modbus 总线串行连接故障 SLF 时的停车模式	yES
	nO：忽略故障　yES：自由停车　rMP：斜坡停车　FSt：快速停车	
COL	出现 CANopen 总线串行连接故障 OCF 时的停车模式	yES
	nO：忽略故障　yES：自由停车　rMP：斜坡停车　FSt：快速停车	
tnL	自动调节故障 tnF 的配置	yES
	nO：忽略故障，变频器恢复为出厂配置　yES：出现故障时锁定变频器	
LFL	出现4～20mA 信号损失故障 LFF 时的停车模式	nO
	nO：忽略故障(仅在 I-O—CrL3≤3mA 时才有可能为此值) yES：自由停车 LFF：变频器切换为回退速度 LFF(下面) rLS：变频器保持出现故障时的运行速度直到故障被排除 rMP：斜坡停车 FSt：快速停车 注意：该参数被设置为 yES、rMP、FSt 之前，检查输入端子 AI3 的连接。否则，变频器有可能立即出现 LFF 故障	
LFF	回退速度(调整范围为0～500Hz)	10Hz
	出现故障时为了停车设置回退速度	
drn	出现过压时降低额定值操作	nO
	nO：功能未被激活　yES：线电压监测阈值 在此情况下，就需要使用线路扼流圈，但变频器的性能得不到保证	
StP	主电源断开时控制停车	nO
	nO：锁定变频器，电动机自由停车 MMS：此停车模式使用惯性以尽可能地维持变频器电源 rMP：按照正确的斜坡停车 FSt：快速停车，停车时间决定于惯性与变频器的制动能力	
InH	禁止故障	nO
	nO：未分配 LI1：逻辑输入 LI1 LI2：逻辑输入 LI2 LI3：逻辑输入 LI3 LI4：逻辑输入 LI4 LI5：逻辑输入 LI5 LI6：逻辑输入 LI6 输入状态为0时激活故障监测	

（续）

代码	描述	出厂设置
InH	输入状态为1时激活故障监测没有被激活 在输入的上升沿(从1到0)所有激活故障复位 注意：禁止故障会使变频器损坏到无法修理的程度!	
rPr	工作时间恢复为0	nO
	nO：否 yES：工作时间恢复为0 只要一进行操作，该参数就自动变为nO	

表A-7 通信菜单COM—

代码	描述	调整范围	出厂设置
Add	Modbus：变频器地址	1～247	1
tbr	Modbus：传输速度		19.2
	4.8：4800bit/s。 9.6：9600bit/s。 19.2：19 200bit/s。(警告：远程终端仅能使用此值)		
tFO	Modbus通信格式		8E1
	8O1：8个数据位，奇校验，1个停止位 8E1：8个数据位，偶校验，1个停止位(警告：远程终端仅能使用此值) 8n1：8个数据位，无奇偶校验，1个停止位 8n2：8个数据位，无奇偶校验，2个停止位		
ttO	Modbus：超时	0.1～10s	10s
AdCO	CANopen：变频器地址	0～127	0
bdCO	CANopen：传输速度		125
	10.0：10kbit/s 20.0：20kbit/s 50.0：50kbit/s 125.0：125kbit/s 250.0：250kbit/s 500.0：500kbit/s 1000.0：1000kbit/s		
ErCO	CANopen：故障记录(只读)		0
	0：无故障 1：总线断开故障 2：使用期限故障 3：CAN总线超限 4：中心误差		
FLO	强制本机模式		nO
	nO：未分配 LI1：逻辑输入LI1 LI2：逻辑输入LI2 LI3：逻辑输入LI3 LI4：逻辑输入LI4 LI5：逻辑输入LI5 LI6：逻辑输入LI6 在强制本机模式，接线盒与显示终端重新获得变频器控制		
FLOC	在强制本机模式下选择给定与控制通道 仅在CtL—LAC=L3时才能访问此参数		AIP
	在强制本机模式，仅考虑速度给定值。PI功能、输入求和等功能没有激活。 AI1：模拟输入AI1，逻辑输入LI1 AI2：模拟输入AI2，逻辑输入LI1 AI3：模拟输入AI3，逻辑输入LI1 AIP：电位器，〈RUN〉、〈STOP〉键 LCC：SEt—LFr给定值，〈RUN〉、〈STOP〉、〈FWD〉、〈REV〉键		

▒ 只有此功能有效，这些参数才会出现。

表 A-8　显示菜单 SUP—

代　码	描　述	变 化 范 围
LFr	由远程终端给定的速度给定值	0~500Hz
rPI	内部 PI 调节器给定值	0~100%
FrH	斜坡前速度给定值(绝对值)	0~500Hz
rFr	加到电动机上的输出频率	-500~+500Hz
SPd1 或 SPd2 或 SPd3	用户组件中的输出值。 SPd1 或 SPd2 或 SPd3 由 SEt—SdS 参数决定。SPd3 为出厂设置模式	
LCr	电动机电流	
OPr	电动机功率 100% =电动机额定功率	
ULn	线电压(通过直流总线给出线电压，电动机运行或停车)	
tHr	电动机热态 100% =额定热态，118% =电动机过载阈值 OLF	
tHd	变频器热态 100% =额定热态，118% =变频器过载阈值 OHF	
LFt	最后故障	
	bLF：制动器控制故障　　CFF：参数设置不正确 CFI：参数设置无效　　COF：线路 2 通信故障 CrF：电容器预充电故障　　EEF：EEPROM 存储器故障 EPF：外部故障　　InF：内部故障 LFF：RI3 上的 4~20mA 故障　　nOF：无存储故障 ObF：直流总线过压　　OCF：过电流 OHF：变频器过热　　OLF：电动机过载 OPF：电动机缺相　　OSF：电源过压 PHF：电源缺相　　SCF：电动机短路 SLF：Mobus 总线通信故障　　SOF：电动机超速 tnF：自动调节故障　　USF：电源欠压	
Otr	电动机转矩 100% =电动机额定转矩	
rtH	工作时间	0~65530hr
	电动机加电总时间。0~9999h，10.00~65.53kh 可通过 FLt—rPr 复位为 0	
COd	终端锁定代码	
	使用访问代码可使变频器配置得到保护。 警告：在输入代码之前，别忘了仔细做一个记录。 nO：无访问锁定代码。为锁定访问，输入一个代码(2~9999)。可通过使用▲增大显示值。按下 ENT 键屏幕上出现 On，指示参数已被锁定 OFF：代码正锁定访问(2~9999)。为了解除访问锁定，输入代码(使用▲增大显示值)并按下 ENT 键，代码保留在显示屏上，直到下次断电访问才解除锁定。下次加电时参数被再次锁定 如果输入的代码不正确，显示值变为 On，参数仍保持锁定 ××××：参数访问解除锁定(代码保留在显示屏上)。为了用相同的代码重新激活锁定，当参数被解除锁定时，使用▼返回 On，然后按下〈ENT〉键，On 重新出现在显示屏上指示参数已被锁定	

（续）

代　码		描　述	变化范围
COd		为了用新代码锁定访问，当参数被解除锁定时，输入一个新代码(用▲或▼增大或减小显示值)并按下〈ENT〉键，On出现在显示屏上指示参数已被锁定 为了清除锁定，当参数被解除锁定时，使用▼返回OFF，并按下〈ENT〉键，OFF保留在显示屏上。参数解除锁定并一直保持到下次重新起动 当使用访问代码访问时，仅有监测参数可被访问，且显示参数仅有一个临时选择	
tUS		自动整定状态	
		tAb：用定子默认电阻值控制电动机 PEnd：已请求自动整定但还没有进行 PrOG：自动整定正在进行 FAIL：自动整定失败 dOnE：自动整定功能测量的定子电阻值被用于控制电动机 Strd：被用于控制电动机的冷态定子电阻(是rSC而不应该为nO)	
UdP		指示ATV31软件包版本。例如1102 = V1.1IE02	
LIA		逻辑输入功能	
	LI1A LI2A LI3A LI4A LI5A LI6A	可用于分配给每个输入的功能。如果没有功能被分配，则显示nO。使用▲与▼滚动浏览各个功能。如果有许多功能分配给同一个输入端，检查并确认这些功能的相互兼容	
	LIS	可用于显示逻辑输入的状态(使用显示段：高=1，低=0)。 状态1 状态0 LI1　LI2　LI3　LI4　LI5　LI6 以上示例：LI1、LI6为状态1，LI2～LI5为状态0	
AIA		模拟输入功能	
	RI1A RI2A RI3A	可用于分配给每个输入的功能。如果没有功能被分配，则显示nO。使用▲与▼滚动浏览各个功能。如果有许多功能分配给同一个输入端，检查并确认这些功能的相互兼容	

▒ 只有此功能有效，这些参数才会出现。

附录 B　Altivar31 变频器参数代码索引

代码索引表见表 B-1。

表 B-1　Altivar31 变频器参数代码索引表

参数	页码	菜单	参数	页码	菜单	参数	页码	菜单	参数	页码	菜单
AC2	196	SEt-	COP	206	CtL-	FrS	199	drC-	LI4A	221	SUP-LIA-
	208	Fun-rPC-	COS	200	drC-	FrS2	215	Fun-CHP-	LI5A	221	SUP-LIA-
ACC	196	SEt-	COS2	215	Fun-CHP-	Frt	208	Fun-rPC-	LI6A	221	SUP-LIA-
	208	Fun-rPC-	CrF	220	故障代码	FSt	209	Fun-StC-	LIA-	221	SUP-
AdC	210	Fun-AdC-	CrH3	203	I-O-	Ftd	199	SEt-	LIS	221	SUP-LIA-
AdC-	210	Fun-	CrL3	203	I-O-	HSP	196	SEt-	LSP	196	SEt-
AdCO	219	COM-	Ctd	199	SEt-	Ibr	214	Fun-bLC-		214	Fun-bLC-
Add	219	COM-	dCF	209	Fun-StC-	IdC	197	SEt-	LSt-	216	Fun-
AIA-	221	SUP-	dCI	209	Fun-StC-		209	Fun-StC-	nCr	199	drC-
AOIt	203	I-O-	dE2	196	SEt-	InF	220	故障代码	nCr2	215	Fun-CHP-
Atr	217	FLt-		208	Fun-rPC-	InH	218	FLt-	nOF	220	故障代码
bdCO	219	COM-	dEC	196	SEt-	IPL	218	FLt-	nrd	201	drC-
bEn	214	Fun-bLC-		208	Fun-rPC-	ItH	196	SEt-	nSP	200	drC-
bEt	214	Fun-bLC-	dO	203	I-O-	JF2	198	SEt-	nSP2	215	Fun-CHP-
bFr	199	drC-	drn	218	FLt-	JGF	198	SEt-	nSt	209	Fun-StC-
bIP	214	Fun-bLC-	dSP	212	Fun-UPd-		212	Fun-JOG-	ObF	220	故障代码
bLC	214	Fun-bLC-	EEF	220	故障代码	JOG	212	Fun-JOG-	OCF	220	故障代码
bLC-	214	Fun-	EPF	220	故障代码	JOG-	212	Fun-	OHF	220	故障代码
bLF	220	故障代码	EPL	217	FLt-	JPF	198	SEt-	OHL	218	FLt-
brA	208	Fun-rPC-	ErCO	219	COM-	LAC	204	CtL-	OLF	220	故障代码
brL	214	Fun-bLC-	EtF	217	FLt-	LAF	216	Fun-LSt-	OLL	218	FLt-
brt	214	Fun-bLC-	FbS	198	SEt-	LAr	216	Fun-LSt-	OPF	220	故障代码
CCS	205	CtL-		213	Fun-PI-	LAS	216	Fun-LSt-	OPL	217	FLt-
Cd1	205	CtL-	FCS	202	drC-	LC2	214	Fun-LC2-	OPr	200	SUP-
Cd2	205	CtL-		204	I-O-	LC2-	214	Fun-	OSF	220	故障代码
CFF	220	故障代码		207	CtL-	LCC	206	CtL-	Otr	220	SUP-
CFI	220	故障代码		216	Fun-	LCr	220	SUP-	PHF	220	故障代码
CHCF	205	CtL-	FLG	197	SEt-	LFF	218	FLt-	PI-	212	Fun-
CHP	214	Fun-CHP-	FLG2	199	SEt-		220	故障代码	PI1	214	Fun-PI-
CHP-	214	Fun-		216	Fun-CHP-	LFL	218	FLt-	PIC	198	SEt-
CL1	198	SEt-	FLO	219	COM-	LFr	196	SEt-		213	Fun-PI-
CL2	198	SEt-	FLOC	219	COM-		220	SUP-	PIF	212	Fun-PI-
	214	Fun-LC2-	FLr	217	FLt-	LFt	220	SUP-	Pr2	213	Fun-PI-
COd	220	SUP-	Fr1	204	CtL-	LI1A	221	SUP-LIA-	Pr4	213	Fun-PI-
COF	220	故障代码	Fr2	204	CtL-	LI2A	221	SUP-LIA-	PS16	211	Fun-PSS-
COL	218	FLt-	FrH	220	SUP-	LI3A	221	SUP-LIA-	PS2	210	Fun-PSS-

（续）

参数	页码	菜单	参数	页码	菜单	参数	页码	菜单	参数	页码	菜单
PS4	211	Fun-PSS-	SA1-	210	Fun-	SP2	198	SEt-	tAr	217	FLt-
PS8	211	Fun-PSS-	SA2	210	Fun-SA1-		211	Fun-PSS-	tbr	219	COM-
PSS--	210	Fun-	SA3	210	Fun-SA1-	SP3	198	SEt-	tCC	202	I-O-
PSt	206	CtL-	SCF	220	故障代码		211	Fun-PSS-	tCt	202	I-O-
r1	203	I-O-	SCS	201	drC-	SP4	198	SEt-	tdC	197	SEt-
r2	203	I-O-		204	I-O-		211	Fun-PSS-		209	Fun-StC-
rFC	205	CtL-		206	CtL-	SP5	198	SEt-	tdC1	197	SEt-
rFr	220	SUP-		216	Fun-		211	Fun-PSS-		210	Fun-AdC-
RI1A	221	SUP-AIA-	SdC1	197	SEt-	SP6	198	SEt-	tdC2	197	SEt-
RI2A	221	SUP-AIA-		210	Fun-AdC-		211	Fun-PSS-		210	Fun-AdC-
RI3A	221	SUP-AIA-	SdC2	197	SEt-	SP7	198	SEt-	tFO	219	COM-
rIG	198	SEt-		210	Fun-AdC-		211	Fun-PSS-	tFr	201	drC-
	213	Fun-PI-	SdS	199	SEt-	SP8	198	SEt-	tHd	220	SUP-
rOt	206	CtL-	SFr	199	SEt-		211	Fun-PSS-	tHr	220	SUP-
rP2	198	SEt-		201	drC-	SP9	198	SEt-	tLS	198	SEt-
	213	Fun-PI-	SLF	220	故障代码		212	Fun-PSS-	tnF	220	故障代码
rP3	198	SEt-	SLL	218	FLt-	SPd1	220	SUP-	tnL	218	FLt-
	213	Fun-PI-	SLP	197	SEt-	SPd2	220	SUP-	ttd	199	SEt-
rP4	198	SEt-	SLP2	199	SEt-	SPd3	220	SUP-	ttO	219	COM-
	213	Fun-PI-		216	Fun-CHP-	SrF	201	drC-	tUn	200	drC-
rPC-	207	Fun-	SOF	220	故障代码	StA	197	SEt-	tUS	200	drC-
rPG	198	SEt-	SP10	198	SEt-	StA2	199	SEt-		221	SUP-
	213	Fun-PI-		212	Fun-PSS-		216	Fun-CHP-	UdP	221	SUP-
rPI	196	SEt-	SP11	198	SEt-	StC-	209	Fun-	UFr	196	SEt-
	214	Fun-PI-		212	Fun-PSS-	StP	218	FLt-	UFr2	199	SEt-
	220	SUP-	SP12	198	SEt-	Str	212	Fun-UPd-		215	Fun-CHP-
rPr	219	FLt-		212	Fun-PSS-	Stt	209	Fun-StC-	UFt	201	drC-
rPS	208	Fun-rPC-	SP13	198	SEt-	tA1	196	SEt-	UFt2	215	Fun-CHP-
rPt	207	Fun-rPC-		212	Fun-PSS-		208	Fun-rPC-	ULn	220	SUP-
rrS	202	I-O-	SP14	198	SEt-	tA2	196	SEt-	UnS	199	drC-
rSC	200	drC-		212	Fun-PSS-		208	Fun-rPC-	UnS2	215	Fun-CHP-
rSF	217	FLt-	SP15	198	SEt-	tA3	196	SEt-	Upd-	212	Fun-
rSL	199	SEt-		212	Fun-PSS-		208	Fun-rPC-	USF	220	故障代码
	213	Fun-PI-	SP16	198	SEt-	tA4	196	SEt-	USP	212	Fun-UPd-
rtH	220	SUP-		212	Fun-PSS-		208	Fun-rPC-			

附录C　Altivar31变频器型号及主要参数

1. 单相电源电压：200～240V　50/60Hz(见表C-1)

表C-1　单相电动机200～240V

电动机	电源输入					变频器输出			Altivar31
铭牌上指示的电动机功率/(kW/HP*)	最大线电流/A		预期最大线电流/kA	视在功率/kVA	最大起动电流/A	额定电流/A	最高瞬时电流/A	额定负载下的耗散功率/W	型号
	220V时	240V时							
0.18/0.25	3.0	2.5	1	0.6	10	1.5	2.3	24	ATV31H018M2A
0.37/0.5	5.3	4.4	1	1.0	10	3.3	5.0	41	ATV31H037M2A
0.55/0.75	6.8	5.8	1	1.4	10	3.7	5.6	46	ATV31H055M2A
0.75/1	8.9	7.5	1	1.8	10	4.6	7.2	60	ATV31H075M2A
1.1/1.5	12.1	10.2	1	2.4	19	6.9	10.4	74	ATV31HU11M2A
1.5/2	15.8	13.3	1	3.2	19	8.0	12.0	90	ATV31HU15M2A
2.2/3	21.9	18.4	1	4.4	19	11.0	16.5	123	ATV31HU22M2A

*：HP = horsepower，即马力。马力也是一种计量功率的单位。1马力等于在1s内完成75kg/m的功，也等于0.735kW。

2. 3相电源电压：200～240V　50/60Hz(见表C-2)

表C-2　3相电动机200～240V

电动机	电源输入					变频器输出			Altivar31
铭牌上指示的电动机功率/(kW/HP)	最大线电流/A		预期最大线电流/kA	视在功率/kVA	最大起动电流/A	额定电流/A	最高瞬时电流/A	额定负载下的耗散功率/W	型号
	220V时	240V时							
0.18/0.25	2.1	1.9	5	0.7	10	1.5	2.3	23	ATV31H018M3X
0.37/0.5	3.8	3.3	5	1.3	10	3.3	5.0	38	ATV31H037M3X
0.55/0.75	4.9	4.2	5	1.7	10	3.7	5.6	43	ATV31H055M3X
0.75/1	6.4	5.6	5	2.2	10	4.8	7.2	55	ATV31H075M3X
1.1/1.5	8.5	7.4	5	3.0	10	6.9	10.4	71	ATV31HU11M3X
1.5/2	11.1	9.6	5	3.8	10	8.0	12.0	86	ATV31HU15M3X
2.2/3	14.9	13.0	5	5.2	10	11.0	16.5	114	ATV31HU22M3X
3/4	19.1	16.6	5	6.6	19	13.7	20.6	146	ATV31HU30M3X
4/5	24.2	21.1	5	8.4	19	17.5	26.3	180	ATV31HU40M3X
5.5/7.5	36.8	32	22	12.8	23	27.5	41.3	292	ATV31HU55M3X
7.5/10	46.8	40.9	22	16.2	23	33.0	49.5	388	ATV31HU75M3X
11/15	63.5	55.6	22	22.0	93	54.0	81.0	477	ATV31HD11M3X
15/20	82.1	71.9	22	28.5	93	66.0	99.0	628	ATV31HD15M3X

3. 3相电源电压：380～500V　50/60Hz（见表C-3）

表C-3　3相电动机380～500V

电动机	电源输入					变频器输出			Altivar31
铭牌上指示的电动机功率/(kW/HP)	最大线电流/A		预期最大线电流/kA	视在功率/kVA	最大起动电流/A	额定电流/A	最高瞬时电流/A	额定负载下的耗散功率/W	型号
	380V时	500V时							
0.37/0.5	2.2	1.7	5	1.5	10	1.5	2.3	32	ATV31H037N4A
0.55/0.75	2.8	2.2	5	1.8	10	1.9	2.9	37	ATV31H055N4A
0.75/1	3.6	2.7	5	2.4	10	2.3	3.5	41	ATV31H075N4A
1.1/1.5	4.9	3.7	5	3.2	10	3.0	4.5	48	ATV31HU11N4A
1.5/2	6.4	4.8	5	4.2	10	4.1	6.2	61	ATV31HU15N4A
2.2/3	8.9	6.7	5	5.9	10	5.5	8.3	79	ATV31HU22N4A
3/4	10.9	8.3	5	7.1	10	7.1	10.7	125	ATV31HU30N4A
4/5	13.9	10.6	5	9.2	10	9.5	14.3	150	ATV31HU40N4A
5.5/7.5	21.9	16.5	22	15.0	30	14.3	21.5	232	ATV31HU55N4A
7.5/10	27.7	21.0	22	18.0	30	17.0	25.5	269	ATV31HU75N4A
11/15	37.2	28.4	22	25.0	97	27.7	41.6	397	ATV31HD11N4A
15/20	48.2	36.8	22	32.0	97	33.0	49.5	492	ATV31HD15N4A

4. 3相电源电压：525～600V　50/60Hz（见表C-4）

表C-4　3相电动机525～600V

电动机	电源输入					变频器输出			Altivar31
铭牌上指示的电动机功率/(kW/HP)	最大线电流/A		预期最大线电流/kA	视在功率/kVA	最大起动电流/A	额定电流/A	最高瞬时电流/A	额定负载下的耗散功率/W	型号
	380V时	500V时							
0.75/1	2.8	2.4	5	2.5	12	1.7	2.6	36	ATV31H075S6X
1.5/2	4.8	4.2	5	4.4	12	2.7	4.1	48	ATV31HU15S6X
2.2/3	6.4	5.6	5	5.8	12	3.9	5.9	62	ATV31HU22S6X
4/5	10.7	9.3	5	9.7	12	6.1	9.2	94	ATV31HU40S6X
5.5/7.5	16.2	14.1	22	15.0	36	9.0	13.5	133	ATV31HU55S6X
7.5/10	21.3	18.5	22	19.0	36	11.0	16.5	165	ATV31HU75S6X
11/15	27.8	24.4	22	25.0	117	17.0	25.5	257	ATV31HD11S6X
15/20	36.4	31.8	22	33.0	117	22.0	33.0	335	ATV31HD15S6X

附录D 三菱FR-A500系列变频器标准规格与技术规范

各标准规格型号见表D-1～表D-3。

表D-1 200V标准规格型号

型号FR-A520-□□K-CH			0.4	0.75	1.5	2.2	3.7	5.5	7.5	11	15	18.5	22	30	37	45	55
适用电动机容量/kW			0.4	0.75	1.5	2.2	3.7	5.5	7.5	11	15	18.5	22	30	37	45	55
输出	额定容量/kVA		1.1	1.9	3.1	4.2	6.7	9.2	12.6	17.6	17.3	29	34	44	55	67	82
	额定电流/A		3	5	8	11	17.5	24	33	46	61	76	90	115	145	175	215
	过载能力		150% 60s，200% 0.5s（反时限特性）														
	电压		三相，200～220V 50Hz，200～240V60Hz							三相，200～220V 50Hz，200～230V60Hz							
	再生制动转矩	最大值/时间	150%/5s					100%/5s					20%/无时间限制				
		允许使用率	3%ED					2%ED					连续				
电源	额定输入交流电压，频率		三相，200～220V 50Hz，200～240V 60Hz							三相，200～220V 50Hz，200～230V 60Hz							
	交流电压允许波动范围		170～242V 50Hz，170～264V 60Hz							170～242V 50Hz，170～253V 60Hz							
	允许频率波动范围		±5%														
	电源容量/kVA		1.5	2.5	4.5	5.5	9	12	17	20	28	34	41	52	66	80	100
冷却方式			自冷							强制风冷							
大约重量/kg			2.0	2.5	3.5	3.5	3.5	6.0	6.0	8.0	13.0	13.0	13.0	30.0	40.0	40.0	50.0

表D-2 400V标准规格型号

型号FR-A540-□□K-CH			0.4	0.75	1.5	2.2	3.7	5.5	7.5	11	15	18.5	22	30	37	45	55
适用电动机容量/kW			0.4	0.75	1.5	2.2	3.7	5.5	7.5	11	15	18.5	22	30	37	45	55
输出	额定容量/kVA		1.1	1.9	3	4.2	6.9	9.1	13	17.5	17.6	29	32.8	43.4	54	65	84
	额定电流/A		1.5	2.5	4	6	9	12	17	17	31	38	43	57	71	86	110
	过载能力		150% 60s，200% 0.5s（反时限特性）														
	电压		三相，380～480V 50Hz/60Hz														
	再生制动转矩	最大值/时间	100% 5s							20%							
		允许使用率	3%ED							连续							
电源	额定输入交流电压，频率		三相，380～480V 50Hz/60Hz														
	交流电压允许波动范围		323～528V 50Hz/60Hz														
	允许频率波动范围		±5%														
	电源容量/kVA		1.5	2.5	4.5	5.5	9	12	17	20	28	34	41	52	66	80	100
冷却方式			自冷			强制风冷											
大约重量/kg			3.5	3.5	3.5	3.5	3.5	6.0	6.0	8.0	13.0	13.0	13.0	24.0	35.0	35.0	36.0

表 D-3　公共技术规范

	项目		规范
控制特性	控制方式		柔性—PWM 控制/高载波频率 PWM 控制(可选择 V/F 或先进磁通矢量控制)
	输出频率范围		0.2～400Hz
	频率设定分辨率	模拟输入	0.015Hz/60Hz(端子 2 输入：12 位/0～10V，11 位/0～5V，端子 1 输入：12 位/－10～＋10V，11 位/－5～＋5V)
		数字输入	0.01Hz
	频率精度		模拟量输入时最大输出频率的 ±0.2% 以内(25±10℃)数字量输入时设定输入频率的 0.01% 以内
	电压/频率特性		基底频率可在 0～400Hz 任意设定，可选择恒转矩或变转矩曲线
	起动转矩		0.5Hz 时：150%(对于先进磁通矢量控制)
	转矩提升		手动转矩提升
	加/减速时间设定		0～3600s(可分别设定加速和减速时间)，可选择直线形或 S－形加/减速模式
	直流制动		动作频率(0～120Hz)，动作时间(0～10s)电压(0～30%)可变
	失速防止动作水平		可设定动作电流(0～200% 可变)，可选择是否使用这种功能
运行特性	频率设定信号	模拟输入	0～5V　DC，0～±10V　DC，4～0mA　DC
		数字输入	使用操作面板或参数单元 3 位 BCD 或 12 位二进制输入(当使用 FR-A5X 选件时)
	起动信号		可分别选择正转、反转和起动信号自保持输入(3 线输入)
	输入信号	多段速度选择	最多可选择 15 种速度(每种速度可在 0～400Hz 内设定，运行速度可通过 PU(FR-DU04/FR-PU04)改变)
		第 2、第 3 加/减速时间选择	0～3600s(最多可分别设定三种不同的加/减速时间)
		点动运行选择	具有点动运行模式选择端子
		电流输入选择	可选择输入频率设定信号 4～20mA　DC(端子 4)
		输出停止	变频器输出瞬时切断(频率、电压)
		报警复位	解除保护功能动作时的保持状态
	运行功能		上、下限频率设定，频率跳变运行，外部热继电器输入选择，极性可逆选择，瞬时停电再起动运行，工频电源—变频器切换运行，正转/反转限制，转差率补偿，运行模式选择，离线自动调整功能，在线自动调整功能，PID 控制，程序运行，计算机网络运行
	输出信号	运行状态	可从变频器正在运行、频率到达、瞬时电源故障(欠电压)、频率检测、第二频率检测、第三频率检测、正在程序运行、正在 PU 模式下运行、过负荷报警、再生制动预报警、电子过电流保护预报警、零电流检测、输出电流检测、PID 下限、PID 上限、PID 正/负作用、工频电源—变频器切换 MC1，2，3、动作准备、抱闸打开请求、电风扇故障和散热片过热预报警中选择五个不同的信号通过集电极开路输出
		报警(不变频器跳闸)	接点输出…接点转换(170VAC　0.3A，30VDC，0.3A) 集电极开路…报警代码(4bit)输出
		指示仪表	可从输出频率、电动机电流(正常值或峰值)、输出电压、设定频率、运行速度、电动机转矩、整流桥输出电压(正常值或峰值)、再生制动使用率、电子过电流保护负荷率、输入功率、输出功率、负荷仪表、电动机励磁电流中分别选择一个信号从脉冲串输出(1440 脉冲/s/满量程)和模拟输出(0～10VDC)

（续）

显示	PU（FR-DU04/FR-PU04）	运行状态	可选择输出频率、电动机电流（正常值或峰值）、输出电压、设定频率、运行速度、电动机转矩、过负荷、整流桥输出电压（正常值或峰值）、电子过电流保护负荷率、输入功率、输出功率、负荷仪表、电动机励磁电流、累积动作时间、实际运行时间、电度表、再生制动使用率和电动机负荷率用于在监视
		报警内容	保护功能动作时显示报警内容。可记录8次（对于操作面板只能显示4次）
	只有参数单元（FR-PU04）有的附加显示	运行状态	输入端子信号状态，输出端子信号状态，选件安装状态，端子安排状态
		报警内容	保护功能即将动作前的输出电压/电流/频率/累积动作时间
		对话式引导	借助于帮助功能表示操作指南，故障分析
保护/报警功能			过电流断路（正在加速，减速，恒速），再生过电压断路，电压不足，瞬时停电，过负荷断路（电子过电流保护），制动晶体管报警，接地过电流，输出短路，主回路元件过热，失速防止，过负荷报警，制动电阻过热保护，散热片过热，电风扇故障，选件故障，参数错误，PU脱出
环境	周围温度		−10～+50℃（不冻结）（当使用全封闭规格配件（FR-A5CV）时−10～+40℃）
	环境湿度		90%RH以下（不结露）
	保存温度		−20～+65℃
	周围环境		屋内（应没有腐蚀气体、易燃气体、油雾、尘埃等）
	海拔高度、振动		最高海拔1000m以下，振动5.9m/s²（0.6*g*）以下

附录E　富士FRENIC5000-G9S、P9S系列变频器标准规格与技术规范

各标准技术规范见表E-1～表E-2。

表E-1　400V标准技术规范

适用电动机容量/kW		30	37	45	55	75	90	110	132	160	200	220	280
G9S系列	型号FRN□□-G9S-4JE	30	37	45	55	75	90	110	132	160	200	220	
	额定容量/kVA	46	57	69	85	114	134	160	193	172	287	316	
	额定电流/A	60	75	91	112	150	176	210	253	304	377	415	
	过载容量	150%额定电流，1min；180%额定电流，0.5s											
	起动转矩	150%（转矩矢量控制）											
	重量/kg	33	34	40	43	56	85	85	115	120	172	172	
P9S系列	型号FRN□□-P9S-4JE	30	37	45	55	75	90	110	132	160	200	220	280
	额定容量/kVA	46	57	69	85	114	134	160	193	172	287	316	400
	额定电流/A	60	75	91	112	150	176	210	253	304	377	415	520
	过载容量	120%额定电流，1min											
	起动转矩	50%（转矩矢量控制）											
	重量/kg	33	33	34	40	43	56	85	85	115	120	172	172
输出额定值	电压、频率	3相，380、400V/50Hz，380、400、440、460V/60Hz											
	*U/f*特性	基本频率时320～480V（有AVR控制），可调整											
输入额定值	电压、频率	3相，380、400～420V/50Hz，380～420V、440～460V/60Hz											
	允许波动	电压：+10%～−15%（三相电源不平衡度≤3%） 频率：+5%～−5%											

表 E-2　公共技术规范

控制	控制方式		正弦波 PWM 控制(带转矩矢量控制)
控制	操作方式		键盘操作：〈RUN〉或〈STOP〉键 输入信号：正转/反转命令、滑行停止命令、外部故障跳闸命令、报警复位、3 线控制、多步速度选择、 加速/减速时间选择、第 2U/f 选择
控制	频率设定		键盘操作：〈∧〉或〈∨〉键 电位器：1～5kΩ(1/2W) 模拟输入：DC0～5V、0～10V、4～20mA(DC0～5V 输入时，要设定 F14/200.0)、信号极性可控制逆向运行 上升/下降控制：X1 为 ON，输出频率上升；X2 为 ON，输出频率下降 多步速度：由端子 X1、X2 和 X3 能选择 8 种不同频率
控制	运行状态信号		晶体管输出：RUN、FAR、FDT、OL、LU…(可选 14 种输出) 模拟输出：输出频率、输出电流、输出转矩、负载率
控制	加速/减速时间		0.01～3600s(加速和减速分别独立可调，可选 4 种) 模式选择：线性、S 形曲线和非线性加速/减速
控制	转矩提升		自动：按转矩计算值自动调整 手动：代码选择(0.1～20.0)，包括用于变转矩负载的节能运行方式
控制	标准功能		频率值限制、基本频率、频率设定信号增益、频率跳越控制、正在旋转电动机的引入、瞬时停电后再起动、商用电到逆变器的切换运行、转差补偿、转矩限制、自动减速控制，第 2U/f 设定、节能运行
输出频率	设定	最高频率	G9S：50～400Hz；P9S：50～120Hz
输出频率	设定	基本频率	G9S：50～400Hz；P9S：50～120Hz
输出频率	设定	起动频率	0.2～60Hz
输出频率	精确度(稳定性)		模拟设定：最高频率设定值的 ±0.2%(25±10℃) 数字设定：最高频率设定值的 ±0.01%(−10～+10℃)
输出频率	设定分辨率		模拟设定：最高频率设定值的 1/3000(例如，最高频率设定值分辨率为 60Hz 时为 0.02Hz、最高频率设定值为 120Hz 时分辨率为 0.04Hz、最高频率设定值为 300Hz 时分辨率为 0.1Hz 数字设定：最高频率设定值小于 100Hz 时为 0.01Hz，最高频率设定值大于或等于 100Hz 时为 0.1Hz
制动	转矩	标准	10%～15%
制动	转矩	用选件	100%(用制动单元和制动电阻)；使用率：50%ED，持续时间：5s
制动	DC 注入制动		开始频率：0～60Hz、制动时间：0～30s，制动值：0～100% 额定电流
指示	运行模式(运行或停止状态)		输出频率、输出电流、输出电压、输出转矩、电动机同步转速、线速度测试功能(指示开关信号、模拟量 I/O 的信号电压)
指示	编程模式		功能代码和功能名称，数据或数据代码
指示	跳闸模式		用代码指示跳闸原因(例如：0C1、0C2、0C3、0U1、0U2、0U3、0H1、0H2、OL、LU、Er1…)
保护			输出相间短路、输出对地短路、过电压、欠电压、窜入电涌、过载、过热、电动机过热、外部报警、CPU 出错、存储器出错等
环境	安装场所		室内、海拔不高于 1000m，没有腐蚀性气体、可燃气体、油溅、灰尘和不受阳光直晒
环境	环境温度		−10～+50℃
环境	环境湿度		20%～90%RH(不结露)
环境	振动		小于 5.9m/s^2(0.6g)
环境	存放温度		−20～65℃(适用于运输过程等短时期)
冷却方式			强迫风冷(冷却电风扇)

附录F 富士FRENIC5000G11S、P11S系列变频器标准规格与技术规范

与技术规范见表F-1～表F-2。

表F-1 标准技术规范

	适用电动机容量/kW	0.4	0.75	1.5	2.2	3.7	5.5	7.5	11	15	18.5	22	30	37	45	55～220
G11	型号FRN□□-G11S-4CX	0.4	0.75	1.5	2.2	3.7	5.5	7.5	11	15	18.5	22	30	37	45	55～220
	额定容量/kVA	1.1	1.9	2.8	4.1	6.8	9.9	13	18	22	29	34	45	57	69	85～316
	额定电流/A	1.5	2.5	3.7	5.5	9	13	18	24	30	39	45	60	75	91	112～415
	过载容量	150%额定输出电流1min，200% 0.5s								150%额定输出电流1min，180% 0.5s						
	起动转矩	200%以上(转矩矢量控制时)								180%以上(转矩矢量控制时)						
	制动转矩	150%以上				100%以上				20%以上				10%～15%		
	重量/kg	2.2	2.5	3.8	3.8	3.8	6.5	6.5	10	10	10.5	10.5	29	34	39	40～140
P11	型号FRN□□-P11S-4CX	—	—	—	—	—	—	7.5	11	15	18.5	22	30	37	45	55～280
	额定容量/kVA	—	—	—	—	—	—	12.5	17.5	22.8	28.1	33.5	45	57	69	85～369
	额定电流/A	—	—	—	—	—	—	16.5	17	30	37	44	60	75	91	112～520
	过载容量	110%额定输出电流1min														
	起动转矩	50%以上														
	制动转矩	约20%								约10%～15%						
	重量/kg	—	—	—	—	—	—	6.1	6.1	10	10	10.5	29	29	34	39～140
输出	额定输出电压	3相，380V、400V、415V(440V)/50Hz，380V、400V、440V460/60Hz														
	额定输出频率	50/60Hz														
电源	相数电压频率	3相，380～480V，50～60Hz								3相，380～440V/50Hz 3相，380～480V/60Hz						
	容许波动范围	电压：+10%～－15%(3相不平衡率小于3%)，频率：+5%～－5%														
	瞬时低压耐量	310V以上时继续运行。由额定电压降低至310V以下时，能继续运行15ms。如选择"继续运行"，则输出频率稍微下降，等待电源恢复，进行再起动控制														
	所需电源容量/kW	0.7	1.2	2.2	3.1	5.0	7.2	9.7	15	20	24	29	38	47	56	69～335

表F-2 公共技术规范

项目			详细技术规范
控制		控制方式	正弦波PWM控制(V/F控制、转矩矢量控制、PG反馈矢量控制(选件))
	输出频率	最高频率	G11S：50～400Hz可变设定　P11S：50～120Hz可变设定
		基本频率	G11S：25～400Hz可变设定　P11S：25～120Hz可变设定
		起动频率	0.1～60Hz可变设定　保持时间：0.0～10.0s
		载波频率	G11S：0.75～15kHz(≤55kW) 0.75～10kHz(≥75kW) P11S：0.75～15kHz(≤22kW) 0.75～10kHz(30～75kW)0.75～6kHz(≥90kW)
		频率精度	模拟设定：最高频率设定值的±0.2%(25±10℃)以下 数字设定：最高频率设定值的±0.01%(－10～+50℃)以下

（续）

项　　目			详细技术规范
控制	输出频率	频率设定分辨率	模拟设定：最高频率设定值的1/3000(例如：最高频率60Hz时，分辨率为0.02Hz；最高频率150Hz时，分辨率为0.05Hz) 数字设定：0.01Hz(小于99.99Hz时)，0.1Hz(大于100.0Hz时)
控制	电压/频率特性		对应基本频率的输出电压设定范围320～480V 对应最高频率的输出电压设定范围320～480V
控制	转矩提升		自动：对应负载转矩自动最佳调整 手动：代码选择0.1～20.0(减转矩用的节能方式和恒转矩的增强方式)
控制	加速、减速时间		0.01～3600s 加速、减速时间有4种，可分别独立设定，由接点输入信号选择 除直线加减速方式外，还有S形减速(弱型/强型)和曲线加减速可以选用
控制	直流制动		制动开始频率：0.0～60.0Hz；制动时间：0.0～30.0s 制动动作值：0～100%(G11S)、0～80%(P11S)
控制	附加功能		上限/下限频率、偏置频率、频率设定增益、跳越频率、引入运行、瞬时停电再起动、商用电运行切换、转差补偿控制、自动节能运行、再生回避控制、下垂控制、转矩限制(2级切换)、转矩控制、PID控制、第2电动机切换、冷却电风扇ON/OFF控制
运行	运行操作		键盘面板：运行键〈FWD〉〈REV〉、停止键〈STOP〉 端子输入：正转/停止命令、反转/停止命令、自由旋转命令、报警复位、加减速选择、多步频率选择等
运行	频率设定		键盘面板：∧或∨键设定 外部电位器：电位器(1～5kΩ)设定 模拟输入：0～+10V(0～+5V)、4～20mA、0～±10V(可逆运行) +10～0V(反动作)、20～4mA(反动作) 增/减控制：数字设定频率，UP键ON时频率上升，DOWN键ON时频率下降 多步频率选择：数字设定频率，由接点输入信号(4点)组合选择最多15步频率 连接运行：按照RS485(标准)接口通信运行 程序运行：按照预设程序(最多7段)和预设循环方式运行 点动运行：数字设定频率，由〈FWD〉〈REV〉键或接点输入信号操作点动运行
运行	运行状态信号		开路集电极晶体管输出(4点)：运行中、频率到达、频率值检测、过载预报等 继电器输出(2点)：总报警输出、可选信号输出 模拟输出(1点)：输出频率、输出电流、输出电压、输出转矩、输入功率等 脉冲输出(1点)：输出频率、输出电流、输出电压、输出转矩、输入功率等
显示	数字显示器(LED)		输出频率、设定频率、输出电流、输出电压、电动机同步转速、线速度、负载转速、转矩计算值、输入功率、PID命令值、PID反馈量、报警代码
显示	液晶显示器(LCD)		运行信息、操作指导、功能代码、功能名称、设定数据、报警信息、测试功能、电动机负载率测定功能(测定时间内电流的最大值/平均值)，维护信息(累计运行时间、主电路电容器容量测定、散热板温度等)
显示	语种		中文、英文、日文
显示	灯指示		充电(有电压)、运行显示
保护功能			过电流、短路、对地短路、过电压、欠电压、过载、过热、熔断器断路、电动机过载、外部报警、输入缺相、输出缺相(自整定时)、制动电阻过热保护、CPU/存储器异常、键盘面板通信异常、PTC热敏电阻保护、电涌保护、失速防止等
环境	使用场所		室内，海拔不高于1000m，没有腐蚀性气体、可燃气体、油溅、灰尘和不受阳光直晒
环境	周围温度		-10～+50℃(+40℃以上时，对≤22kW机种必须取去通风盖)
环境	周围湿度		5～95%RH(不结露)
环境	振动		小于5.9m/s²(0.6g)
环境	保存	周围温度	-20～+65℃
环境	保存	周围湿度	5～95%RH(不结露)

附录G　塑料绝缘铜线安全载流量

塑料绝缘铜线安全载流量见表G-1。

表G-1　塑料绝缘铜线安全载流量

截面积/mm^2	明线/A	钢管布线/A			塑料管布线/A			护套线/A	
		2根	3根	4根	2根	3根	4根	2芯	3或4芯
1	17	12	11	10	10	10	9	13	9.6
1.5	21	17	15	14	14	13	11	17	10
2.5	28	17	21	19	21	18	17	17	17
4	37	30	27	24	26	24	22	30	17
6	48	41	36	32	36	31	28	37	28
10	65	56	49	43	49	42	38	57	45
16	91	71	64	56	62	56	49		
25	120	93	82	74	82	74	65		
35	147	115	100	91	104	91	81		
50	187	143	127	113	130	114	102		
70	170	177	159	143	160	145	128		
95	282	216	195	173	199	178	160		

注：上述数据是按照线芯最高允许工作温度为70℃，周围空气温度35℃计算的。

附录H　根据电动机容量选配电器与导线

根据电动机容量选配电器与导线见表H-1。

表H-1　根据电动机容量选配电器与导线

功率/kW	额定电流参考/A	熔断器		交流接触器		空气开关		热继电器			主电路导线截面/mm^2	控制电路导线截面/mm^2
		RTO—	RL1—	B系列	CJ10—	型号	脱扣电流/A	JR16—	热元件额定/A	整定电流/A		
0.8	1.85		15/6				3		2.4	1.85		
1.1	2.45		15/10				4.5		3.5	2.45		
1.5	3.18		15/15	9	10		4.5		3.5	3.18		
2.2	4.6		15/15			DZ5—20/330	6.5	20/3	7.2	4.6	2.5	
3	6.2		60/20				10		7.2	6.2		
4	8.2		60/20	12			15		11	8.2		
5.5	11	100/30	60/30	16	20		20		16	11		
7.5	14.8	100/40	60/40	25			25		22	14.8	4	1
10	19.3	100/50	60/50	25			30		22	19.3	4	
13	25.1	100/80	100/70	37	40		40	60/3	32	25.1	6	
17	32.5	100/100	100/90	37		DZ10—100/330	40		45	32.5	10	
22	42	200/100	200/100	45	60		50		63	42	16	
30	56	200/150	200/125	65	100		80		85	56	16	
40	74.3	200/200	200/150	85	100		100	150/3	85	74.3	25	
55	101	400/250	200/200	105	150	DZ10—100/330	150		120	101	50	
75	136.2	400/300		170	150		200		160	136.2	70	

附录 I　施耐德 TWDLCAA40DRF 型 PLC 简介

本书中均按照施耐德 TWDLCAA40DRF 型 PLC 编制程序，为了使读者正确分析，现将其做简要介绍。

1. 输入输出端子

施耐德 TWDLCAA40DRF 型 PLC 输入、输出端子如图 I-1 所示。

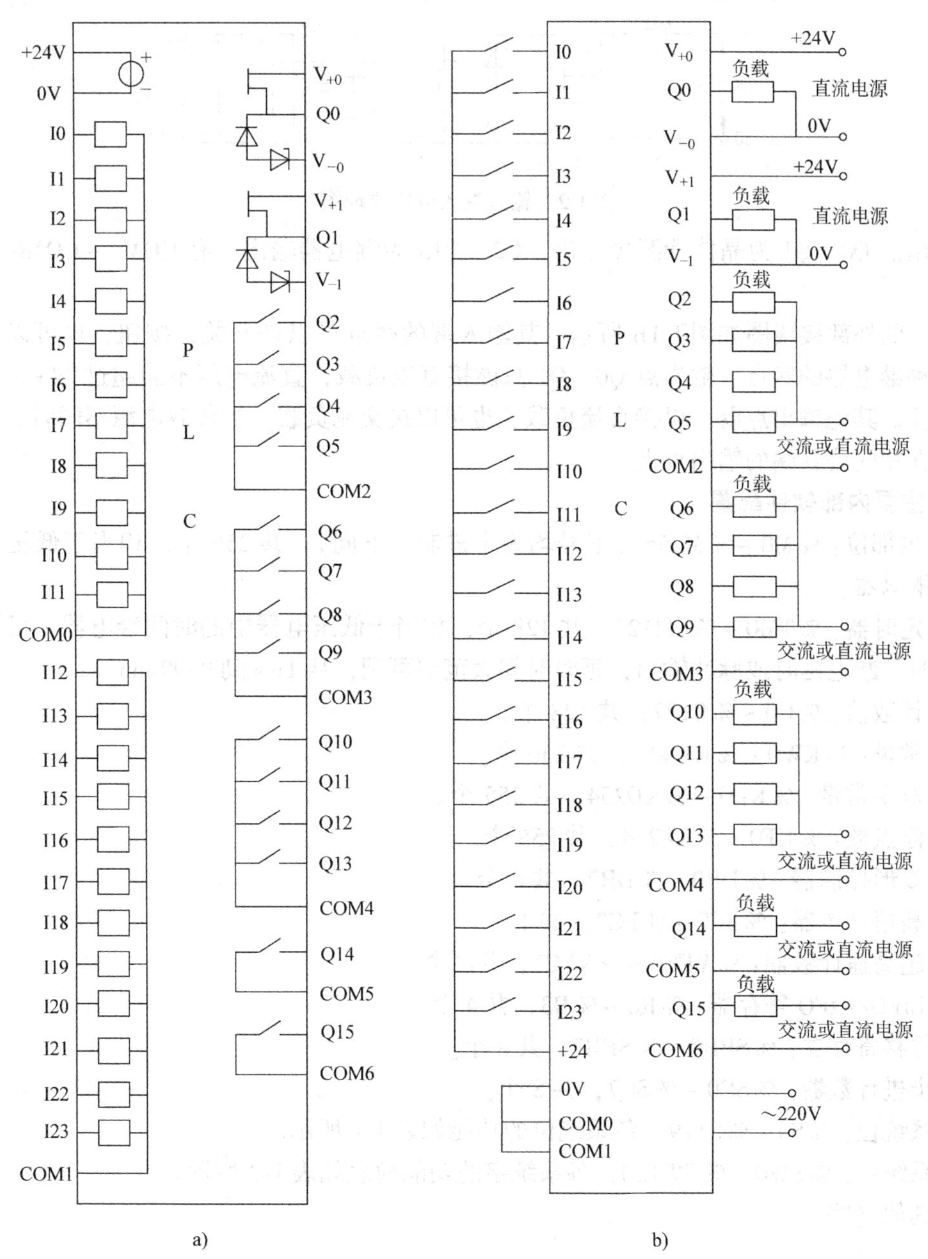

图 I-1　施耐德 TWDLCAA40DRF 型 PLC 端子图

a）内部结构图　b）外部接线图

施耐德 TWDLCAA40DRF 型 PLC 共有 40 个点，有 24 个输入点，端子号为 I0 ~ I23，有 16 个输出点，端子号为 Q0 ~ Q15。

从图 I-1a 可以看出，输入点有两个公共端，I0 ~ I11 的公共端为 COM0，I12 ~ I23 的公共端为 COM1，各输入端的内部电路相同，输入端的电路原理图如图 I-2 所示。由图可见，各输入端输入信号是 24V 的直流电压，该电压没有极性要求，一般 I 端接正极，COM 端接负极。也可以反接。

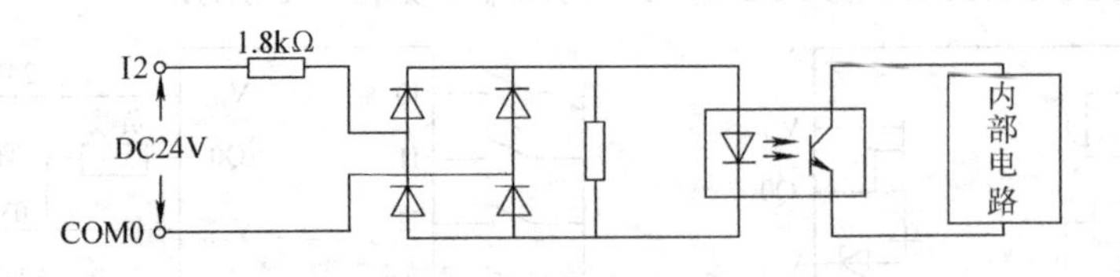

图 I-2　输入端的电路原理图

输出点 Q0、Q1 为晶体管源极输出；Q2 ~ Q15 为继电器输出，有 COM2 ~ COM6 共 5 个公共端。

PLC 的外部接线图如图 I-1b 所示。其输入端的触点可以是开关、按钮，也可以是接触器和各种继电器的触点。输出点 Q0、Q1 只能接直流负载，直流电压不能超过 24V，且极性不能接反。其他输出点既可以接直流负载，也可以接交流负载。当负载电源不同时，各负载不能接在相同公共端的输出点上。

2. 主要内部软件配置

① 内部位：%M0 ~ %M255（编号均为十进制，下同），共 256 个，相当于低压电器中的中间继电器。

② 定时器：%TM0 ~ %TM127，共 128 个，相当于低压电器中的时间继电器，可设置为通电延时、断电延时或脉冲输出，延时时间大范围可调，从 1ms 到 9999min。

③ 计数器：%C0 ~ %C127，共 128 个。

④ 常量：%KW0 ~ %KW255，共 256 个。

⑤ 双字常量：%KD0 ~ %KD254，共 255 个。

⑥ 浮点数：%KF0 ~ %KF254，共 255 个。

⑦ 鼓形控制器：%DR0 ~ %DR7，共 8 个。

⑧ 高速计数器：%FC0 ~ %FC3，共 4 个。

⑨ 超高速计数器：%VFC0 ~ %VFC1，共两个。

⑩ LIFO/KIFO 寄存器：%R0 ~ %R3，共 4 个。

⑪位移寄存器：%SBR0 ~ %SBR7，共 8 个。

⑫步进计数器：%SC0 ~ %SC7，共 8 个。

⑬系统位：%S0 ~ %S119，各系统位的功能如表 I-1 所示。

⑭系统字：%SW0 ~ %SW120，各系统字的功能简表如表 I-2 所示。

⑮其他（略）。

表 I-1　各系统位功能表

系统位	功　能	描　述	初始状态	控　制
%S0	冷起动处理	一般置为0，在下列情况将其置为1： ●电源恢复且数据丢失（电池故障）； ●用户程序或动态监控表编辑器； ●操作显示器。 该位在第一次扫描时被置为1，在下一次扫描前被系统置为0	0	S或U—>S
%S1	热起动	一般置为0，在下列情况将其置为1： ●电源恢复且数据保留； ●用户程序或动态监控表编辑器； ●操作显示器。 该位在第一次扫描结束时被系统置为0	0	S或U—>S
%S4 %S5 %S6 %S7	时基：10ms 时基：100ms 时基：1s 时基：1min	状态变化频率由内部时钟测量，它们与控制器扫描不同步 示例：%S4	—	S
%S8	接线测试	初始置为1，该位用于控制器“非配置”状态测试连线：要修改此位的值，利用操作显示键令所需输出状态改变： ●置为1，输出复位； ●置为0，连线测试被允许。	1	U
%S9	复位输出	一般置为0。它可以被程序或终端（通过动态监控表编辑器）置为1： ●状态为1时，若控制器处于运行模式则输出被强制到0； ●状态为0时，输出被正常更新。	0	U
%S10	I/O故障	一般置为1。当检测到I/O故障时该位被系统置为0	1	S
%S11	看门狗溢出	一般置为0。当程序执行时间（扫描时间）超过最大扫描时间（软件看门狗）时该位被系统置为1 看门狗溢出导致控制器进入暂停状态	0	S
%S12	PLC处于运行模式	该位表示控制器处于运行状态。系统在控制器运行时将该位置为1。在停止、初始化或任何其他状态时置为0	0	S
%S13	运行的第一个循环	一般置为0，在控制器变为运行状态后的第一个扫描过程中被系统置为1	1	S
%S17	容量超出	一般置为0，在下列情况被系统置为1： 在循环或移动操作时，系统把此输出位转换为1。它必须由用户程序在每次可能产生溢出的操作之后测试，溢出发生后由用户复位到0	0	S—>U
%S18	算术溢出或错误	一般置为0。它在进行16位的运算时出现溢出的情况下被置为1，这些情况是： ●单字长度下结果大于+32 767或小于-32 768； ●双字长度下结果大于+2 147 483 647或小于-2 147 483 648； ●浮点结果大于3.402824E+38或小于-3.402824E+38； ●被0除； ●对负数求平方根。 BTI或ITB转换无意义：BCD值超出限制。 它必须由用户程序在每次可能产生溢出的操作之后测试，溢出发生后由用户复位到0	0	S—>U
%S19	扫描周期溢出(周期扫描)	一般置为0，该位在扫描周期溢出（扫描时间大于用户在配置中定义或在%SW0中编程的周期）的情况下被系统置为1。 该位由用户复位到0	0	S—>U

(续)

系统位	功　能	描　　述	初始状态	控　制
%S20	索引溢出	一般置为0，它在索引对象的地址小于0或大于对象的最大地址范围时被置为1。 它必须由用户程序在每次可能产生溢出的操作之后测试，然后在溢出发生后复位到0	0	S—>U
%S21	GRAFCET初始化	一般置为0，在下列情况将其置为1： ●冷重起，%S0=1； ●用户程序，且只能在预处理程序部分，使用Set指令（S %S21）或设置线圈—(S)—%S21； ●终端。 状态为1时，它导致GRAFCET初始化。已激活步被停止且激活初始步。 它在GRAFCET初始化之后被系统复位到0	0	U—>S
%S22	GRAFCET复位	一般置为0，能且只能被程序预处理时置为1。 状态为1时它导致全部GRAFCET的活动步停止。它在顺控程序开始执行时由系统复位到0	0	U—>S
%S23	GRAFCET预置和固定	一般置为0，它只能在预处理程序模块由程序置为1。 置为1时，它使GRAFCET的预置生效。维持该位在1将冻结GRAFCET（冻结图表）。它在顺控程序开始执行时由系统复位到0以保证GRAFCET表从冻结状态变为活动状态	0	U—>S
%S24	操作显示	一般置为0，该位可被用户置为1。 ●状态为0时，操作显示正常工作； ●状态为1时，操作显示被冻结，保持当前显示不变，不能闪烁，且停止输入键处理	0	U—>S
%S25	选择操作显示器的显示模式	有两种显示模式：数据模式和正常模式 ●%S25=0，正常模式有效，在第一行，能输入对象名（系统字，内存字，系统位），第二行显示当前值； ●%S25=1，数据模式有效。 在第一行显示%SW68 在第二行显示%SW69 %S25=1，键盘操作无效。 注意：Firmware版本V3.0或更高。	0	U
%S26	选择显示一有符号或无符号数在操作显示器上	两种类型可选：有符号或无符号。 ●%S26=0，有符号数显示有效（-32 768 to 32 767），+/-符号在每行的开头处。 ●%S26=1，无符号数显示有效（0 to 65 535）。 %S26仅当%S25=1时被用。 注意：Firmware版本3.0或更高	0	U
%S31	事件标志	一般为1。 ●状态为0时，事件不能被执行且排队等待； ●状态为1时，事件可被执行， 该位能被用户或系统设为初始状态1（冷起动）	1	U—>S
%S38	允许事件进入事件队列	一般为1。 ●置为0时，事件不能进入事件队列； ●置为1时，一旦检测到事件就将它们放置到事件队列。 该位能被用户或系统设为初始状态1（冷起动）	1	U—>S

（续）

系统位	功　能	描　述	初始状态	控　制
%S39	事件队列饱和	一般置为0。 ●置为0时，所有事件都被报告； ●置为1时，至少一个事件被丢失。 该位可由用户和系统（在冷重起情况下）置为0	0	U—>S
%S50	使用字%SW50到53更新日期和时间	一般置为0，该位可被程序或操作显示置为1。 ●置为0时，日期和时间均只可读； ●置为1时，日期和时间可被更新。 控制器内部RTC在%S50下降沿被刷新	0	U—>S
%S51	日历时钟状态	一般置为0，该位可被程序或操作显示置为1。 ●置为0时，日期和时间是不可变的； ●置为1时，日期和时间必须由用户初始化。 当该位置为1时，日期时钟的时间数据无效。日期和时间可能从未配置过，电池可能电压低，或控制器RTC修正量不正确（未配置，修正值和保存值不同，或超出范围）。 状态1到状态0的转变强制写入修正常量到RTC	0	U—>S
%S52	RTC=错误	由系统管理的此位表示RTC修正值还未输入，且时间和日期是错误的； ●置为0时，日期和时间是不可变的； ●置为1时，日期和时间必须被初始化。	0	S
%S59	使用字%S59更新日期和时间	一般置为0，该位可被程序或操作显示置为1。 ●置为0时，不能管理系统字%SW59； ●置为1时，日期和时间根据%SW59设置的控制位的上升沿增加或减少	0	U
%S66	BAT LED（电池指示灯）显示激活/关闭（仅有支持外部电池的控制器型号：TWDLCA·40 DRFcontrollers）	该系统位可由用户设定，它允许用户点亮或关掉BATLED（电池指示灯）： ●设为0时，BAT LED被激活（在上电时，被系统复位到0）； ●设为1时，BAT LED被关闭（这时即使外部电池电压低或没有外部电池，LED也不被点亮）	0	S或U—>S
%S69	用户STAT LED显示	置为0时，STAT LED关断 置为1时，STAT LED打开	0	U
%S75	外部电池状态（仅有支持外部电池的控制器型号:TWDLCA·40 DRFcontrollers）	该系统位由系统设定，它指示外部电池的状态，可由用户读取： ●设定为0时，外部电池工作正常； ●设定为1时，外部电池电量低，或没装外部电池	0	S
%S95	恢复存储字	当前面存储内存字到内部EEPROM时，可以设置该位。完成后系统将该位置回0且恢复的内存字数置于%SW97	0	U

(续)

系统位	功能	描述	初始状态	控制
%S96	备份程序完成	该位可在任何时刻被读取（被程序读或调整时读），特别是在冷起动或热重起之后。 ●置为0时，备份程序无效； ●置为1时，备份程序有效。	0	S
%S97	保存%MW完成	该位可在任何时刻被读取（被程序读或调整时读），特别是在冷起动或热重起之后。 ●置为0时，保存%MW无效； ●置为1时，保存%MW有效。	0	S
%S100	TwidoSoft通信电缆连接	显示TwidoSoft通信电缆是否已连接。 ●置为1时，没有连接TwidoSoft通信电缆； ●置为0时，TwidoSoft远程连接电缆已连接。	—	S
%S101	端口地址（Modbus协议）改变	用系统字%SW101（端口1）%SW102和（端口2）来改变端口地址。为改变端口地址，%S101必须置为1。 ●置为0，地址不能被改变。%SW101和%SW102的值与当前端口地址相匹配； ●置为1，通过改变%SW101（端口1）和%SW102（端口2）的值可修改其地址。系统字修改完毕后，%S101必须被置0	0	U
%S103 %S104	使用ASCII协议	准许在Comm1（%S103）或Comm 2（%S104）上使用ASCII协议。ASCII协议通过系统字进行配置，%SW103和%SW105配置Comm1，%SW104和%SW106配置Comm 2。 ●设定为0时，它执行TWIDOSOFT中配置的协议； ●置为1，ASCII协议用于Comm 1（%S103）或Comm 2（%S104），%SW103和%SW105必须提前配置好，且用于Comm 1，%SW104和%SW106用于Comm 2	0	U
%S110	远程连接交换	由程序或终端将此位复位为0。 ●对主机，置为1表示所有的远程连接交换（仅远程I/O）完成； ●对从机，置为1表示和主机的交换完成	0	S—>U
%S111	单一远程连接交换	●对主机，置为0表示单一远程连接交换完成； ●对主机，置为1表示单一远程连接交换处于进行中	0	S
%S112	连接远程连接	●对主机，置为0表示远程连接处于激活状态； ●对主机，置为1表示远程连接处于非活动状态	0	U
%S113	远程连接配置/操作	●对主机或从机，置为0表示远程连接配置/操作完成； ●对主机，置为1表示其远程连接配置/操作出错； ●对从机，置为1表示其远程连接配置/操作出错	0	S—>U
%S118	远程I/O出错	一般置为1。当远程连接检测到I/O故障时该位被置为0	1	S
%S119	本地I/O出错	一般置为1。当检测到I/O故障时该位被置为0。%SW119决定故障种类。当故障消除时复位到1	1	S

表缩写描述

缩写	描述
S	系统控制
U	用户控制
U—>S	由用户置为1，由系统复位到0
S—>U	系统置为1，由用户复位到0

表 I-2　各系统字的功能简表

<table>
<tr><th>系统字</th><th>功　能</th><th colspan="2">简 单 描 述</th><th>控制</th></tr>
<tr><td>%SW0</td><td>控制器扫描周期(周期任务)</td><td colspan="2">通过用户程序在动态监控表编辑器中修改配置中定义的控制器扫描周期</td><td>U</td></tr>
<tr><td>%SW1</td><td>保存周期事件的周期</td><td colspan="2">修改周期事件［5～255ms］，不丢失在扫描模式菜单中的周期设定值</td><td>U</td></tr>
<tr><td>%SW6</td><td>控制器状态</td><td colspan="2">控制器状态：
0＝没有配置，2＝停止，3＝运行，4＝暂停</td><td>S</td></tr>
<tr><td>%SW7</td><td>控制器状态</td><td colspan="2">0～12 表示 12 种控制器状态</td><td>S</td></tr>
<tr><td>%SW11</td><td>软件看门狗值</td><td colspan="2">包含看门狗的最大值。值（10～500ms）由配置定义</td><td>U</td></tr>
<tr><td>%SW14</td><td colspan="3">商业版本，Vxx. yy</td><td>S</td></tr>
<tr><td>%SW15</td><td colspan="3">Firmware 补丁，Pzz</td><td>S</td></tr>
<tr><td>%SW16</td><td colspan="3">Firmware 版本，Vxx. yy</td><td>S</td></tr>
<tr><td>%SW17</td><td colspan="3">浮点运算默认状态</td><td>S 和 U</td></tr>
<tr><td>%SW18
%SW19</td><td>100ms 绝对定时计数器</td><td colspan="2">计数器工作使用这两个字:%SW18 表示低位有效字,%SW19 表示高位有效字</td><td>S 和 U</td></tr>
<tr><td>%SW20～
%SW27</td><td colspan="3">为 CANopen 地址，为 1～16 号从站提供状态指示</td><td>S</td></tr>
<tr><td>%SW30</td><td>上一次扫描时间</td><td colspan="2">显示上一次控制器扫描时间（ms）
注意：这个时间对应一个扫描循环从开始（输入请求）到结束（输出更新）的时间</td><td>S</td></tr>
<tr><td>%SW31</td><td>最大扫描时间</td><td colspan="2">显示自上一次冷起动以来最长的控制器扫描时间（ms）
注意：这个时间对应一个扫描循环从开始（输入请求）到结束（输出更新）的时间</td><td>S</td></tr>
<tr><td>%SW32</td><td>最小扫描时间</td><td colspan="2">显示自上一次冷起动以来最短的控制器扫描时间（分钟）
注意：这个时间对应一个扫描循环从开始（输入请求）到结束（输出更新）的时间</td><td>S</td></tr>
<tr><td>%SW48</td><td>事件数</td><td colspan="2">显示自上一次冷起动以来执行了多少个事件（周期时间除外）
注意：设置为 0（在应用程序装载和冷起动之后），每个事件执行后，其计数增加</td><td>S</td></tr>
<tr><td rowspan="6">%SW49
%SW50
%SW51
%SW52
%SW53</td><td rowspan="6">实时时钟（RTC）</td><td colspan="2">TC 功能：包含当前日期和时间值的系统字（BCD 码格式）</td><td rowspan="6">S 和 U</td></tr>
<tr><td>%SW49</td><td>每星期中第几天（N＝1 表示星期一）</td></tr>
<tr><td>%SW50</td><td>00SS 秒</td></tr>
<tr><td>%SW51</td><td>HHMM 时和分</td></tr>
<tr><td>%SW52</td><td>MMDD 月和日</td></tr>
<tr><td>%SW53</td><td>CCYY 世纪和年</td></tr>
<tr><td rowspan="5">%SW54
%SW55
%SW56
%SW57</td><td rowspan="5">上一次停止的日期和时间</td><td colspan="2">系统字包含上一次电源故障或控制器停止的日期和时间（BCD 格式）</td><td rowspan="5">S</td></tr>
<tr><td>%SW54</td><td>SS 秒</td></tr>
<tr><td>%SW55</td><td>HHMM 时和分</td></tr>
<tr><td>%SW56</td><td>MMDD 月和日</td></tr>
<tr><td>%SW57</td><td>CCYY 世纪和年</td></tr>
</table>

（续）

系统字	功　能	简单描述	控制
%SW58	上一次停止的代码	显示上一次停止的原因代码：1=运行/停止输入沿，2=因软件故障停止（控制器扫描溢出），3=停止命令，4=电源中断，5=因硬件故障停止	
%SW59	调节当前日期	调节当前日期。包含两组8位调节当前日期的设置，该操作在位的上升沿执行	
%SW60	RTC修正		U
%SW63	EXCH1模块错误代码		S
%SW64	EXCH2模块错误代码		S
%SW67	控制器功能和类型		S
%SW68 %SW69	能同时显示在操作显示器上		U
%SW73 %SW74	AS-I系统状态		S和U
%SW76～%SW79	减计数器1～4	这4个字用作1ms定时器。如果它们为一个正值则分别被系统减计数。这等于提供了4个以毫秒为单位的减计数器，工作范围为1～32 767ms。位15置1可以停止减计数	S和U
%SW80	基本I/O状态		S
%SW81	扩展I/O模块1状态		S
%SW82	扩展I/O模块2状态		S
%SW83	扩展I/O模块3状态		S
%SW84	扩展I/O模块4状态		S
%SW85	扩展I/O模块5状态		S
%SW86	扩展I/O模块6状态		S
%SW87	扩展I/O模块7状态		S
%SW94	应用程序签名		S
%SW96	应用程序和%MW存储/恢复功能的命令和/或诊断		S和U
%SW97	存储/恢复功能的命令和诊断		S和U
%SW101 %SW102	通信口Modbus地址	当%S101设定为1，可以修改口1或口2的MODBUS地址。口1的地址是%SW101，口2的地址是%SW102	S
%SW103 %SW104	ASCII协议使用的配置		S
%SW105 %SW106	ASCII协议使用的配置		S
%SW111	远程连接状态		S
%SW112	远程连接配置/操作错误码		S
%SW113	远程连接配置		S
%SW114	调度模块起动		S和U
%SW118	基控制器本体状态字		S
%SW120	扩展I/O模块状态		S

注：S系统控制；
　　U用户控制。

3. 常用指令

常用指令及对应的梯形图符号见表 I-3。

表 I-3　常用指令及对应的梯形图符号

分类	名字	等价梯形图符号	功　　能
测试指令	LD	—┤ ├—	布尔运算结果与操作数状态相同
	LDN	—┤/├—	布尔运算结果为操作数状态取反
	LDR	—┤P├—	当检测到操作数（上升沿）从 0 变为 1 时，布尔运算结果变为 1
	LDF	—┤N├—	当检测到操作数（下降沿）从 1 变为 0 时，布尔运算结果变为 1
	AND	—┤ ├—┤ ├—	布尔运算结果等于前面指令布尔运算结果和操作数状态的逻辑与结果
	ANDN	—┤ ├—┤/├—	布尔运算结果等于前面指令布尔运算结果和操作数状态取反的逻辑与结果
	ANDR	—┤ ├—┤P├—	布尔运算结果等于前面指令布尔运算结果和操作数上升沿（1 = 上升沿）检测的逻辑与结果
	ANDF	—┤ ├—┤N├—	布尔运算结果等于前面指令布尔运算结果和操作数下降沿（1 = 下降沿）检测的逻辑与结果
	OR	┬┤ ├┬ └┤ ├┘	布尔运算结果等于前面指令布尔运算结果和操作数状态的逻辑或结果
	AND（	—┤ ├┬┤ ├┬ 　　└┤ ├┘	逻辑与（8 层嵌套）
	OR（	┬┤ ├—┤ ├┬ └┤ ├—┤ ├┘	逻辑或（8 层嵌套）
	XOR， XORN， XORR， XORF	—┤XOR├— —┤XORN├— —┤XORR├— —┤XORF├—	异或
	N	—	取反（NOT）
动作指令	ST	—( )—	相关操作数取值为测试区结果值
	STN	—(/)—	相关操作数取值为测试区结果值取反
	S	—(S)—	当测试区结果为 1 时相关操作数置为 1
	R	—(R)—	当测试区结果为 1 时相关操作数置为 0
	JMP	—〉〉%Li	无条件向上或向下转移到一个标记序列
	SRn	—〉〉%SR	转移到子程序开始
	RET	〈RET〉	从子程序返回
	END	〈END〉	程序结束
	ENDC	〈ENDC〉	布尔运算结果为 1 时程序结束
	ENDCN	〈ENDCN〉	布尔运算结果为 0 时程序结束